普通高等教育教材

化学化工常用软件实例教程

第二版

彭 智 主 编

岳星星 杨 超 副主编

化学工业出版社

·北京·

内容简介

《化学化工常用软件实例教程》(第二版)通过丰富的应用实例讲解化学化工常用软件的使用方法,内容实用且通俗易懂。本书共 8 章。第 1 章是 Word 软件应用进阶,主要介绍如何编辑排版长篇学位论文。第 2 章是文献管理与编辑软件 EndNote,主要介绍在撰写论文时如何在 Word 中插入文献及修改文献格式。第 3 章是 PPT 演示文稿制作,主要介绍作报告和答辩时常用的功能与技巧。第 4 章是化学办公软件 ChemOffice,介绍平面和 3D 化学结构式的绘制方法等。第 5 章是 Origin 基础简介,帮助读者快速了解 Origin 界面及基本绘图设置。第 6 章是 Origin 计算与绘图实例,通过大量练习来掌握常用数据处理方法。第 7 章是 Matlab 在化学化工中的应用,介绍了 Matlab 最基本的使用方法和应用实例。第 8 章是绘制示意图软件 Visio,介绍绘制常见的示意图和流程图的方法等。书中较为复杂的操作实例和习题还配有操作视频,提高学习效率。

本书可作为高等院校化学、化工、环境、材料及相关专业本科生和研究生论文写作方面的教材及参考书。

图书在版编目(CIP)数据

化学化工常用软件实例教程 / 彭智主编;岳星星,杨超副主编. -- 2 版. -- 北京:化学工业出版社,2025. 4. -- (普通高等教育教材). -- ISBN 978-7-122-47377-6

Ⅰ. O6-39;TQ-39

中国国家版本馆 CIP 数据核字第 2025Z78C94 号

责任编辑:成荣霞 　　　　　　文字编辑:毕梅芳　师明远
责任校对:李雨晴 　　　　　　装帧设计:王晓宇

出版发行:化学工业出版社
　　　　　(北京市东城区青年湖南街 13 号　邮政编码 100011)
印　　装:北京云浩印刷有限责任公司
787mm×1092mm　1/16　印张 19¼　字数 484 千字
2025 年 6 月北京第 2 版第 1 次印刷

购书咨询:010-64518888 　　　　　售后服务:010-64518899
网　　址:http://www.cip.com.cn
凡购买本书,如有缺损质量问题,本社销售中心负责调换。

定　　价:59.80 元 　　　　　　　　　版权所有　违者必究

第二版前言
PREFACE

时光荏苒，岁月如梭，距 2006 年第一版《化学化工常用软件实例教程》的出版已经过去近 20 年了。随着时间的推移，所用的软件版本及功能均已发生了翻天覆地的变化。然而，迄今为止仍有学校选用本书的第一版作为教材，这让我们既感动又惭愧。既为读者的信任与厚爱而感动，又为没能及时更新教程以适应时代发展而惭愧。

第一版《化学化工常用软件实例教程》最大的特点就是简洁实用，其中所用实例很多都是我们自己在教学与科研中积累、归纳、总结出来的，实用性很强，这些实例是第一版拥有较强生命力的原因之一。然而，随着计算机软硬件技术的飞速发展，第一版所用的系统软件和应用软件均已严重落伍，软件教程迫切需要与新版软件相适应。

在我们自己的教学实践当中，更新软件版本与丰富应用实例是同步进行的，这些更新内容都将体现在本书第二版当中。本书对应的操作系统选用 Windows 11 及以上系统，应用软件尽量选用较新版本，如 Office 365 版、ChemOffice 2021 Professional 版、Origin 2021 版等，同时，MathType、EndNote、Matlab 等软件为第二版新增内容。此外，本版还增加了习题部分，以便复习巩固。另外，为了让读者对软件的操作有更加直观的认识，专门为较复杂的操作实例和习题制作了操作视频，读者可扫描书中二维码进行观看。

本书所展示的软件基本都是最新版。读者可以在网上找到这些软件的试用版或购买使用，也可以使用其他版本的软件进行学习，但是软件界面可能有所差异，也不能保证在操作步骤上完全兼容，读者应该灵活掌握。

写一本书，把内容用书面语言系统、准确、有逻辑地表述出来，其中还涉及大量图、表和公式等，这是相当烦琐的，且易出错。因此，我们未能及时更新本书的版本，非常抱歉。这里我们衷心感谢读者们的厚爱，还要特别感谢本书的责任编辑，没有她的支持与鼓励，我们将无法完成本书的改版工作。

本书第二版是在第一版基础上修订完成的。彭智负责第 1、3 章，岳星星负责第 2、4、5、6、8 章，岳星星和杨超负责第 7 章。全书由彭智统稿。青岛大学机电工程学院王发杰教授参与了第 7 章部分内容的编写工作，材料科学与工程学院研究生房国栋、高湛等参与了部分内容的核校工作。此外，历届学生的宝贵反馈不断推动本书内容的完善与提升，在此一并致以诚挚的感谢。

由于编者能力和水平有限，难免会有不当之处，竭诚欢迎读者批评指正！

编者
2025 年 3 月 10 日

采用本书作为教材的参考教学计划

本课程以上机实训为主，课堂讲解为辅，主要通过实例操作掌握软件用法。 由于提供的实例较多，可根据具体情况灵活选用实例和习题。

本课程为 2 学分。 上课 16 周，每周 2 学时，共计 32 学时。 教学计划安排如下。

1. Word 编辑排版中常见问题　　学时：2

掌握显示/隐藏编辑标记、段落设置、表格制作与段落对齐、上标和下标字符、特殊符号、项目符号与编号、常用快捷键、图片插入及公式编辑器的使用等内容。

2. Word 中的样式、多级列表、页眉、页脚及目录　　学时：3

理解什么是样式，学会设置正文、标题及其他样式，掌握多级列表、页眉、页脚和目录的使用，学会双面打印长篇文档的常用设置及排版方法。

3. EndNote 导入文献及文献管理　　学时：2

了解 EndNote 界面，掌握数据库的建立、组操作、导入文献、删除文献以及标注 PDF 格式文献等内容。

4. 利用 EndNote 撰写论文　　学时：2

学会将 EndNote 与 Word 关联，了解 Word 中 EndNote 选项卡功能，掌握在 Word 中插入文献、文献格式修改及转换为纯文本等功能。

5. PPT 常用操作　　学时：2

掌握在幻灯片中添加图片、表格、视频、音频，设置动画效果及录屏等操作。

6. 使用 ChemDraw 绘图　　学时：2

了解 ChemDraw 绘图界面，掌握分子绘制基本流程与技巧、结构性质计算与分析步骤，掌握实验装置的绘图步骤。

7. Chem3D 绘图　　学时：2

了解 Chem3D 绘图界面，掌握结构式与 3D 模型的转化方法、修改元素基本操作、内旋转势能的计算以及 Hückel 分子轨道的显示等操作。

8. 使用 ChemFinder 检索　　学时：1

了解 ChemFinder 界面，掌握常用检索方法。

9. Origin 基础知识　　学时：2

掌握 Origin 基础知识、文件导入操作、列基本操作及基本绘图设置。

10. 使用 Origin 计算与绘图　　学时：6

使用 Origin 进行简单计算、常用绘图操作及数据拟合分析，练习多条曲线叠加、双坐标图、多图层、基线与分峰、数值积分的绘图操作及 3D 图形绘制。

11. Matlab 在化学化工中的应用　　学时：4

了解 Matlab 界面，掌握 M 文件的建立及基本运算和绘图规则，练习化学方程式的配平、pH 值的求解，学会蒸馏残液中苯含量及反应物浓度随时间变化等计算方法。

12. 使用 Visio 进行绘图　　学时：4

了解 Visio 界面，掌握文件、页面、图形、文字操作，掌握各种示意图画法。

目录
CONTENTS

第1章

Word软件应用进阶

微软的办公软件 Office 包括 Word、Excel、PowerPoint 等，其中 Word 是最常用的文字编排软件。我们写作论文、编著书刊通常都要和它打交道。撰写英文论文向外国期刊投稿最好也用 Word，以确保文本格式的兼容性。

由于 Word 操作界面直观，所以入门很容易，即使没有专门学习过也能无师自通，较为容易地编排完成只有几页的小型文稿。但在编排规模较大的文稿如学位论文时，就会遇到很多困难。甚至不少学过 Word 的人也不能高效地使用它。问题表现在很多方面，如编辑命令不清楚、排版不规范、不会使用样式和不会使用模板等，从而无法高效地完成复杂长篇文档的编排工作。不仅浪费时间、降低效率、容易出错，还会影响文稿的最终展示效果。

本章首先讲解 Word 编辑排版中的常见问题，之后讲解在 Word 中插入图片的相关操作。撰写科研论文或学位论文时，公式编辑器是必不可少的，这部分我们介绍两个公式编辑器，一个是 Word 自带的，另外一个是广泛使用的公式编辑器 MathType。如果要写一本书或一篇上百页的学位论文，不妨花点时间仔细研读一下本章所讲的样式、快捷键和模板等内容，还有页眉、页码和目录等的设置。弄懂这些内容不仅会带来很高的排版效率（排版格式越复杂效率越高），还有相当专业的输出效果。

学位论文通常有几十页甚至上百页，并要求双面打印。这是一种复杂的长篇文档，与写一本书差不多。本章最后将给出一个双面打印长篇文档的编辑排版实例。在完成这个实例后请另存为模板，这样在撰写学位论文时，只需将文字、图、表等内容填在相应的位置上即可，基本不用再去考虑各种格式问题。

本章所用 Word 软件为 Word 365（后文简称 Word），所用操作系统为 Windows 11。这些软件都是 Microsoft 365 的组件。Microsoft 365 是一个很大的软件系统，包含 Office 365、Windows 11 和企业移动性＋安全性套件等软件。

1.1　Word 编辑排版中常见问题

在 Word 中要达到某种排版效果可以采用多种方法。有些方法很笨拙，但遗憾的是有不少人还在采用这类办法解决问题。其实规范方法学起来也很容易，效率也更高，形成的文本效果也更好，且更显专业风采。下面我们来一步步提高 Word 应用水平。

1.1.1 显示/隐藏编辑标记

编辑符号是不会打印出来的。Word 在默认情况下只显示段落标记"↵",也叫回车符。每一段文本的最后都有这个符号。通常不必关闭段落标记的显示。如果需要屏幕抓图且不想显示这个标记,可以执行【文件】/【更多…】/【选项】/【显示】命令,将其中"段落标记"前面的钩去掉。

其他符号在默认情况下不会显示出来,如空格、$\boxed{\text{Tab}}$ 键等。然而在编辑复杂文本时需要将这些编辑标记都显示出来,以帮助我们了解到底是什么符号在起作用。

【例 1-1】 显示/隐藏编辑标记。

① 单击打开【开始】选项卡,其【段落】功能区如图 1-1 所示。

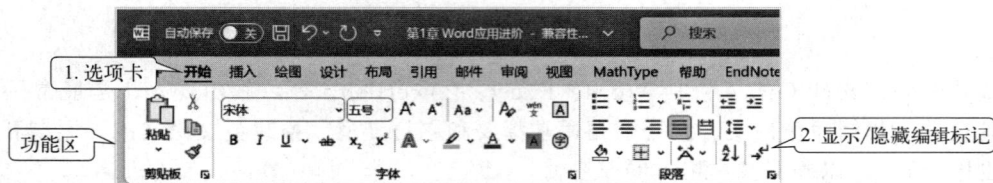

图 1-1 【开始】/【段落】功能区里的"显示/隐藏"编辑标记

与早年的版本不同,现在的 Word 版本除了【文件】还保留有菜单项以外,其他菜单项都变成选项卡了。单击不同选项卡会展开不同功能区。功能区里有若干按钮或下拉按钮。单击下拉按钮会弹出进一步选择窗口。我们应该熟悉这些工具在哪里,知道它所能实现的编辑功能是什么。

将鼠标停留在功能区,转动鼠标滚轮,可以快速切换功能区,无须单击选项卡名,用户可以试一试。

② 单击 按钮显示编辑标记,此时按钮呈现灰色背景。

③ 再次单击 按钮隐藏编辑标记,此时按钮弹起,不再呈现灰色背景。

在显示编辑标记状态下,空格显示为小圆点,$\boxed{\text{Tab}}$ 键显示为小箭头等,分页符、分节符等编辑符号也会显示出来。今后各种编排操作均在显示编辑标记状态下进行。

1.1.2 空格与居中

多数文章的标题等文字需要居中排版。为此有人通过连续输入若干空格的方法将标题推到页面中部,这种方法太低效且不准。【段落】功能区有个居中按钮☰。将光标停留在要居中的行上,单击☰按钮即可完成该行的居中操作。如图 1-2 所示。

图 1-2 【开始】/【段落】功能区里的"居中"按钮以及其他常用按钮

【段落】功能区里有许多按钮,图 1-2 标注了一部分。使用这些按钮可以完成段落的大部分编辑操作。

　　Word 默认的段落对齐状态是两端对齐。用户往往是在默认对齐方式下输入文字，然后再使用≡按钮居中。需要注意的是首行有没有设置缩进。若没有首行缩进则按≡按钮即可。若有首行缩进，则需要将其去除再居中。

　　首行缩进会显示在水平标尺上。然而，现在的 Word 版本不会默认显示标尺。要显示标尺请执行如下操作：打开【视图】功能区，在【显示】功能区【标尺】前面的选择框中打钩，即可将水平和垂直标尺显示出来，如图 1-3 所示。

图 1-3　【视图】/【显示】功能区

Word 水平标尺左边的部分如图 1-4 所示。

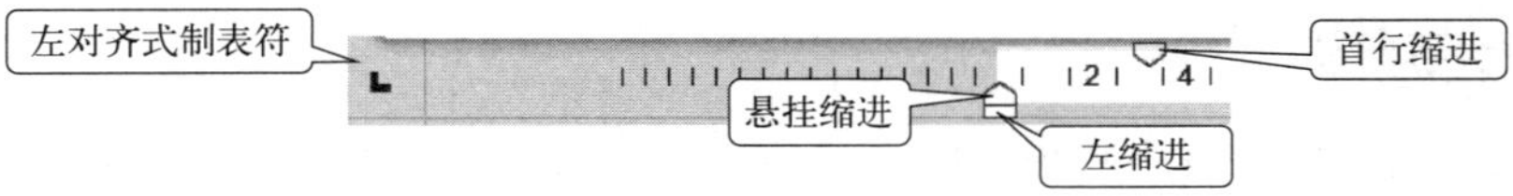

图 1-4　水平标尺

　　若文字的首行有缩进，则单击≡按钮居中后，应将【首行缩进】滑块拖至标尺的零点处，否则该行不会真正居中，而是会偏离 1/2 的首行缩进量。

　　标尺上滑块和按钮简介如下：

　　①【首行缩进】：中文行文的习惯是首行空出两个字。首行缩进滑块就是用来完成这项任务的。

　　②【悬挂缩进】：有时除了首行需要缩进之外，后续行也需要缩进，这就是所谓的悬挂缩进。排版时用到悬挂缩进的情况比较少。

　　③【左缩进】：缩进整段内容，包括首行缩进和后续行缩进。

　　④【左对齐式制表符】：└ 是默认制表符，文中有若干行需要对齐时，可用此制表符间隔并对齐，单击这个制表符按钮，可循环切换到如下各种制表符：

- 居中式制表符⊥。
- 右对齐式制表符┘。
- 竖线对齐式制表符▮。
- 首行缩进▽。
- 悬挂缩进△。
- 小数点对齐式制表符⊥：将数字定位在某处并在小数点处对齐。

　　小数点对齐在表格中使用较多。在讲究的数据表格里，数字的小数点都是对齐的。下面我们介绍⊥的用法。

　　【例 1-2】　对齐三行数字中的小数点。

　　① 输入三行不同位数的数字，如 3.1，31.4，314.159。选中这三行

数字。

②　反复单击水平标尺最左侧的制表符，使其切换到 ⬛。

③　在水平标尺上打算对齐小数点的位置，比如"10"这个位置，在标尺下缘横线上单击鼠标，出现一个小小的 ⬛ 符号。

④　逐行在数字前面按 Tab 键，则三行数字的小数点就会在水平标尺"10"这个位置对齐。如图 1-5 所示。

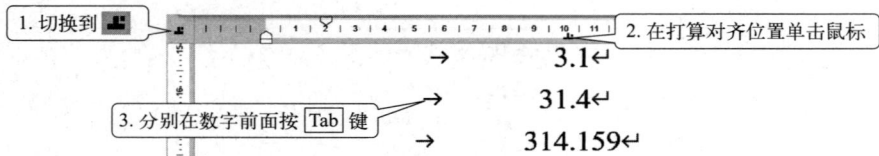

图 1-5　小数点对齐

由于我们打开了显示编辑标记，所以这里能看到表示 Tab 键的符号"→"，但这个符号不会打印出来。其他类型制表符的对齐操作与此类似。

1.1.3　空行与分页

有不少人还在使用空行调整段间距，或用空行将部分内容推到下一页来强制分页。这种做法调整段间距不精确，用作分页时又很容易受到版面内容变化的影响，如增加或减少了一行，会导致整个版面重新调整。其实 Word 提供了更为方便和正规的做法。

【例 1-3】　控制段前/段后间距和行距。

①　将光标置于要调整的段落上。

②　下拉【开始】/【段落】功能区右下角 ⬛ 按钮，打开【段落】属性窗口。或者鼠标右击，在快捷菜单选择【段落…】，如图 1-6 所示。

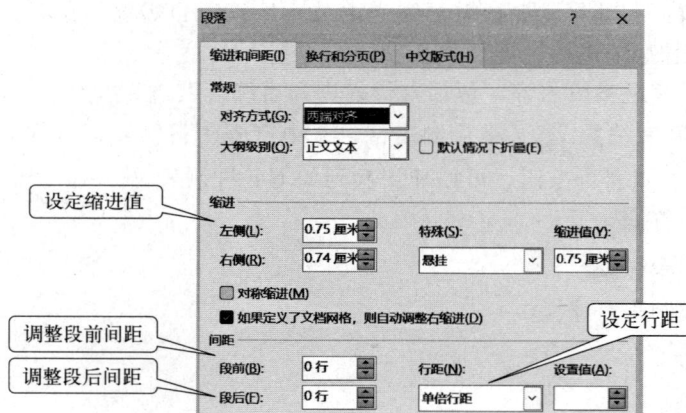

图 1-6　【段落】属性窗口

【段落】属性窗口比较长，图 1-6 没有将其完全展示出来。其下半部分是预览窗口，可以在这里看到段落设置效果。

【段落】属性窗口有三个选项卡，默认打开的是【缩进和间距（I）】选项卡。这里可以调整段前、段后的间距以及行距。

③ 在【段前】、【段后】输入框中分别输入"1"和"5"。

④ 单击【行距】下拉按钮，选择"2倍行距"。

⑤ 单击 确定 按钮，退出段落属性设置对话框。

⑥ 确定光标所在行的段前、段后间距是不是分别空出来1行和5行，行距是不是增大了一倍。

【段前】、【段后】间距可以直接输入小数精确控制间距，0.1行也是可以的。若用 按钮来调整，则每次调整会以0.5行为基数增减。

简单的文稿可以通过插入分页符来分页。长篇复杂文稿的分页最好使用分节符。这将在后面进行介绍。

【例1-4】 插入分页符号。

① 将光标置于要分页的段落的段首。

② 单击【插入】选项卡，在最左侧【页面】功能区找到分页按钮，如图1-7所示。

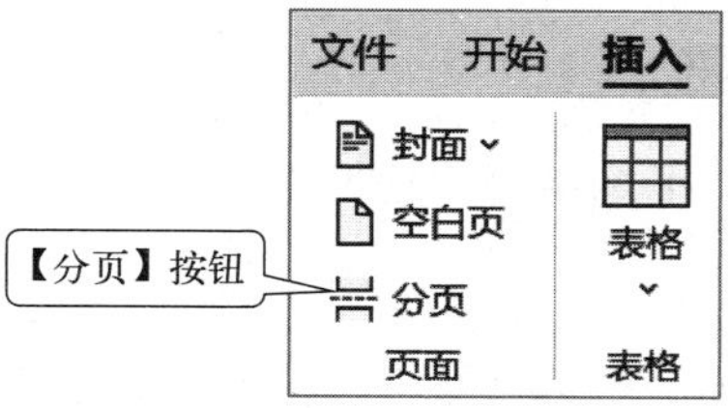

图1-7 【分页】按钮

③ 单击 分页按钮，插入分页符，完成文档分页。

由分页符实现的强制分页不会受版面调整的影响，有助于我们高效率地完成文稿排版。

1.1.4 表格内容的对齐

填写表格后，通常需要将某些项目对齐。居中和左对齐这两种编辑方式使用比较多。然而有时表格单元具有不同的高度，使用 按钮会使表中文字贴着单元格上缘对齐，效果很不好看。实际上表格有专用的对齐方式。

【例1-5】 对齐表格内容。

① 制作一个三线表，如表1-1所示。

② 选中表格全部内容。

③ 在表上鼠标右击，在弹出的快捷菜单中选择【表格属性（R）…】，弹出【表格属性】对话框，如图1-8所示。

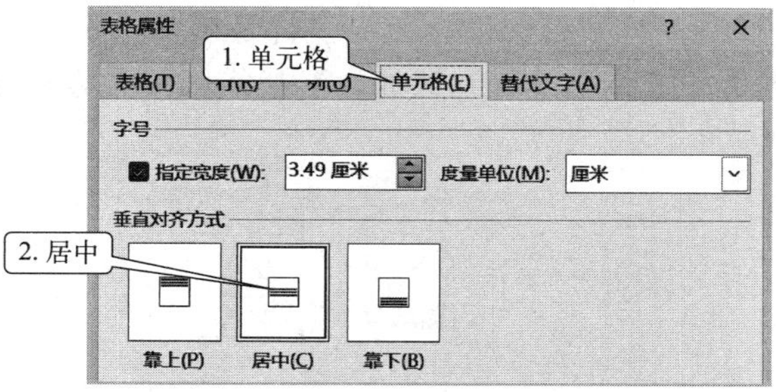

图1-8 单元格居中对齐

④ 在【单元格】/【垂直对齐方式】里单击【居中】按钮，将单元格内容对齐。单击 确定 按钮。最终效果如表 1-1 所示。

表 1-1　对齐单元格实例——聚合物复合体系的分类

复合体系	分散相尺度			
	>1000nm（>$1\mu m$）	100~1000nm（0.1~$1\mu m$）	1~100nm（0.001~$0.1\mu m$）（10~1000Å）	0.5~10nm（5~100Å）
1. 聚合物/低分子物	—	低分子物作增溶剂	低分子流变改性剂	外部热塑性聚合物
2. 聚合物/聚合物	宏观相分离型聚合物掺混物	微观相分离型聚合物合金	分子复合物,完全相容型聚合物合金	—
3. 聚合物/填充物	聚合物/填充物复合体系	聚合物/填充物复合体系	聚合物/超细粒子填充复合体系	聚合物纳米复合体系

1.1.5　上标字符和下标字符

科技文稿中常会用到上标、下标字符。这两个按钮放置在【开始】/【字体】功能区，如图 1-9 所示。

图 1-9　【字体】功能区

除了上标x^2和下标x_2两个按钮以外，【字体】功能区还有很多其他按钮，这里介绍两个。A 按钮可以改变字体颜色。A 按钮可清除格式，将所选内容变成没有格式的正文。这个功能很实用，可将搞不清楚的文本格式一键清空，然后从头再来。

使用工具栏上标、下标按钮很方便。但更高效的办法是采用快捷键，这样可以不必在键盘和鼠标间来回切换。

- 上标：Ctrl＋Shift＋=（再按一次文字恢复正常）。
- 下标：Ctrl＋=（再按一次文字恢复正常）。

1.1.6　特殊符号

科技工作者难免要和许多符号打交道。但很多符号键盘上没有，需要在符号库里面寻找。Word 提供了大量符号供我们选择。在【插入】功能区最右边的【符号】功能区有我们需要的符号，如图 1-10 所示。

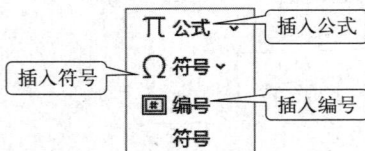

图 1-10　符号功能区

插入符号的按钮是个大写的希腊字母"Ω"。单击可打开对话框，其中有几行近期使用过的符号可供选择。如果其中没有所需符号，则可以单击下方的【其他符号（M）…】弹出【符号】对话框，如图 1-11 所示。

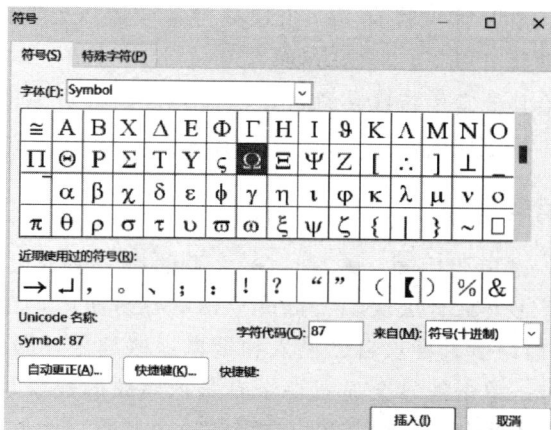

图 1-11　【符号】对话框

【字体】通常选用"Symbol"。这种字体用得比较多，兼容性好，字形也很漂亮。

对于一些常用的符号，可以定义成快捷键，这样使用起来更加高效。比如常用的角度符号"°"、表示乘积的小圆点符号"·"或希腊字母"α"等都可以定义成快捷键以方便输入。

【例 1-6】　自定义角度符号"°"的快捷键。

① 打开【插入】选项卡。

② 单击最右侧【符号】功能区的【Ω符号】按钮，弹出【符号】对话框。

③ 选择字体为"Symbol"，从中找到"°"符号，单击选中。

④ 单击对话框下方的 快捷键(K)… 按钮，弹出【自定义键盘】对话框，结果如图 1-12 所示。

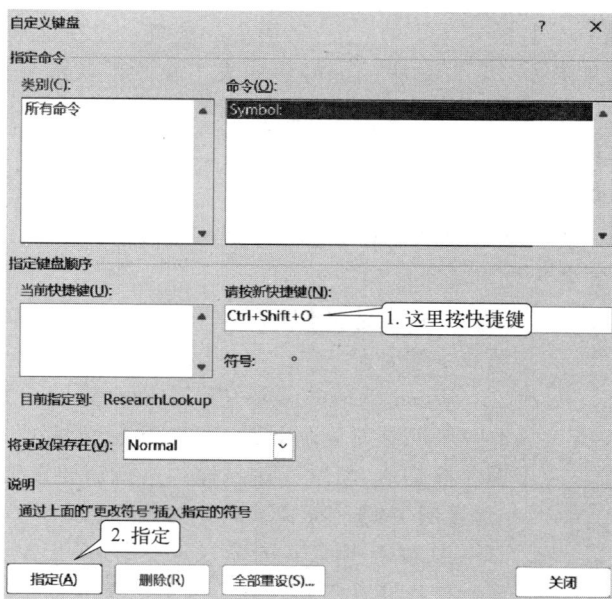

图 1-12　指定快捷键

⑤ 将光标停留在【请按新快捷键（N）】输入框中，同时按下 $\boxed{\text{Ctrl}}$ ＋ $\boxed{\text{Shift}}$ ＋ $\boxed{\text{O}}$ 组合键，单击 $\boxed{\text{指定(A)}}$ 按钮。

⑥ 单击 $\boxed{\text{关闭}}$ 按钮关闭对话框。

经过这样一番操作，角度符号就有了一个快捷键，今后需要输入角度符号时，只要按 $\boxed{\text{Ctrl}}$ ＋ $\boxed{\text{Shift}}$ ＋ $\boxed{\text{O}}$ 组合键就可以了，非常方便。

用同样的方法可以给其他常用特殊字符设定快捷键，如希腊字母"α"可指定快捷键为 $\boxed{\text{Ctrl}}$ ＋ $\boxed{\text{Shift}}$ ＋ $\boxed{\text{A}}$ ，"β"指定快捷键为 $\boxed{\text{Ctrl}}$ ＋ $\boxed{\text{Shift}}$ ＋ $\boxed{\text{B}}$ ，等等。

1.1.7　项目符号和编号

在表述复杂内容时，难免要用 ● 、■ 、□ 、◆ 之类的符号来突出重点段落，或用 1、2、3、4、5 之类的编号让叙述更富有层次。项目符号相对容易使用，在【开始】/【段落】功能区单击 ⠿▾按钮即可。但许多人喜欢自己输入和编辑这些编号，因为他们发现无法直接修改 Word 自动给出的编号。单击编号会显示一个有灰色底纹的数字且无法直接修改。另外，Word 在编号上有一定的智能性，如果给第一段编了一个号码，比如"1."，输完内容回车，Word 会自动进入编号样式，给出"2."等待输入第二段内容。这种做法被一些用户认为是不方便的。

其实 Word 提供的项目符号和编号功能是很方便的，理解用法后就会喜欢上它。它可以让我们把精力集中到内容上，而不用理会编号。Word 会根据段落增加或减少的情况自动重排编号，用户无须逐一修改。例如编辑有几十个人员名单的列表，如果用编号功能，那么在列表中插入或删除一个人名将是很容易做到的事情。然而，若不用 Word 提供的编号功能，每个人名前面的序号都由用户键入，那增删起来就麻烦多了。

【例 1-7】　给段落加上编号。

① 在 Word 中输入几段文字。

② 选中这几段文字。

③ 单击【开始】/【段落】功能区上的 ⠿▾（编号）按钮，为各段编号。

Word 默认给出的是形如"1."这样的编号。如果不喜欢默认编号样式，那么可以选用其他形式的编号。

【例 1-8】　选择其他编号样式。

① 选中上述 3 段文字。

② 单击 ⠿▾按钮右侧的下拉箭头，弹出编号格式对话框。

③ 单击其中的小写罗马数字编号格式。

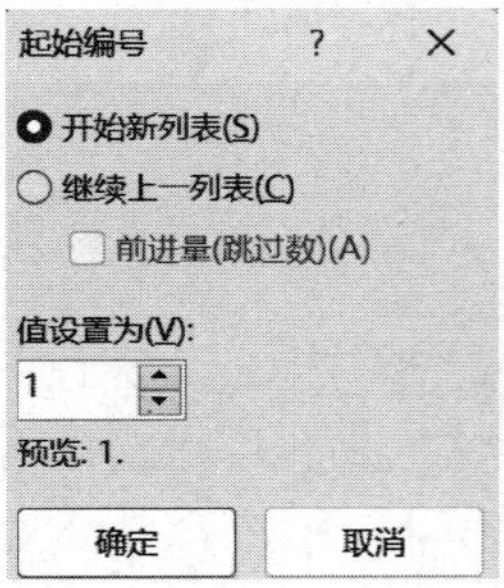

图 1-13　【起始编号】对话框

经过上述操作，原来由阿拉伯数字编号的段落就变成用罗马数字编号了。

Word 默认的编号是从小到大连续排列的。但当我们叙述下一个问题时就需要从"1"开始新编号，就像本书每个操作步骤都是从"1"开始一样。这就需要设置项目重新开始编号。

【例 1-9】　项目重新开始编号。

① 在打算重新开始编号的段落上右击鼠标，弹出快捷菜单。选择【设置编号值（V）...】菜单项，弹出【起始编号】对话框，如图 1-13 所示。

② 选择【开始新列表（S）】，在【值设置为（V）】框中输入"1"。

③ 单击 确定 按钮完成项目重新开始编号。

1.1.8 Word 常用快捷键

Word 提供了不少快捷键，前面我们提到了一些，这里再列出一些常用的快捷键，供需要时使用。Word 常用快捷键如表 1-2 所示。

表 1-2　Word 常用快捷键

快捷键	功能
Ctrl+A	全选
Ctrl+C	复制
Ctrl+V	粘贴
Shift+→或 Shift+←	选中文本
Ctrl+B	**粗体字**(再按一次文字恢复正常)
Ctrl+I	*斜体字*(再按一次文字恢复正常)
Ctrl+U	下划线(再按一次文字恢复正常)
Ctrl+Shift+=	上标 x^2(再按一次文字恢复正常)
Ctrl+=	下标 x_2(再按一次文字恢复正常)
Ctrl+E	居中
Ctrl+]或 Ctrl+[	设置选中的文字大、小
Ctrl+D	字体设置(选中目标)
Ctrl+G/H	查找/替换
Ctrl+M	左边距
Ctrl+Q	两端对齐,无首行缩进
Ctrl+J	两端对齐
Ctrl+R	右对齐
Ctrl+K	插入超链接
Ctrl+O	打开文件
Ctrl+S	保存文件
Ctrl+P	打印

1.2　图片及其格式

化学化工类的文稿中少不了图片，比如需要展示化工设备、高分子复合材料表面形貌、纳米材料透射电镜照片，等等。本节将学习如何在文本中插入图片以及如何更改图片的格式等内容。

1.2.1　插入图片

【例 1-10】　插入一张来自文件的图片。

① 复制一张扫描电镜照片至电脑桌面，如"聚合物纳米管 .jpg"。

② 打开【插入】功能区。【插图】工具如图 1-14 所示。

图 1-14 【插图】工具

这里有些按钮是灰色的，表明暂不可用。默认可用的是【图片】、【形状】、【SmartArt】和【图表】等按钮，点击这些按钮可以实施相应操作。

【形状】对话框提供了丰富的几何形状，可用于图文标注和绘制流程图等操作。【SmartArt】对话框有八种关系图。【形状】和【选择 SmartArt 图形】对话框如图 1-15 所示。

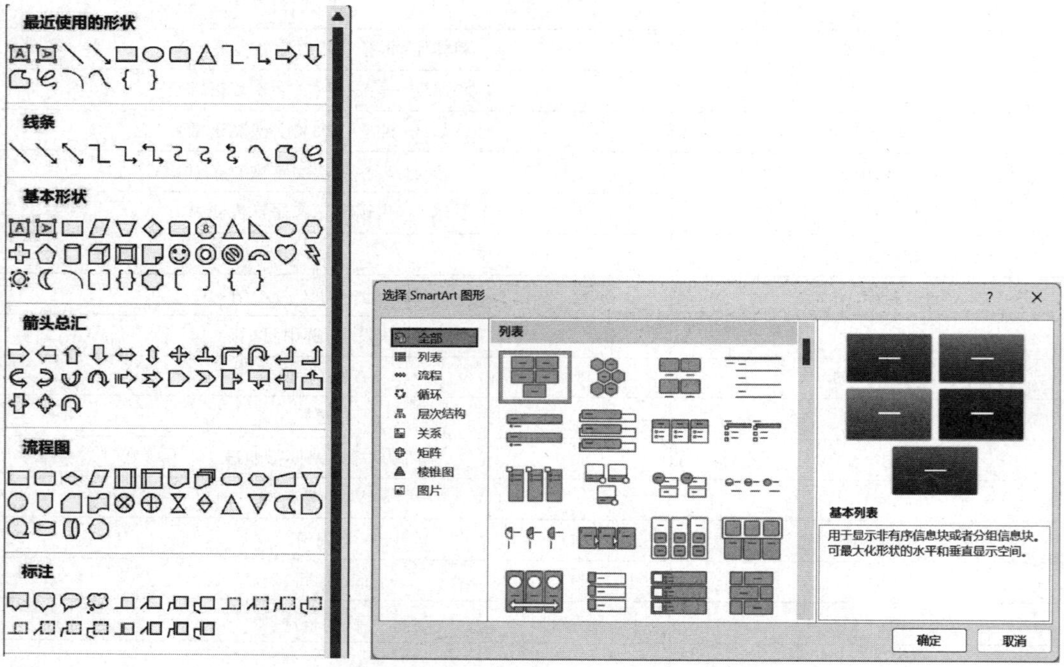

图 1-15 【形状】和【选择 SmartArt 图形】对话框

在【选择 SmartArt 图形】对话框里可以选择 "列表" "流程" "循环" "层次结构" "关系" "矩阵" "棱锥图" 和 "图片" 等。要绘制结构关系可采用这些工具。

③ 单击【图片】按钮弹出【插入图片来自】菜单，如图 1-16 所示。

图 1-16 【插入图片来自】菜单

④ 单击【此设备（D）…】，在弹出的对话框中选择预先复制到桌面上的图片，单击 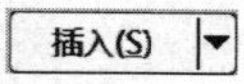 插入(S) 完成图片插入到文本当中的操作，如图 1-17 所示。

图 1-17　聚合物纳米管

经上述操作后就可以将图片插入到光标所在位置。

图片是有格式的，不同格式的图片在文本中有着不同的外在表现，因此我们有必要了解一下图片格式。

1.2.2　图片格式

默认情况下，插入的图片会被当作一个大字符插入光标所在位置，其格式为嵌入型。要改变图片的格式，或者对图片进行其他操作，可以双击插入的图片，调出【图片格式】选项卡，如图 1-18 所示。

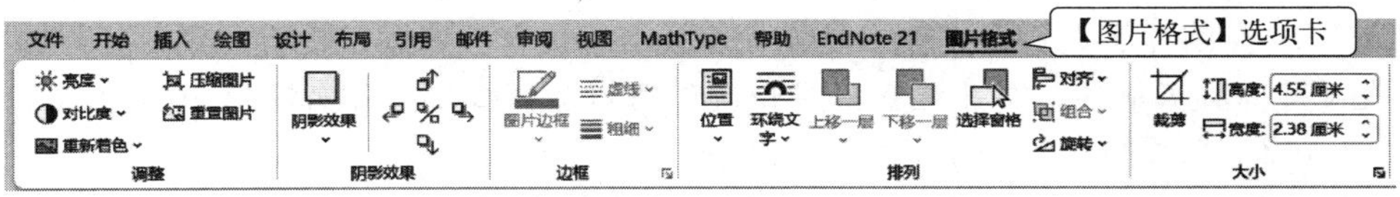

图 1-18　【图片格式】选项卡

【图片格式】是一个临时选项卡，字体为蓝色，有别于其他选项卡。【图片格式】平时看不到，只有双击图片时才会出现。在这里可以调整图片亮度和对比度、开启阴影效果、调整位置和文字环绕方式以及裁剪图片等。

在最左侧的【调整】功能区可以调整图片的亮度和对比度。简单调整用它即可，不必用 Photoshop 等专业图像处理软件。在最右侧的【大小】功能区，可以裁剪图片，把不需要的边框去掉，突出图片重点。

在中间的【排列】功能区有【位置】和【环绕文字】两个下拉菜单，如图 1-19 所示。

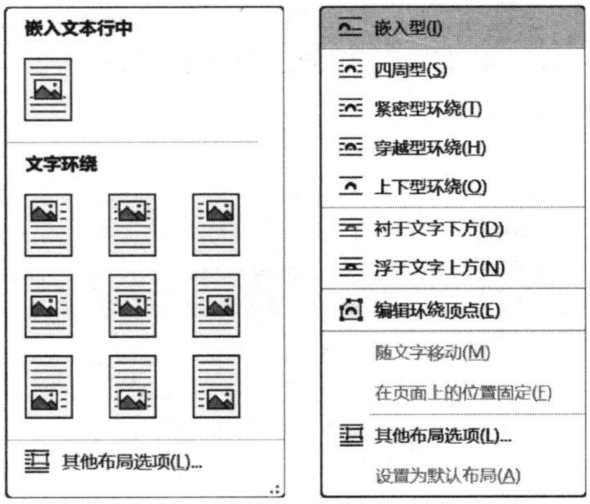

图 1-19　【位置】和【环绕文字】下拉菜单

最常用的图片【位置】是"嵌入文本行中"。【环绕文字】是"嵌入型"。科技论文通常用这种方式排版。

可将嵌入型图片理解为一个大字符，按照处理字符方式处理它，如移动、删除、复制等。若图片较大，通常让它单独占据一行。若图片较小，则可将多个图片排列在一行。

有时我们需要将文字环绕在图片四周，以达到某种编辑效果，这就需要四周型的图片版式。移动四周型的图片，周围的文字会自动重排，以适应图片位置的变化，非常灵活。但四周型的图片有个缺点，就是如果增减了文本或改变了文章版式，四周型图片可能会发生不可预见的移动，有时会"飘忽不定"，需要重新调整才行。

1.3 公式编辑器

科技论文写作少不了数学公式。Word 自带有公式编辑器。论文写作过程中遇到的公式用它就可以解决。

1.3.1 启用公式编辑器

正常情况下，在【插入】选项卡的最右侧【符号】功能区，单击 π公式 按钮即可启用公式编辑器。若这个按钮呈灰色不可用，那么有两种可能性。一是没有安装公式编辑器，需要调用 Office 安装程序重新安装。二是 Word 版本的兼容性问题。也就是说，正在编辑的文本可能是早期 Word 版本。如果出现这种情况，可以尝试如下操作解决这个问题。

【例 1-11】 公式编辑器不可用的解决办法。

① 单击 Word 窗口底部状态栏上的 辅助功能: 不可用 按钮，在窗口右侧弹出【辅助功能】对话框，如图 1-20 所示。

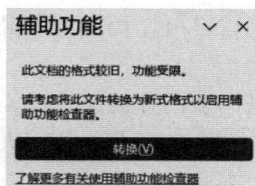

图 1-20 【辅助功能】对话框

【辅助功能】对话框显示"此文档的格式较旧，功能受限"。提示进行转换。

② 单击【转换】，弹出一个对话框，提醒转换升级文件格式可能会导致原来文本的布局发生改变，如图 1-21 所示。

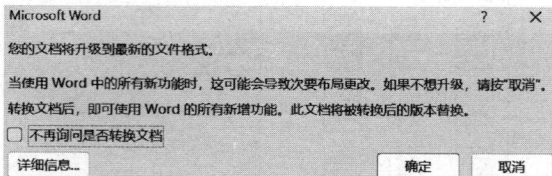

图 1-21 转换可能导致文本布局发生改变的提示框

③ 单击 确定 完成转换。

文件格式升级到当前版本后，公式编辑器就可用了。

1.3.2 初识公式编辑器

单击【插入】选项卡，单击最右侧的【符号】区上方的 π公式 ▾ 按钮，在光标处出现【在此处键入公式】窗口，如图1-22所示。

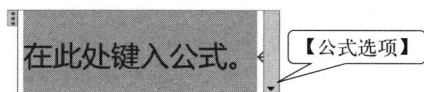

图1-22 【在此处键入公式】窗口

与此同时，工具栏多了一个【公式】临时选项卡，字体为蓝色，有别于其他选项卡。【公式】选项卡平时看不到，只有编辑公式时才会出现。

不要试图删除"在此处键入公式"几个字。那只是提示文字，不用管，直接选用【公式】选项卡上的各种符号和结构编辑公式即可。

公式输入完毕后，在这个提示框外面单击鼠标，即可退出公式编辑器状态并隐藏【公式】选项卡。

若要对已经输入的公式进行再次编辑，可以单击公式，再次调出【公式】选项卡，如图1-23所示。

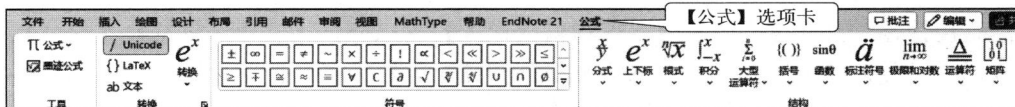

图1-23 【公式】选项卡

【公式】选项卡有很多按钮，其中【符号】区和【结构】区是最常用的。公式就是由符号和结构有机组织起来的。这里简单介绍一下符号区，如图1-24所示。

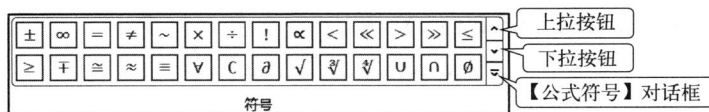

图1-24 【符号】区

默认显示的是"基础数学"符号。显然基础数学符号不止两列。要找到更多的符号，可以按上拉和下拉按钮进行选择。如需选择更多符号，则需要单击右下角的【公式符号】按钮，打开【公式符号】选择对话框。如图1-25所示。

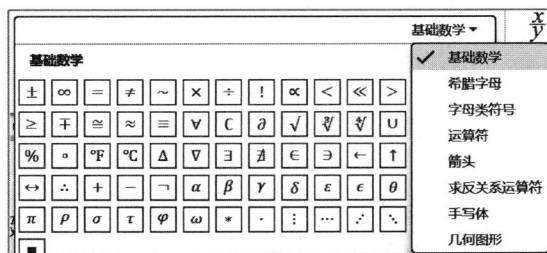

图1-25 【公式符号】选择对话框

除了默认的"基础数学",还可以在这里选择"希腊字母""运算符"等符号。

【结构】区中每一项都有下拉按钮，单击可打开选择框。例如单击【上下标】按钮打开选择框，如图 1-26 所示。

图 1-26 【上下标】选择框

选择框上方【下标和上标】有四种结构，选用后还需要在虚框里输入数学符号。选择框下方【常用的下标和上标】提供了四种常见数学表达式，其中的结构与数学符号已经设置好了，直接使用即可。

建议用户逐一打开【分式】、【上下标】、【根式】、【积分】、【大型运算符】、【括号】、【函数】、【标注符号】、【极限和对数】、【运算符】和【矩阵】等下拉按钮，看看里面都有哪些数学结构，做到心里有数。这里就不一一罗列了。

灵活运用这些结构，不仅能构造出复杂的数学公式，还可以用在其他方面，比如书写化学反应方程式等。

1.3.3 公式编辑器工具

在【公式】工具栏最左端有个【工具】功能区，如图 1-27 所示。

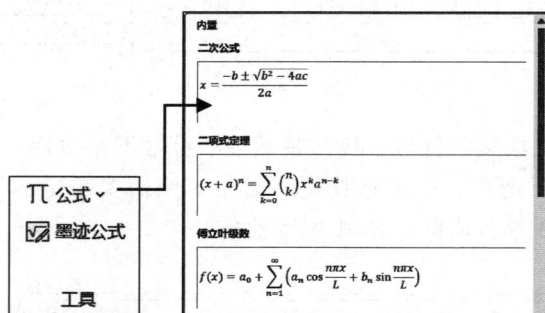

图 1-27 【工具】功能区及其内置公式

这里提供了两种功能。π公式 下拉菜单里有各种常用公式。用户自己编辑过的公式也可以另存到这里，方便后续使用。相同的公式只需编辑一次。与之类似的公式也可以在此基础上修改得到，从而大大提高效率。

另一种功能是【墨迹公式】。这里的"墨迹"指手写公式。此功能可将手写公式转化为相应的字符和结构。单击 墨迹公式 弹出【数学输入控件】对话框。如图 1-28 所示。

图 1-28 【数学输入控件】对话框

如果电脑上配备了手写输入设备，那么这个功能将会十分好用。用鼠标写公式也可以，虽然不是那么方便。此方法识别率还是较高的。

在【插入】选项卡最右端的【符号】功能区，单击 π 公式 右侧下拉按钮，也能调出上述两个工具。如果有需要的公式，直接选用即可，不必再打开公式编辑器。

1.4 MathType 公式编辑器

虽然 Word 自带的公式编辑器基本够用，但还是有必要介绍另外一款常用的、功能强大的公式编辑器——MathType。其标志是个非常醒目的红色根号 √。这是由美国 Design Science 公司开发的一款数学公式编辑器，它与 Office 系列软件兼容，是编辑数学公式的得力工具。

MathType 安装过程很简单，依照提示进行安装激活即可。安装完成后 Word 里会增加一个【MathType】选项卡。

1.4.1 MathType 简介

单击【MathType】选项卡出现相应功能区，如图 1-29 所示。

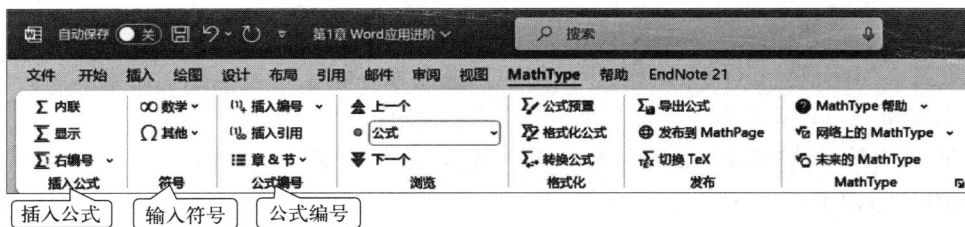

图 1-29 MathType 功能区

最左侧的三栏工具是最常用的，分别为【插入公式】、【符号】和【公式编号】。

先来看【符号】工具。它与 Word 里的【插入】/【符号】功能一样。文字编排过程中，即使没有输入公式的需求，用户也可以习惯使用 MathType 这个工具来输入数学符号或其他符号，因为很方便。

1.4.2 插入公式

∑ **内联**按钮插入的公式会嵌入文本行中，常用于公式推导的叙述过程。

∑ **显示**按钮插入的公式会独立成段，居中显示。

∑右编号按钮插入的公式会独立成段，居中显示，并且在公式右侧给出形如（1.1）格式的编号。如果文中公式较多建议使用这种方法，让 MathType 自动给出编号。

∑右编号按钮旁边有个下拉箭头，点击可以选择"左编号"。但这种编号不多见。

MathType 提供的公式比较多，共有七类标签。标签下方是各种数学表达式，单击这些表达式即可将其复制按需修改。默认打开的是【代数】标签，如图 1-30 所示。

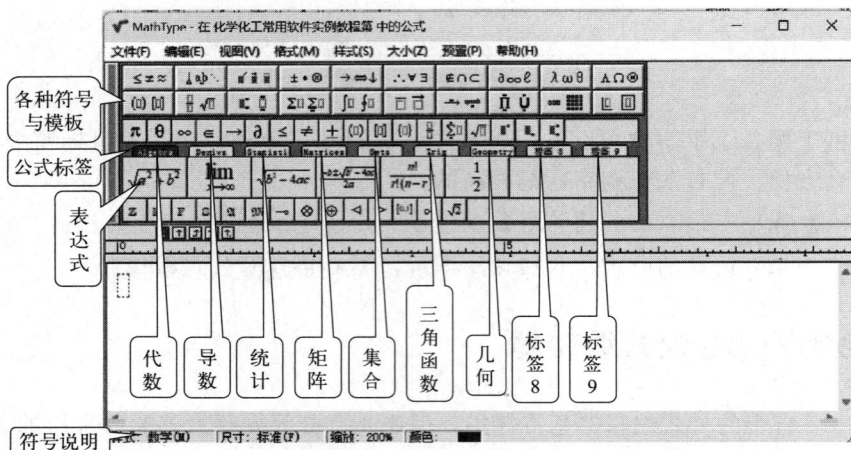

图 1-30　MathType 公式编辑器窗口

MathType 还提供了两个空白标签：【标签 8】和【标签 9】。用户自己制作的、需要反复使用的公式可以保存在这里。将公式选中拖到【标签 8】的空白处即可。

对于初学者来说，MathType 提供的符号和模板有点多，不知道都有些什么，不过，MathType 针对每一项符号和模板都给出了说明，在符号上移动鼠标时，左下角会出现相应的符号说明。这个功能对于初学者特别友好。

1.4.3　插入编号

学位论文中所用的公式都需要编号。如果公式很多，再加上行文过程中的不断引用，难免造成混乱。MathType 提供了自动编号功能，极大地方便了论文写作，使得添加、删除公式变得很方便，不必再考虑由此产生的编号发生变化的问题。

如果之前输入的公式没有编号，那么将鼠标移动到公式后面，按 Tab 键，单击 ⁽¹⁾₊ 插入编号按钮即可。

⁽¹⁾₊ 插入编号按钮右侧有个下拉箭头，下拉打开，有两个选项，分别是【格式化】和【更新】。单击【格式化】打开【格式化公式编号】对话框，如图 1-31 所示。

学位论文里有关"编号格式"的规定各个学校有所差异。通常每章里的公式都是统一编号的，括号里的第一个数字为章序号，第二个数字为公式序号，不再区分该公式属于哪一节。例如（1.3），代表第 1 章第 3 个公式。因此这里我们勾选【章编号】，去掉【节编号】。

如果文稿中公式特别多，则可以勾选【节编号】，结果形如（1.3.2），表示第 1 章第 3 节的第 2 个公式，这样可以表述得更清晰些。

所谓【附件】，就是括住编号的字符。默认是圆括号，还可以选择方括号"［］"、大括号"｛｝"和尖括号"＜＞"。

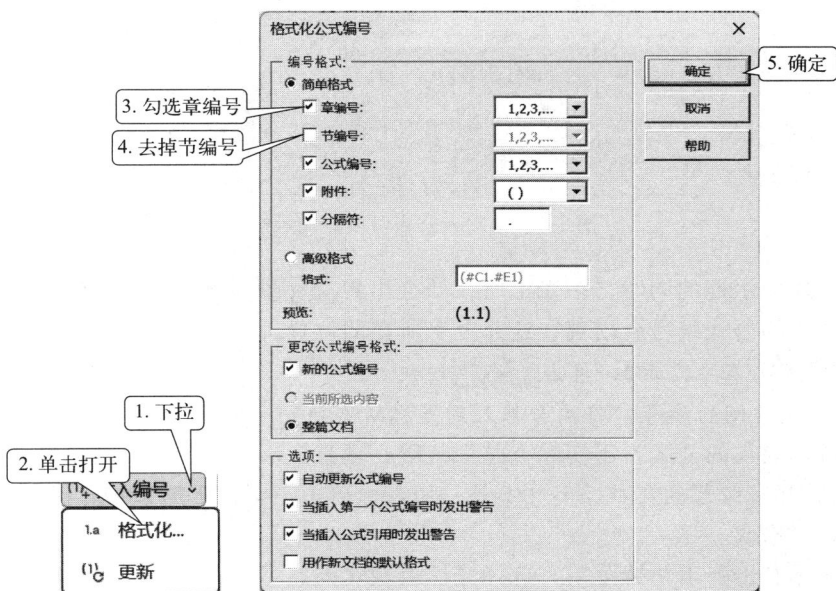

图 1-31 【格式化公式编号】对话框

【分隔符】用来分隔章序号与公式序号，默认为英文句点，这里可以任意输入分隔符，比如有些学校要求用短杠"-"作为分隔符。

1.4.4 插入引用

论文中的公式是需要引用的，通常引用公式的编号，如下形式：

式（4.60）可以看作是理想溶液的热力学定义。

这里所说的"式（4.60）"是指第 4 章第 60 个公式。

如果文中有很多公式，若都手动管理编号，那么不仅很辛苦而且还很容易出错，特别是公式数目发生增减时。

MathType 提供了引用公式编号的功能，可以在文本中需要的地方插入引用，当公式编号发生变化时，该引用编号会自动做出改变，从而方便增删公式。

【例 1-12】 插入引用。

① 用 $\sum$ 右编号按钮编辑一个带编号的公式，如下所示。

$$x_{1,2} = \frac{-b \pm \sqrt{b^2 - 4ac}}{2a} \tag{1.1}$$

这是一个一元二次方程求根的公式，编号为（1.1）。本段文字里的（1.1）并非普通文本，而是一个公式引用，即一个域。如果在此公式前面再插入一个公式，那么编号刷新后，（1.1）会自动变成（1.2）。

② 将光标移动至文本中需要引用公式编号的地方。

③ 单击 插入引用按钮，弹出【插入公式引用】提示框，如图 1-32 所示。

这里给出了具体操作提示，关掉这个提示框之后，双击公式右侧的编号即可完成插入公式引用操作。这一方法熟练了以后，可以勾选【下次不再提示】。类似提示框还有不少，这是 MathType 对初学者友好的地方。掌握方法以后都可以把提示关闭。

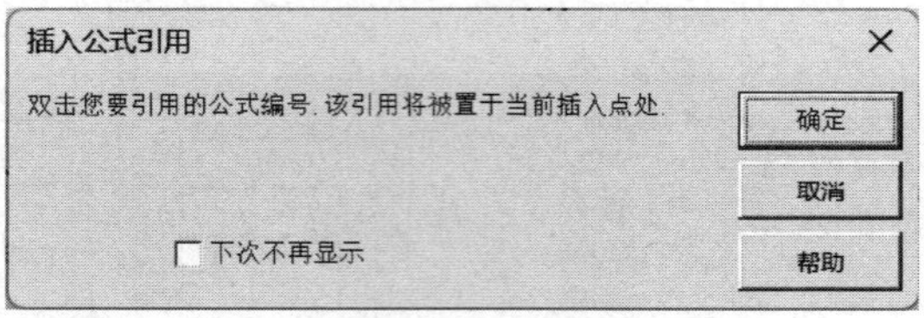

图 1-32 【插入公式引用】提示框

在弹出上述提示框的同时，在光标所在处会出现 公式参考此处 几个带有灰色底纹的斜体字，提示要插入的公式编号会出现在这几个字所在的位置。

④ 勾选【下次不再提示】，单击 确定 按钮。

⑤ 双击公式右侧的编号，将编号插入到光标所在处。

上面说过，插入的公式引用实际上是一个域。域是一串代码，可将其粗略地理解为"文本变量"。它看起来像普通文本，但并不是。用鼠标单击，会显示形如(1.1)带有灰色底纹的文字，无法直接修改。

在域上鼠标右击弹出快捷菜单，选择【切换域代码】可以看到该域代码。对于普通用户来说，并不关心域代码是怎么写的和怎么执行的，其最终表现出来的结果正确即可。再操作一次可以切换回带有灰色底纹文字的形式。

使用公式引用还有一个好处，即双击这个公式编号会跳转到原公式所在行。这对于公式的编辑、校排很有帮助。

若公式数量发生变化，可以下拉(1), 插入编号，单击其中的(1), 更新按钮完成编号刷新。

实践中发现，双击任意一个公式编号，再把弹出的窗口关闭，即可完成公式编号的刷新。

1.4.5　MathType 常用快捷键

使用快捷键能极大地提高公式的输入速度。有些快捷键也很好记，是英文单词的首字符，如按 Ctrl + F 键可以输入分式模板，F 是分式（Fractional）的首字母。需要注意的是，不要把 MathType 的快捷键和 Word 的快捷键弄混了。

常用的快捷键有：

- 选中字符：Shift + → 或 Shift + ←
- 上标 x^2：Ctrl + H（High）
- 下标 x_2：Ctrl + L（Low）
- 上下标 x_1^2：Ctrl + J
- 分式 $\dfrac{1}{2}$：Ctrl + F（Fractional）
- 斜杠分式 1/2：Ctrl + /
- 根式 $\sqrt{x}$：Ctrl + R（Radical）
- 移动字符（选中字符后）：Ctrl + 光标移动键（←、↑、→、↓）
- 1 磅间距：Ctrl + Alt + 空格键

输入公式时，键盘应处在英文半角状态下。

默认样式是【数学】。其字体为 Times New Roman 斜体字，如果不是这样，请注意键盘是不是还处在汉字输入状态。

通常情况下公式里不需要使用空格。万一遇到需要使用空格的情况，会发现在【数学】样式下，空格键不起作用。要输入空格，就要使用专门的【空格和椭圆】模板，如图 1-33 所示。

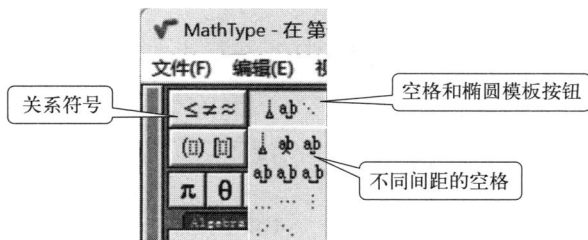

图 1-33　【空格和椭圆】模板

当然也可以用上面提到的 1 磅间距快捷键在字符间引入空格。

还有一个解决办法，就是将默认的【数学】样式切换到【文本】，这时空格键就可以用了。

1.5　Word 中的样式

文档是需要仔细排版的。通过使用标题、目录、字体、字号、颜色、段落格式等方式来表现内容，才可使文章结构层次分明，条理清楚，更富有表现力。

简短的文章排版起来并不难。但是，如果需要排版的是一部大型文稿，比如一本书或一本硕士学位论文，那么我们要面临的问题就复杂多了。

学位论文是为申请学位而撰写的学术论文，是评判申请者学术水平的主要依据，是学位申请者获得学位的必要条件之一。学位论文的篇幅通常比较长，包含层级结构和格式要求不一的文字和段落。这么多内容若逐段编辑排版，逐一确定各段所需字体、字号、颜色、段落格式等，同时还要兼顾图、表、公式等的顺序编号，将会浪费大量宝贵时间。如果能够制定几种不同的排版"标准"，将文中各段落分类套用这些"标准"，那么排版效率就会高很多。

本节所讲的"样式"就是这样一些"标准"。

标准化从来都是解决复杂问题的不二法门。对于大型文稿的排版，仔细学习本节内容，一定是磨刀不误砍柴工。

1.5.1　什么是样式

所谓"样式"就是各种格式的集合。包括字体、段落、制表位、边距、语言、图文框、编号等属性。排版工作所涉及的主要内容就是这些。

Word 提供了一些默认样式。我们首先了解这些样式。在【开始】选项卡右侧，有个专门的【样式】功能区，如图 1-34 所示。

这里展示的是编写本书所用的样式，用户看到的界面可能有所不同。当【开始】选项卡里的工具太多时，【样式】功能区可能会缩成按钮，如图 1-35（左）所示。

这里列出的三种标题样式分别是"第 1 章　标题 1""1.1 标题 2"和"1.1.1 标题 3"。可

图 1-34 【开始】/【样式】功能区

以通过上拉和下拉按钮浏览更多样式，或者打开右下角的全部【样式】选择框。如图 1-35（右）所示。

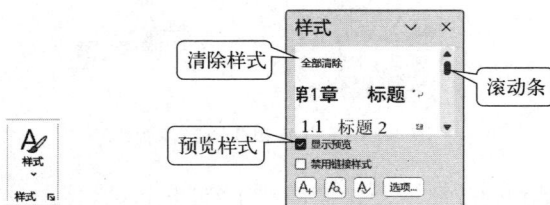

图 1-35 缩小的【样式】按钮（左）和【样式】选择框（右）

可以用滚动条选择里面的样式。建议将【显示预览】勾选上，这样可以直观地看到样式的显示效果，以便确定这是不是打算要的样式。

将鼠标停留在"标题1"样式上，会弹出一个提示框，如图 1-36 所示。这里罗列了标题1 的各种格式和样式，包括字体、字号、段落、项目符号和编号，等等。其他类型的样式所包含的也是这些内容。不同样式复杂程度不同。

图 1-36 标题 1 样式

我们可以把同类的文字应用相同的样式，从而达到风格统一。至于用什么格式撰写学位论文，要看各校的具体规定。用户可以先按本书的格式设置样式。若与所要求的不相符，那么仅需把样式修改一下，就可以让全书所有同类样式的文字符合要求。

一般情况下，章名采用"标题1"样式，节名采用"标题2"样式，小节名采用"标题3"样式，正文用"正文缩进"样式，也就是前面空两格。

如果某段样式来历不明，可以单击【全部清除】，这样选中的那段文字的样式就清除了，变成最基本的、默认的正文样式，方便用户重新设定样式。

除了最基础的"正文"样式以外，Word 还提供了其他一些样式，通常用这些基本样式就足够了。然而，为了更符合我们的具体需求，有必要学会自定义样式。在自定义样式之前，我们首先来了解一下写作一篇硕士学位论文需要用到哪几种基本样式。

1.5.2 写作常用的几种样式

首先，是 Word 默认的"正文"样式。不带缩进，两端对齐，单倍行距。汉字字体是"宋体"，英文字体是"Times New Roman"，字号是"五号"。

"正文"样式是其他一切样式的基础，在某些情况下会使用到。如公式之后解释符号含义的段落里，文字就是顶格开始的，如下面公式之后的三行文字：

$$E = mc^2$$

(1.2)

式中　　E——能量，J；

　　　　m——质量，kg；

　　　　c——真空中的光速，m/s。

其次，是开头空两字的正文样式，叫作"正文缩进"。"正文缩进"样式使用得最多，每个起始段都会用到。

最重要的是"标题"样式。标题代表着一部文稿的大纲级别，反映文稿的基本结构，同时也是目录的主要组成部分。大纲级别规划好了，文稿骨架也就有了。

一篇学位论文使用3级标题就足够了，尽管Word默认可以支持到9级标题。目录通常也只做到3级标题。如果文稿中出现4级或以上级别的标题，说明这部分内容可能太多了，可以考虑将其拆分成多个3级甚至2级标题，以保证文稿结构清晰明了，各部分内容均衡。另外，标题样式通常需要使用多级符号，由Word自动给出章、节和小节编号，以方便增删修改。

科技文章难免要使用图、表。图注和表头文字应该和正文有所区别，"表头"和"图注"样式的字号通常会小一号，并且也需要带多级符号，便于修改和增删。

以上就是常用样式。这里把本书用到的一些样式集中展示，如图1-37所示。

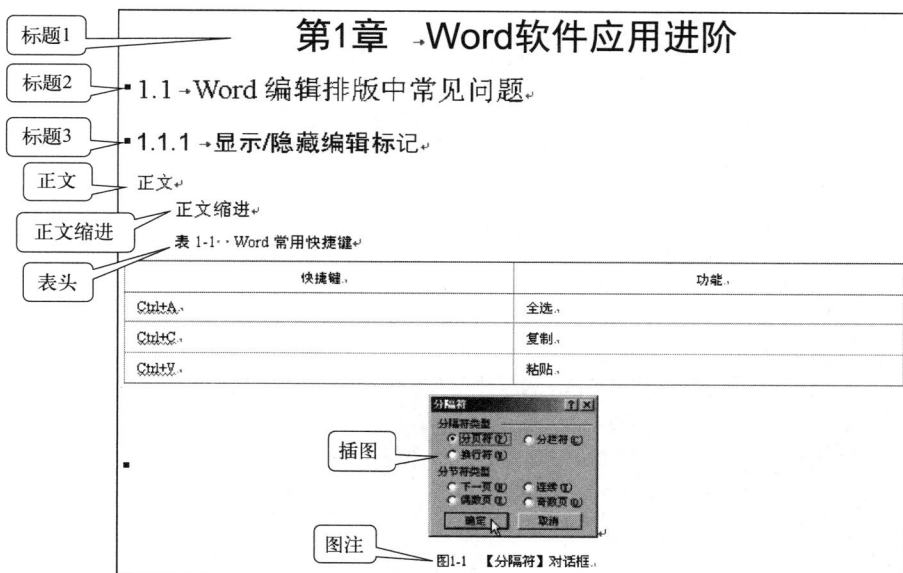

图 1-37　写作常用样式

下面来学习如何设置这些样式。

1.5.3　设置正文样式

Word提供了"正文"样式，这里我们以青岛大学硕博论文格式要求为例，将其稍微修改一下。后面用到的样式均以此要求进行设置。这里采用的是工科硕士论文的格式要求。

正文样式的汉字和英文字体不变，分别使用默认的"宋体"和"Times New Roman"。

字号由"五号"改成"小四",行距由"单倍行距"改为"1.25 倍行距"。

【**例 1-13**】 修改正文样式。

①【开始】/【样式】功能区找到【正文】样式,在其上鼠标右击,弹出快捷菜单,如图 1-38 所示。

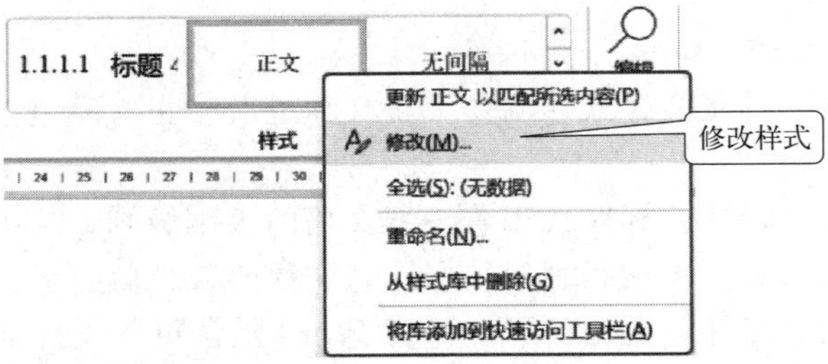

图 1-38 【正文】样式快捷菜单

②单击【修改(M)…】,弹出【修改样式】对话框,如图 1-39 所示。

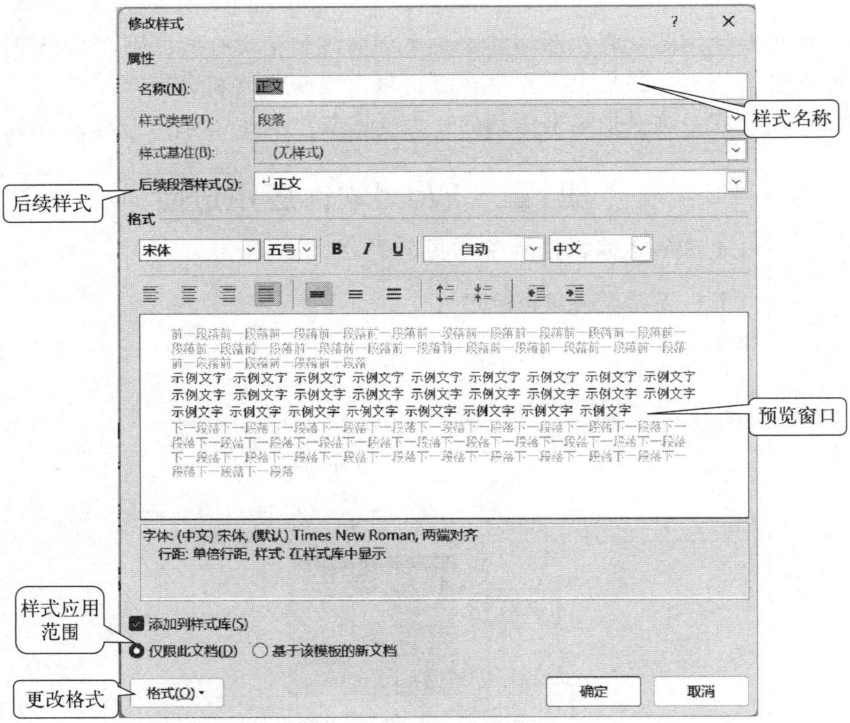

图 1-39 【修改样式】对话框

"正文"样式之后多为"正文缩进"样式。

③下拉【后续段落样式(S)】右侧的下拉按钮,改成"正文缩进"。

④单击左下角的【格式(O)】按钮,向上弹出快捷菜单。

这里可以改动的项目有很多。单击【字体(F)…】可进行字体格式设置。

⑤单击【段落(P)…】可进行段落格式设置,如图 1-40 所示。

⑥将【字号】设置为"小四"。将【行距】改为"1.25 倍行距"。

图 1-40 【格式】快捷菜单以及【字体】、【段落】设置对话框

至此正文样式修改完毕，下面指定快捷键以方便今后正文样式的使用。

⑦ 在【格式（O）】快捷菜单里单击【快捷键（K）…】按钮，弹出【自定义键盘】对话框，如图 1-41 所示。

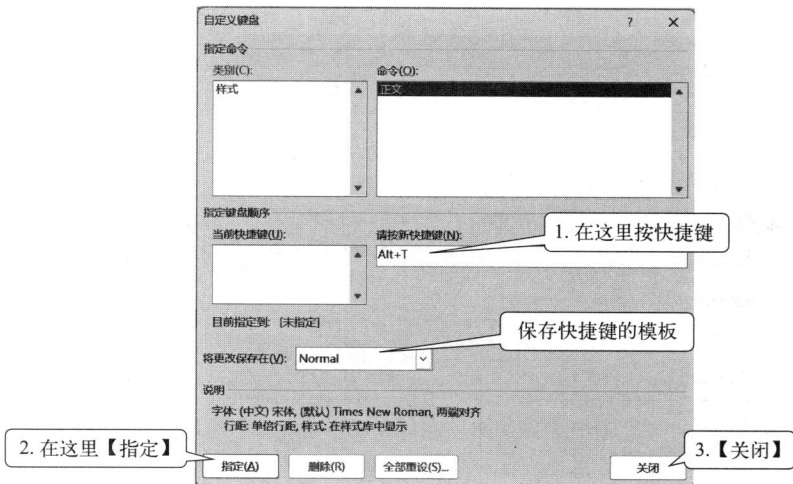

图 1-41 【自定义键盘】对话框

这里有【将更改保存在（V）】选项，默认是将指定的快捷键保存在 Normal 模板中，今后所有使用 Normal 模板打开的文件都可以使用这个快捷键。当然也可以选择只保存在当前文件中，使之仅在当前文件中有效。

⑧ 在【请按新快捷键（N）】输入框中按 Alt ＋ T 键，单击 指定(A) 按钮，单击 关闭 按钮返回【修改样式】对话框。

⑨ 单击 关闭 按钮完成样式修改。

至此我们修改了正文样式，汉字字体为"宋体"，英文为"Times New Roman"，字号小四，行距 1.25 倍。键入几行中英文试试，显示效果一定是我们设定的样子。

要将其他样式的文本变成我们设定的正文样式，只需将光标定位到该段，然后按下快捷键 Alt ＋ T 键，保证让它一键定型。

除了"正文"样式，还需要"正文缩进"样式，将段落首行左侧缩进两个字。

1.5.4 设置标题样式

Word 提供了标题样式供用户选用，不必新建。标题样式共有 9 级，我们只用到前 3 级。下面的工作是将现有的前 3 级标题样式修改得符合论文格式要求。

以"标题 1"样式为例。"标题 1"样式主要包含以下格式：中文字体为黑体，西文为 Arial，小三号，居中，段前 48 磅，段后 30 磅，自动更新。

【例 1-14】 设置"标题 1"样式。

① 在【开始】/【样式】/【标题 1】样式上鼠标右击，弹出快捷菜单，如图 1-42（左）所示。

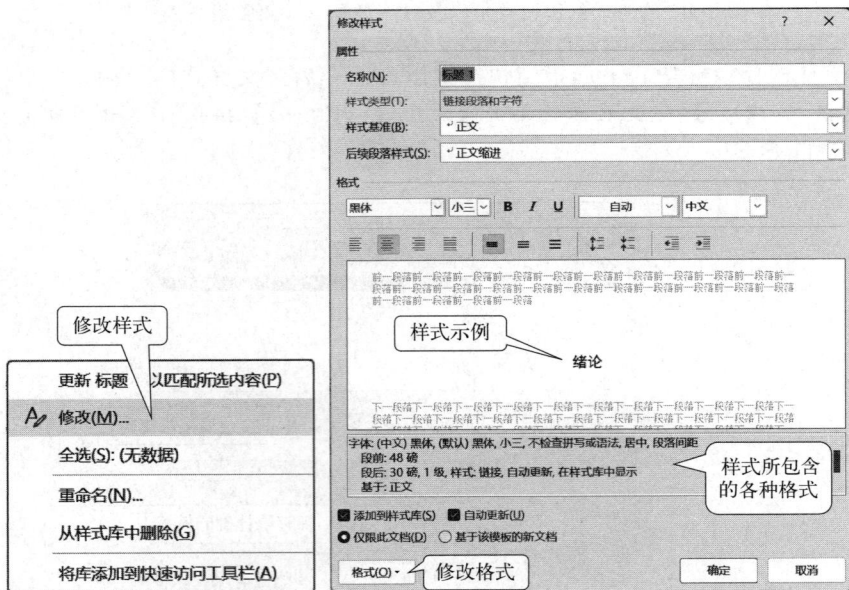

图 1-42 样式快捷菜单（左）和【修改样式】对话框（右）

② 单击【修改（M）…】菜单项弹出【修改样式】对话框，如图 1-42（右）所示。

③ 单击左下角的【格式（O）】按钮，向上弹出快捷菜单。

④ 点开【字体（F）…】和【段落（P）…】进行字体和段落设置，如图 1-43 所示。设置字体、段落等内容前面已有涉及不再赘述。下面给"标题 1"设置快捷键。

⑤ 单击【修改样式】对话框左下角的【格式（O）】按钮，弹出快捷菜单。

图 1-43　设置"标题 1"样式的字体和段落

⑥ 单击【快捷键（K）…】弹出【自定义键盘】对话框，如图 1-44 所示。

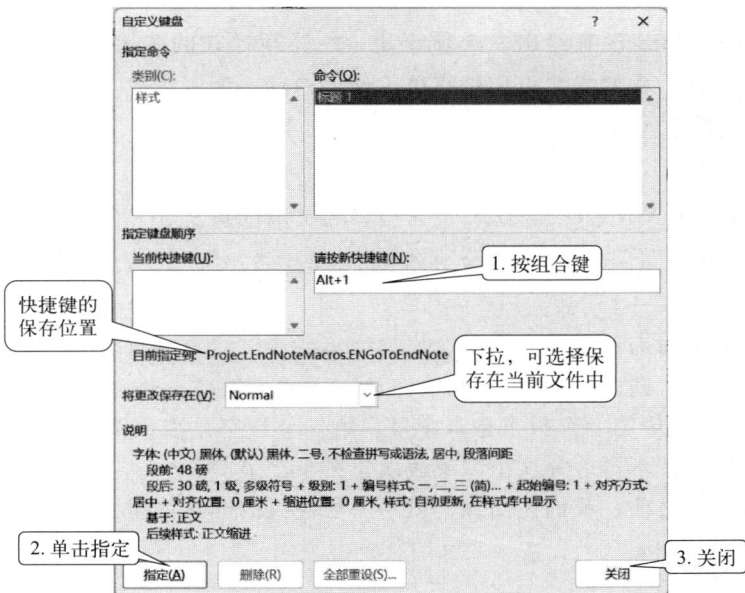

图 1-44　【自定义键盘】对话框

⑦ 按下组合键 Alt ＋ 1 ，单击 指定(A) 按钮，给"标题 1"样式指定快捷键。单击 关闭 按钮返回【修改样式】对话框。

默认情况下是将新指定的快捷键保存在"Normal"模板里，今后凡是以此模板为基础建立的 Word 文档都可以用这个快捷键。当然也可以只保存在当前文本里，只需在【将更改保存在（V）】下拉选择框中选择当前文件即可。

⑧ 单击 确定 按钮完成标题 1 样式的设置。

用户可参照设置"标题 1"样式的方法设置"标题 2"样式和"标题 3"样式，并指定标题 2 样式的快捷键为 Alt + 2，标题 3 样式的快捷键为 Alt + 3。标题 3 样式快捷键使用得最多，毕竟文章里的小节是使用最多的标题样式。

标题 2 样式主要包含以下格式：中文字体为黑体，英文为 Times New Roman，四号，悬挂缩进 1.1 厘米，左对齐，段落间距为段前 6 磅，段后 4 磅，孤行控制为与下段同页，自动更新。

标题 3 样式主要包含以下格式：中文字体为黑体，英文为 Times New Roman，小四号，悬挂缩进 1.5 厘米，左对齐，段落间距为段前 4 磅，段后 4 磅，孤行控制为与下段同页，自动更新。

和标题 1 样式相比又有两项新内容："孤行控制"和"与下段同页"。

- "孤行控制"可以防止在 Word 文档中出现孤行。所谓孤行是指单独打印在一页顶部的某段落的最后一行，或者是单独打印在一页底部的某段落的第一行。"孤行控制"选项在【段落】/【换行和分页】选项卡中。

- "与下段同页"可以防止在所选段落与后面一段之间出现分页。"与下段同页"功能是要确保图和图注总在一起，不可分别放置在不同页上。"与下段同页"选项在【段落】/【换行和分页】选项卡中。

1.5.5　其他常用样式

其他常用样式 Word 没有给出，必须新建。创建新样式的按钮是 A₊，在样式对话框下部可以很容易地找到。这些样式也比较简单，请用户逐一设置完成。

- 表头（快捷键 Alt + 5）：正文＋字体：（中文）黑体，（默认）Arial，小五号，居中。

- 插图（快捷键 Alt + G）：正文＋居中，与下段同页。

- 图注（快捷键 Alt + I）：正文＋字体：（中文）黑体，（默认）Arial，小五号，居中。

章、节、小节等前面都需要有序号，形如"第一章""1.1""1.1.1"等，这些序号需要使用多级列表来实现。同样，"表头"和"图注"样式也需要一个多级列表，形如"表 1-1"和"图 1-1"等。序号中第一个数字是章序号，第二个数字是表或图的顺序编号，每章都从"1"开始，顺序排列，不再区分这个图或表属于哪个小节。

在设置多级列表之前，我们先回顾一下本书所建议的样式快捷键都有哪些。

1.5.6　样式快捷键

样式快捷键是可以任意指定的，但最好避开 Word 默认的快捷键。用户不妨依照本书所述快捷键进行设置。表 1-3 给出了我们设置的快捷键。

表 1-3　样式快捷键

样式	快捷键
标题 1	Alt＋1
标题 2	Alt＋2
标题 3	Alt＋3

样式	快捷键
表头	Alt＋5
插图	Alt＋G
图注	Alt＋I
正文	Alt＋T
正文缩进	Alt＋V

1.6 设置多级列表

大型文档中复杂的项目编号是个大问题。章、节与小节之间的编号关系，若全都依靠人脑记忆来手动编号，增删章节时整个文档编号都要手工改动。这样做不仅很辛苦，还特别容易出错。Word 提供的多级列表功能可以帮助我们解决这个难题。

1.6.1 多级列表与标题样式的关系

标题样式前面自动给出的这几个数字，如"1.6.1"小节，并非在"标题 3"样式里设定的。虽然早年的 Word 如 2003 版是在标题样式里进行设定，但 Word 后期的版本并不是这样，这一点要清楚。

首先需要设置一个多级列表，将这个多级列表的各级分别赋予"标题 1""标题 2"和"标题 3"等样式，即可实现各级标题的自动编号功能。

1.6.2 设置标题样式的多级列表

上一节我们已经设置好了各种标题样式，这里再将多级列表赋予这些样式。

【例 1-15】 设置多级列表。

① 将光标移至【标题 1】上，本例为"绪论"。

我们要设置多级列表的按钮在【开始】/【段落】功能区，如图 1-45 所示。

图 1-45 【多级列表】按钮所在区域

② 单击按钮弹出下拉菜单，其【列表库】部分如图 1-46（左）所示。

"多级列表"下拉菜单中有【当前列表】、【列表库】和【列表样式】等可供选择。其中拥有 9 级标题的这个列表看起来比较符合我们的要求。

③ 单击选中 9 级标题的多级列表，将其赋予标题样式，如图 1-46（右）所示。

下面做一些相应修改，如将"1标题 1"改成"第一章 标题 1"等等。

④ 再次单击按钮弹出下拉菜单，单击底部倒数第二行【定义新的多级列表(D)...】，弹出【定义新多级列表】对话框，如图 1-47 所示。

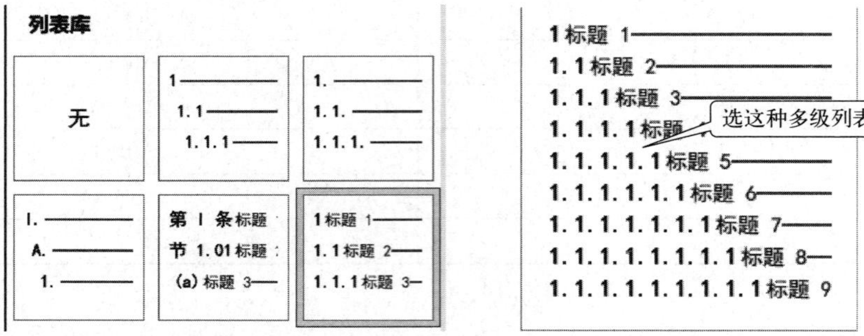

图 1-46　多级列表下拉菜单中的【列表库】部分（左）以及 Word 提供的 9 级标题列表（右）

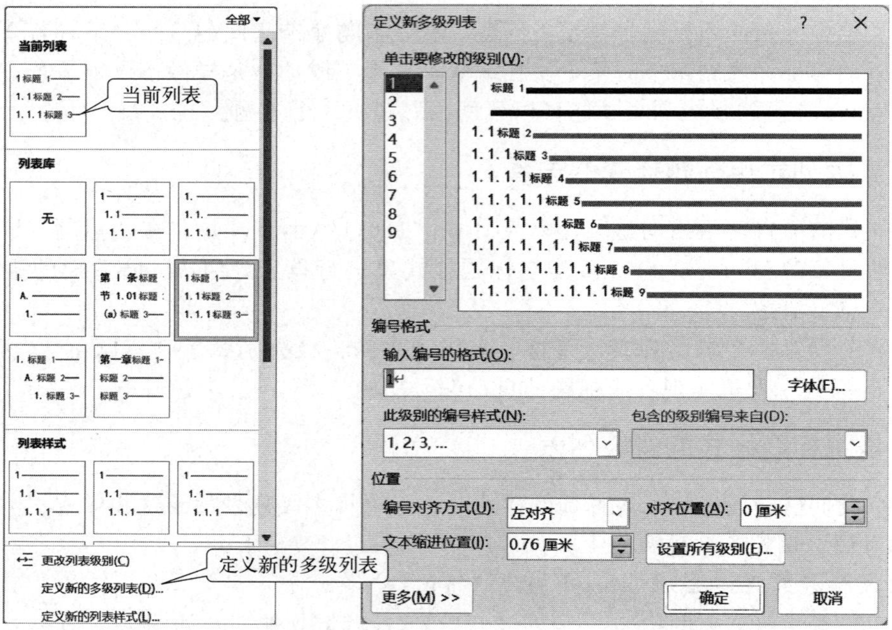

图 1-47　多级列表下拉菜单及【定义新多级列表】对话框

请注意当前列表已经变成刚才选用的多级列表的样子。

⑤ 单击【定义新多级列表】对话框左下角 更多(M)>> 按钮，将其展成完整的对话框，其右侧会多出若干选择框，如图 1-48 所示。

⑥ 在【将级别链接到样式（K）】里选择链接到"标题 1"样式。

⑦ 在【输入编号格式】选择框中灰色字体"1"前后分别输入"第"和"章"。

这里的"第"和"章"可以任意修改，如写章回小说，可以改成"回"字。

⑧ 在【此级别的编号样式（N）】里选择"一，二，三（简）"。

⑨ 在"位置"选择区里，【编号对齐方式（U）】选"居中"。

⑩【对齐位置（A）】设置为"0"。

⑪【文本缩进位置（I）】设置为"0"。结果如图 1-49 所示。

先别忙着点 确定 按钮！事情还没有结束。

不过，如果已经按下了 确定 按钮那也没关系。可以先看看我们的工作收获。经过上

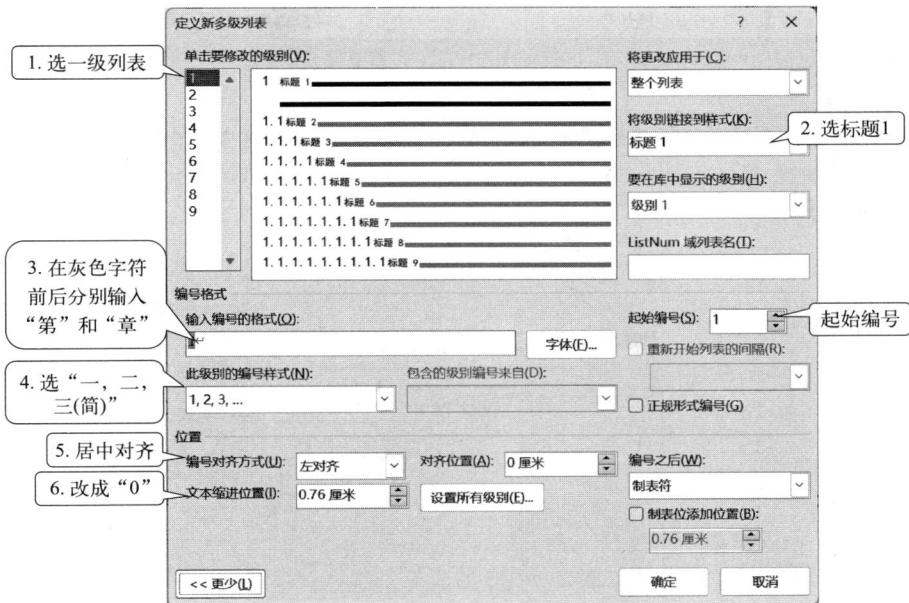

图 1-48　完整的【定义新多级列表】对话框

述设置，与标题 1 相关联的列表级别就设置好了。【开始】/【样式】功能区标题 1 的序号显示效果变成了"第一章"。如图 1-49 所示。

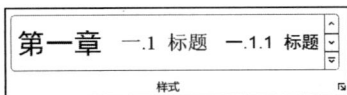

图 1-49　"标题 1"变成了"第一章"

"标题 2"和"标题 3"前面的数字有点奇怪。"标题 2"前面是"一 .1"。"标题 3"前面是"一 .1.1"。返回刚才的一级列表继续进行设置。

⑫ 在左上【单击要修改的级别（V）】处单击数字"2"。

⑬【将级别链接到样式（K）】链接到"标题 2"样式。如图 1-50 所示。

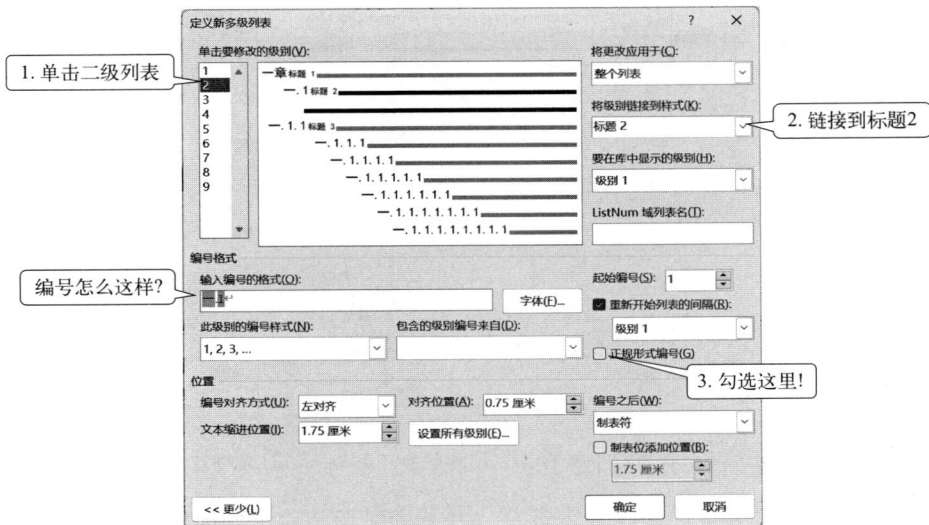

图 1-50　设置二级列表

【输入编号格式】显示的是"一.1",显然不合惯例。我们知道小节编号通常是类似"1.1"的格式。解决问题的关键在于右侧中下部的【正规形式编号（G）】选择框。

⑭ 勾选【正规形式编号（G）】选择框。

⑮ 在"位置"选择区里,【编号对齐方式（U）】选"左对齐"。【对齐位置（A）】设置为"0"。【文本缩进位置（I）】设置为"0"。【编号之后（W）】选"空格"。"标题2"最终设置结果如图1-51所示。

图 1-51 设置"二级列表"并链接至"标题 2"的最终结果

可以看到,勾选【正规形式编号（G）】后"标题2"节编号变正常了。先别点 确定 按钮! 还没有结束。

⑯ 采用上述方法设定"3级列表"并链接至"标题3",如图1-52所示。

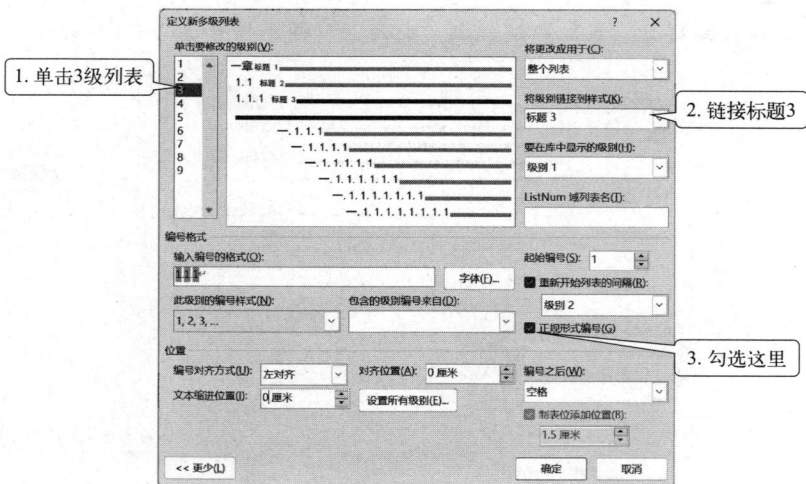

图 1-52 设置"3 级列表"并链接至"标题 3"的最终效果

至此,我们完成了复杂的多级列表设定,并分别赋予相应级别的标题。今后使用的时候这些项目会自动编号。添加和删除相应的标题时，其前面的编号都可以自动进行调整。

下面需要给图注和表头样式设置多级列表。"图 1-1"这类列表，前一个数字是章序号，后一个是图或表序号，这看起来像 2 级列表。但 2 级列表已经被"标题 2"占用了。怎么办？可以把它们设置给 4 级和 5 级列表。图注列表设置如图 1-53 所示。

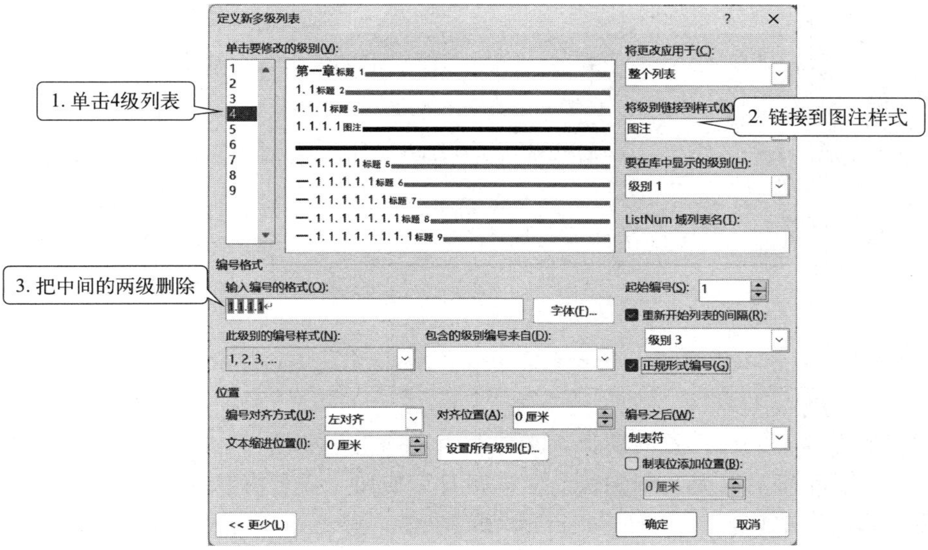

图 1-53　图注样式的多级列表设置

这里我们赋给了图注样式一个 4 级列表。只需把中间两级编号删除，保留首尾两级编号即可达到我们预期的效果。

同理可以设置表头样式。先将 5 级列表赋给它，再删除中间三个级别的列表编号。

至此，我们完成了常用多级列表的设置，并将其赋予了相应的样式。

1.7　模板

精心安排了样式，设置了多级列表和快捷键，这份劳动成果需要好好保留下来，下次写文章时就不必重复劳动了。包含所有这一切的东西就是模板。

模板是一种只读文档，其扩展名为".dotx"，早期版本为".dot"。

Word 中的任何文档都是在一定的模板基础上建立的，模板决定了文档的基本结构和文档设置等特征。

Word 模板分为公用模板和文档模板两种基本类型。公用模板"normal.dot"所含设置适用于所有的文档，默认情况下建立的文档均以此为模板。而文档模板所含设置仅适用于基于该模板而创建的文档。

1.7.1　保存模板

"Normal.dot"是公用模板，是其他一切模板的基础，最好保持其原始形态，不要更改。用户在自己的文档中新创建的样式、宏和快捷键等仅仅能在该文档中使用，若要用于其他场合，可将该文档保存为文档模板。

【例 1-16】 另存为模板。

① 打开用户文档（其中包含新创建的样式、宏和快捷键等）。

② 按快捷键 Alt + A 选中全部文本，按 Del 键删除选中的文本内容。

③ 执行【文件】/【另存为】菜单命令，弹出【另存为】对话框。

④ 下拉【保存】类型菜单，选择【Word 模板（*.dotx）】选项，如图 1-54 所示。

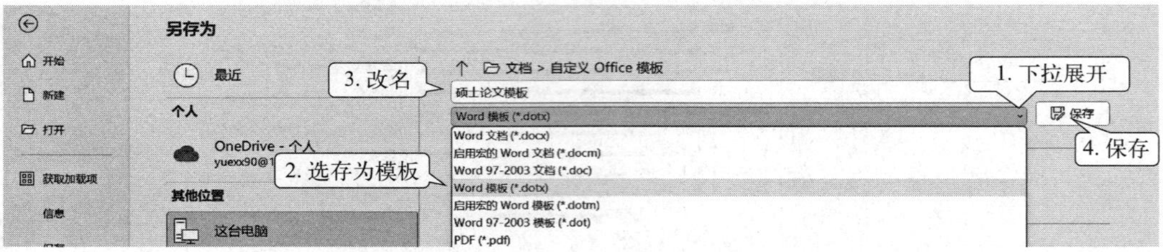

图 1-54　选择保存为模板

⑤ 将原来的文件名修改成"硕士论文模板"。

⑥ 单击 保存(S) 按钮。

至此我们保存了自己设置的模板，文件名为"硕士论文模板.dotx"。

这些劳动成果很有必要复制到优盘上以备日后使用，或者将其分享给亲朋好友。因此还需要知道模板的存放位置。

1.7.2　模板存放位置

模板的默认保存位置是"C：\文档\自定义 Office 模板\"。用资源管理器可以很方便地找到，如图 1-55 所示。

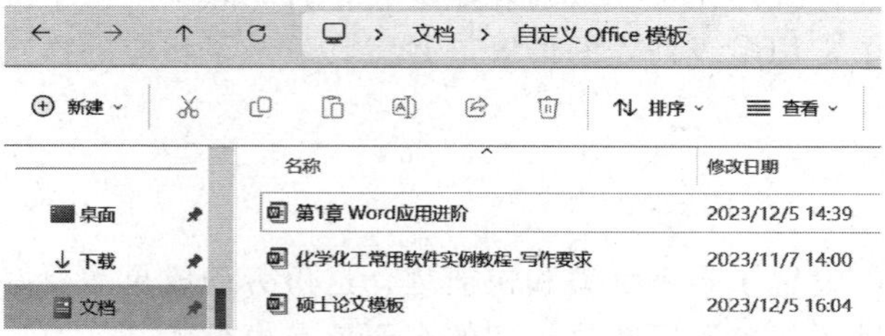

图 1-55　Office 模板存放位置

1.7.3　使用模板

任何文档都是基于模板而创建的。如果创建文档时用户没有指定模板，则 Word 将基于默认模板"normal.dot"创建文档。要创建基于特定模板的文档，需要用到菜单命令，找到我们保存的模板，指定用它新建 Word 文档。

【例 1-17】 基于特定模板新建文档。

① 执行【文件】命令，单击【新建】/【个人】选项卡，如图 1-56 所示。

② 单击【硕士论文模板】完成基于"硕士论文模板.dotx"新建空文档。

基于文档模板新建的文档，其中就会包含先前定义的样式、宏、快捷键等内容，就不必重复劳动了。

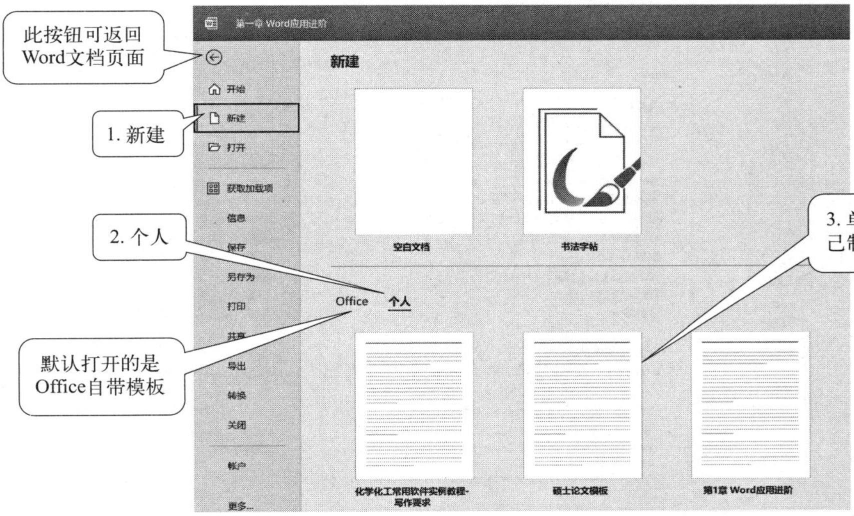

图 1-56　基于自建模板新建 Word 文档

Office 提供了多种实用模板，如"信函""简历""年度报告"等，不一而足。用户可以在上面的示例中打开 Office 自带模板查看，也可以进行如下操作。

单击【开始】选项卡 按钮弹出【OfficePLUS 模板库】，如图 1-57 所示。

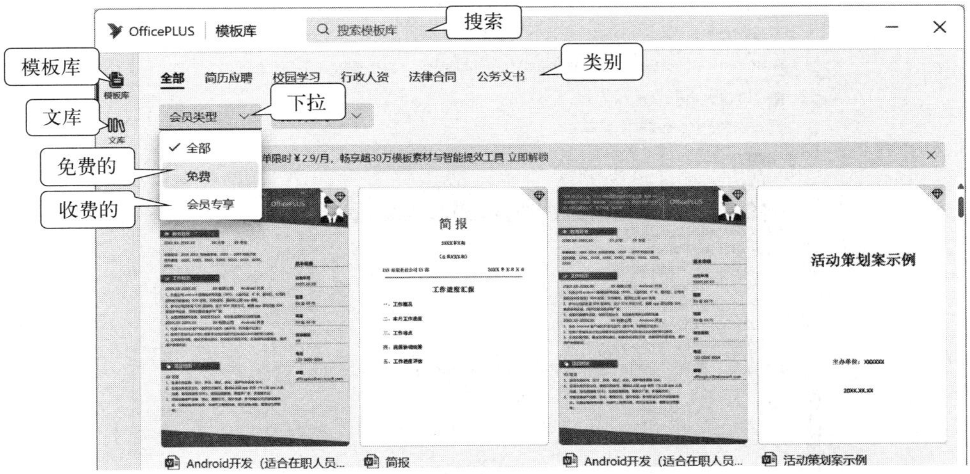

图 1-57　【OfficePLUS 模板库】选项卡

这里面除了【模板库】以外，还可以切换到【文库】。可以下拉【会员类型】选择使用"免费"模板或者文库。学会使用模板和文库，能有效提高工作效率。

有时需要借用别人制作的模板，这时就需要给已有的文档加载模板。

【例 1-18】　加载模板。

① 执行【文件】/【更多】/【选项】命令，弹出【Word 选项】对话框，如图 1-58 所示。

② 单击【加载项】，下拉【管理（A）】选择"模板"。

③ 单击【转到（G）…】弹出【模板和加载项】对话框，如图 1-59 所示。

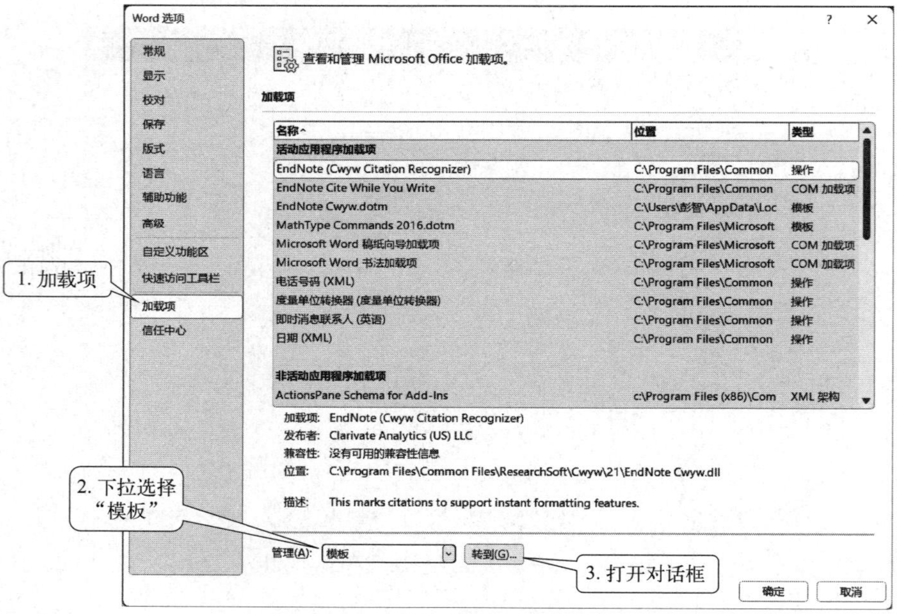

图 1-58 【Word 选项】对话框

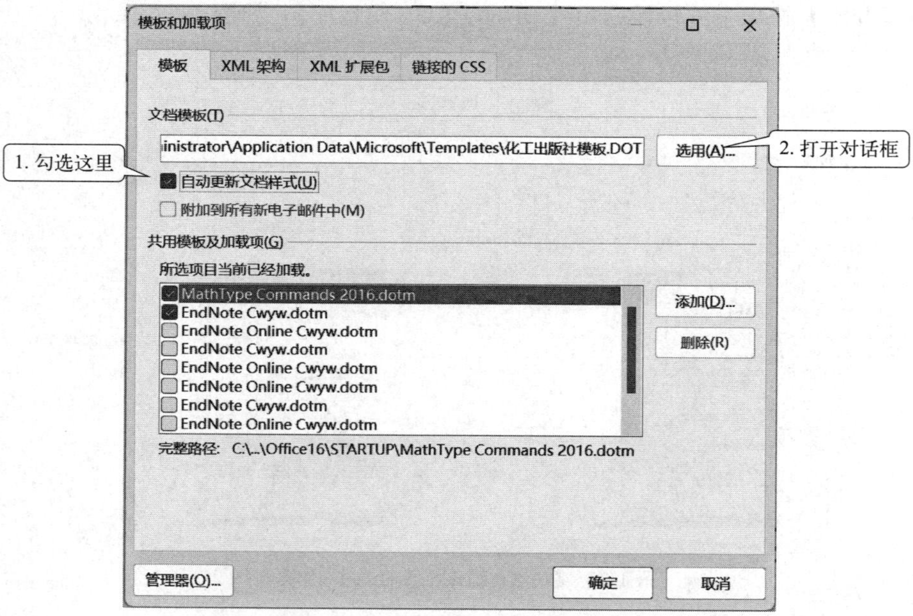

图 1-59 【模板和加载项】对话框

④ 单击【选用（A）…】弹出【选用模板】对话框，如图 1-60 所示。

⑤ 找到 "文档 \ 自定义 Office 模板 \ " 文件夹，双击 "硕士论文模板" 返回上一级对话框，单击 [确定] 按钮完成模板的加载。

这里有必要作如下说明：

• 【自动更新文档样式（U）】复选框：选中此项，则新加载模板中的样式会自动取代旧设置，否则用户还需逐一重新设定样式。通常加载模板时需要选中它。

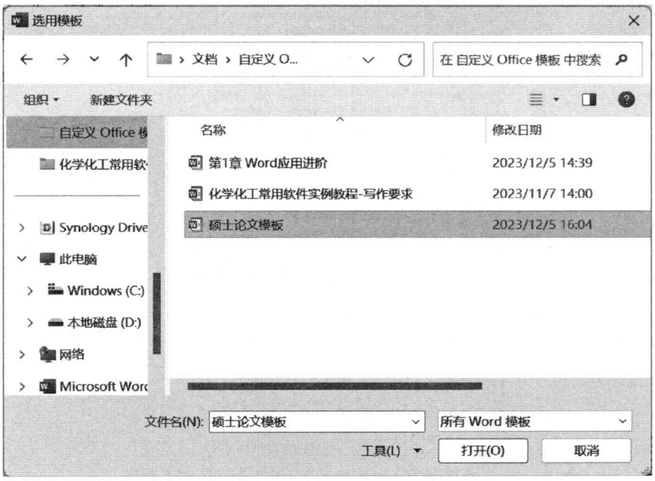

图 1-60 【选用模板】对话框

• 模板加载后，还得再次打开【模板和加载项】对话框，并将【自动更新文档样式（U）】复选框清除。

• 这种看似重复的操作其实一点也不多余。因为模板中往往会有项目编号，如果加载后不去除【自动更新文档样式（U）】复选框，则每次打开文档时，项目编号都会自动更新为当初保存模板时所指定的编号。

⑥ 按照以上路径再次打开【模板和加载项】对话框。

⑦ 将【自动更新文档样式（U）】复选框清除，单击 确定 按钮完成操作。

自动套用样式后文档应根据需求重新编号，重新编号时只需要修改"标题1"的编号，其他标题的编号会自动做相应修改。

Word 365 版的【模板和加载项】对话框藏得比较深，经常使用的用户可以将其放到桌面上。这项功能归属【开发工具】选项卡，这个选项卡默认不显示。要将其显示出来可以执行如下操作。

执行【文件】/【更多】/【选项】/【自定义功能区】命令，勾选【主选项卡】里面的【开发工具】选项即可。

也可以在选项卡功能区右击鼠标，在弹出的窗口中选择【自定义功能区（R）...】，可直接打开【Word 选项】/【自定义功能区】选项卡。

【开发工具】选项卡提供多种加载项，我们使用的是【Word 加载项】。

1.8 双面打印长篇文档编辑排版

小型文档不必专门设置页面，采用 Word 默认的页面设置即可。但硕士、博士学位论文的规模通常比较大，并要求双面打印。这类双面打印的厚文档必须进行页面设置，预留出装订线，设定奇偶页，等等。

1.8.1 页面设置——预留装订线

【例 1-19】 页面设置。

① 打开【布局】选项卡，出现【页面设置】功能区，如图1-61所示。

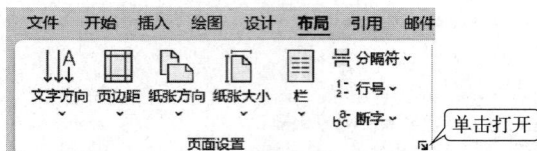

图1-61 【布局】选项卡【页面设置】功能区

② 单击右下角的下拉箭头，弹出【页面设置】对话框，如图1-62所示。

图1-62 页面设置

③【装订线位置（U）】选择"靠左"。【装订线（G）】选择"0.5厘米"。
④ 页码范围之【多页（M）】选择"对称页边距"。
⑤【应用于（Y）】选择"整篇文档"。
⑥ 单击 确定 按钮完成页面设置。

这里需要作一点说明。翻开一本书看看，奇数页总是位于右手边，而偶数页总是位于左手边。需要特别注意的是：每一章的第一页总是奇数页，也就是右手页，这是出版惯例。为了符合惯例，长篇文档首先需要进行合理分节。

如果文档上一节以奇数页结束，为了下一节依然能从奇数页开始，Word会自动添加一个空白页，这个新增的偶数页可以保证下一节依然从奇数页开始。但空白页在"页面"模式下看不到，在"预览"模式下才能看到。

1.8.2 分节

我们前面讲到过分页。分页和分节有很大不同。分页仅仅是另起一页，不能做其他设置。分节则可以进行与其他节完全不一样的设置，包括页面的设置，如将纵向打印改为横向打印。长篇文档比较复杂，一定要用分节代替分页。

这里所说的"节"并非文档内容里面"章、节、小节"的"节"，而是文档编辑排版里的"节"，是可以进行单独编排和打印设置的那部分文档。

长篇文档的封面页、中文摘要、英文摘要、目录、每一章之间、结论、参考文献、攻读学位期间研究成果以及学位论文独创性声明等部分都需要进行分节，以保证每一节都从奇数页开始，同时可以差异化地设置页眉、页码等内容。

为了方便排版设置，我们需要一篇较长的文档作为素材。假设我们已经有了一篇名为"青岛大学硕士学位论文"的长篇文档。下面开始分节设置。

依照前后顺序，假设各节的页数，封面页为1页，中文摘要2页，英文摘要2页，目录2页，之后为正文，正文共计四章，每章不少于3页，最后是结论、参考文献等等内容，各1页。下面开始分节操作。

【例1-20】 分节。

① 将光标移动到"中文摘要"最前面，单击【布局】/【分隔符】，弹出【分页符】和【分节符】对话框，如图1-63所示。

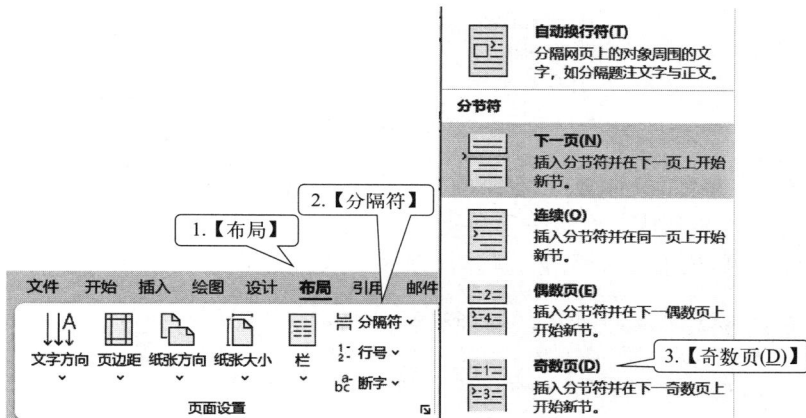

图1-63 【分节符】对话框

② 单击【分节符】/【奇数页（D）】完成分节。

这里我们选择以"奇数页"开始分节，以符合出版惯例。

③ 光标移动到"英文摘要"最前面，依照上述方法将英文摘要分节。

④ 光标跳转至目录、每一章及结论等部分的最前面，依照上述方法分节。

至此，我们完成了文档的分节。将来针对每一节都可以设置不同的首页和奇偶页，包括页眉、页脚和页码等内容。

1.8.3 设置页眉

书稿的页眉通常是这样设置的：每一节的首页（第1个奇数页）没有页眉，第2页为偶数，其页眉通常为书稿名，本例中为"青岛大学硕士学位论文"。第3页为奇数页，页眉为章序号＋章名，如"第一章 绪论"。后续各页均遵循奇偶页的设定。

【例1-21】 添加首页和奇偶页不同的页眉。

① 将光标定位在第1页，也就是封面页。单击【插入】/【页眉】，弹出【添加页眉】对

话框，如图 1-64 所示。

图 1-64 【添加页眉】对话框

Word 内置了很多种页眉，使用右侧的滚动条可以翻看。这里我们选用空白页眉。这种页眉文字居中放置，并默认下面有一条横线。

② 单击【空白】选中空白页眉，进入页眉添加状态，如图 1-65 所示。

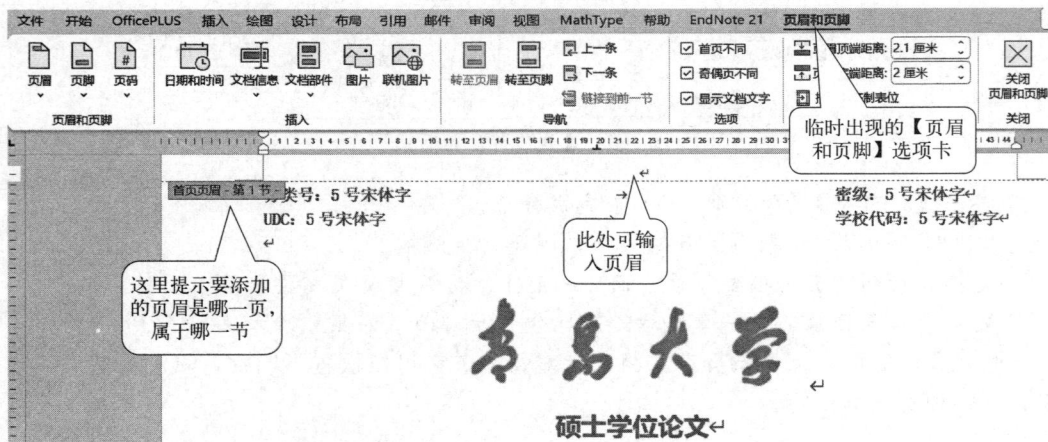

图 1-65 添加【空白】页眉

添加页眉时，文档的正文会变成灰色，同时在选项卡栏最右侧出现【页眉和页脚】选项卡，字体为蓝色。这时只允许编辑、修改页眉和页脚，按 Esc 键或单击右侧的 ⊠ 按钮可退出页眉和页脚设置状态。

编辑页眉和页脚期间，如果使用了其他选项卡工具，编辑完成后可单击 **页眉和页脚** 返回。

添加页眉时，页面左上角会有提示，显示当前添加的页眉是哪一页，属于第几节。由于每节的首页和奇偶页页眉都不同，看清楚这个信息再设置很重要，别搞错了。

添加页眉操作会在页面上端中间出现一条横线，横线上面有 在此处键入 的字样。由于首页无需页眉，因此我们需要把这些都删除。

删除文字不难，但如何删除下面的横线呢？

③ 选中段落标志↵。在【开始】选项卡段落工具里，下拉【边框】按钮，单击其中的【无框线】将页眉下面的横线去掉，如图1-66所示。

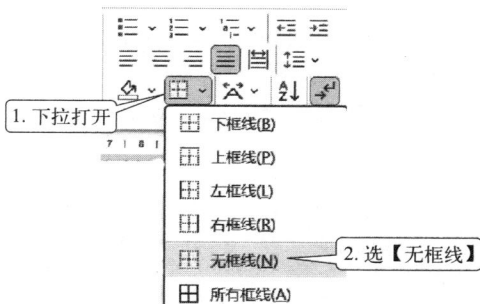

图1-66 去掉页眉里的下边框

至此我们完成了第一节首页页眉的设置，下面来进行全篇页眉的设置。

④ 滚动鼠标滚轮至下一页，这是中文摘要首页，与前面的封面页分属不同的节，如图1-67所示。

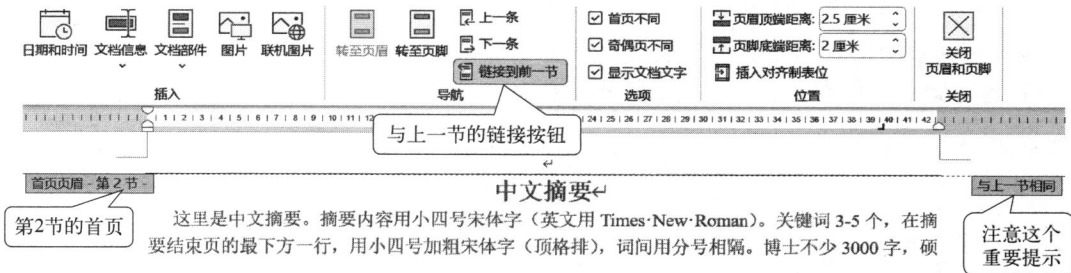

图1-67 第2节首页页眉设置

"中文摘要"是第2节，左上角有行灰色提示文字，表明这里是"第2节的首页页眉"。右上角也有行灰色提示文字 与上一节相同 。出现这个提示表明当前节的首页页眉的设置与上一节相同。由于"中文摘要"首页也不需要页眉，因此这里我们不做别的设置，保持与上一节相同即可。

如果想设置不一样的首页页眉，可以单击工具栏上面的 链接到前一节 按钮，将其与上一节的设置断开。

这个 链接到前一节 按钮非常重要。在不同的节里，如果页眉或页脚的设置不一样，那么必须把它断开，否则就会互相影响。后面的节发生修改也会影响前面的节。

⑤ 滚动鼠标滚轮翻至下一页。这是中文摘要的第二页，即偶数页。在页眉处单击鼠标。

⑥ 单击 链接到前一节 按钮，与前一节的设置断开。

⑦ 在页眉位置输入"中文摘要"，居中，如图1-68所示。

图 1-68 "中文摘要"偶数页页眉设定

如果页眉没有下划线，可选中"中文摘要"及后面的段落符号，打开【开始】选项卡，下拉段落里的【边框】按钮，选择【下框线】。

⑧ 继续向下滚动翻页，跳过英文摘要的首页，不做设置，来到英文摘要的第二页，如图 1-69 所示。

图 1-69 "英文摘要"偶数页页眉设置

由于默认的设置都是 与上一节相同 ，所以这里我们看到了上一节偶数页页眉设置造成的影响，英文摘要的页眉是"中文摘要"。

⑨ 在页眉处单击鼠标。单击 链接到前一节 按钮，与前一节的设置断开。

⑩ 将页眉处"中文摘要"改成"Abstract"。

⑪ 继续向下翻页。目录页首页不做设置，将第 2 页断开与前面的链接，页眉改成"目录"。

至此，正文前面的所有页眉就设置好了。学位论文的摘要和目录很少超过 2 页，如果有第 3 页出现，可以设置与第 2 页的页眉相同。

⑫ 翻页至第一章，首页不用设置，与上一节相同。

⑬ 翻页至第一章第 2 页，这是偶数页，要用书稿名作为页眉。

⑭ 依上述方法断开与前面的链接，输入"青岛大学硕士学位论文"，居中。

⑮ 继续翻页至第一章第 3 页。

这是奇数页，按规定要用章名作为页眉。但是，章序号和名称是变化的，这时就要用到代表章序号和章名的域。

⑯ 在奇数页页眉处，【插入】/【文档部件】/【域】，如图 1-70 所示。

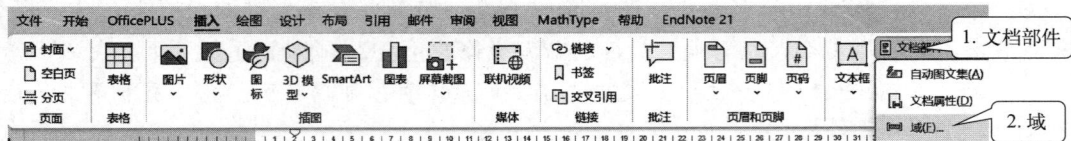

图 1-70 【插入】/【文档部件】/【域】

⑰ 在弹出的【域】对话框中，【域名（F）】下拉选择"StyleRef"，【样式名（N）】选择"标题1"，如图 1-71 所示。

图 1-71 【域】对话框

【StyleRef】意为"样式引用"，下拉滚动条即可找到。也可以先选【类别】为【链接和引用】，再找【StyleRef】，这样更容易些。

这里我们将"标题1"样式作为奇数页页眉，这样可以随不同章自动发生改变。

但这里有个问题。经过上述操作，页眉处只出现了章名"绪论"，章序号"第一章"并未出现在页眉里。

原来，"标题1"实际上由两个域组成，章序号是一个域，后面的章名是另外一个域。下面我们继续页眉操作，把章序号加到章名前面。

⑱ 将光标移动至章名前面。执行【插入】/【文档部件】/【域】命令，【类别（C）】选择【链接和引用】，【域名（F）】选择"StyleRef"，【样式名（N）】选择"标题1"，勾选右侧的【插入段落编号】，如图 1-72 所示。

⑲ 单击 确定 按钮完成页眉设定。

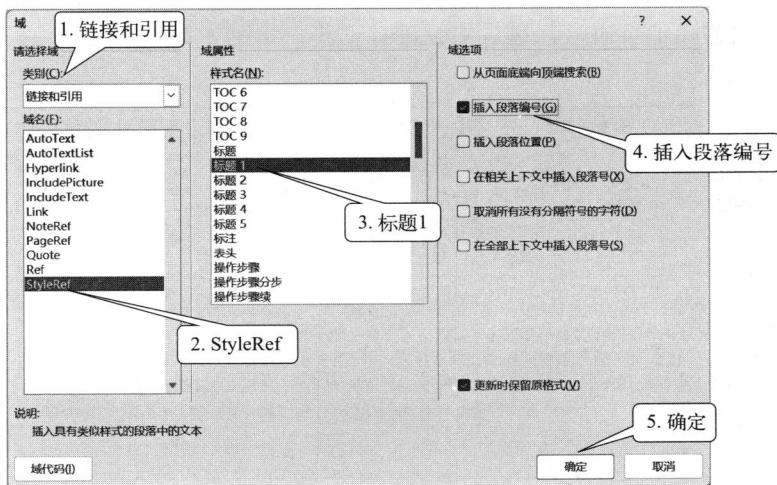

图 1-72 插入段落编号

我们也可以先插入章序号，再插入章名，并在两者之间加个空格。

以后各章的页眉设定与第一章相同，保持默认的 与上一节相同 即可。至此我们就完成了全文的页眉设定。通常学位论文不需要设置页脚，下面开始设置页码。

1.8.4 插入页码

页码是位于页脚上的一个域，通常位于页面底部中央。页码分为两类：正文之前的页码和正文页码。前者通常不收入目录，页码格式也有别于正文页码。

【例1-22】 插入页码。

① 将光标移动到封面页，执行【插入】/【页码】/【页面底端】命令，出现页码选择对话框，如图1-73所示。

图1-73 页码对话框

Word内置多种页码格式，使用滚动条可翻看。这里选择【普通数字2】格式。

② 单击选择【普通数字2】页码格式，在页面底端居中的位置插入页码。

由于封面页无需设页码，将其删除即可。

③ 选中页码，将其删除。翻至下一页，将光标移至页脚中间。

这是第2节的首页，页脚中间没有出现页码。原因是各节默认 与上一节相同 。由于上一节是封面，我们删除了页码，这里自然也没有页码，如图1-74所示。

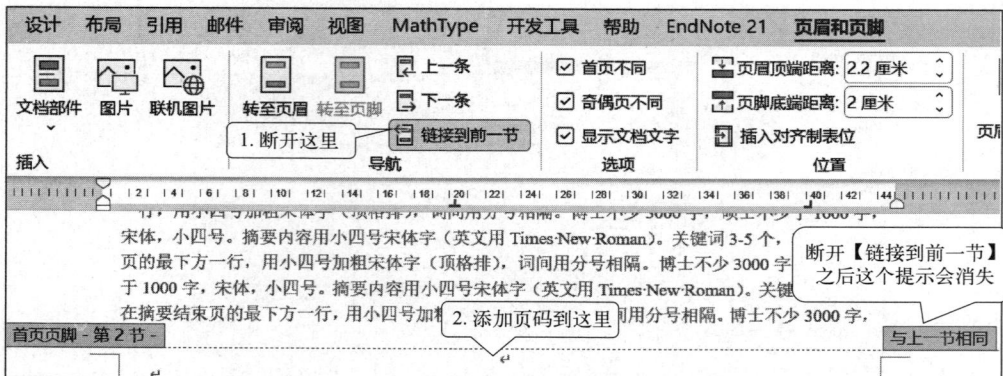

图1-74 添加第2节首页页码

④ 单击 【链接到前一节】 按钮，将其与上一节的设置断开。

⑤ 执行【插入】/【页码】/【页面底端】命令，选择【普通数字2】页码格式，在页面底端居中的位置插入页码。

这是第2节的首页，页码格式是阿拉伯数字"1"。为了与正文页码有区别，这里我们改一下数字格式。

⑥ 执行【页码】/【设置页码格式（F）】命令，弹出【页码格式】对话框，如图1-75所示。

图 1-75　设置页码格式

⑦【编号格式（F）】选择罗马数字，【起始页码（A）】选择罗马数字"i"，单击 【确定】 按钮。

⑧ 滚动鼠标至下一页，依照上述方法完成偶数页的页码设置。切记断开与上一节的链接。同样也用罗马数字计数页码。

至此完成第2节首页和偶数页的页码设置。正文之前的各节均可沿用此设置。

需要说明的是，本例中，正文之前的各节最多只有两页，因此没有进行奇数页设置。若有奇数页，比如有超过两页的目录页，那么其奇数页可以设置成与偶数页一样。下面开始设置正文页码。

⑨ 翻至第一章首页，将光标移至页脚中间。单击 【链接到前一节】 按钮断开与上一节的链接。【插入】/【页码】/【页面底端】，下拉至【颚化符】，如图1-76所示。

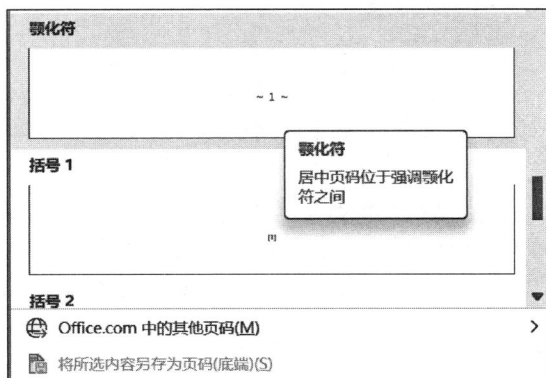

图 1-76　插入【颚化符】页码

我们前面插入的页码仅仅是数字。这里可以在页码域前后插入各种符号来修饰页码，使之看起来更漂亮。本书用的是小圆点。

⑩ 将页码格式设置为阿拉伯数字，起始为"1"。

⑪ 继续翻页设置偶数页，切记断开与上一节的链接。

⑫ 继续翻页设置奇数页，切记断开与上一节的链接。

至此完成正文首节的首页、偶数页和奇数页页码设置。之后的各节均可沿用此设置，无须再做修改。

1.8.5　添加目录

文稿编排完成后，添加目录是最后一个环节。

【例1-23】　添加目录。

① 将光标移动到目录页最前端。

② 单击【引用】/【目录】弹出目录对话框，如图1-77所示。

图1-77　【引用】/【目录】对话框

这里，手动目录就别选了，可以选择【自动目录1】或【自动目录2】。实际上默认给出的这两种自动目录都不太理想。下面我们自定义目录。

③ 单击【自定义目录（C）】，弹出自定义目录对话框，如图1-78所示。

目录默认的显示级别为3级标题，这也是学位论文写作所要求的。

④ 选择目录【格式（T）】为"优雅"。单击 确定 按钮完成插入目录。

1.8.6　双面打印设置

长篇文稿排版完成后，最好采用双面打印机打印，或者送到打印店，他们通常可以双面

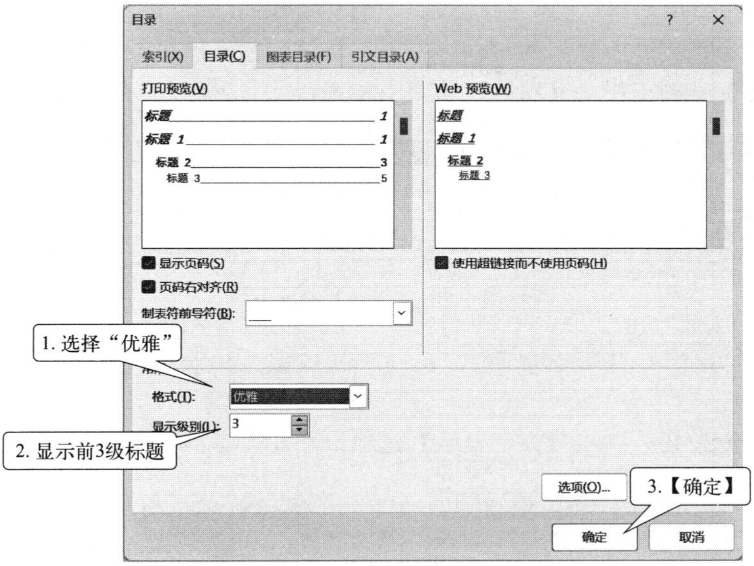

图 1-78 自定义目录对话框

打印。双面打印机可以自动翻页，无需人工干预。

但是，如果只有单面打印机，那么就需要进行手动双面打印设置。先按顺序打出奇数页，将纸张翻过来回放到打印机，再逆序打印偶数页。

执行【文件】/【打印】命令弹出打印对话框，如图 1-79 所示。

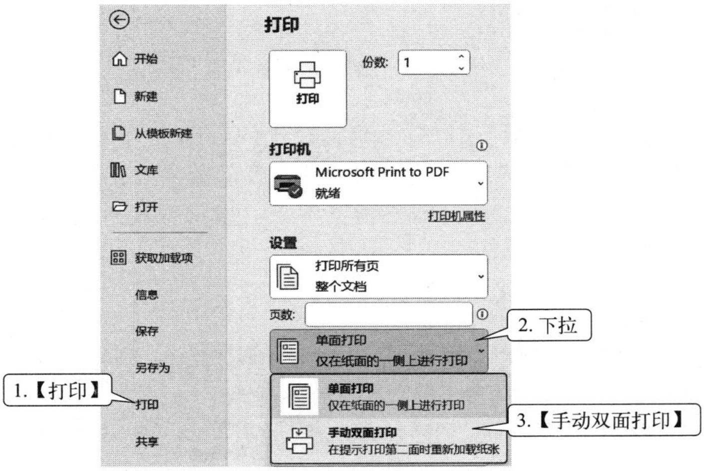

图 1-79 打印对话框

需要特别注意的是：如果总页数 n 为偶数，那么顺序打完奇数页 $n-1$ 之后，将纸张翻过来逆序打印偶数页即可，第 n 页在 $n-1$ 页的反面，一切正常。但如果总页数 n 为奇数，那么切记要把最后这张奇数页抽走，这一页不能参与逆序双面打印，否则偶数页 $n-1$ 会打印到 n 页反面，从而造成页码顺序错位。切记！

可以将文稿总页数组织成偶数页，这样可以避免这个麻烦。

1.8.7 需要注意的事项

长篇文档必须拥有一个良好的结构，否则必然导致逻辑性和条理性混乱。查看文档大纲的功能在【视图】选项卡中，其功能区如图 1-80 所示。

图 1-80 【视图】选项卡

Word 默认的视图是【页面视图】，我们平时编辑、排版文档是在这个视图状态下进行的。

单击【大纲】按钮，弹出【大纲显示】选项卡，如图 1-81 所示。

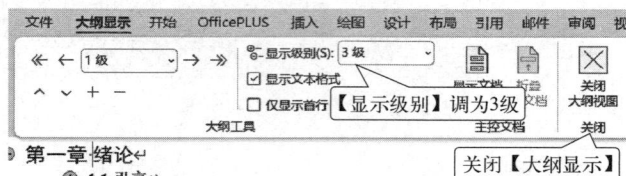

图 1-81 【大纲显示】选项卡

将【显示级别】调整为"3 级"，可以看到文档中的全部 3 级标题，也就是文稿的大纲。大纲是要编入目录的。一个好的大纲必然结构合理，各部分内容比较均衡。

长篇文档编辑排版完成后，打印前需要预览一下，以便对稿件打印效果进行总体把握。这时可以选择【多页】显示。

打开【视图】选项卡，单击【缩放】/【多页】，如图 1-82 所示。

图 1-82 选择【多页】视图

如果没有多页显示，可以使用窗口右下角的缩放标尺，如图 1-83 所示。

向左拖动标尺缩小视图，也可以转动鼠标滚轮缩小视图（鼠标指针必须保持在标尺附

图 1-83 窗口右下角的缩放标尺

近）。视图缩小，一屏就可以显示多页内容。屏幕分辨率不同，可显示的页数会有所区别。缩放调整到 33% 时，笔者电脑可以显示 5 页×2 行总共 10 页。

预览时最好全屏显示。如何开启全屏显示？

无论打开哪个选项卡，在工具栏的最右侧空白处下方，都有一个下拉箭头。单击打开，弹出【显示功能区】对话框，如图 1-84 所示。

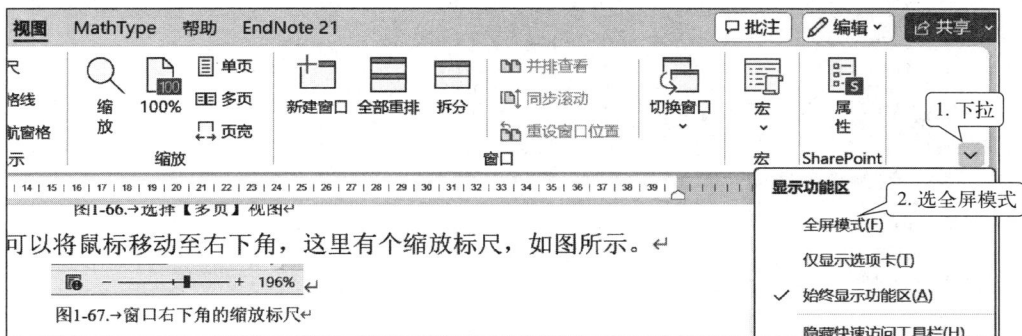

图 1-84　【显示功能区】对话框

默认情况下选中的是【始终显示功能区（A）】。

单击勾选【全屏模式（F）】进入全屏显示模式。这种状态下，选项卡和功能区按钮都不见了，整个屏幕都可以显示文本内容。要返回，可以单击右上角的三个点，如图 1-85 所示。

图 1-85　退出全屏模式

但这种退出是暂时的，因为在上面的操作里，我们勾选了【全屏模式】。要永久退出全屏模式，必须再次下拉打开【显示功能区】，勾选【始终显示功能区（A）】。

1.9　总结

本章我们介绍了 Word 中常见问题，讲解了插入图片的方法以及图片属性的设置等内容。介绍了 Word 自带的公式编辑器和 MathType 公式编辑器，给出了常用的快捷键。本章后半部分是样式、模板和长篇文档编排等方面的内容，这些内容相对复杂些，但绝对值得学习，掌握基本的使用技巧后，会帮助用户高效率地编辑出相当专业的文档。

习题

1-1. 表格绘制练习，如表 1-4 所示。

表 1-4　低碳钢和铸铁在酸中的腐蚀速率　　　　　　　单位：$g/(m^2 \cdot h)$

材料	HCl(1 mol/L)	H_2SO_4(0.5mol/L)	HNO_3(1mol/L)
低碳钢	80	507	22800
铸铁	5800	5933	14800

1-2. 短文排版练习。输入文字并排版成如图 1-86 所示文本格式。

十位最杰出的物理学家

英 国《物理世界》杂志在世界范围内对 100 余名一流物理学家进行了问卷调查，根据投票结果，评选出了有史以来 10 位最杰出的物理学家，刊登在新推出的千年特刊上，他们是：

1. 爱因斯坦（德国）
2. 牛顿（英国）
3. 麦克斯韦（英国）
4. 玻尔（丹麦）
5. 海森伯格（德国）
6. 伽利略（意大利）
7. 费曼（美国）
8. 狄拉克（英国）
9. 薛定谔（奥地利）
10. 卢瑟福（新西兰）

在当代物理学家眼中，爱因斯坦的*狭义和广义相对论*、牛顿的*运动和引力定律*再加上*量子力学理论*，是有史以来最重要的三项物理学发现。

接受调查的物理学家们还列举了下个千年有待解决的一些主要物理学难题：

- 量子引力
- 聚变能
- 高温超导体
- 太阳磁场

图 1-86　短文排版练习

1-3. 公式编辑练习。

薛定谔方程：

$$\left[-\frac{h^2}{2m_e}\nabla^2-\frac{Ze^2}{r}\right]\psi=E\psi \tag{1.3}$$

三维空间中热传导方程的形式为：

$$\frac{\partial u}{\partial t}=D\left(\frac{\partial^2 u}{\partial x^2}+\frac{\partial^2 u}{\partial y^2}+\frac{\partial^2 u}{\partial z^2}\right) \tag{1.4}$$

1-4. 采用 Office 提供的"简历"模板，制作一份个人简历。

1-5. 设置样式，完成一篇长文档的双面打印设置。

第2章

文献管理与编辑软件 EndNote

现代科技论文特别是学位论文动辄就要涉及几十甚至上百篇参考文献。论文写作过程中必须解决参考文献的检索、导入、格式修改、引用、添加与删除等问题，还要在文末给出参考文献列表。

参考文献是一种有序结构。写作论文时，文中要引用文献，文末要附上参考文献列表。这么多文献若都用手工来管理那将是十分烦琐的。

研究论文投稿后，审稿人可能会指出某些重要文献漏引了，或某些文献错引了。遇到这种情况时就要添加或删除一些文献。这项工作可谓牵一发而动全身，若文献都是由手工管理的，修改起来不仅耗时费力，还非常容易出错。

如何才能高效管理和引用参考文献呢？EndNote 软件就可以很好地解决这个问题。

本章通过例题介绍了 EndNote 的基本操作。在这个过程中涉及一些使用习惯，比如文件的存放路径和命名等，为了能够清晰地了解软件的整个使用过程，建议读者从头到尾跟着本章的内容进行学习和练习。

2.1 EndNote 简介

EndNote 是目前最为流行的一款文献管理软件，由 Thomson Corporation 下属的 Thomson ResearchSoft 开发，旨在帮助学术界、研究人员和学生有效地管理引用文献和生成参考文献列表。EndNote 主要功能有：

- 文献搜索和导入：可以通过搜索引擎直接从在线数据库和图书馆目录中搜索和导入文献，方便整理和引用。
- 文献管理和组织：建立自己的文献数据库，具有检索、收集、管理和分析文献等功能。
- 引文和参考文献生成：支持成千上万种不同的引文风格，例如 APA、MLA、Chicago 等。用户可以通过选择适当的引文风格，自动生成准确格式的参考文献列表和引文。
- 与 Word 关联，协助撰写论文，完成文献插入、删除和格式编辑等繁杂工作。
- 文档协作和共享：允许多用户共享和协作，多人可以同时访问和编辑同一个文献库。

这对于团队合作和研究项目非常有用。

本章介绍的是 EndNote 21 英文版，电脑操作系统 Windows 11 及以上均可。首先来了解一下主界面、菜单栏以及各种常用工具。

2.1.1 主界面

EndNote 主界面主要包括菜单栏、文献分类栏、分组栏、检索工具栏、在线检索栏、快捷工具栏和文献题录列表栏等，如图 2-1 所示。

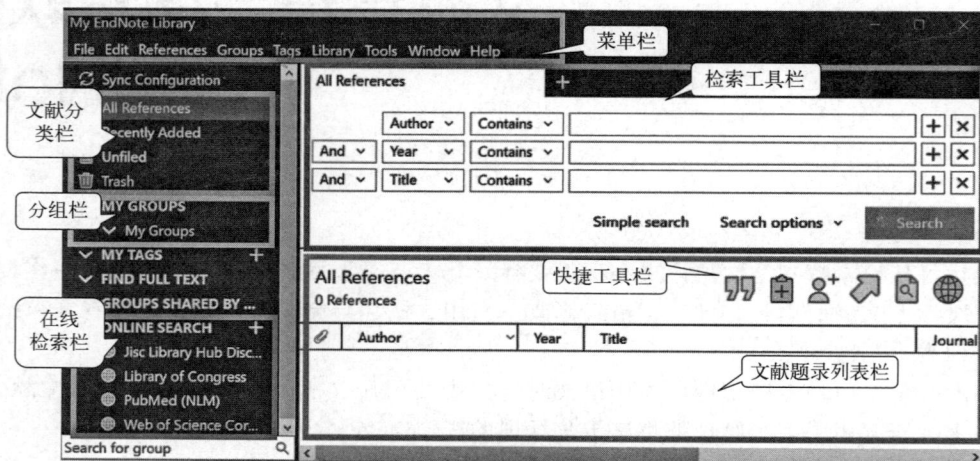

图 2-1　EndNote 主界面

2.1.2 菜单栏

EndNote 菜单栏共包括 9 项菜单。【File】和【Edit】菜单如图 2-2 和图 2-3 所示。

图 2-2　【File】菜单

图 2-3　【Edit】菜单

【File】菜单中很多项目在其他软件里也能见到。不同之处在于上面 4 项，都是与建立和使用文献数据库相关的操作。

【Edit】菜单中的项目都是常规操作，与其他软件类似。

【References】和【Groups】菜单如图 2-4 和图 2-5 所示。

New Reference	Ctrl+N	插入新参考文献
Edit Reference	Ctrl+E	编辑参考文献
Copy References To	▶	复制参考文献到
Copy Formatted Reference	Ctrl+K	复制文献格式
E-mail Reference		发送文献到邮箱
Move References to Trash	Ctrl+D	删除文献
File Attachments	▶	附件
Find Full Text	▶	查找全文
Find Reference Updates		查找文献更新
URL	▶	链接
Figure	▶	图片
Web of Science	▶	Web of Science数据库
Reference Summary		记录概要

图 2-4 【References】菜单

Create Group	创建分组
Create Smart Group...	创建智能组...
Create From Groups...	从组创建...
Rename Group	重命名分组...
Edit Group...	编辑分组...
Delete Group	删除分组
Share Group...	共享分组
Add References To ▶	添加文献到
Remove References From Group	删除组中文献
Create Group Set	创建组建
Delete Group Set	删除组建
Rename Group Set	重命名组集
Create Citation Report	创建文献引文报告
Manuscript Matcher	期刊匹配

图 2-5 【Groups】菜单

【References】菜单中各项功能均与文献查找与使用相关。

【Groups】菜单用于创建和使用组功能。文献多了必须分组，否则容易混乱。

【Tags】和【Library】菜单如图 2-6 和图 2-7 所示。

Sync		同步
Simple Search	Ctrl+Alt+F	一框式检索
Sort Library...		参考文献排序...
Find Duplicates		查找重复文献
Find Broken Attachment Links		查询没有附件的文献
Remove Broken Attachment Links...		删除没有附件的文献
Open Term Lists	▶	打开术语列表
Define Term Lists...	Ctrl+4	定义术语列表...
Link Term Lists...	Ctrl+3	关联术语列表...
Spell Check	Ctrl+Y	拼写检查
Find and Replace...	Ctrl+R	查找与替换...
Change/Move/Copy Fields...		更改/移动/复制字段...
Recover Library...		恢复数据库...
Library Summary		数据库概要

Create Tag...	创建标签...
Rename Tag	重命名标签...
Edit Tag...	编辑标签...
Delete Tag	删除标签

图 2-6 【Tags】菜单 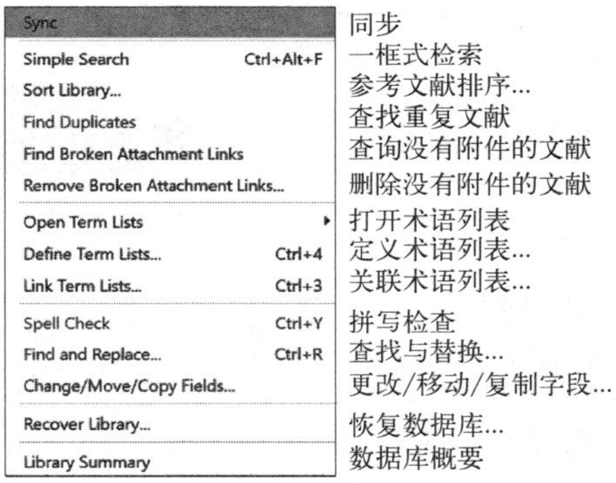　　　　　　　图 2-7 【Library】菜单

【Tags】是"标签"的意思。使用标签可以更好地管理和组织文献信息。

【Library】菜单提供数据库的同步、检索与管理等操作。

【Tools】菜单如图 2-8 所示。

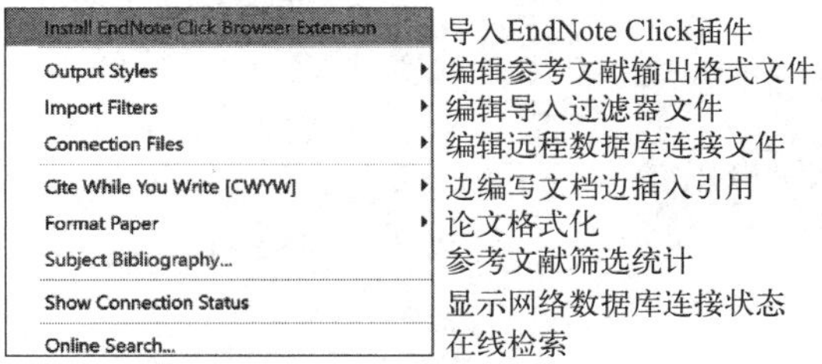

Install EndNote Click Browser Extension	导入EndNote Click插件
Output Styles ▶	编辑参考文献输出格式文件
Import Filters ▶	编辑导入过滤器文件
Connection Files ▶	编辑远程数据库连接文件
Cite While You Write [CWYW] ▶	边编写文档边插入引用
Format Paper ▶	论文格式化
Subject Bibliography...	参考文献筛选统计
Show Connection Status	显示网络数据库连接状态
Online Search...	在线检索

图 2-8 【Tools】菜单

【Tools】菜单具有编辑输出格式文件、论文格式化等功能。

EndNote 菜单栏内容非常多，对于大多数科研工作者或者刚接触的新手来说，并不需要掌握所有的工具，但要了解有哪些菜单栏，每个菜单栏里有哪些工具，这样使用起来才能得心应手。

EndNote 将常用功能放在主界面左侧以方便使用。下面来了解这些工具。

2.1.3 文献分类栏与分组栏

"文献分类"和"分组"这两部分在 EndNote 主界面左侧上部。文献分类栏将文献分为 4 种，分别是【All References】、【Recently Added】、【Unfiled】、【Trash】。在【Recently Added】上鼠标右击，可以选择最多 30 天内导入的文献，如图 2-9 所示。

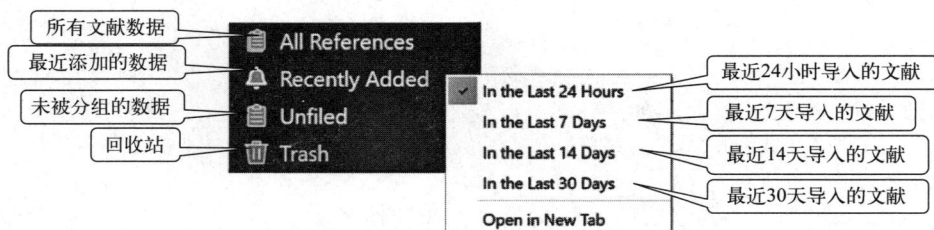

图 2-9　文献分类栏

文献数据导入 EndNote 后，为了方便分析和管理文献，可以对其进行分组。"文献分类"栏下面就是"分组"栏，如图 2-10 所示。

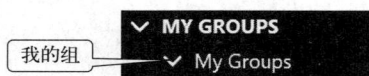

图 2-10　分组栏

2.1.4 在线检索栏

"在线检索栏"在 EndNote 主界面左侧工具栏的下部，具有在线检索的功能。连上在线数据库后，可直接在 EndNote 里进行文献检索，检索到的文献可以直接加进数据库，使用起来更方便。

除了在线检索栏默认的数据库，用户可以单击在线检索栏的【➕】按钮，在弹出的对话框中进行选择添加，如图 2-11 所示。

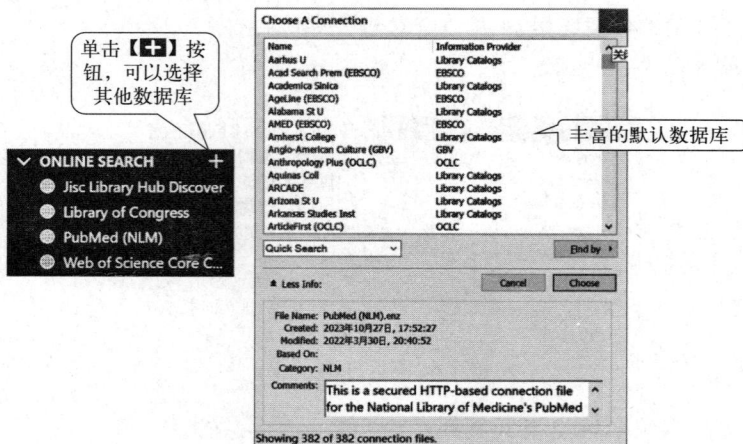

图 2-11　在线检索栏

2.1.5 搜索工具栏

在【Simple search】（一框式检索）页面中，可以输入任何想输入的字段检索，然后单击【🔍】按钮。这里主要是单个关键词检索，如图 2-12 所示。

图 2-12　一框式检索

单击右下角的【Advanced search】按钮可转换为高级检索模式。

在高级检索页面中，单击【∨】符号会显示下拉菜单，用户可以根据自己的搜索制定比较详细的检索模式，最后单击 Search 按钮，实现精准的信息定位，如图 2-13 所示。

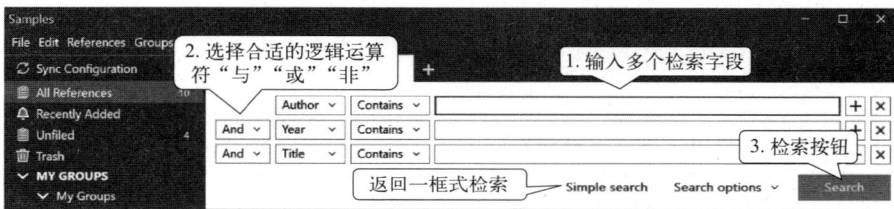

图 2-13　高级检索

单击右下角的【Simple search】按钮可返回一框式检索模式。

2.1.6 文献题录列表栏与快捷工具栏

文献导入 EndNote 后，会在文献题录列表栏中显示文献的作者、发表年、题目、期刊等信息，如图 2-14 所示。

图 2-14　文献题录列表栏与快捷工具栏

如果想在文献列表栏显示 DOI 号、卷、页码等信息，可以通过【Edit】/【Preference】/【Display Fields】来设置。

在文献题录列表栏的右上角有 6 个快捷工具按钮。浅色工具按钮表示当前不能使用。

【99】：将选中文献插入 Word 中。

【➕】：手动添加文献。

【👤⁺】：添加好友，将数据库分享给好友。

【↗】：输出数据库。

【🔍】：查找全文，可在线检索添加文献全文。

【🌐】：输出文献的 Web 引文报告。

2.2 个人数据库

要管理个人文献，必须先建立个人数据库。个人数据库相当于定制的文献图书馆。在这个图书馆中添加需要用到的文献资料，就可以进行分类、管理和使用了。

2.2.1 建立文献数据库

在初次打开 EndNote 软件或者安装 EndNote 软件的最后环节，会弹出建立文献数据库的选项，如图 2-15 所示。

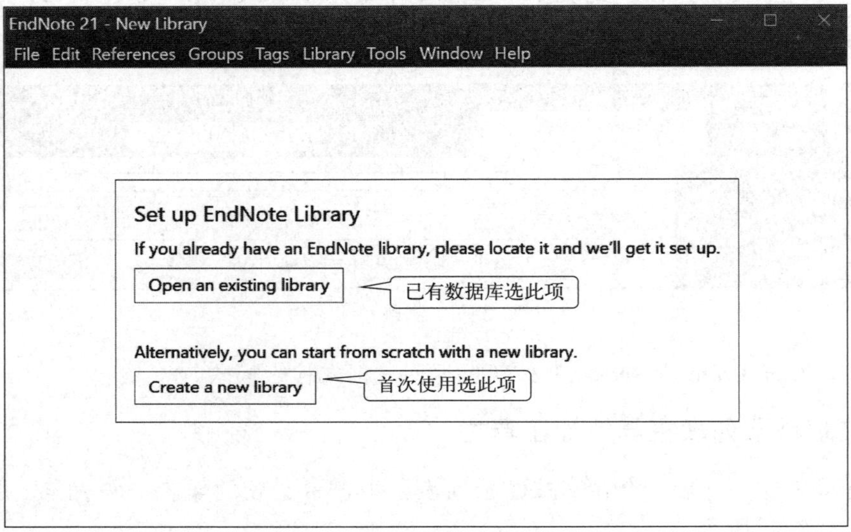

图 2-15　建立文献数据库选项

两个建库选项分别为：

- 【Open an existing Library】，即打开已经存在的 EndNote 数据库。
- 【Create a new library】，即创建新的 EndNote 数据库。

刚安装完的软件不存在 EndNote 数据库，因此需要单击【Create a new library】建立。建议用户在 C 盘以外的盘上建立自己的数据库，如 D 盘。因为随着文献数据的不断存入，会占用 C 盘很大的空间。

默认数据库的命名为【My EndNote Library】，用户最好根据自己的论文题目、研究课题或项目名称等修改默认命名，使之清晰明了。

【例 2-1】　建立一个名为 Samples 的数据库。

① 在 D 盘中建立一个名为【My Library】的文件夹。

② 单击图 2-15 页面中的【Create a new library】按钮。

如果已经错过了这一步，可以通过【File】/【New】菜单命令来建立新数据库。

③ 在弹出的对话框中选择"D：\ My Library"，文件名修改为"Samples"，单击 保存(S) 按钮，如图 2-16 所示。

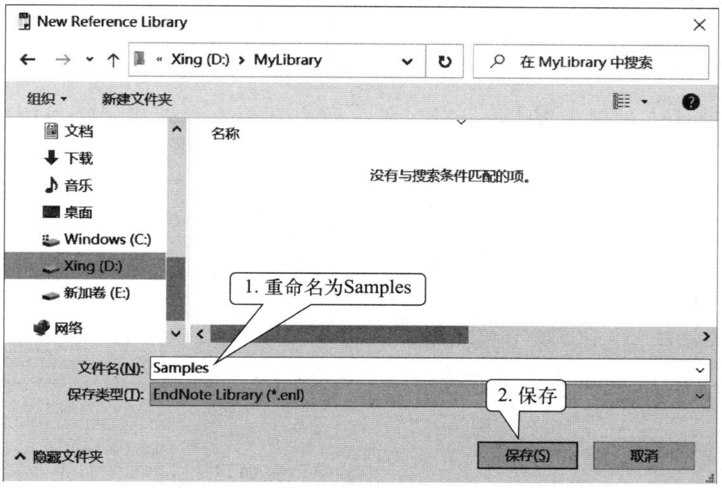

图 2-16　建立"Samples"数据库

④ 单击  保存(S) 按钮后，弹出 EndNote 使用界面。

界面的左上角显示【EndNote 21-Samples】，与此同时，在"MyLibiary"文件夹中会出现一个名为"Samples"的".enl"文件以及名为"Samples.Data"的文件夹，如图 2-17所示。

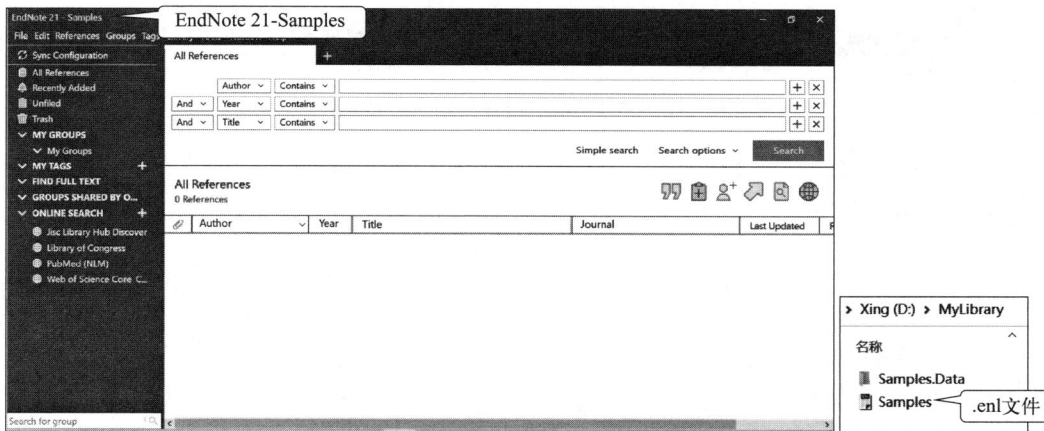

图 2-17　成功建立数据库

至此个人数据库已经建立成功，若用户还想再建立一个新的数据库，可通过执行【File】/【New】菜单命令来建立。

2.2.2　在线检索导入文献

上一节已经建立好了名为"Samples"的 EndNote 数据库，下一步就是如何把文献数据导入该数据库中。通常可以采用在线检索、数据库检索、本地数据导入和手工录入等方式。

要使用 EndNote 在线检索功能导入文献，首先要保证可以连接到要检索的数据库，对于高校学生或者老师来说，需要注意以下两方面的问题：

• 确认所用数据库已经由学校图书馆购买，可以使用。

- 在校外检索时，能够通过学校提供的 VPN 顺利登录校园网。

如果 EndNote 在线检索功能不能用，可进行如下设置，以 Windows 11 为例。

【例 2-2】 网络和 Internet 设置。

① 鼠标右击桌面电脑图标█选择属性，单击弹出页面左栏的【网络和 Internet】，如图 2-18 所示。

图 2-18　电脑属性页面

② 单击【高级网络设置】，然后单击【Internet 选项】，如图 2-19 所示。

图 2-19　【高级网络设置】（左）和【Internet 选项】（右）对话框

③ 单击【高级】，勾选【使用 TLS1.0】、【使用 TLS1.1】和【使用 TLS1.2】，然后单击 ███ 确定 ███ 按钮，如图 2-20 所示。

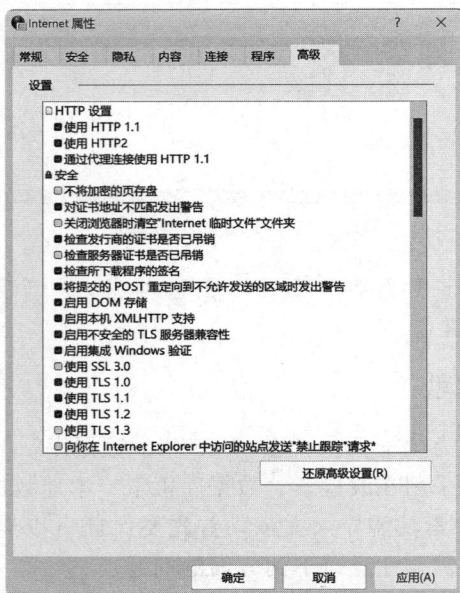

图 2-20　【Internet 属性】/【高级】面板

④ 重启电脑。

下面我们来完成一个在线检索与导入实例。

【例 2-3】 通过"Web of Science"在线检索功能将题为"Direct observation of quadrupolar strain fields forming a shear band in metallic glasses"的文献导入数据库中。

① 在【在线检索】栏单击【Web of Science Core Collection (Clarivate)】，选择【Title】，录入文献题目，单击 Search 按钮，如图 2-21 所示。

图 2-21　在 Web of Science 数据库中检索

② 选中搜索出来的文献，确认没有问题，单击符号⊕，文献即可导入数据库中。

文献导入数据库后，文献分类栏会显示该类别中的文献数量，单击【All References】，可以看到导入文献的题录信息，如图 2-22 所示。

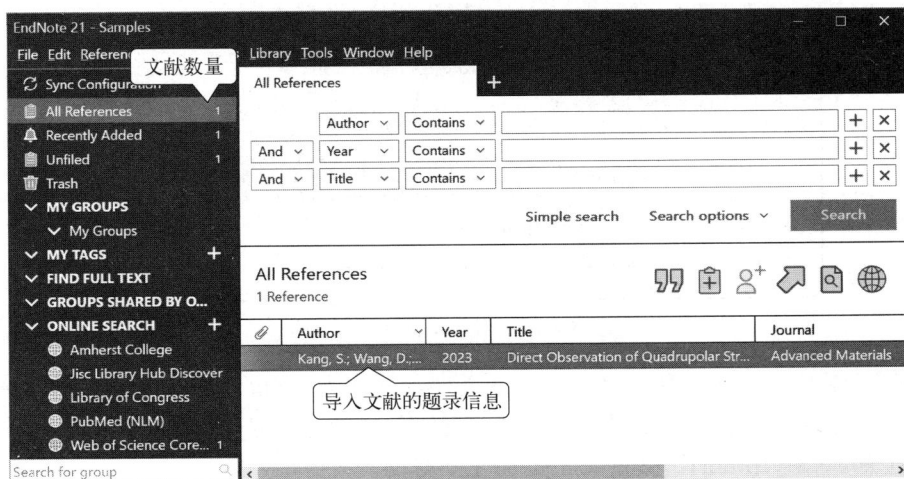

图 2-22　Web of Science 数据库文献成功导入

2.2.3　数据库检索导入文献

目前 EndNote 的应用已经非常普遍，大多数据库的文献都可以导入 EndNote 中。本节我们主要介绍从百度学术、中国知网和万方数据库中查找文献并导入数据库。

【例2-4】 在百度学术中搜索文献"Temperature-dependent mechanical property of Zr-based metallic glasses"并将其导入数据库中。

① 打开浏览器，在地址栏输入百度学术的网址，打开百度学术数据库，如图2-23所示。

② 在百度学术中搜索该文献，然后单击〈〉引用按钮，如图2-24所示。

图2-23 百度学术网站

图2-24 百度学术数据库搜索文献

③ 在弹出的界面中，单击【EndNote】按钮，如图2-25所示。

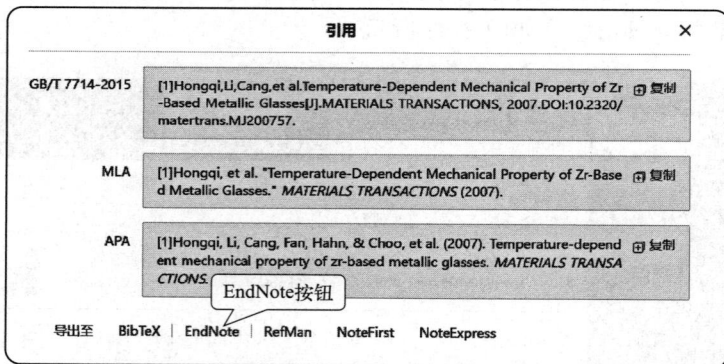

图2-25 引用至EndNote

此时会下载下来一个后缀为".enw"的文件，名称为"xueshu"，用户可将其重新命名并保存在方便存取的路径中。在本例中，该文件存在"D:\MyLibrary\MyImport"文件夹下。请注意，"MyImport"文件夹是提前建立好的。

④ 在EndNote界面单击【File】/【Import】/【File…】，将".enw"文件导入EndNote，如图2-26所示。

⑤ 在弹出的【Import File】对话框中，单击 Choose... 按钮。选择"D:\MyLibrary\MyImport"文件夹里名为"xueshu.enw"的文件，单击 打开(O) 按钮。最后单击【Import File】对话框中的 Import 按钮，如图2-27所示。

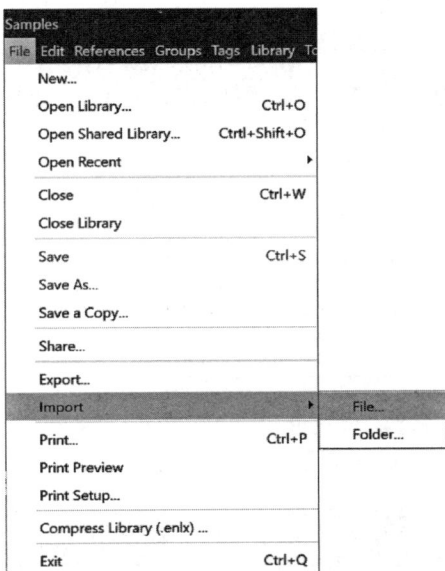

图 2-26 将 ".enw" 文件导入 EndNote

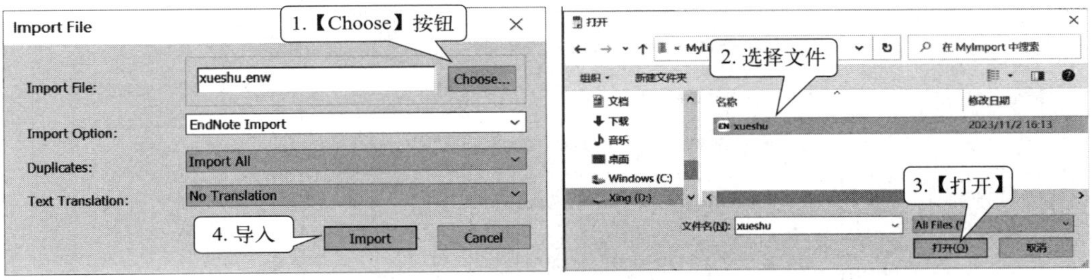

图 2-27 【Import file】对话框（左）和选择导入文件（右）

导入成功后，可以在文献题录列表栏看到导入的文献信息，如图 2-28 所示。

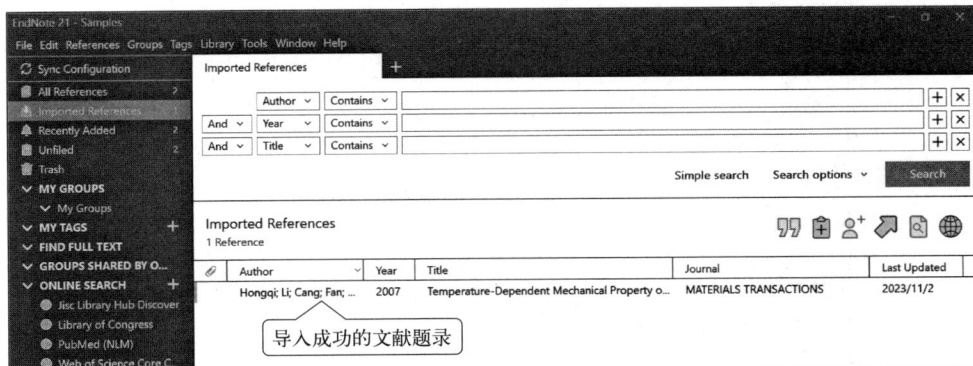

图 2-28 成功导入百度学术数据库文献

【例 2-5】 从中国知网导入多篇参考文献到数据库。

① 在中国知网中检索文献。检索主题词是"非晶合金"。

② 勾选需要导入的文献，如图 2-29 所示。

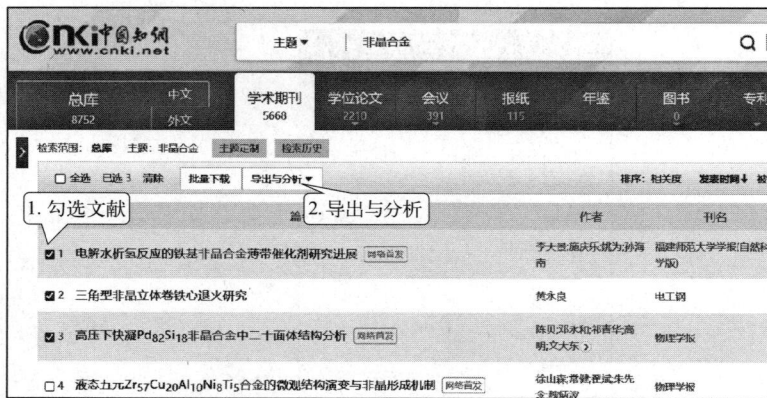

图 2-29　勾选搜索到的文献

③ 选择【导出与分析】/【导出文献】/【EndNote】，如图 2-30 所示。

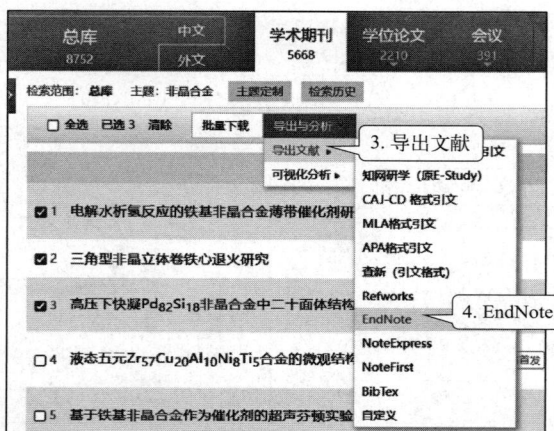

图 2-30　选择 EndNote 引用格式

④ 在弹出的页面上单击 [📤 导出] 按钮，将选中的文献数据保存在"D：\ MyLibrary \ MyImport"文件夹里，如图 2-31 所示。

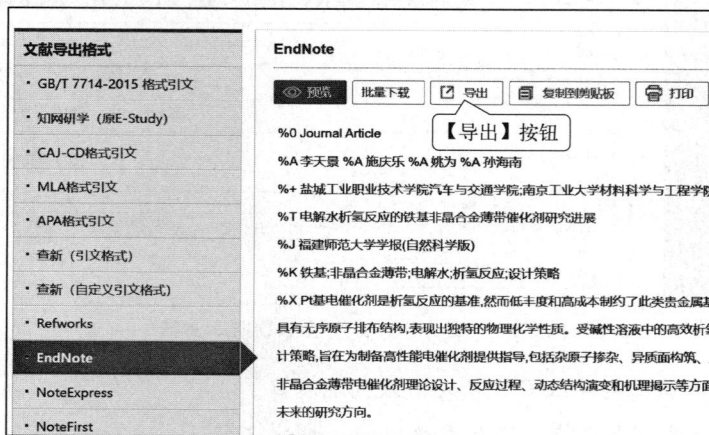

图 2-31　将文献数据导出至 D 盘文件夹中

⑤ 在 EndNote 主界面执行【File】/【Import】/【File…】命令，在弹出的【Import File】对话框中单击 Choose... 按钮，选择刚保存的从知网下载的文件。最后单击【Import File】对话框中的 Import 按钮，如图 2-32 所示。

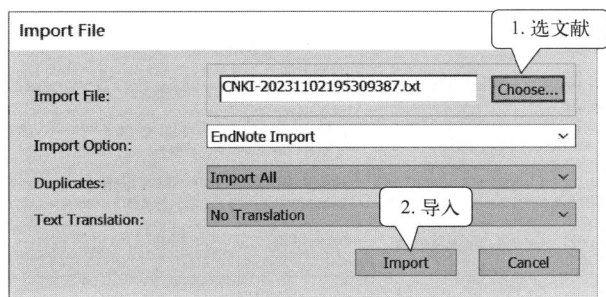

图 2-32   导入知网数据

导入成功后，可以在文献题录列表栏看到导入的文献信息，如图 2-33 所示。

图 2-33   知网数据库的文献成功导入

【例 2-6】   在万方数据库中以关键词"非晶合金"进行检索，将检索到的第一篇文献导入数据库。

万方数据库是由万方数据公司开发的，集纳了理、工、农、医、人文等各个学科，包含 8500 余种期刊，是涵盖期刊、会议纪要、论文、学术成果和学术会议论文的大型网络数据库，也是和中国知网齐名的中国专业的学术数据库。其知识服务平台专注于知识的发现、共享、传播与应用，不仅收录了超过 4 亿条覆盖各学科、各行业的高品质学术资源，而且还利用自有核心技术为学术创造和科研创新提供全方位的信息服务和解决方案。

① 在万方数据库中检索"非晶合金"关键词。单击 导出 按钮，如图 2-34 所示。

② 在弹出的界面单击【EndNote】选项，再单击 导出 按钮，将数据保存在"D：\MyLibrary \ MyImport"文件夹里，如图 2-35 所示。

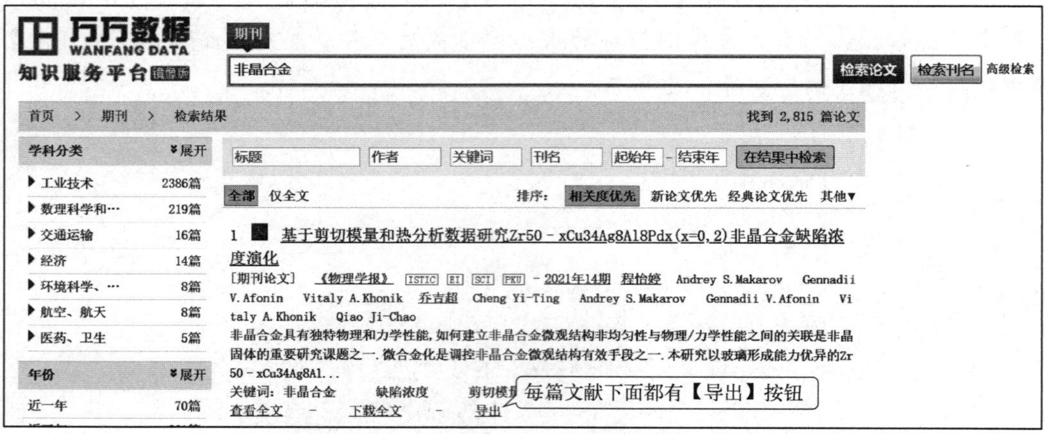

图 2-34　在万方数据库检索文献

图 2-35　将文献数据导出至 D 盘

③ 在 EndNote 主界面执行【File】/【Import】/【File…】命令，在弹出的【Import File】对话框中，单击 Choose... 按钮，选择刚保存的从万方数据库下载的文件。最后单击 Import 按钮完成数据导入，如图 2-36 所示。

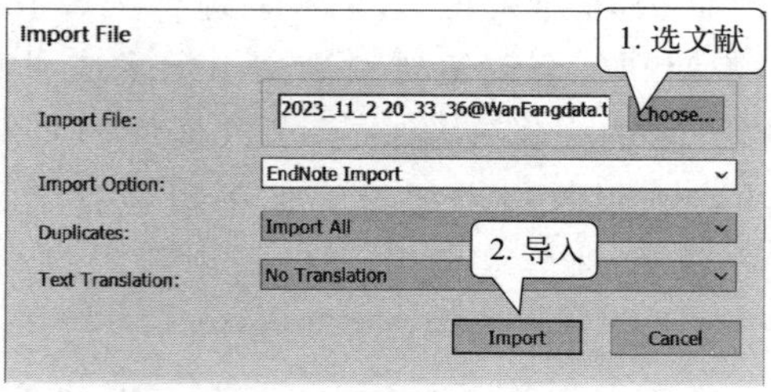

图 2-36　导入万方数据库数据

导入成功后，可在文献题录列表栏看到导入的文献信息，如图 2-37 所示。

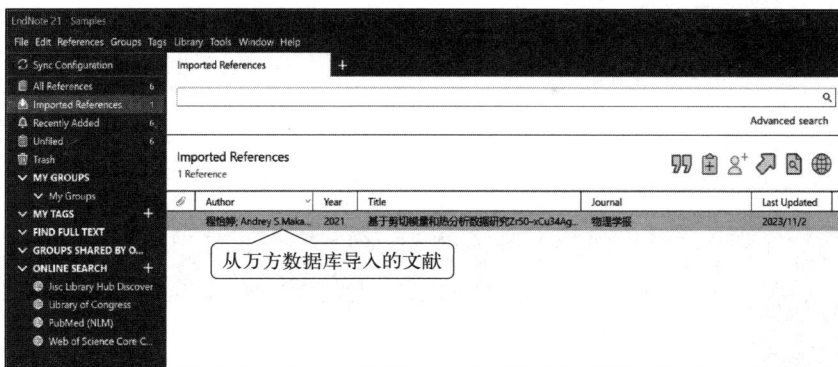

图 2-37　万方数据库的文献成功导入

2.2.4　导入本地文献

如果本地电脑中已经有一批 PDF 格式的文献，应该如何导入？EndNote 提供了导入文件夹功能，可以实现本地文献的批量导入。

【例 2-7】　批量导入本地 PDF 文献。

假设在"D：\ MyLibrary \ MyImport-PDF"文件夹中已经存在以下 3 篇 PDF 格式的全文文献，其命名均为默认命名，用户可以根据自己的习惯修改。文献题目分别为：

· Metallic glasses as structural materials.

· Metallic glass properties，processing method and development perspective：a review.

· Additive Manufacturing of Bulk Metallic Glasses-Process，Challenges and Properties：A Review.

把这三篇文献一次性导入 EndNote 需执行如下操作：

在 EndNote 主界面执行【File】/【Import】/【Folder】命令，在弹出的【Import Folder】对话框中，单击 Choose... 按钮，选择"D：\ MyLibrary \ MyImport-PDF"文件夹，【Import Option】选择"PDF"，然后单击 Import 按钮，如图 2-38 所示。

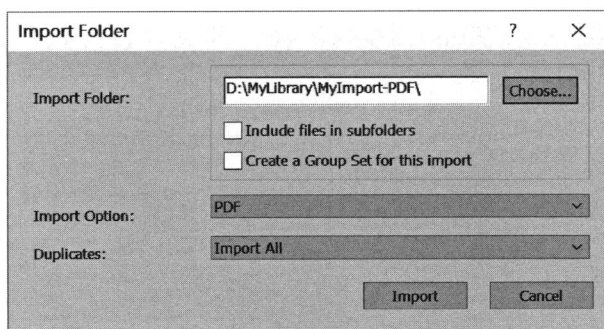

图 2-38　【Import Folder】对话框

接着会出现进度条，EndNote 需要花点时间分析并导入这些 PDF 全文，请耐心等待，如图 2-39 所示。

图 2-39　文献导入中

导入成功后，可以在文献题录列表栏看到一次性导入的 3 篇 PDF 文献，如图 2-40 所示。

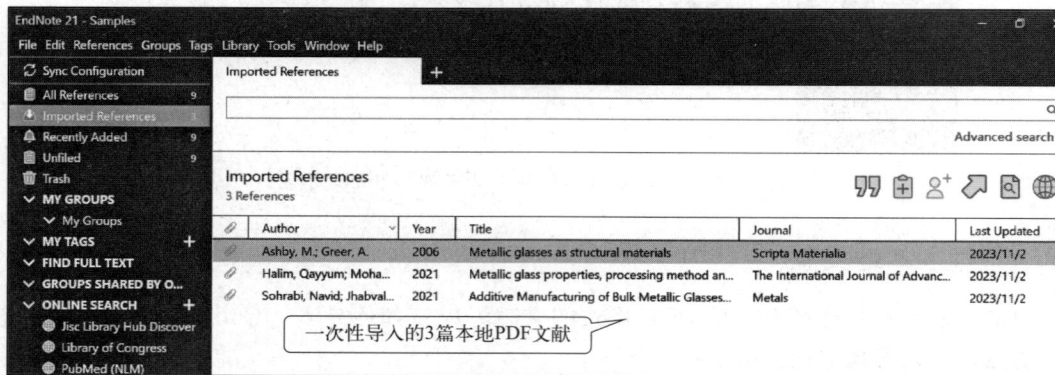

图 2-40　成功导入本地 PDF 文献

若只想导入一篇文献，则 EndNote 命令执行顺序为【File】/【Import】/【File...】，选择 "D：MyLibrary＼MyImport-PDF" 文件夹中的文献进行单篇导入。或者直接选中 PDF 文献，左击鼠标不放手，将文献拖拽到 EndNote 界面左侧栏的 处，稍等一会，文献列表栏就会出现导入的文献信息。

2.2.5　手工录入文献

有的文献信息不全或者文献比较老，这时通常就需要进行手工录入了。接下来学习一个手工录入文献的例子。

【例 2-8】　手工录入参考文献 "Metallic glasses"。

① 在【References】菜单栏中选择【New Reference】，或者在文献题录列表栏鼠标右击选择【New Reference】，弹出的对话框如图 2-41 所示。

图 2-41　手工录入文献

② 在对话框中填写文献的题录信息，最后单击 Save 按钮完成录入。

这里录入了作者、出版年、标题、期刊名、卷、页码等内容。文献手工录入成功后，可以在文献题录列表栏看到录入的文献信息，如图 2-42 所示。

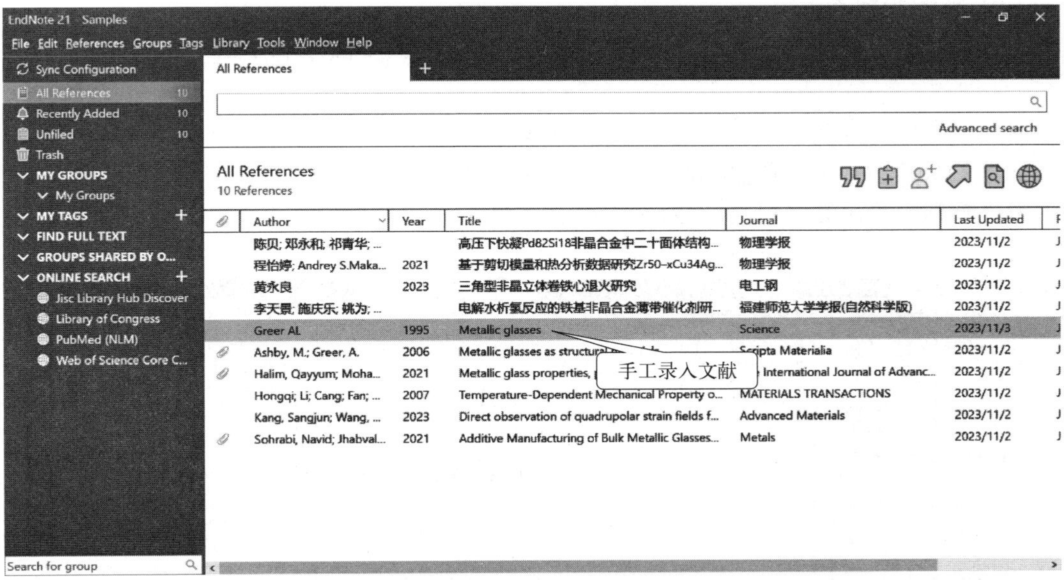

图 2-42　文献题录列表栏中的手工录入文献

2.2.6　删除文献

如果要删除数据库里的文献，只需单击文献题录列表中要删除的文献，然后鼠标右击，选择【Move References to Trash】即可。或者选中文献，单击键盘的【Del】键。被删除的文献会出现在 🗑 Trash 里，即回收站里，单击 🗑 Trash 按钮，可以看到被删除的文献题录列表，如图 2-43 所示。

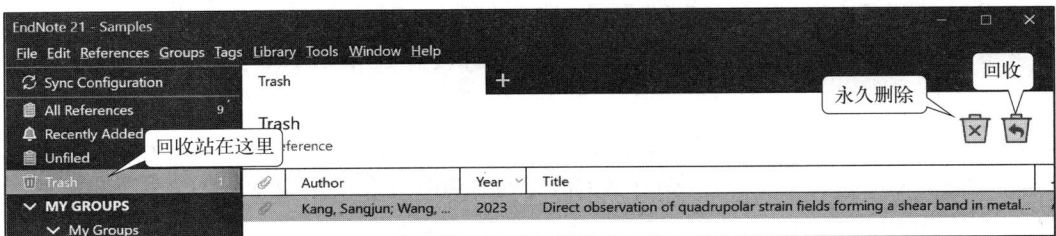

图 2-43　删除文献

如果要永久删除参考文献，先选中文献，然后单击🗙按钮即可；或者鼠标右击，选择【Delete Trash References】。

如果想要恢复被删除的文献，先选中要恢复的文献，单击↩按钮即可；或者鼠标右击，选择【Restore to Library】。

2.2.7　PDF 全文附件

（1）添加 PDF 附件

如果某文献在数据库里只有题录而没有全文，那么就需要把检索到的或者从别处复制过来的 PDF 全文添加到里面。

文献题录前面有个标识区域，有回形针标识的表明该文献附有 PDF 全文，否则就没有全文。

双击没有回形针标识的参考文献，单击【Summary】按钮，可以发现其下方没有出现 PDF 全文附件，只有一个 + Attach file 按钮，这就是用来添加文献 PDF 全文的。而有回形针标识的参考文献则会显示有 PDF 全文附件，如图 2-44 所示。

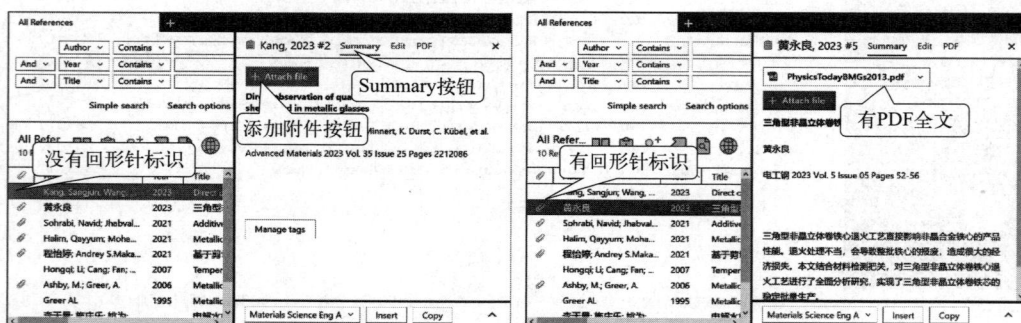

图 2-44　回形针标识与全文附件

假设预先下载好了 "Direct observation of quadrupolar strain fields forming a shear band in metallic glasses" 的 PDF 全文，并将其放在 "D：\ MyLibrary \ MyImport-PDF" 文件夹中。

【例 2-9】　添加 PDF 附件。

① 双击没有回形针标识的参考文献。

② 单击图 2-44 左图中的 + Attach file 按钮，选择提前保存好的文献。

③ 再单击图 2-44 左图右上角的【✕】，在弹出的对话框中单击 Yes 按钮。

该操作结束后，在文献题录列表中该文献前面出现回形针标识，如图 2-45 所示。

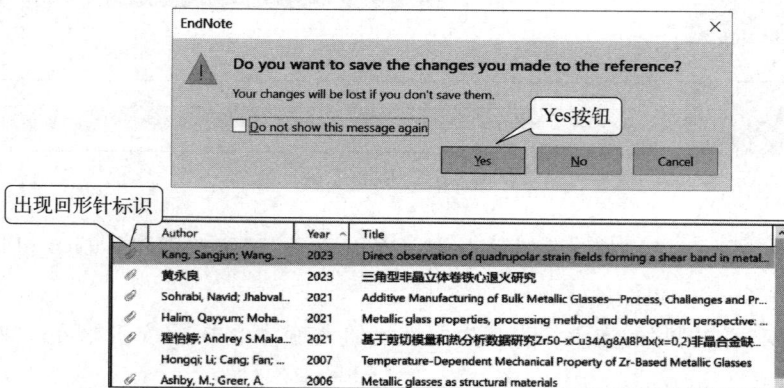

图 2-45　上传 PDF 全文附件

此外，连上在线数据库后，可以通过执行【References】/【Find Full Text】/【Find Full Text】命令添加全文 PDF 附件。

（2）参考文献阅读与编辑

双击文献题录列表中的文献，单击【Edit】按钮，用户可以在该页面编辑文献题录信息，编辑完成后单击 Save 按钮，如图 2-46 所示。

图 2-46　编辑文献题录

单击图 2-46 中的【PDF】按钮，可查看文献 PDF 全文，但前提是在 EndNote 里上传或下载了 PDF 全文。在 EndNote 里可以对 PDF 全文文献进行放大与缩小，添加笔记、高亮、下划线、删除线，打印等操作，如图 2-47 所示。

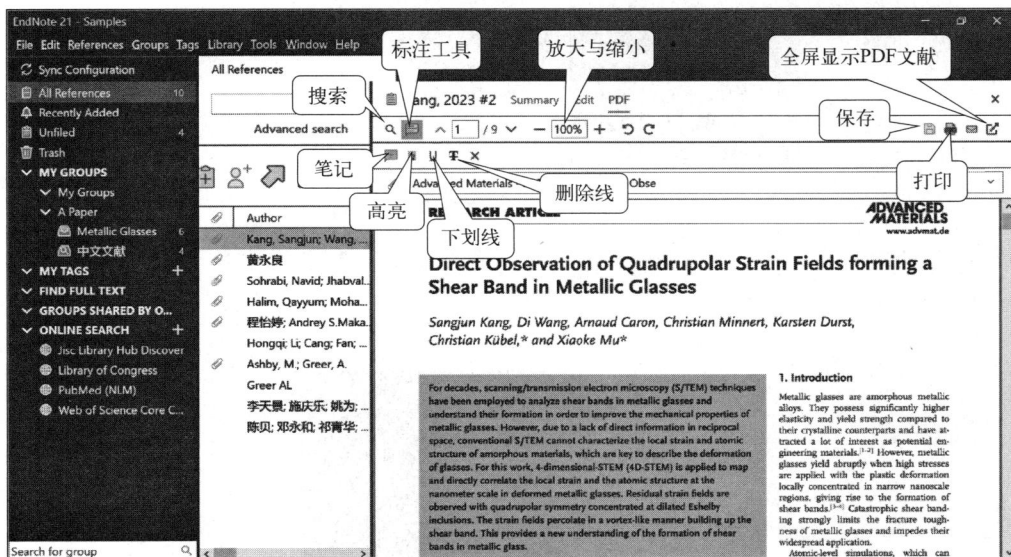

图 2-47　PDF 文献阅读与编辑

如果想要全屏查看 PDF 文献并编辑，只需单击 按钮即可。

2.3 文献分组管理与标签

检索并导入大量文献后，如何分门别类地管理就成了大问题。EndNote 提供了文献的群组管理功能。

2.3.1 创建组集和组

首先我们要明白【Group Set】"组集"和【Group】"组"的关系。"组"是最基础的部分，可把相关文献放在一个"组"里。"组集"则包括若干相关"组"。即组级是一级组，组是二级组。

【例 2-10】 创建一个名为"A Paper"的组集，并在该组集下创建一个名为"Metallic Glasses"的组。

① 在【My Groups】上鼠标右击，在弹出的快捷菜单中选择【Create Group Set】，如图 2-48 所示。

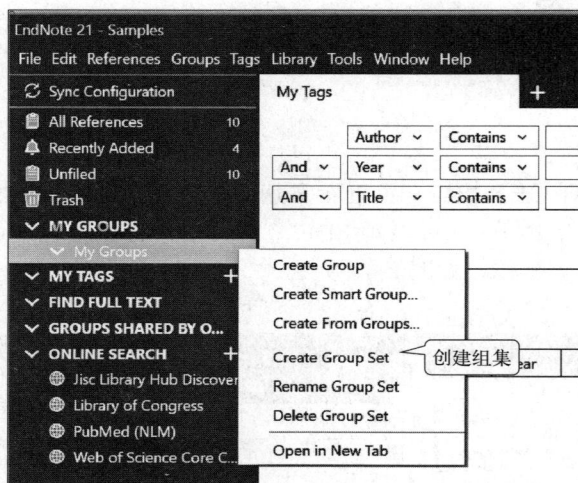

图 2-48 创建组集

② 组集的默认命名为【New Group Set】，用户可以对其直接重命名，在本例中，将其重命名为"A Paper"，如图 2-49 所示。

图 2-49 重命名组集

③ 在【A Paper】上鼠标右击，选择【Create Group】，重命名为"Metallic Glasses"，如图 2-50 所示。

图 2-50　重命名组

2.3.2　文献导入组中

创建好组后，就可以把相关文献导入组中。文献导入组中有两种方式。一种是通过【Add New References To】操作方式，一种是通过拖拽的方式。

【例 2-11】　通过【Add New References To】操作方式将文献列表中显示的英文文献加入名为"Metallic Glasses"的组中。

① 单击【Unfiled】或者【All References】可以看到文献列表中有之前导入的 10 篇文献。

② 单击文献列表中的第一篇英文文献，然后按住【Shift】键，再单击最后一篇英文文献，选中全部 6 篇英文文献。

③ 在选中的参考文献区域鼠标右击，选择【Add References To】/【Metallic Glasses】，如图 2-51 所示。

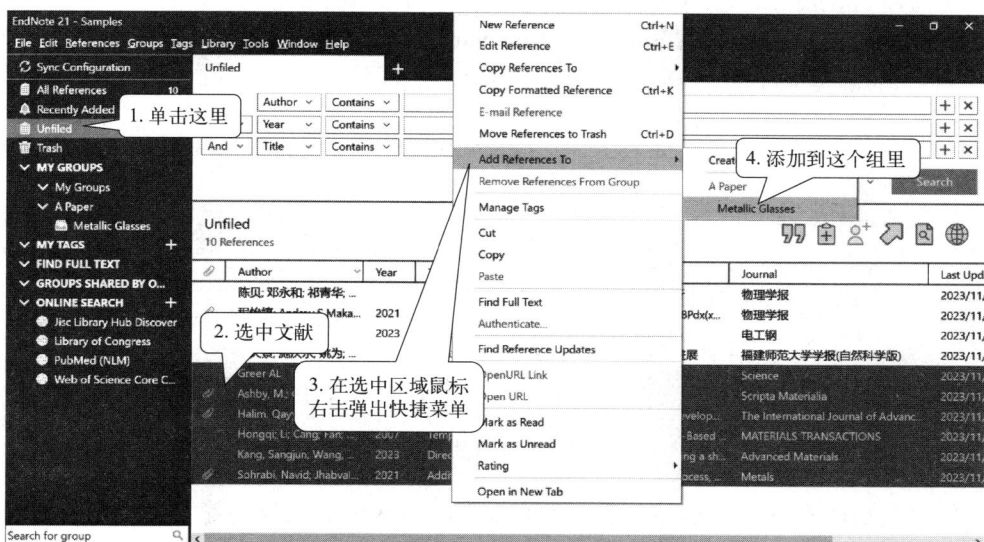

图 2-51　将文献加入组中

可以看到 6 篇英文参考文献的数据全部导入名为"Metallic Glasses"的组中，如图 2-52 所示。

除了上述方法外，用户也可在选中的文献区域按住鼠标左键，拖拽到左侧栏的

图 2-52　英文文献成功导入组中

【Metallic Glasses】组的位置，然后松开左键完成文献的导入。

2.3.3　智能组的创建与使用

【Smart Group】智能组也是组集下的一个二级组，可以通过检索功能将指定文献归类到智能组。

【例 2-12】　将题目含有"非晶"二字的文献归类到名为"中文文献"的组中。

① 在【A Paper】上鼠标右击，选择【Create Smart Group】。

② 在弹出的对话框中，【Smart Group Name】框中填写"中文文献"。搜索区选择"Title"，Contains 后面的框中填写"非晶"。单击 Create 按钮，如图 2-53 所示。

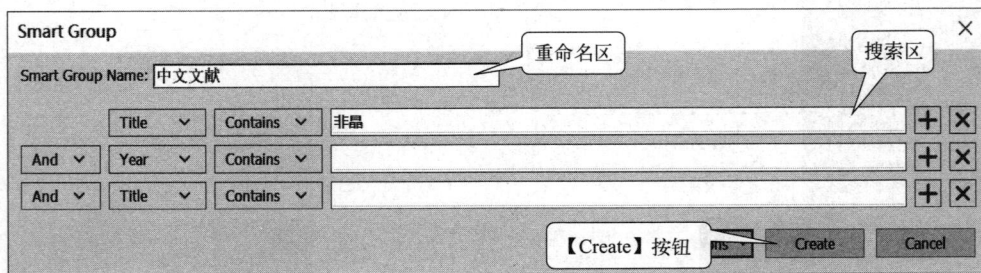

图 2-53　创建智能组对话框

Title 是题目的意思，Contains 是包含的意思，即搜索的条件是题目中包含"非晶"二字的文献。可以看到在组集【A Paper】下有个名为【中文文献】的组，该组内有 4 篇中文文献，题目中都包含"非晶"二字，如图 2-54 所示。

2.3.4　标签分类

除了 Group 功能，21 版 EndNote 新增了可以对参考文献进行分类归档的标签（Tags）

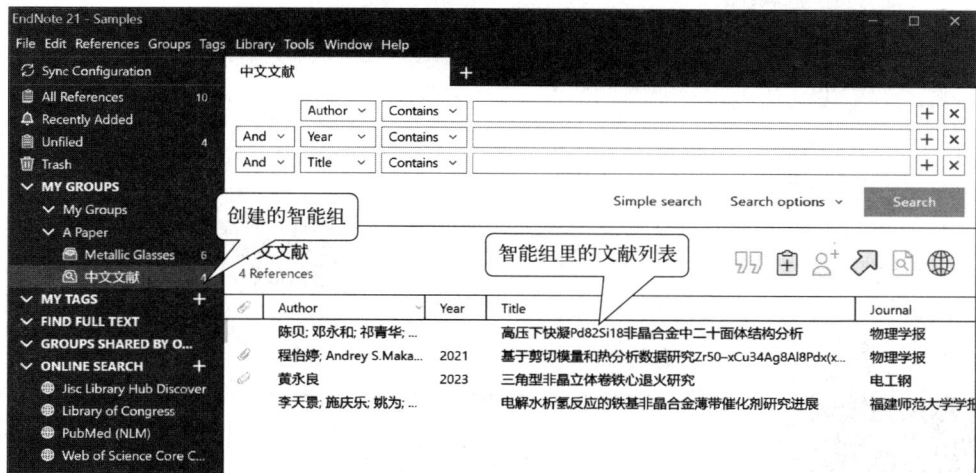

图 2-54 导入"中文文献"智能组的文献

功能，它是通过不同颜色归类文献。

【例 2-13】 创建一个红色的标签，命名为"英文文献"，创建一个绿色的标签，命名为"中文文献"，然后分别将【All References】里的十篇文献按标签归类。

① 单击【MY TAGS】一栏的 ➕ 按钮，如图 2-55 所示。

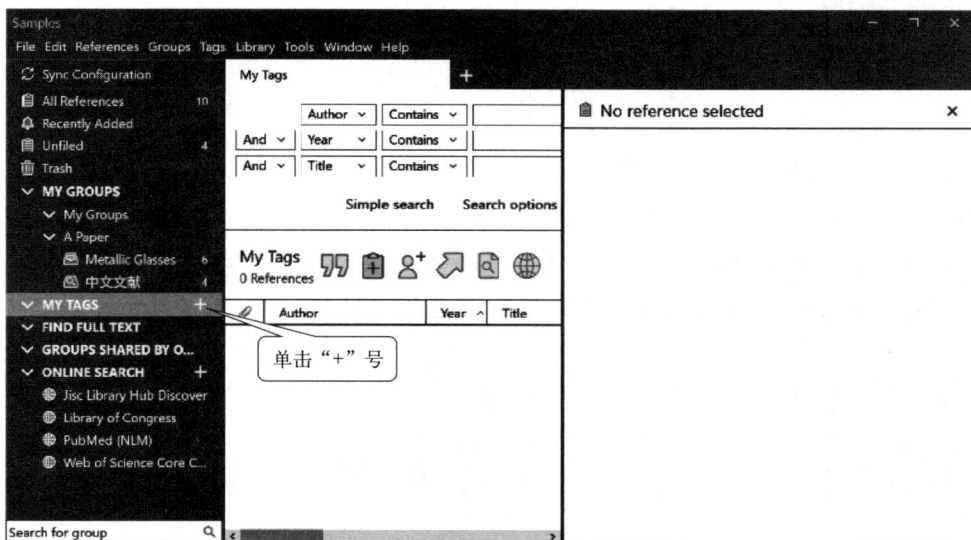

图 2-55 【Samples】对话框

② 在弹出来的对话框中，标签重命名为"英文文献"，选择 ▬ Red ，单击 Create Tag 按钮，如图 2-56 所示。

③ 用同样的方法再创建一个绿色的标签，命名为"中文文献"。至此两个标签就创建好了，如图 2-57 所示。

④ 单击【All References】，将文献拖拽到相应的标签，如图 2-58 所示。

图 2-56　创建标签

图 2-57　分类标签创建完成

图 2-58　对文献进行标签分类

2.3.5　删除、恢复文献的标签

【例 2-14】 删除标签。

① 选中文献列表中的文献，鼠标右击，选择【Manage Tags】。

② 在弹出的【Manage Tags】对话框中，单击 `Clear tags` 按钮或者 `英文文献 ×` 上的【✕】按钮。

③ 单击 `OK` 按钮完成删除标签，如图 2-59 所示。

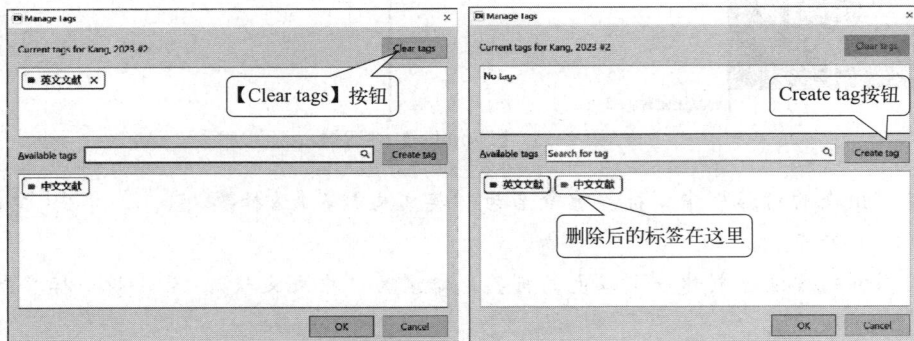

图 2-59　【Manage Tags】对话框

被删除的标签会出现在下方的对话框中，如果想要恢复或者给文献换个标签，单击下方对话框中的标签即可，如果想更换一个下方对话框中没有的标签，单击 Create tag 按钮创建即可。

另外，双击文献列表中的文献，单击【Summary】或者【Edit】界面上显示标签的【✕】，也可以删除标签，或者单击 Manage tags 按钮对文献标签进行创建、删除、更改等操作，如图 2-60 所示。

图 2-60　【Summary】或者【Edit】界面上的标签

2.4　利用 EndNote 撰写论文

在用 Word 撰写论文时，EndNote 插件能够帮助用户非常方便地引用参考文献，并能很好地进行参考文献的添加、删除、格式修改、排序等操作，并在文末形成参考文献列表。

2.4.1　EndNote 与 Word 关联

EndNote 安装后会自动与 Word 关联，出现在 Word 菜单栏中，如图 2-61 所示。

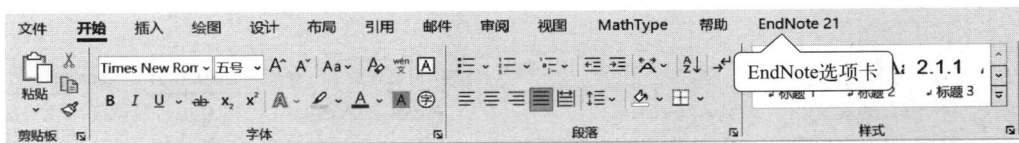

图 2-61　EndNote 插件显示在 Word 菜单栏中

如果 Word 菜单栏不显示 EndNote，或者因为某种原因丢失了，可进行如下操作。

【例 2-15】　在 Word 上显示 EndNote 菜单。

① 单击 Word 界面左上角【文件】里面的【选项】功能，在弹出的对话框中单击【加载项】，单击【转到（G）...】按钮，如图 2-62 所示。

② 在弹出的对话框中，单击【EndNote Cite While You Write】前的方框，方框中显示 √ 后，再单击 确定 按钮，如图 2-63 所示。

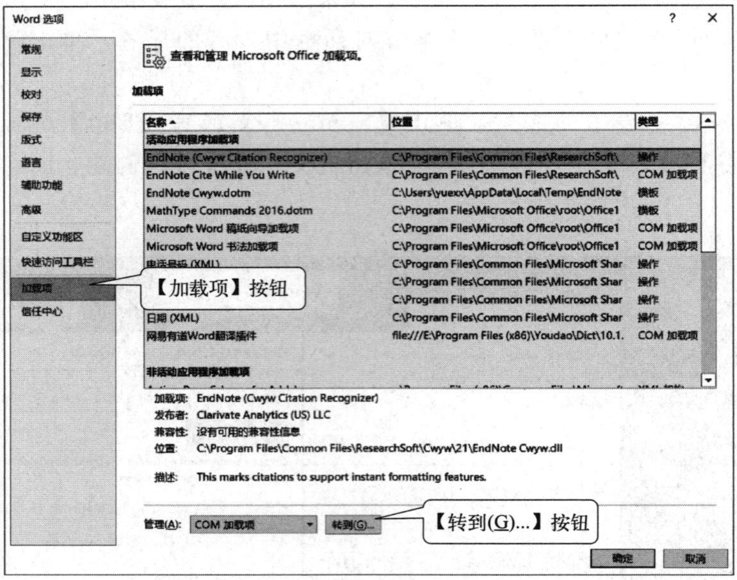

图 2-62 Word【选项】/【加载项】对话框

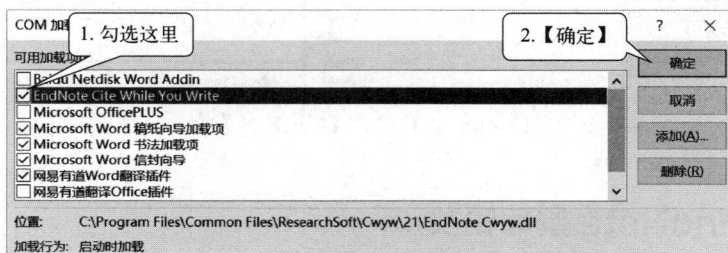

图 2-63 【COM 加载项】对话框

2.4.2 Word 中 EndNote 选项卡

Word 中 EndNote 选项卡主要有插入引文功能区【Citations】、输出风格调整区【Bibliography】、引文分类及实时更新设定功能区、引文导出与插件属性设定区等，如图 2-64 所示。

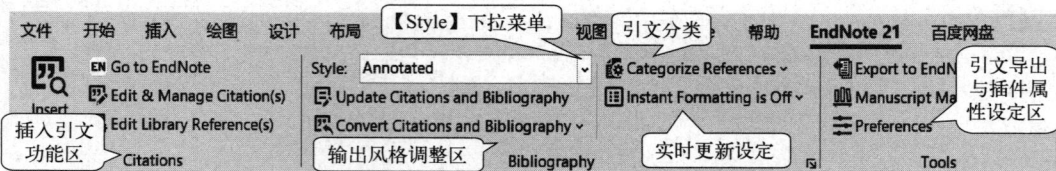

图 2-64 Word 中 EndNote 选项卡

论文写作中，最常使用的就是插入引文功能区和输出风格调整区这两部分。插入引文功能区主要用于从 Word 界面返回 EndNote 界面以及引文的插入、编辑和管理等方面。输出风格调整区，顾名思义，主要用于引文格式的选择、更新和域代码的去除等操作。用户需熟练掌握这两个模块的使用方法。

2.4.3 Word 中插入参考文献

要投稿哪个期刊，就要采用哪个期刊的参考文献格式 "Style"。因此在 Word 中插入文献时，首先需要设置参考文献的格式。在 Word 界面，单击【EndNote】选项卡，单击【Style】下拉菜单，选择需要的格式，如图 2-65 所示。

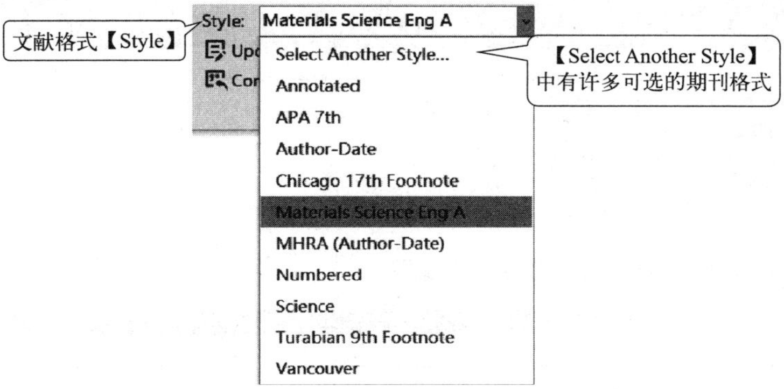

图 2-65 【Style】下拉菜单

如果【Style】下拉菜单中没有所要找的格式，单击【Select Another Style】，可以看到弹出的对话框中有很多期刊格式可以选择，对话框最下方显示的是 Styles 存放的位置，如图 2-66 所示。

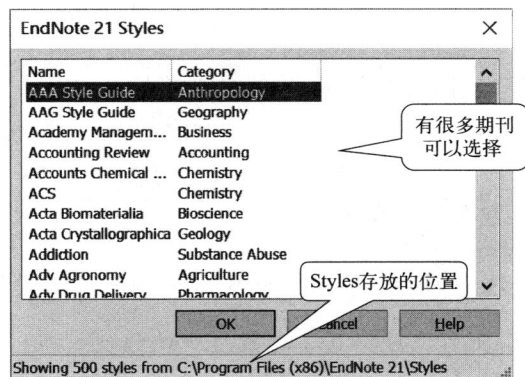

图 2-66 【Styles】对话框

如果【Select Another Style】里仍然没有所要找的期刊，则可以去 EndNote 官网下载 Styles 文件，以期刊 "Applied Mathematics Letters" 为例。

【例 2-16】 从 EndNote 官网下载 Styles 文件。

① EndNote Styles 下载官网：https://endnote.com/downloads/styles/。

② 输入期刊名，单击 **Search** 按钮，确认搜索结果是要找的期刊后，单击 **Download** 按钮，如图 2-67 所示。

③ 将下载的文件放在 EndNote 安装目录中的【Styles】文件夹里，即图 2-66 中显示的 Styles 存放的位置。

④ 单击【Style】下拉菜单中的【Select Another Style】，可以看到，相比于 EndNote 自

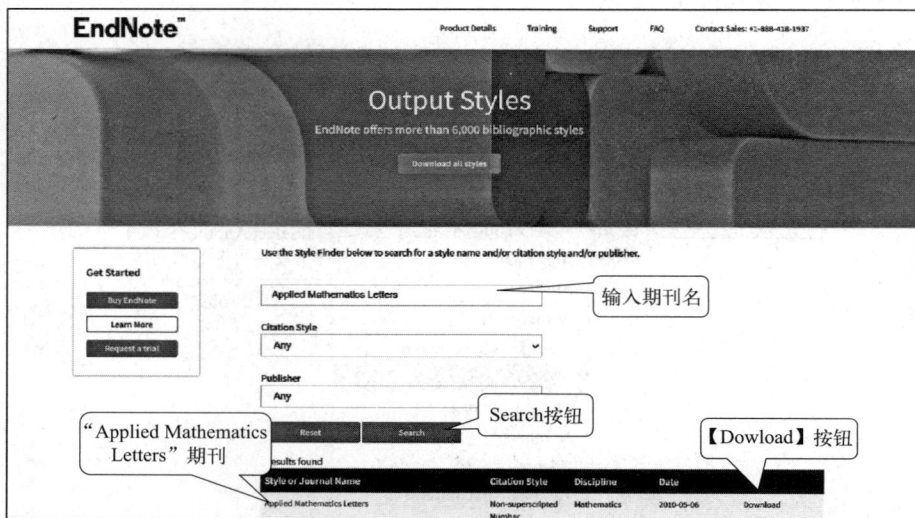

图 2-67　EndNote 官网下载 Styles 的界面

带的 Styles，现在的 Styles 中多了"Applied Mathematics Letters"这个期刊格式，如图 2-68 所示。

图 2-68　【Styles】里新增 Applied Mathematics Letters 期刊格式

EndNote 中并不能包含所有文献格式，尤其是毕业论文，各校要求不同。因此通常选择和所需参考文献格式一样或最接近的期刊即可。

在 Word 中插入参考文献基本有四种方法。为了更方便地介绍这四种方法和让用户模仿练习，Word 中简单地用几句话作为文本。每种方法中参考文献的格式都选择"Materials Science Eng A"。

【例 2-17】　使用【Insert Citation】插入参考文献"Metallic glasses"。

① 将光标放在参考文献要插入的位置，如图 2-69 所示。

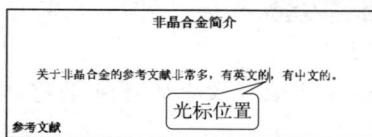

图 2-69　在光标处插入参考文献

② 单击 图标，在弹出的对话框中的搜索栏输入"Metallic glasses"。单击 [Find] 按钮，再单击 [Insert] 按钮。如图 2-70 所示。

图 2-70　搜索与插入文献

参考文献插入成功后，插入位置会显示文献序号，在文章后面可以看到符合"Materials Science Eng A"格式的文献列表，如图 2-71 所示。

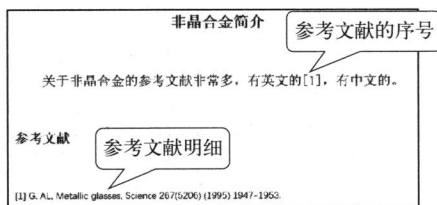

图 2-71　参考文献成功插入

如果要删除这个插入的参考文献，只需将正文中参考文献的序号删掉即可。

如果在 EndNote 中检索、阅读文献中，突然发现一篇合适的文献要在文章中引用，那么可以进行如下操作。

③ 在 EndNote 中选择要插入 Word 中的文献，然后返回到 Word 界面。

④ 将鼠标的光标放到要插入的地方，执行【Insert Citation】/【Insert Selected Citation（s）】命令插入文献，如图 2-72 所示。

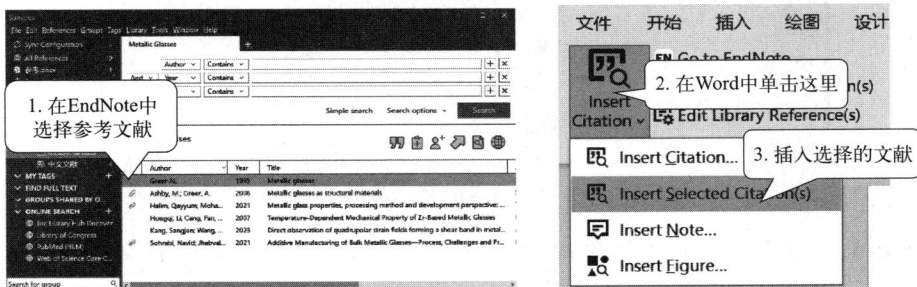

图 2-72　先选文献再确定插入 Word 中的位置

Word 中 EndNote 选项卡还提供了 **EN Go to EndNote** 按钮，可一键返回 EndNote。

【例 2-18】 使用 **EN Go to EndNote** 和 **【99】** 按钮在序号 [1] 后插入参考文献"Metallic glasses as structural materials"。

把光标放在文献序号 [1] 的后面，单击 **EN Go to EndNote** 按钮，在弹出的 EndNote 界面中选择要插入的文献，然后单击 **【99】** 按钮即可插入文献，如图 2-73 所示。

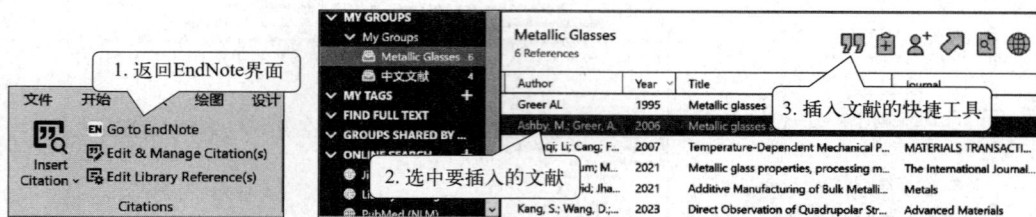

图 2-73 插入文献

参考文献插入成功后，两篇参考文献的序号在一个方括号中，如图 2-74 所示。

图 2-74 参考文献成功插入

若要删除第二个文献，可单击 **EN Go to EndNote** 按钮下方的 **Edit & Manage Citation(s)** 按钮，在弹出的对话框中选中要删除的参考文献，然后单击【Edit Reference】下拉菜单【Remove Citation】，单击 **OK** 按钮，如图 2-75 所示。

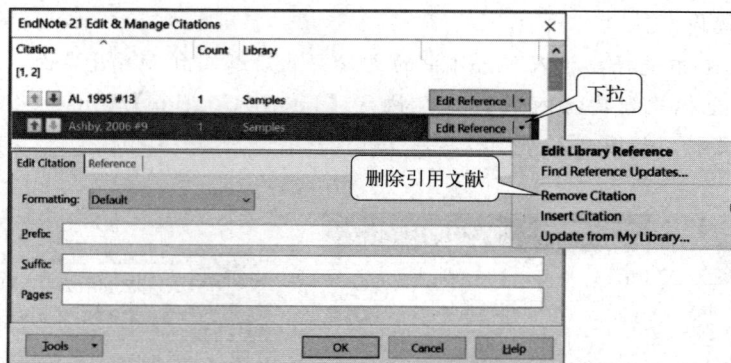

图 2-75 删除参考文献

【例 2-19】 通过复制粘贴法将参考文献"基于剪切模量和热分析数据研究 $Zr_{50-x}Cu_{34}Ag_8Al_8Pd_x$（$x=0$，$2$）"插入正文中。

在 EndNote 里选中要插入的参考文献，用快捷键 Ctrl + C 复制该参考文献，然后返回到 Word 里，把光标放在"有中文的"后面，然后用快捷键 Ctrl ＋ V 粘贴。稍等片刻，参考文献就插入 Word 里指定位置了，如图 2-76 所示。

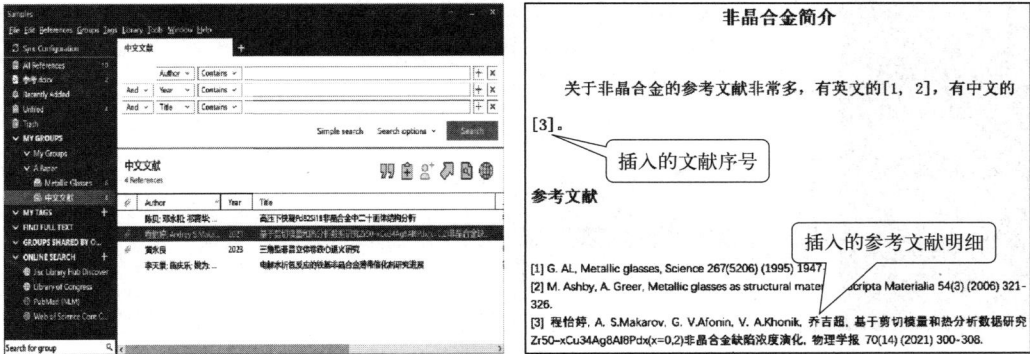

图 2-76　复制粘贴法

【例 2-20】 用拖拽法将参考文献"三角型非晶立体卷铁心退火研究"插入第 3 篇文献之后。

① 打开要插入文献的文档，按住键盘上的【⊞】键，再按 →键，电脑桌面如图 2-77 所示。

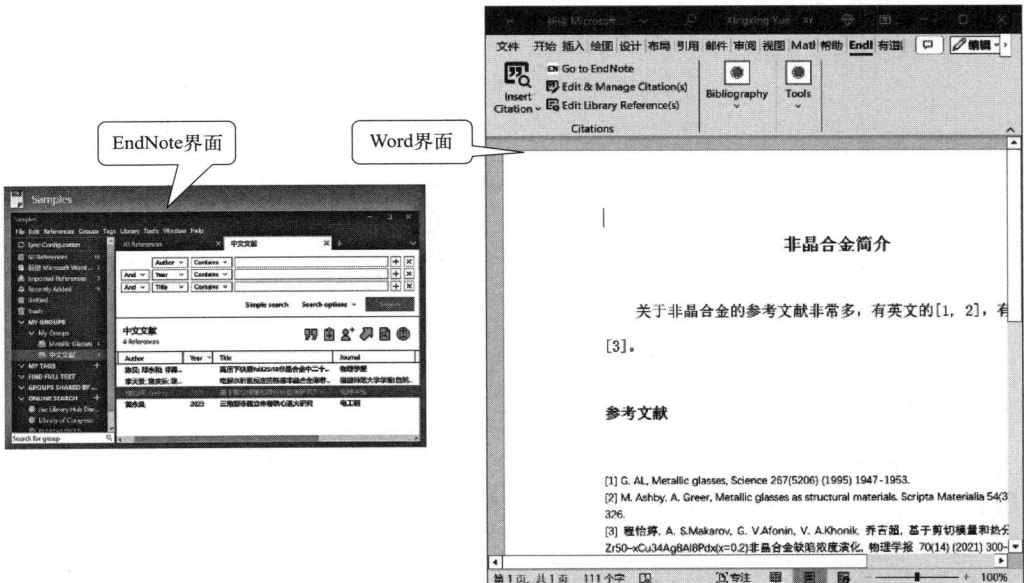

图 2-77　桌面分屏

单击左边 EndNote 界面，屏幕被分为两部分，左边是 EndNote 界面，右边是 Word 界面。

② 在【中文文献】组，选中要插入的文献，按住鼠标左键不放，一直拖到正文中"［3］"后面，然后松开左键，如图 2-78 所示。

稍等片刻，文献完成插入，如图 2-79 所示。

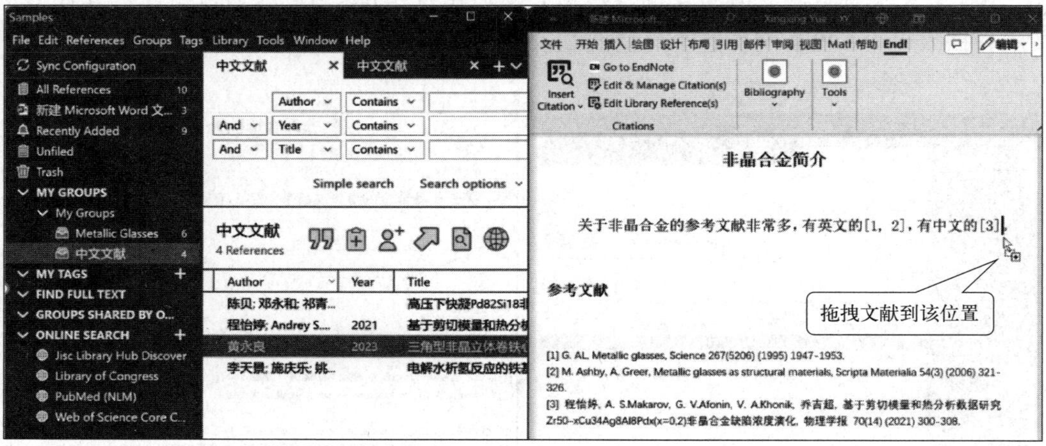

图 2-78 拖拽文献到插入位置

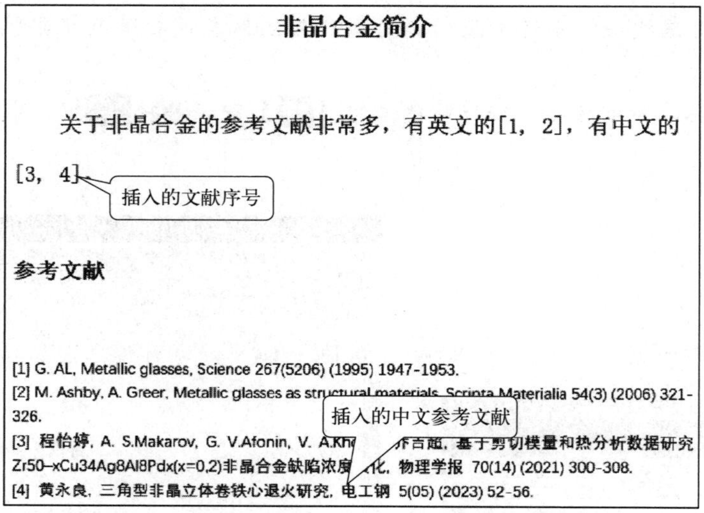

图 2-79 文献成功插入

2.4.4 参考文献格式修改与更新

参考文献插入完成后，如果需要修改参考文献的格式，可以用以下方法来进行。

【例 2-21】 将《非晶合金简介》正文中的参考文献序号变成上标。删除文末所列参考文献的题目。

① 执行【Tools】/【Output Styles】/【Edit "Materials Science Eng A"】命令，如图 2-80 所示。

对于文献格式的修改，通常用到的是【Citations】（引注）模块，用于修改正文中文献的引用格式，另一个是【Bibliography】（参考文献）模块，用于修改文末所列文献的格式，如图 2-81 所示。

② 单击【Citations】/【Templates】，选中【Bibliography. Number】，然后单击【A¹】按钮，将正文中参考文献的引用序号变成上标，如图 2-82 所示。

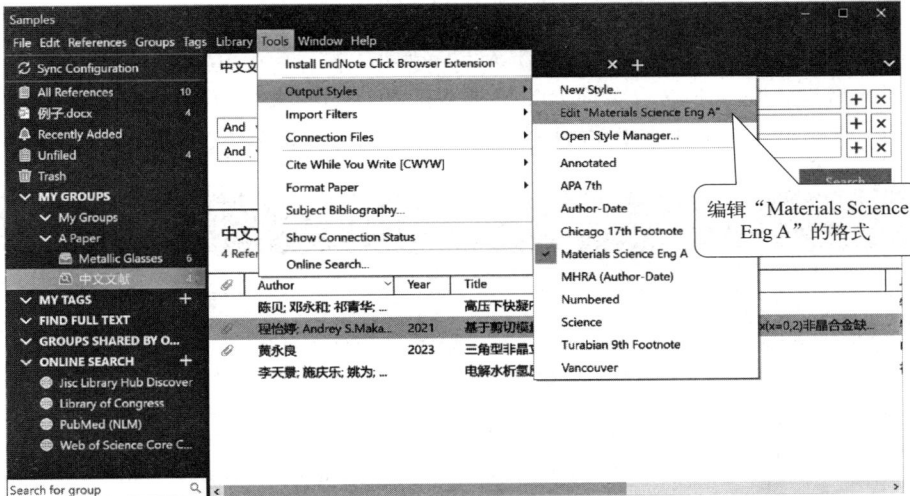

图 2-80　编辑参考文献格式

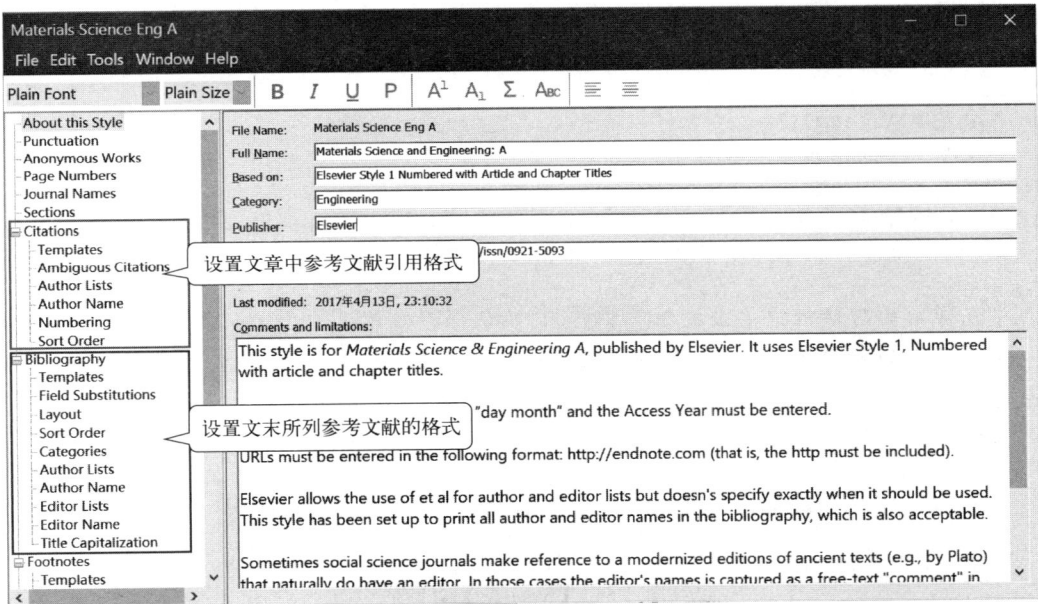

图 2-81　文献格式修改界面

图 2-82　将参考文献的引用序号变成上标

③ 执行【Biliography】/【Templates】命令。

【Templates】里有 "Book"（书）、"Book Section"（书本章节）、"Journal Article"（期刊文章）等的格式，在《非晶合金简介》中插入的都是期刊文章。

④ 删除 "Journal Article" 中 **·Title,**，然后单击关闭，如图2-83所示。

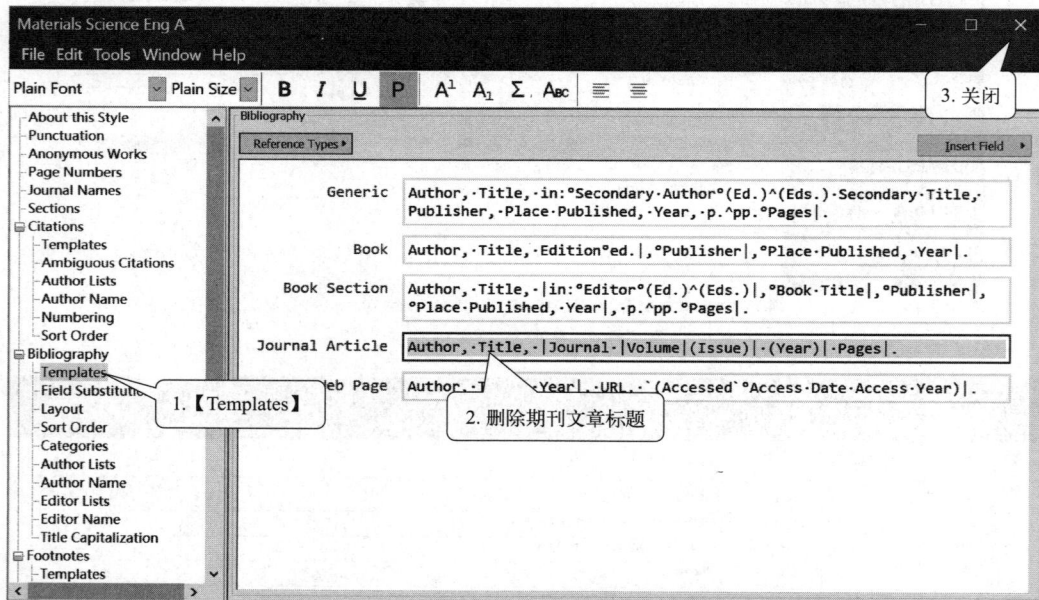

图 2-83　删除 "Journal Article" 中 "Title"

⑤ 在弹出的对话框中单击按钮 [是(Y)]，确认保存修改。

⑥ 在弹出的对话框中可重新命名【Style name】，本例中重命名为 "Introduction of Metalic Glasses"，单击 [Save] 按钮，如图2-84所示。

图 2-84　【Save As】对话框

⑦ 在【Style】下拉菜单中选择【Select Another Style】，如图2-85所示。

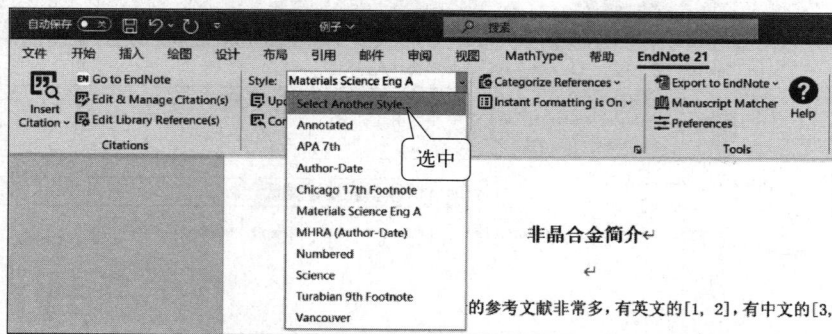

图 2-85　选用另外一种文献样式的菜单项

⑧ 在弹出的对话框中选择"Introduction of Metalic Glasses"，单击 OK 按钮，如图 2-86 所示。

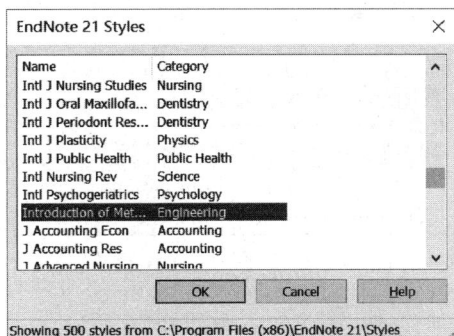

图 2-86 选择"Introduction of Metalic Glasses"样式

可以看到在 Word 正文中，引用序号变成了上标格式，文末参考文献中没有文献题目了，如图 2-87 所示。

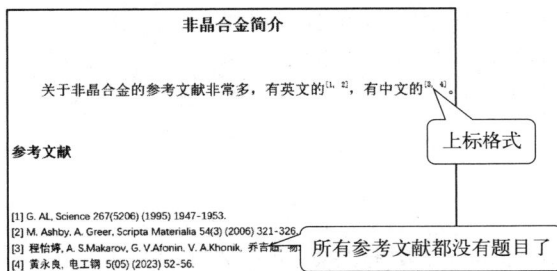

图 2-87 修改文献格式

2.4.5 将参考文献转为纯文本

无论是单击《非晶合金简介》正文中的文献引用序号还是正文后面所列的文献，都会显示灰色的底纹，说明这两部分是含有域代码的格式，如图 2-88 所示。

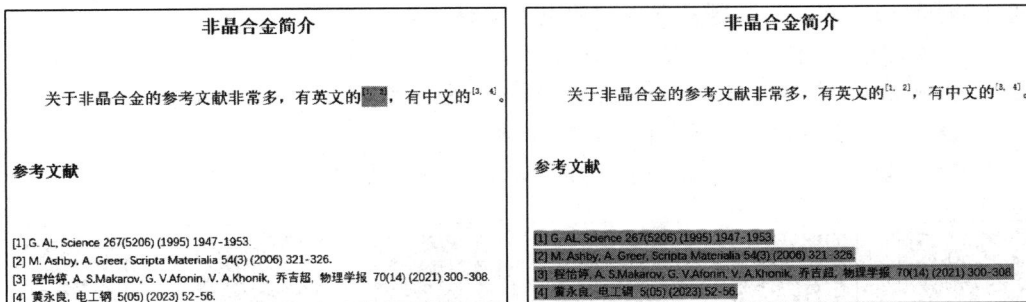

图 2-88 域代码

通常向期刊投稿时，需要提交一份纯文本格式的稿件。因此定稿后，需要除去稿件的域代码，从而得到纯文本格式的稿件。

【例 2-22】 将《非晶合金简介》的稿件转换为纯文本格式。

① 执行【Convert Citations and Bibliography】/【Convert to Plain Text】命令，如图 2-89 所示。

图 2-89　转换为纯文本格式

② 在弹出的对话框中单击 确定 按钮，如图 2-90 所示。

单击 确定 按钮后，除了原本带域格式的原稿，会弹出一个纯文本格式的稿件，可对其进行"另存为"操作。

在 Word 中插入的文献不一定每篇格式都是符合要求的，因此稿件在转化为纯文本格式后，一定要再次检查每一篇文献的格式，如有问题可进行手动修改。

EndNote 21 ×

This command will create a new copy of your Word document and remove all special EndNote markers from it. The new document will appear in a new unsaved document window. The original file will remain opened and untouched.

Do you wish to continue?

确定　　取消

图 2-90　转换为纯文本格式稿件的提示

2.5　总结

本章介绍了 EndNote 创建本地数据库、导入文献、文献分组、在 Word 中插入文献及文献格式修改等内容。熟练掌握这些常用功能，并将其应用在学习和研究中，形成自己的体系和习惯，对提高科研水平和论文撰写效率大有裨益。

习题

2-1. 在文献列表栏显示 DOI 号、卷、页码等信息。

2-2. 删除 EndNote 文献题录列表中的重复文献。

2-3. 文献题录列表的参考文献按发表年排序。

2-4. 在 Word 文档正文中的同一个地方插入多个参考文献，按年代排序。

2-5. 设置 Word 中参考文献作者显示的个数。

2-6. 使用【Find Full Text】功能添加文献 PDF 全文附件。

习题 2-1　　　习题 2-2　　　习题 2-3　　　习题 2-4　　　习题 2-5　　　习题 2-6

第**3**章

PPT演示文稿制作

无论是进行学术交流、展示研究结果，还是从事化学化工方面的教学工作，都需要将演讲内容制作成投影幻灯片。最常用的演示文稿制作软件当数 Office 组件之一的 PowerPoint，即 PPT。这个软件想必用户已经多少会用一些了。本章所用的 PowerPoint 365 软件是 Microsoft 365 的组件之一。所用操作系统为 Windows 11。本章将简介该软件的使用方法，一步一步制作 PPT，同时提醒一些注意事项，还将介绍如何在 PPT 中使用图片、视频等技巧，最后介绍 PPT 录屏等功能。

3.1 PowerPoint 简介

PowerPoint 是由美国微软公司开发的演示文稿软件。用户可以使用它提供的多种工具来创作富有自己特色的演示文稿。首先来了解一下 PowerPoint 365 版。

3.1.1 主界面

PowerPoint365 版（后面将简称 PowerPoint）主界面如图 3-1 所示。

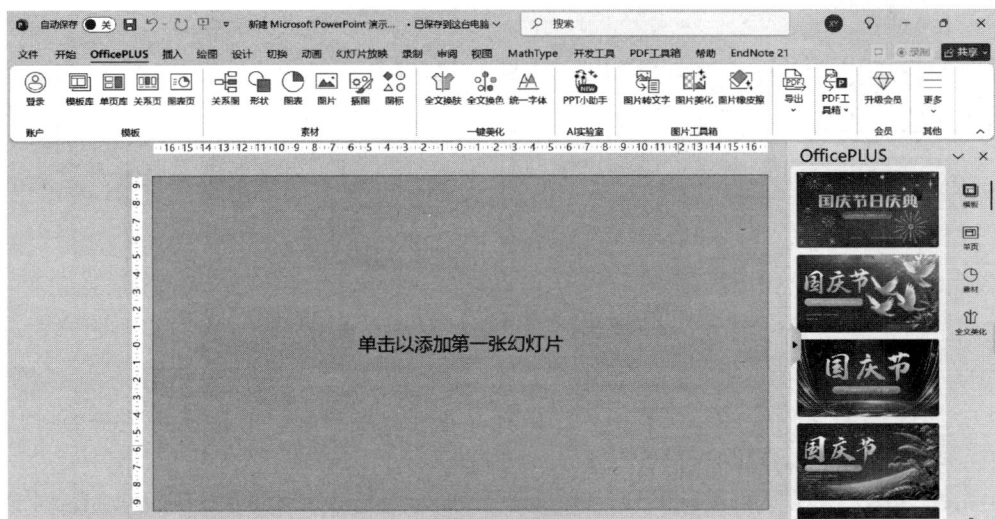

图 3-1　PowerPoint 主界面

365 版本的 PowerPoint 除了【文件】还保留有菜单项以外，其他菜单项都是选项卡，与 Word 等软件类似。

单击不同选项卡会将其展成不同功能区。功能区里有若干按钮或下拉按钮。单击下拉按钮会弹出进一步选择窗口。

也可以通过转动鼠标滚轮来快速切换选项卡。只需将鼠标停留在功能区上滚动即可。

PowerPoint 选项卡的常用编辑功能与 Word 类似。这里简介一下【OfficePLUS】。单击【OfficePLUS】将其展开，如图 3-2 所示。

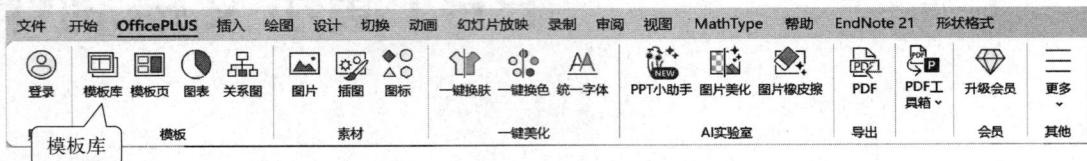

图 3-2 【OfficePLUS】选项卡

如果选项卡栏里面没有【OfficePLUS】选项卡，那么可以按照如下方法将其添加上。

① 在任意选项卡的功能区鼠标右击，弹出快捷菜单，如图 3-3 所示。

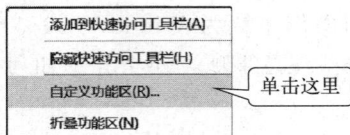

图 3-3 快捷菜单

② 单击【自定义功能区（R）…】菜单项，弹出【PowerPoint】/【自定义功能区】对话框，如图 3-4 所示。

图 3-4 【PowerPoint】/【自定义功能区】对话框

③ 勾选【OfficePLUS】，添加【OfficePLUS】选项卡。

PowerPoint 的【OfficePLUS】提供了多种简单易用的模板，有些还是免费的。基于这些模板可以很容易地制作出自己的 PPT。我们先来初识一下模板库。

单击图 3-2 上的【模板库】工具，弹出【Office PLUS｜模板库】选项卡，【会员类型】选"免费"，在【全部颜色】一行单击"白色"圆圈，如图 3-5 所示。

图 3-5 【Office PLUS│模板库】选项卡

这里 Office 给出了多种简约风格的、浅色基调的模板。简约风格比较适合表述科学问题，浅色基调比较适合投影。通常基于这类模板我们就可以完成自己的 PPT 了。

在使用模板之前，先了解一些有关 PPT 的基本概念和基本操作。有了这些基本知识之后，再使用各种精心设计的模板就能锦上添花了。

3.1.2 基本概念

PPT 演示文稿由幻灯片、大纲、讲义和备注页组成。每一个幻灯片都由对象以及版式组成。对象与版式是幻灯片的核心部分。

• 对象：是 PPT 幻灯片的重要组成部分。文字、图表、结构图、图形单元、Word 表格以及其他任何可插入的元素都叫作对象。

• 版式：就是对象的布局。PPT 提供多种自动版式，可套用其中一种。PPT 为每一种自动版式都提供了相应的占位符，可输入文字、图或表。

• 母版：包含了每一个页面所需显示的元素。

• 模板：是一个已保存的演示文稿，包含有预定义的文字格式、颜色以及图形元素。模板包括两种形式：设计模板和内容模板。

• 演示文稿的表现形式：幻灯片、大纲、讲义、备注页和放映等状态，相应由幻灯片视图、大纲视图、讲义视图、备注页视图和放映视图来表现。

3.2 制作一组幻灯片

本节将以"纳米材料简介"为题制作一组幻灯片。从最基本的版式做起，不使用 PowerPoint 提供的模板，并介绍制作幻灯片时的注意事项。

3.2.1 第一张幻灯片

① 启动 PowerPoint，首先弹出【新建】对话框，如图 3-6 所示。

图 3-6 【新建】空白演示文稿

这里有多个选项，选择【空白演示文稿】，从头开始，完全按照自己的思路制作幻灯片。

② 单击【空白演示文稿】，弹出【演示文稿 1】的首张幻灯片，即标题幻灯片，如图 3-7 所示。

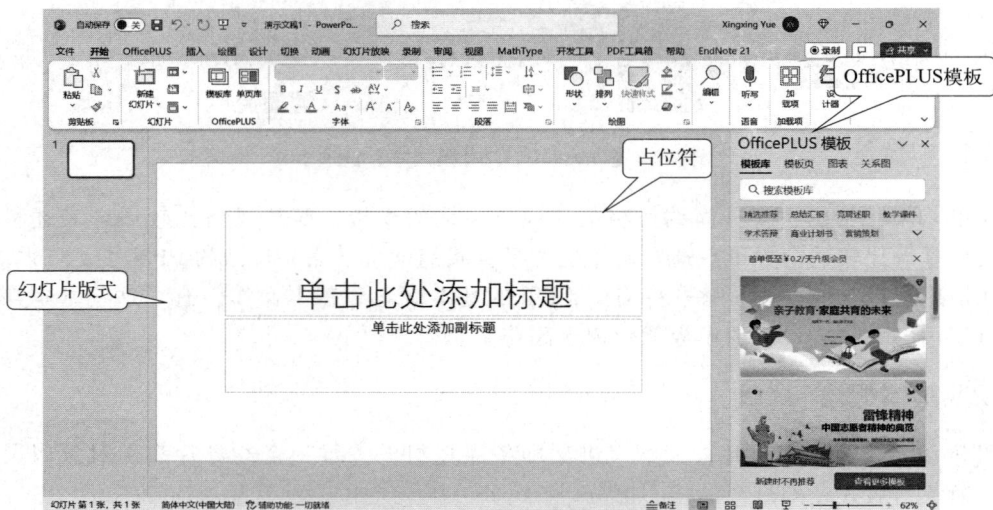

图 3-7 【演示文稿 1】标题幻灯片

打开第一张幻灯片的同时会自动弹出【OfficePLUS】模板对话框。由于这次操作不使用模板，可以将其关闭。

【标题幻灯片】版式上有两个以虚线矩形表示的占位符，单击即可添加幻灯片的标题和副标题。

③ 单击【单击此处添加标题】占位符，输入"纳米材料简介"。

④ 单击【单击此处添加副标题】占位符，输入作者姓名。

这样第一张幻灯片就做好了，现在制作第二张幻灯片。

3.2.2　添加新幻灯片

① 接上一小节的操作，单击【开始】或【插入】选项卡上的【新建幻灯片】按钮 ，弹出【Office 主题】对话框，里面是各种幻灯片版式，如图 3-8 所示。

在老版本里，这个【Office 主题】对话框叫作【幻灯片版式】。【新建幻灯片】按钮的右侧有个【幻灯片版式】按钮，单击这个按钮可以改变当前幻灯片的版式。

在幻灯片外面的空白处鼠标右击，在弹出的快捷菜单中选择【版式】命令，也可以弹出【Office 主题】对话框。

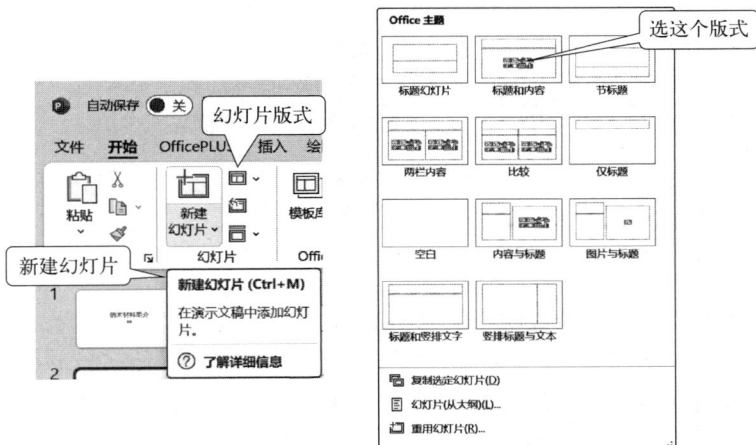

图 3-8 【新建幻灯片】按钮和幻灯片的版式

② 单击【标题和内容】版式插入一张新幻灯片。输入"内容提要"作为标题，在标题下面的占位符中，依次输入各项内容提要，结果如图 3-9 所示。

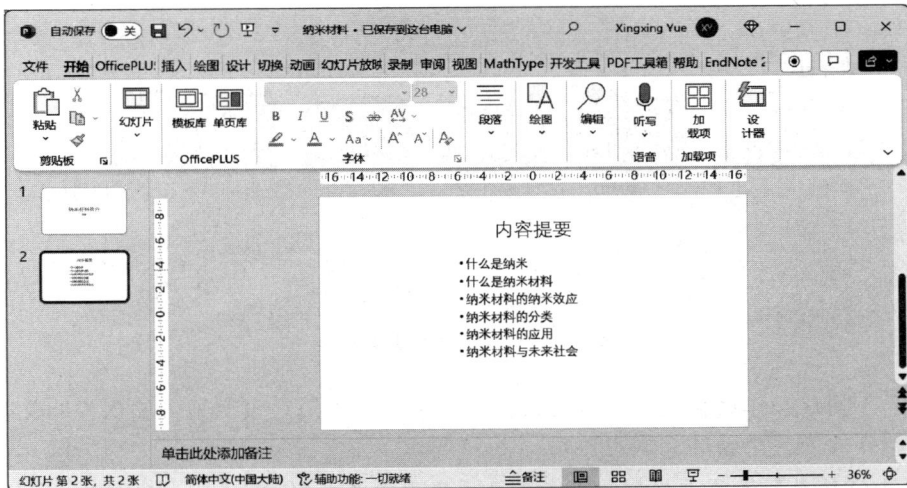

图 3-9 添加【内容提要】幻灯片

标题的默认字体通常较大，但内容默认字号为 18 号，有点小了。为了投影清晰，建议都调整到 24 号以上。

3.2.3 添加图片

能够很方便地展示图表是 PPT 的一个重要优势。下面制作一张文字和图片混合的幻灯片。

① 接上一小节的操作，插入一张新幻灯片，继续使用【标题和内容】版式，在标题占位符里输入"什么是纳米？"，如图 3-10 所示。

在标题下方的内容占位符里，可以单击【单击此处添加文本】占位符，如同上一张幻灯片那样；也可以单击下方的按钮，添加其他格式的信息。

图 3-10 【标题和内容】版式

下面插入一张图片，形象地说明 1 纳米到底有多大。这里假定"纳米有多大.bmp"图片文件已经存放在"D：\MyPPT"文件夹中。

② 单击【图片】按钮 ，弹出【插入图片】对话框，定位到"D：\MyPPT"文件夹，单击打开名称为"纳米有多大"这张图片，单击 插入(S) 按钮将图片插入，如图 3-11 所示。

图 3-11 【插入图片】对话框

完成插入图片操作后会发现，内容占位符已被图片占用，没有地方输入说明文字了。这时我们就需要插入一个新的文本占位符。

③ 单击【插入】选项卡右侧的文本工具区里面的文本框按钮 A ，按钮呈灰色，鼠标则变成一条竖杠。【插入】/【文本框】操作如图 3-12 所示。

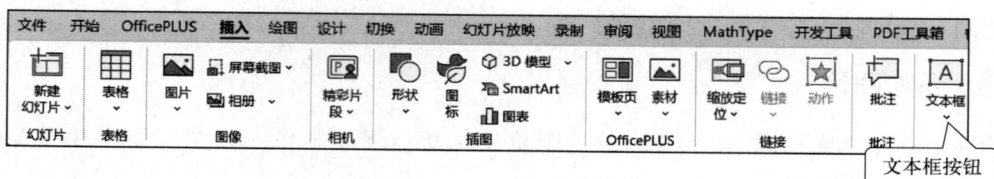

图 3-12 【插入】/【文本框】

④ 用鼠标在标题下方空白区域拖拽出一个占位符，输入相应文字。
⑤ 重复上述步骤在图片下面分别输入相应说明文字，结果如图 3-13 所示。

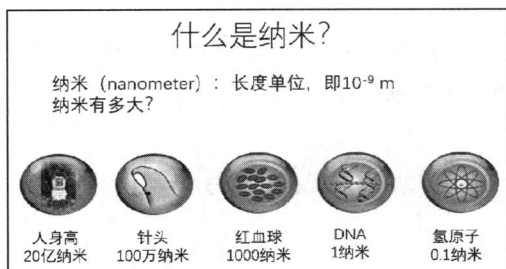

什么是纳米？

纳米（nanometer）：长度单位，即10^{-9} m
纳米有多大？

| 人身高 | 针头 | 红血球 | DNA | 氩原子 |
| 20亿纳米 | 100万纳米 | 1000纳米 | 1纳米 | 0.1纳米 |

图 3-13　插入文本框并输入文字

默认插入的文本框是横排的。若要插入竖排文本框，可以单击文本框按钮下方的下拉按钮，再单击【竖排文本框（V）】按钮。

PowerPoint 提供了一些常用版式。版式是可以根据需求进行修改的，如同上面添加文本框那样。如果一开始幻灯片版式中没有图片占位符，那么可以后续插入图片对象，执行【插入】/【图片】/【此设备（D）...】命令来插入文件夹中已有图片文件。这种情况下，图片会自动放置在幻灯片的中央，用户可以通过后续调整确定图片的大小和位置。

有时我们会发现某张幻灯片所选用的版式不合适，应该使用其他版式。遇到这种情况也不必一切从头再来，只需进行如下操作。

在幻灯片空白处鼠标右击，弹出快捷菜单，单击【版式（L）】，弹出【Office 主题】对话框，其中有各种版式可供选择。

3.2.4　添加表格

在下面的幻灯片中，需要插入一个 3 列 4 行的表格。

① 接上一小节的操作，插入一张新幻灯片，版式为【标题和内容】。输入"表面效应"作为本张幻灯片的标题。

② 在下方的【内容占位符】里，单击▦按钮，弹出【插入表格】对话框，将【列数（C）】调整为"3"，【行数（R）】调整为"4"，单击 确定 按钮，结果如图 3-14 所示。

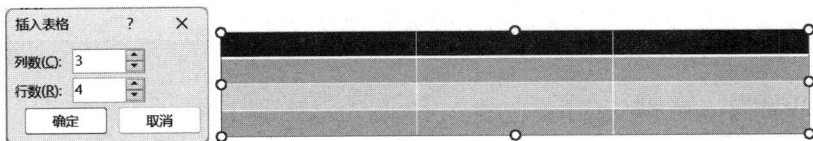

图 3-14　【插入表格】对话框和插入的 3×4 表格

也可以执行【插入】/【表格】命令，弹出【插入表格】对话框，用鼠标拉出一个 3×4 的表格，如图 3-15 所示。

这个表格为默认样式。操作表格的时候，上面的工具栏会出现相应的变化，右上角出现【表设计】临时选项卡，如图 3-16 所示。

打开【表格样式】工具栏，里面可选择的表格样式有很多，若要投影清晰，通常应该选择浅色的样式。

③ 单击【表格样式】工具栏右下角的下拉按钮，选择其中的【无样式，网格型】。

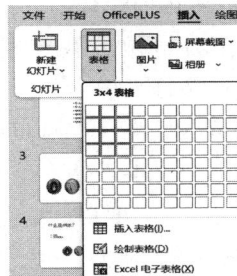

图 3-15　【插入】/【表格】
用鼠标拉出所需表格

图 3-16　【表设计】选项卡

④ 在表格中输入相应文字并将字号调整至 24 号。

表格里默认输入的文字全都是左对齐和上方对齐。现在需要它们都在表格的中部居中对齐。

⑤ 选中表格所有单元，打开【开始】选项卡，在【段落】工具区里单击居中按钮三。单击【对齐文本】按钮弹出对话框，单击【中部对齐】，如图 3-17 所示。

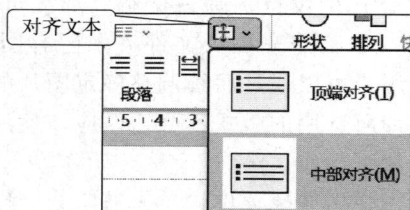

图 3-17　【对齐文本】/【中部对齐】

中部对齐之后的表格如图 3-18 所示。

表面效应

纳米微粒尺寸/nm	包含总原子数/个	表面原子所占比例/%
10	$3×10^4$	20
5	$4×10^3$	40
2	$2.5×10^2$	80

图 3-18　中部对齐之后的表格

3.2.5　添加视频、音频

PPT 中既可以添加 Windows 自带剪辑库中的媒体文件，也可以添加来自外部的媒体文件。在下一张幻灯片中，需要添加一段来自外部的视频文件，来形象地模拟单壁碳纳米管弯曲时的受力情况。假定视频文件名为"SWCNT _ bend. mpg"，且已经存放在"D：\ MyPPT"文件夹中。

① 插入一张【标题和内容】版式幻灯片，输入标题"单壁碳纳米管弯曲"。

② 单击下方占位符中的【插入视频文件】按钮，弹出【插入视频文件】对话框，定位到"D：\ MyPPT"文件夹，单击选中"SWCNT _ bend. mpg"文件，单击 插入(S) 按钮，如图 3-19 所示。

这样就把视频文件插入到内容占位符里了。可以根据需要调整视频播放窗口的大小。

默认插入的视频文件只有单击一下这个视频图标才会播放。若想打开这一页 PPT 就立

图 3-19 【插入视频文件】对话框

即播放视频文件，可以进行如下操作。

③ 在视频上鼠标右击弹出快捷菜单。在快捷菜单上方（也可能在下方，视空间大小而定）有个小菜单，这个小菜单是专门用于视频文件编辑的，如图 3-20 所示。

图 3-20 调整视频开始播放的方式

④ 单击【开始】按钮⚡，选择【自动（A）】。

这样，打开该页 PPT 即可立即播放视频，不必再单击鼠标。

插入音频文件的过程与之类似。执行【插入】/【媒体】/【音频】命令，选择【PC 上的音频（P）...】即可插入声音文件，这里就不详述了。

3.2.6 应用设计器

至此我们已完成了幻灯片基本内容的制作，其中包括文字、图、表、视频文件等。但这些都是"素材"，还应再包装一下，给幻灯片一个良好的外观。

【设计】选项卡如图 3-21 所示。

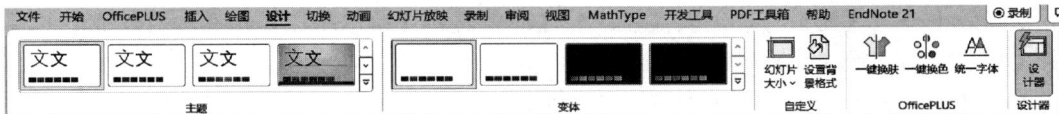

图 3-21 【设计】选项卡

在【自定义】工具区里有个【幻灯片大小】按钮▭，单击可以选择【标准（4∶3）】或【宽屏（16∶9）】。早年的幻灯片长宽比是 4∶3，现在都默认 16∶9。

【设计】选项卡里提供了很多工具，如【主题】和【变体】。用户可以使用这些工具自由设计幻灯片的外观。这里使用【设计器】，让 AI 为我们提供设计创意。

① 回到第一张幻灯片。单击【设计】/【设计器】按钮▱，在幻灯片右侧弹出【设计器】窗口，如图 3-22 所示。

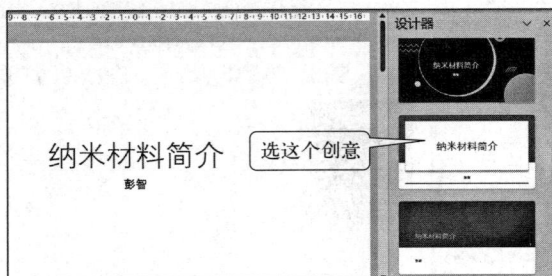

图 3-22 幻灯片的【设计器】

PowerPoint 会根据幻灯片中素材自动推荐一些设计创意。通常，每向下翻一页幻灯片，【设计器】都会针对该幻灯片给出相应的设计创意。但有些复杂幻灯片无法给出创意，比如"什么是纳米？"那一页，【设计器】给出"很抱歉，没有此幻灯片设计创意"的提示，那就要自己设计了。

每次调用设计器给出的创意并不完全相同，建议用户将风格统一起来，都选择浅色的创意，以便投影清晰。

② 选择浅色的幻灯片创意作为标题页。

③ 逐页翻动幻灯片，等待【设计器】给出创意。选择浅色风格创意，直至最后一页。

3.2.7 设置动画效果

动画效果包括两类，既可以给幻灯片中的各种对象设计动画效果，也可以给幻灯片之间的切换行为设计动画效果。

（1）幻灯片内对象的动画设计

单击幻灯片中的对象，会激活【动画】选项卡。【动画】选项卡如图 3-23 所示。

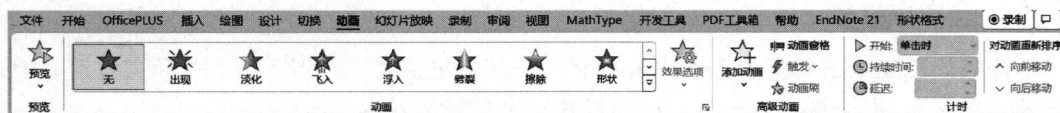

图 3-23 【动画】选项卡

动画效果分为【无】、【进入】、【强调】、【退出】和【动作路径】几类。幻灯片中的各种对象在默认状态下是【无】动画。

单击【动画】工具区右下角的下拉按钮 ⬇，更多动画效果选择框如图 3-24 所示。

虽然可选的动画效果有很多，但不要太花哨，因为展示的毕竟是科技问题，形式活泼又不失沉稳最好。

下面来设置幻灯片对象的切入方式以及时间控制等综合动画效果。第一张幻灯片不加动画。以第二张幻灯片"内容提要"为例。

① 单击选中内容占位符，单击【动画】工具区的浮入按钮 ⭐ 给各项内容增加【浮入】动画效果，如图 3-25 所示。

添加动画效果时 PowerPoint 会首先给出动画演示效果，然后在各对象前增加一个橙色背景的数字，这些数字代表动画的执行顺序。可以根据需要调整动画的执行顺序。

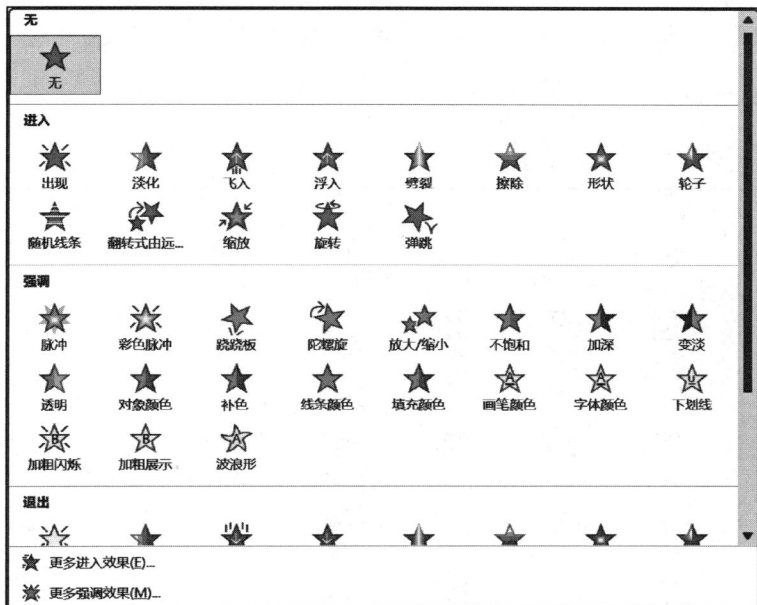

图 3-24　更多动画效果选择框

设置好动画后，【计时】工具就由原来不可改动的灰色转为可以改变的黑色。若同一张 PPT 上有两个及以上动画，可以对动画进行重新排序。如图 3-26 所示。

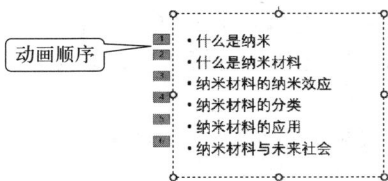

图 3-25　设置【浮入】动画

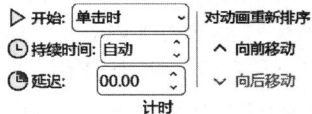

图 3-26　【计时】和排序工具

除非有特殊需求，通常使用默认的计时设置，即单击鼠标立即开始播放动画，持续时间为 "自动"，无延迟。

② 翻页到第三张幻灯片。标题不设置动画，给第一个文本框设置【淡化】效果，给图片设置【劈裂】效果，选中图片下面的所有文本框，选择【飞入】效果。

③ 继续完成其他幻灯片的动画效果设置。

若选中几个对象进行动画设置，则这些对象会有同样的动画效果，并在单击鼠标时同时出现。

（2）幻灯片之间切换

动画赋予每张幻灯片中各对象展示效果。幻灯片切换时也可以添加效果。【切换】选项卡如图 3-27 所示。

单击【切换】工具区右下角的下拉按钮▽，出现更多幻灯片切换效果选择框，如图 3-28 所示。

① 返回第一张幻灯片，单击【切换】选项卡，选择【平滑】切换效果。

图 3-27 【切换】选项卡

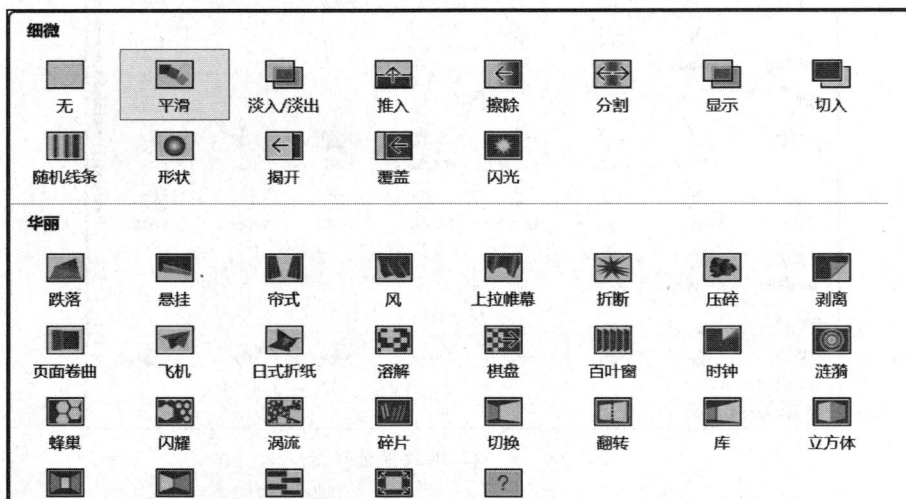

图 3-28 更多幻灯片切换效果选择框

② 翻到下一张幻灯片，选择【淡入/淡出】切换效果。

③ 重复上述步骤将后续的幻灯片分别设置【推入】、【擦除】、【分割】等切换效果。

用好切换效果，可以使两张幻灯片之间形成良好过渡。使用【平滑】切换甚至可以产生很好看的动画效果，有利于内容的讲解。

这里我们给每张幻灯片都使用了不同的切换效果。也可以在左侧的大纲窗口选中所有幻灯片，一次将所有幻灯片设置成一种切换效果。

3.2.8 制作幻灯片的注意事项

幻灯片的制作和演示过程有一些事项必须注意。

（1）一张幻灯片只讲一个问题

这是制作过程的基本要求，能做到这一点说明作者已经合理地分解了所要表述的内容，使幻灯片的结构比较合理。这样做可使重点突出，观众视觉注意力集中，版面设计也更有余地，选用较大的字体，展示效果会更好。

（2）内容要提纲挈领

许多人制作的幻灯片都源于原稿，如毕业论文等。如果将原稿内容逐一复制到幻灯片中，会导致幻灯片上出现密密麻麻的文字，在演讲过程中大部分时间背对着观众而面对着幻灯片念稿，在客观上冷落了观众，令观众抓不住演讲重点，使演讲效果很差。

建议一张幻灯片只展示 8~10 行文字。应使用关键字表示本张幻灯片内容的层次，不必使用完整句子。结论性的内容可另放一栏，使层次分明。这样观众可以迅速抓住要点，形成深刻印象。

（3）给每张幻灯片加标题

这样做的好处有很多。首先观众可一目了然地知道本张的要点，帮助观众把握该幻灯片的核心内容。其次，有标题还便于设置超链接，不致于前前后后地翻动却找不到合适的幻灯片。此外，用超链接在幻灯片间进行跳转时，若每张幻灯片都有标题就比较容易实现。

有人不知道标题有何用，于是就把标题占位符删除了，结果做出的幻灯片虽然有文字但并不是标题。如果碰到这种情况，可以单击【视图】/【大纲视图】，在左侧的大纲视图窗口中逐一给幻灯片添加标题。

（4）大量使用图表

PPT 的一个重要优势就是能很方便地展示图表。这类内容在黑板上表达就很困难。如果所做的幻灯片中无图无表，那么 PPT 的优势就会大打折扣。

图表具有直观、明确、印象深刻等特点。除了使用已有的图表外，还可以考虑把大段的说明文字简练成图、表来描述。将文字变成图、表是信息再加工过程，能做到这一点说明演讲者已经充分理解了演讲内容。制作示意图的工具软件可选用 Visio，本书第 8 章将重点讲解这方面的内容。

（5）合理使用前景色和背景色

不少人制作的幻灯片在电脑显示器上播放很清楚，但投影出来却很模糊。出现这种情况首先是投影机和白色银幕的原因。虽然银幕尺寸很大，但投影的分辨率和对比度比电脑屏幕差远了。这种情况下要选择尽可能大的字号以及尽可能大的前景和背景反差。

要投影清楚，首先文字要足够大，字号一般应不小于 20 号，如可以选用 24 号字，且最好使用粗体字。其次，文字和背景的颜色搭配要合理，要以醒目为主。向白色的银幕上投影，应使用浅色背景和深色字符（如粗体蓝色）。例如可以用白色背景/粗体、暗红标题/粗体、蓝色正文，尽量不要用黄颜色字符，浅黄色更不能使用。遵循这个原则就能收到较好的投影效果。如果实在想用浅色字符（如白色），那么可以将整个背景用蓝色覆盖。

随着大尺寸智慧屏使用得越来越多，反差与清晰度的问题显得越来越不重要了。只要PPT 在电脑屏幕上能清晰展示，那么投屏也不成问题。

（6）控制演讲节奏

信息受众要接纳新信息，需要有一个辨认、思考、理解的过程。由于 PPT 信息量可以做得很大，因此如果演讲节奏控制不好，会造成观众眼花缭乱，抓不住重点。放映速度可以平均一分钟一张，但在讲解重要概念、难点和重点时要多花些时间。

（7）试讲

正式演讲前一定要试讲几次，以便进一步熟悉演讲内容、发现问题和调整演讲节奏和时间，做到一切了然于胸。试讲时要尽量模拟现场情况，心态也要调整，适度兴奋起来，进入演讲角色。有了充分的试讲准备，在实际演讲时就不会因为技术问题影响演讲，也不会因为时间不够而不知所措了。

要想收到良好的演讲效果，这种彩排是十分必要的，应该引起演讲者的高度重视。

（8）提供演讲提纲

PowerPoint 有大纲模式，还可转化成 Word 文本，可考虑删繁就简，将大纲、难点、重点和知识框架打印出来，在演讲前分发给观众。

3.3 PPT 常用技巧

本节介绍一些常用的 PPT 制作技巧。灵活使用这些技巧，不仅可以提高演示文稿的制作效率，还可以使演讲锦上添花，收到更好的效果。

3.3.1 菜单

幻灯片之间的跳转，可以使用超链接来实现，这样就可以在幻灯片中实现菜单功能了。下面将图 3-9 中的"内容提要"（第 2 张幻灯片）变成菜单，这里仅示例其中"纳米材料的纳米效应"一项。

【例 3-1】 制作 PPT 菜单。

① 回到第 2 张幻灯片。选中"纳米材料的纳米效应"这几个字。在选中的文字上鼠标右击，弹出快捷菜单。

② 单击快捷菜单中的【链接（I）】菜单项，弹出【插入超链接】对话框，如图 3-29 所示。

③ 单击左侧【链接到】窗格中的【本文档中的位置（A）】按钮。

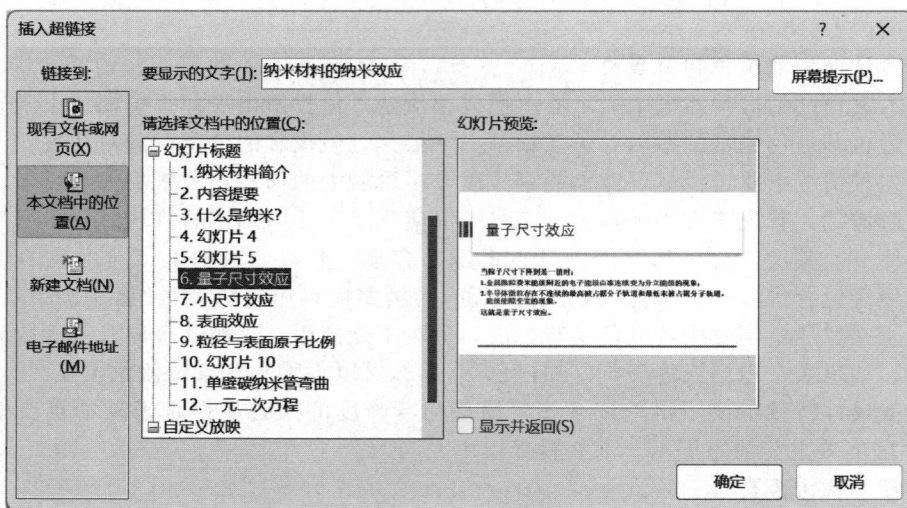

图 3-29 【插入超链接】对话框

④ 在【请选择文档中的位置（C）】窗格中，单击"6. 量子尺寸效应"。

⑤ 单击 确定 按钮，完成超链接设置。

设置超链接之后，"纳米材料的纳米效应"这几个字会变颜色，且带有下划线，表明这是超链接。放映时单击超链接就跳转到"量子尺寸效应"这张幻灯片。

假设需要连续讲解三张幻灯片，到"表面效应"为止，那还应该有个超链接跳回到菜单页，也就是返回第 2 张幻灯片。因此还需要设置返回超链接。返回超链接可以是文字，如增加一个"返回"菜单项，也可以是图形、图片。可以如下设置。

⑥ 在"小尺寸效应"那张幻灯片上【插入】一个返回形状或者图标，或者直接写两个字"返回"。

⑦ 设置该形状、图标或"返回"文字的超链接，与前面的设置方式类似，使之指向菜单幻灯片。

现在放映一下试试，看看单击"纳米材料的纳米效应"这几个字时会不会直接跳转到第 4 张幻灯片，单击"返回"超链接是否又回到第 2 张幻灯片。

但至此问题还没有完全得到解决。有菜单的幻灯片在播放过程中，如果无意中单击了超链接以外的区域，PPT 会自动播放下一张幻灯片，这会使得精心设计的菜单形同虚设。

出现这种情况是因为，在默认情况下，单击鼠标幻灯片就会进行切换。解决问题的办法很简单。

⑧ 单击第 2 张幻灯片。

⑨ 打开【切换】选项卡，在工具栏右侧有个【计时】工具区，默认【换片方式】为"单击鼠标"时，如图 3-30 所示。

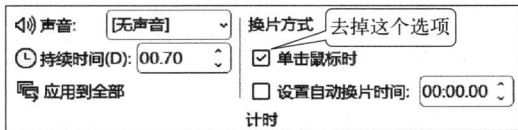

图 3-30　幻灯片切换【计时】设置

⑩ 去掉【单击鼠标时】前面的"√"即可。

这样设置后的幻灯片只有在单击菜单栏相应的链接时才会出现切换动作。

可用同样的方法设置那张返回幻灯片，确保单击"返回"超链接时才返回。

请注意，【计时】里还可以设置自动换片时间。使用这个设置可以顺序自动播放幻灯片。

3.3.2　自定义放映

通常幻灯片都是顺序放映的。PowerPoint 提供了自定义放映，也就是说可以任意选择一些幻灯片组成一个集合来播放。

【例 3-2】　自定义播放。

① 打开【幻灯片放映】选项卡，单击【自定义幻灯片放映】弹出【自定义放映】对话框，如图 3-31 所示。

② 单击 新建(N)... 按钮弹出【定义自定义放映】对话框。

③ 将【幻灯片放映名称（N）】改为"纳米效应"。

④ 在左侧【在演示文稿中的幻灯片（P）】窗口选中 4、5、6 三张幻灯片，单击 ➡➡添加(A) 按钮添加到右侧的【在自定义放映中的幻灯片（L）】窗口，如图 3-32 所示。

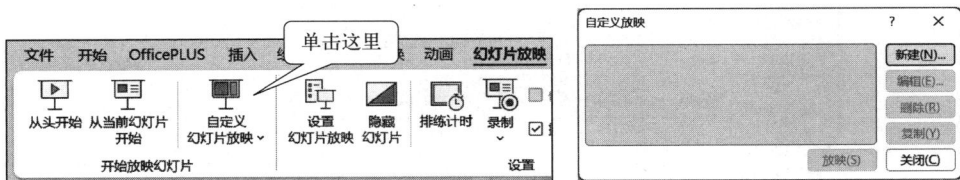

图 3-31　【幻灯片放映】选项卡和【自定义放映】对话框

⑤ 单击 确定 按钮完成自定义放映设置，返回【自定义放映】对话框，如图 3-33 所示。

与设置前相比，现在多了一项"纳米效应"自定义放映项，里面包括三张幻灯片，可以试着放映一下。

⑥ 单击 放映(S) 按钮播放自定义的幻灯片。单击 关闭(C) 按钮结束设置。

经过【自定义放映】设置的一组幻灯片类似子程序，既可以单独放映，也可以将其用于菜单项的超链接中。上面菜单的例子也可以使用这种方法来实现。

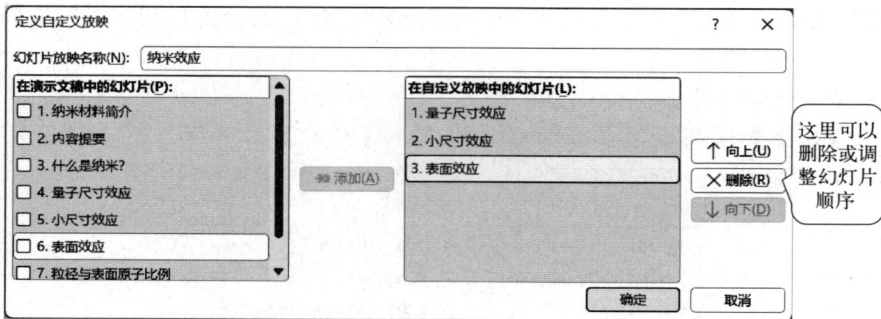

图 3-32 【定义自定义放映】对话框

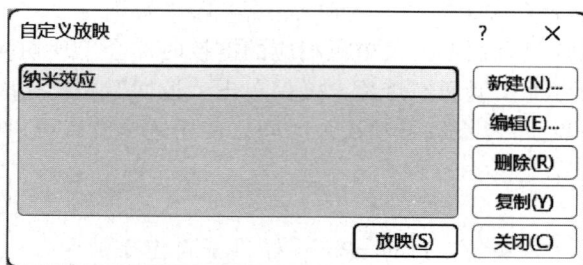

图 3-33 【自定义放映】对话框

【例 3-3】 在超链接中调用自定义放映。

① 回到第 2 张幻灯片。

② 选中"纳米材料的纳米效应"这几个字。

③ 在选中的文字上鼠标右击，弹出快捷菜单。

④ 单击快捷菜单中的【链接（I）】菜单项，弹出【插入超链接】对话框，如图 3-34 所示。

⑤ 单击左侧【链接到】窗格中的【本文档中的位置（A）】按钮。

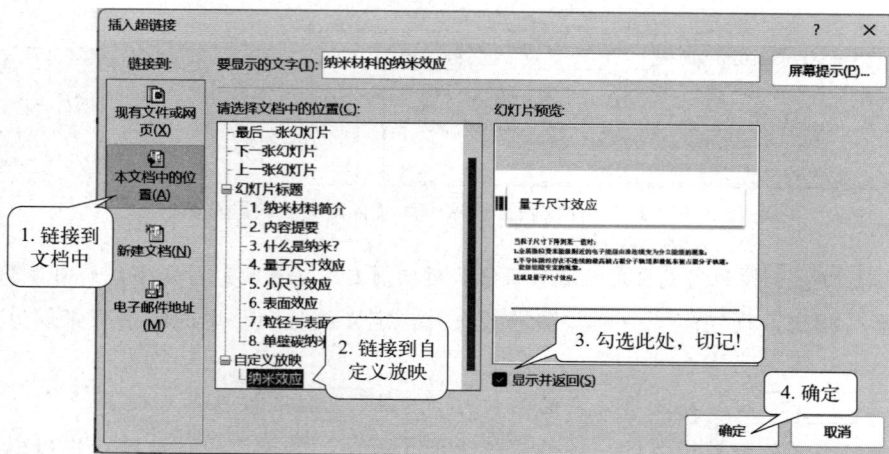

图 3-34 链接到【自定义放映】

⑥ 在【请选择文档中的位置（C）】窗格中，下拉滚动条，找到【自定义放映】里面的"纳米效应"。

⑦ 勾选【显示并返回（S）】项。

这里特别说明，在设置菜单前面各项时都需要勾选【显示并返回（S）】，但在设置菜单的最后一项时，不要勾选【显示并返回（S）】，否则无法正常退出播放，而总是返回菜单页。

⑧ 单击 ⬚确定⬚ 按钮，完成超链接设置。

经过如此设置，在幻灯片放映时，单击菜单超链接就会跳转到相应的自定义放映，放映完毕自动返回到菜单页。这样就不必再设置返回超链接了。

自定义放映是一个非常有用的功能，特别是一些大型演示文稿，若只需要播放其中的一些幻灯片，就可以设置自定义放映，任意选播其中某些幻灯片。若是大型课件，可以将每一节设置成自定义放映，这样就不用每次都从头翻页了。

用户所做的自定义放映设置保存在【幻灯片放映】/【自定义幻灯片放映】中，下拉可见，单击即可放映。

3.3.3 更改图片颜色

如果图片是黑白的或其他颜色，想更改它使之投影清晰。可以进行如下操作。

【例 3-4】 更改图片颜色。

① 在 PPT 编辑状态下，将图片插入到适当位置，调整至合适大小。

② 在图片上鼠标右击，弹出快捷菜单。

③ 单击【设置图片格式（O）…】菜单项，弹出【设置图片格式】对话框，单击图片按钮 🖼 展开与图片格式设置相关的对话框，在【图片颜色】下方有【重新着色（R）】选项，如图 3-35 所示。

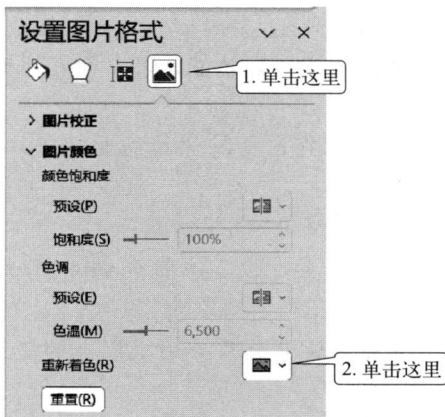

图 3-35 【设置图片格式】/【重新着色】

④ 下拉【重新着色】按钮 🖼▾，选择其中颜色合适的形式即可。

至于彩色公式，MathType 编辑的公式可以改变颜色。双击公式返回 MathType 编辑状态，选中公式，执行【格式】/【颜色】命令，在所需的颜色前面勾选即可。如图 3-36 所示。

图 3-36　给 MathType 编辑的公式设置颜色

3.3.4　图片的巧妙切换

展示研究工作时往往需要比较多张图片。例如，将多张扫描电镜图片放在一起比较，既希望能在同一张幻灯片中排列所有图片的缩略图，以便把握整体，同时还希望单击缩略图时能看到原始大图片，以便看清楚细节。那么如何在 PPT 中实现这种效果呢？

当然可以用超链接的办法实现，做法和前面讲到的菜单方法类似。首先用大图片制作出小图片插入主幻灯片中，然后将每张小图片都与一张空白幻灯片链接，在空白幻灯片中插入相对应的大图片，这样单击小图片时就可跳转到相应的大图片了。对大图片也需要进行同样设置，以便单击大图片时能返回小图片。这种思路虽然比较简单，但操作起来很烦琐，如果图片很多，就会造成幻灯片结构混乱，很容易出错，且难以修改。

新版的 PowerPoint 提供了【缩放定位】功能，可以很好地解决这个问题。

【例 3-5】　图片缩放切换。

① 插入一张新幻灯片，标题占位符内输入"扫描电镜照片"，副标题占位符内输入"聚苯乙烯纳米管"。

② 插入一张新幻灯片，版式为"空白"。

③ 在左边窗口单击选中"空白"页，按三次组合键 $\boxed{\text{Ctrl}}$ ＋ $\boxed{\text{D}}$ 复制三个空白页。

④ 在上述 4 个空白页里，依照电镜放大倍数由小到大的顺序分别插入照片，并撑满整个页面。

⑤ 返回第一张幻灯片，单击展开【插入】选项卡，单击【链接】工具区【缩放定位】按钮 ▣，弹出【缩放定位】选择框，单击【摘要缩放定位（M）】弹出【插入摘要缩放定位】选择框，如图 3-37 所示。

⑥ 勾选第 2 到第 5 张幻灯片，单击 $\boxed{\text{插入(I)}}$ 按钮完成摘要缩放定位。

经过这样一番设置，在第一张幻灯片后面增加了一张名为"摘要部分"的幻灯片，同时左侧窗口里幻灯片被自动分成很多节，如图 3-38 所示。

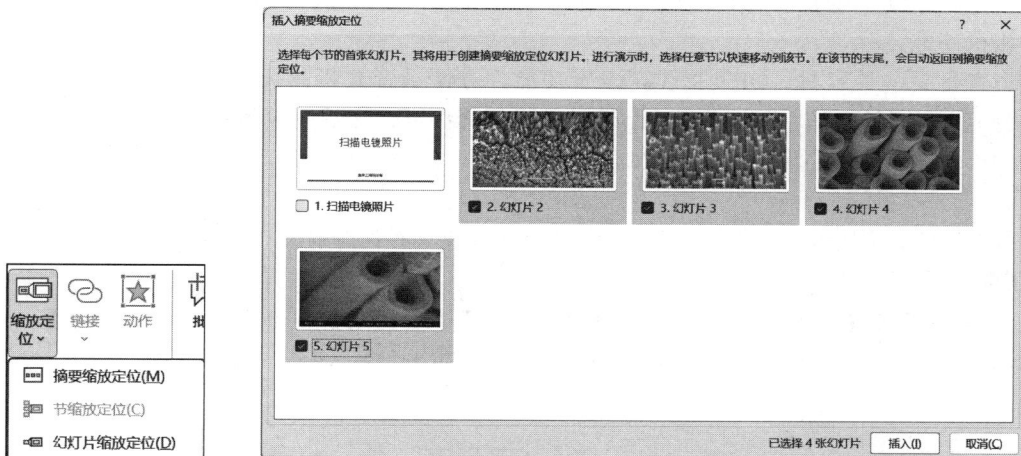

图 3-37 【缩放定位】及【插入摘要缩放定位】选择框

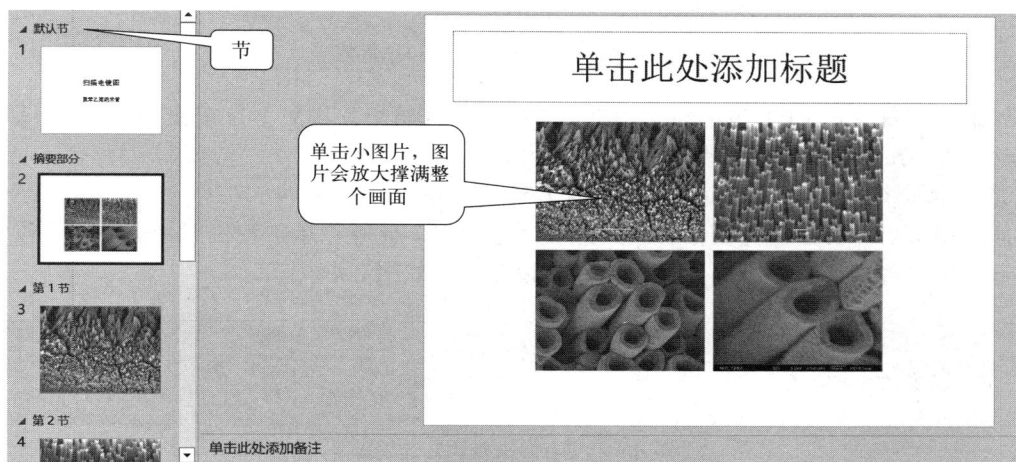

图 3-38 【缩放定位】功能形成的节

　　幻灯片里的"节"类似文件夹，可以用这个功能把幻灯片整理成组，方便使用。在左侧幻灯片上鼠标右击可以"新增节"，在新增的节名上鼠标右击可以"重命名""删除""移动"和"折叠"节。这个功能对管理大型复杂幻灯片特别有用。

　　现在可以演示效果了。幻灯片放映过程中，单击"摘要部分"幻灯片中小图片马上会放大撑满整个画面，再单击放大后图片马上又返回到"摘要部分"幻灯片中。

　　这种方法很有效，特别适合比较关联紧密的信息，使观众既能把握全局也能看到细节。除了图片以外，也可以用来展示复杂表格、曲线等细节。

3.4　摄像、录音和录屏

　　通常情况下，无论是做报告还是讲课件，通常都是采取线下讲解的方式。

　　采用线下方式讲解时，受众可以直接看到讲解者，彼此互动性会更强一些，受众也更容易集中注意力。但是在特殊情况下，需要线上做报告，或者做一些微视频，例如微课等事后播放，这种情况下受众看不到演讲者。就需要把演讲者的画面同时展示出来。这就需要用到实时相机功能。

声音也是一种素材，PPT 提供了录音功能，方便录音并将其插入到幻灯片合适的位置。PPT 还可以录制屏幕，可将讲解过程录制成视频文件方便今后反复播放。

3.4.1 实时相机

线上讲课时会用到实时相机这个功能，可让听众直观看到讲解人的画面，增强互动效果。

【例 3-6】 实时相机。

① 单击展开【插入】选项卡，单击【相机】/【精彩片段】下拉按钮 ∨，选择【此幻灯片】，则当前 PPT 页面中会显示相机图标，如图 3-39 所示。

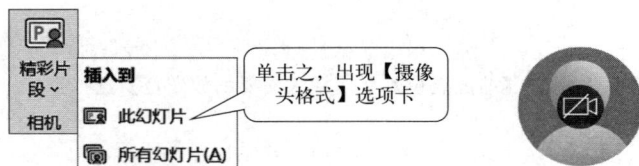

图 3-39 插入【精彩片段】（左）和相机图标（右）

如果要在每一页 PPT 里都插入相机，可以单击【精彩片段】下拉按钮 ∨，选择【所有幻灯片（A）】。

② 相机默认在幻灯片的右下角，可将其移动到合适的位置。

插入相机后，会出现【摄像头格式】临时选项卡。此外，单击相机图片也会出现该临时选项卡。用户可以设置相机的样式、形状、边框等，如图 3-40 所示。

图 3-40 【摄像头格式】选项卡

③ 单击相机上的 ◢ 符号，演讲者就可以出现在相机中。

如果整个课件中都需要放置相机且相机都在同一个位置，则用户可以在幻灯片母版中插入相机。

3.4.2 声音录制

【例 3-7】 声音录制。

① 执行【插入】/【音频】命令，如图 3-41 所示。

图 3-41 【插入】/【音频】命令

② 单击【录制音频（R）...】，在弹出的【录制音频】对话框中，单击 ⊙ 按钮开始录制，如图 3-42 所示。

图 3-42　录制声音

这时用户可以开始讲话或者开启其他要录入的声音，此时声音就会被录入。

③ 声音录入结束后，单击 □ 按钮结束录制。

④ 单击 ▷ 按钮可以听声音录入的效果。如果效果不满意，可以单击 ⊙ 按钮重新录入，如果满意，单击 ▢确定▢ 按钮。

录制完成后，在 PPT 页面上出现 🔊 符号。单击该符号，菜单栏中会出现【音频格式】与【播放】菜单，且字体为红色。同时 🔊 符号下方出现播放声音的一个进度条，单击 ▶，它会变成 ▯▯ 并且声音会被播放出来，如果要暂停播放，单击 ▯▯ 即可，如图 3-43 所示。

图 3-43　录入声音的播放与暂停

3.4.3　屏幕录制

PowerPoint 可以录制屏幕并保存为视频文件。具体步骤如下。

【例 3-8】　屏幕录制。

①【屏幕录制】按钮在【插入】选项卡"媒体"工具区，如图 3-44 所示。

图 3-44　【屏幕录制】按钮

② 单击【屏幕录制】按钮出现屏幕录制工具条，同时鼠标变成十字形，如图 3-45 所示。

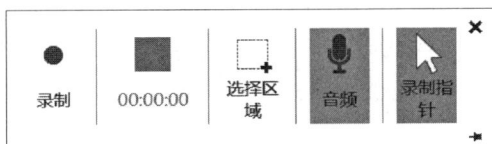

图 3-45　屏幕录制

这里有个【选中区域】按钮███，如果鼠标没有变成十字形，可以单击此按钮。

③ 按住鼠标左键并拖动，选择要录制的屏幕区域，录制区域会被红色虚线包围。

④ 录制区域选择好后，如果要录入音频，单击音频按钮。

音频按钮背景为灰色，表示录入声音，音频按钮背景为白色，表示不录入声音。

⑤ 最后单击●按钮开始录制。

录制过程中，如果要暂停或者结束，把鼠标移到屏幕上方，出现屏幕录制工具条。单击▌▌按钮会暂停录制；单击█按钮会结束录制。如图 3-46 所示。

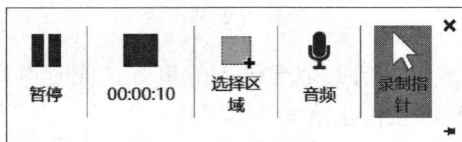

图 3-46 视频录制暂停与结束

录制结束后，视频会插入 PPT 中。单击该视频，会在视频下方出现播放进度条，使用方法与上一节中声音录制的播放与暂停一样。同时菜单栏中会出现【视频格式】与【播放】菜单，字体为红色。用户可以尝试单击菜单中的各种工具，探索它们的具体功能，这里就不一一介绍了。

退出录制的快捷键为 ██ ＋ Shift ＋ Q 。

如果想要把录制的视频从 PPT 中导出来，单击视频激活【播放】临时选项卡，在【保存】工具区单击【将媒体另存为】按钮██，然后选择视频保存的位置，这样就从 PPT 中导出格式为 MP4 的视频。

3.5 总结

制作幻灯片时应组织好素材，如文字、图表和媒体等。文字内容要简洁、突出重点，应以提纲式为主。图形和图像应成为幻灯片的重要组成部分。另外，还要有一个良好的结构，标题要简练，能引起受众兴趣。幻灯片最好有菜单，并做好相应的超链接设置，以便放映时能做到随时跳转和退出。幻灯片的动画设计应简洁大方，不可太繁杂以至于喧宾夺主。恰当地选择幻灯片前景和背景颜色，可以达到最佳投影效果。

◎ 习题

3-1. 以锂离子电池材料为例制作一组 PPT，包括文字、菜单、表格和图片。

3-2. 讲解并录屏，导出录屏视频。

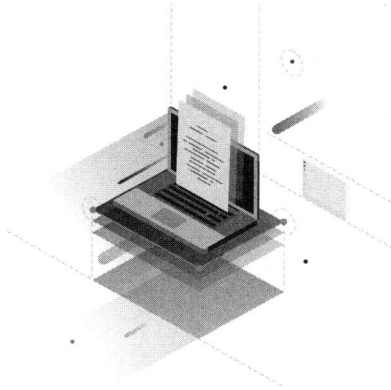

第 **4** 章
化学办公软件 ChemOffice

分子式和结构式是化学家的语言，这类特殊的数据需要专门软件来处理。目前已经有许多化学软件问世，其中 ChemOffice 是目前最优秀的化学软件之一，集强大的应用功能于一身，其结构绘图是国内外重要期刊指定的格式。化学工作者可以用 ChemOffice 完成自己的想法，与同行交流化学结构、模型和相关信息。ChemOffice 是化学工作者必备软件。

本章所讲的版本是 ChemOffice 2021 Professional 版，主要介绍如下软件和功能：
- ChemDraw：化学结构绘图。
- Chem3D：分子模型及仿真。
- ChemFinder：化学信息搜寻整合系统。

4.1 初识 ChemDraw

ChemDraw 是 ChemOffice 中使用最为频繁的组件，是国际上大多数学术期刊指定的论文排版软件，为不同的杂志备有不同的模板，因而应用最为广泛。ChemDraw 奉行的理念是：化学家能懂的，ChemDraw 也应该懂。

ChemDraw 的主要功能有：
- 建立和编辑与化学有关的一切图形，如化学式、方程式、结构式、立体图形、对称图形、轨道等，并能对图形进行翻转、旋转、缩放、存储、复制、粘贴等操作。
- 预测 BP、MP、临界温度、临界气压、吉布斯自由能、$\lg p$、折射率、热结构等性质。
- 预测 ^{1}H 及 ^{13}C 化学位移等。
- 高品质的实验室玻璃仪器图库。
- 输入 IUPAC 化学名称后可自动产生 ChemDraw 结构。

下面先介绍 ChemDraw 的主界面。

4.1.1 主界面

ChemDraw 主界面自上而下为菜单栏、工具栏和绘图窗口。绘图窗口左侧是垂直工具栏，其中的工具和模板是化学专用的。ChemDraw 主界面如图 4-1 所示。

图 4-1　ChemDraw 主界面

　　有些模板按钮下面带有![](符号，鼠标右击该按钮，会在其右侧弹出子工具栏，其中包括若干相关选项。【箭头】、【轨道】、【绘图元素】、【括弧】、【化学符号】和【询问工具】模板如图 4-2 所示。

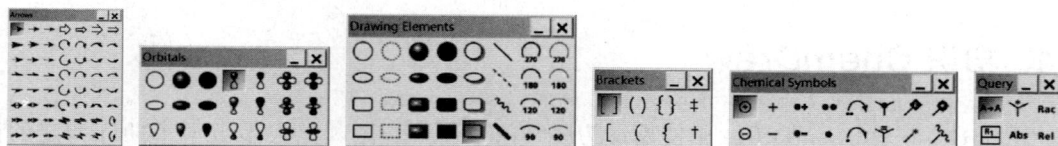

图 4-2　【箭头】、【轨道】、【绘图元素】、【括弧】、【化学符号】和【询问工具】模板

4.1.2　模板

　　垂直工具栏上的【模板】按钮包含多种较复杂的分子种类和玻璃仪器模板，比如纳米管模板（Nanotubes），如图 4-3 所示。

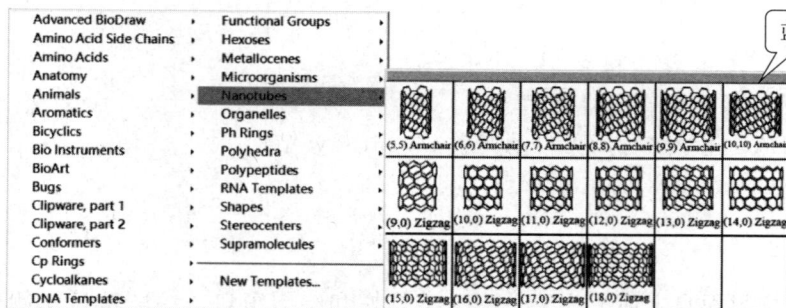

图 4-3　纳米管模板

在选择模板时，鼠标右键不放，当鼠标放在模板最上面的蓝边上后，松开鼠标，模板就会在界面一直显示，如果想关掉模板，单击模板右上角的 ⊠ 按钮即可。

用户也可以通过【View】/【Templates】菜单选择模板。

ChemDraw 里的模板有 Amino Acids（氨基酸）、Aromatics（芳香族）、Bicyclics（双环）、BioArt（生物艺术）、Clipware（玻璃器皿）、Conformers（构象异构体）、Cp Rings（环戊二烯环）、Cycloalkanes（环烷）、DNA Templates、Functional Groups（官能团）、Hexoses（己糖）、Ph Rings（苯环）、Polyhedra（多面体）、RNA Templates、Stereocenters（立构中心）和 Supramolecules（超分子）等模板。

ChemDraw 包含如此众多的模板，一般绘图所需模板多数已经包含其中了。熟悉了这些模板，用户就可以基于这些模板迅速组合成希望的分子形状。

使用模板绘图的方法很简单。单击选中模板后，在绘图区的空白处单击鼠标左键，即可将该模板绘制出来。若不更换模板，每次单击都会出现相同图形。

ChemDraw 菜单内容比较复杂，较常用的菜单项是【Structure】。有关菜单命令的使用将在后面的实例中讲解，这里就不详述了。

4.2　ChemDraw 绘图实例

本节绘制一些结构式，绘制反应方程式，搭建化学反应仪器，预测化合物性质，借此掌握 ChemDraw 最常用的功能。

4.2.1　绘制阿司匹林结构式

阿司匹林（aspirin），化学名乙酰水杨酸（acetylsalicylic acid）。白色针状或板状晶体或结晶性粉末，密度为 1.35 g/cm^3，熔点为 135～138℃。它是常用的解热、镇痛药物，也是非甾体抗炎药、抗血小板聚集药，由水杨酸与醋酐经酰化制得。阿司匹林结构式如图 4-4 所示。

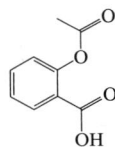

图 4-4　阿司匹林
结构式

【例 4-1】　绘制阿司匹林结构式。

① 启动 ChemDraw。

② 单击垂直工具栏最下端的 ⬡ 按钮，鼠标变成苯环的样子。

③ 在绘图区单击鼠标，出现一个苯环。

④ 单击 ＼ 按钮，将鼠标移至苯环的一个角上，出现连接点，如图 4-5 所示。

⑤ 自连接点横向拉出一根实线单键，松开鼠标，自单键终点向右下方再次拉出一根单键，与前一根单键夹角约 109°。

⑥ 用同样方法在苯环邻位也拉出 3 个单键，如图 4-6 所示。

⑦ 单击多重键按钮 ＼，在特定连接点上拉出双键，如图 4-7 所示。

⑧ 分别将鼠标移至应该出现羟基或氧原子的位置，待出现连接点之后，单击键盘上的 Ｏ 键。

在连接点上按小写 Ｃ 键，ChemDraw 会依据键的饱和程度自动出现 CH$_3$、CH$_2$、CH 或 C。

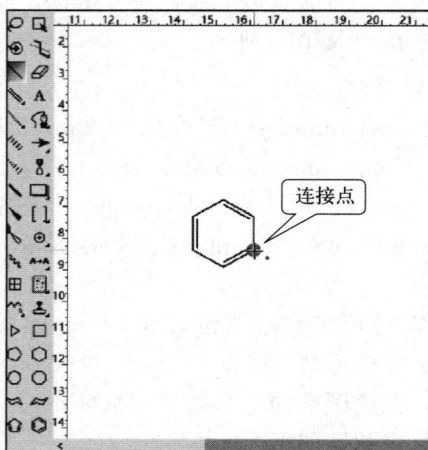

图 4-5 苯环上的连接点

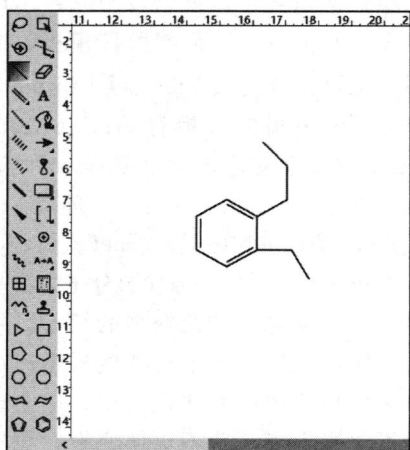

图 4-6 拉出 3 个单键

按完 $\boxed{C}$ 键后紧接着按 $\boxed{L}$ 键，会变成元素氯的符号（Cl）。按大写字母 $\boxed{C}$ 也会出现元素氯的符号（Cl）。

在连接点上按 $\boxed{O}$ 键，ChemDraw 会依据情况自动出现 OH 或 O。

同样，如果在连接点上按 $\boxed{N}$ 键，会出现 NH_2、NH 或 N。

至此完成了绘制阿司匹林结构式的主要工作，但还有一点重要的工作需要做，即手工绘制时，化学键键角难以精确掌握，且拖拉化学键或连接点过程中难免造成键长的变化和图形的扭曲，因此需要对图形进行整理。可以通过拖动连接点的方法进行整理，但 ChemDraw 提供了更精确和更有效率的方法。

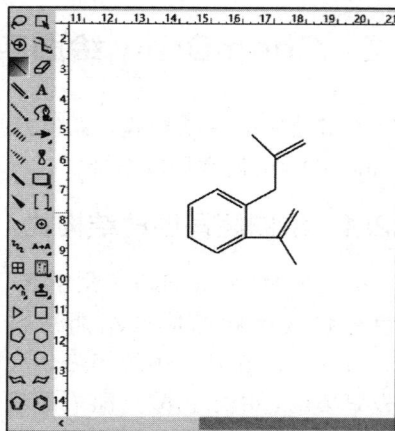

图 4-7 绘制双键

⑨ 单击 ▣（选取框）按钮，选中画好的阿司匹林结构式。

⑩ 执行【Structure】/【Clean Up Structure】菜单命令整理图形。调整前和调整后的阿司匹林结构式如图 4-8 所示。

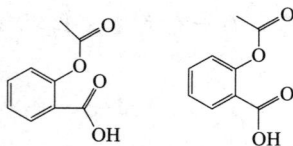

图 4-8 调整前（左）和调整后（右）的阿司匹林结构式

有时一次整理操作可能无法将结构式整理到最佳状态，因此【Clean Up Structure】命令可多执行几次，直到结构式的形状不再变化为止。

4.2.2 图形存盘

画好的分子结构图形可以保存为文件，以备将来使用或修改。ChemDraw 默认存储文件的扩展名为"cdxml"。

执行【File】/【Save As】菜单命令，弹出【另存为】对话框，即可将文件保存，如图 4-9 所示。

图 4-9　保存 ChemDraw 文件

在【另存为】对话框中，【保存类型】有多种选项，可以另存为 ChemDraw 3.x 版的格式（扩展名为"chm"），或"gif""bmp"图形格式，或 ISIS 格式等。

4.2.3　图形的旋转与缩放

如果不改变图形模板，在绘图区每单击一次鼠标，就会出现一个选定模板的图形。

若单击鼠标左键后不松手，则可以通过移动鼠标使图形旋转，待转动到希望的位置时再松手。

画好的图形也可以旋转和缩放。用选取框或套索选中图形，如图 4-10 所示。

选中图形后，图形会被蓝色矩形框包围，控制点包括旋转控制点和缩放控制点，其中矩形上方的点为旋转控制点，四个角上的点为缩放控制点。

当鼠标放在图形上显示为 🖑 时，单击并拖动鼠标可以移动图形，如图 4-11 所示。

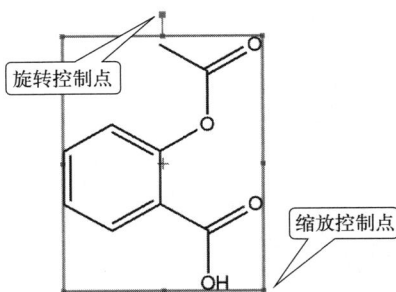

图 4-10　选中图形

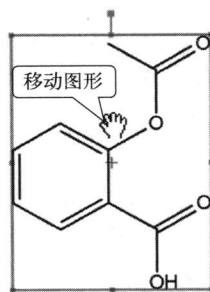

图 4-11　移动图形

当鼠标放在旋转控制点处，显示为曲线双箭头时，单击鼠标移动可以旋转图形，如

图 4-12 所示。

当鼠标放在缩放控制点处，显示为直线双箭头时，单击鼠标拖动可以按比例改变图形大小，如图 4-13 所示。

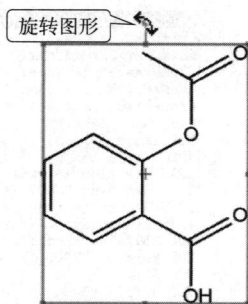

图 4-12 旋转图形   图 4-13 缩放图形

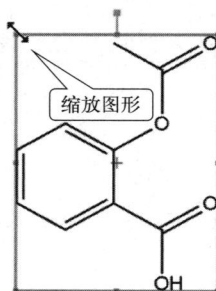

要撤销操作，可单击 ⬅ （Undo）按钮。

4.2.4 检查结构错误和整理结构式

ChemDraw 可以检查绘制的结构式是否有问题。选中结构式后，执行【Structure】/【Check Structure】菜单命令，ChemDraw 就会将一个红色方框标记在有问题的原子或官能团上，便于用户检查。这项功能有点像 Word 中的拼写检查。

ChemDraw 中【Check Structure】功能是自动执行的，如果结构式中有红色方框标记的原子或官能团，用户就应该注意检查了。

4.2.5 根据化合物名称得到结构式

如果知道了化合物的英文名称，可能就不再需要逐键绘制结构式了，因为 ChemDraw 提供了一种功能，可以根据化合物的名称自动给出结构式。化合物名称必须是英文的。虽然一些商品名也能识别，但最好是 IUPAC 系统命名的。阿司匹林的英文系统命名为 "2-acetoxybenzoic acid"。

【例 4-2】 根据化合物名称得到结构式。

① 执行【Structure】/【Convert Name to Structure】菜单命令，弹出【Insert Structure】对话框，如图 4-14 所示。

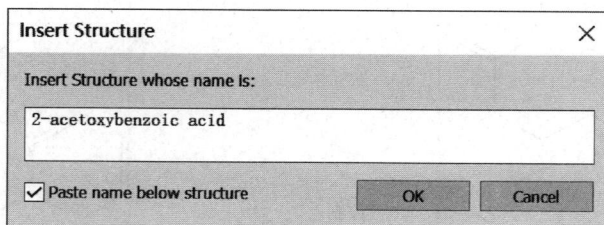

图 4-14 输入化合物名称

② 在输入框中输入 "2-acetoxybenzoic acid"（2-乙酰氧基苯甲酸）。

③ 单击 OK 按钮，即出现阿司匹林的结构式。

ChemDraw 也能根据一些化合物的缩写给出结构式，如 EDTA。在【Insert Structure】
对话框中键入"EDTA"回车，即出现 EDTA 的结构式，如图 4-15 所示。

有时输入化合物的商品名或俗名也能得到结构式，如输入"aspirin"即可得到阿司匹林
的结构式。输入"morphine"即可得到吗啡的结构式，如图 4-16 所示。

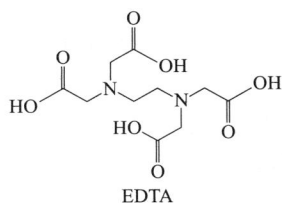

图 4-15　EDTA 的结构式　　　　图 4-16　吗啡的结构式

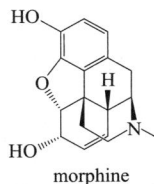

需要说明的是，并非所有化合物名称都能得到结构式。如果无法由名称产生结构式，
ChemDraw 会弹出窗口显示提示信息，如图 4-17 所示。

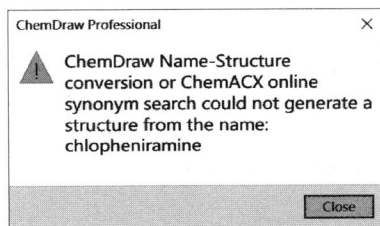

图 4-17　无法由名称产生结构式的提示信息

4.2.6　根据结构得出化合物命名

如果我们确定了化合物的结构，想知道其系统命名，可以借助 ChemDraw 得到正确的
化合物名称。

【例 4-3】　根据结构得到化合物命名。

① 绘制肾上腺素的结构式，如图 4-18 所示。

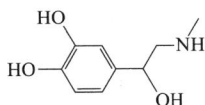

图 4-18　肾上腺素的结构式

② 选中此结构式。执行【Structure】/【Convert Structure to Name】菜单命令，即可在
结构式下面出现系统命名，如图 4-19 所示。

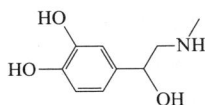

4-(1-hydroxy-2-(methylamino)ethyl)benzene-1, 2-diol

图 4-19　肾上腺素的系统命名

需要说明的是，并非所有结构式都能给出化合物名称。如果无法由结构产生系统命名，ChemDraw 会在绘画的结构式下方显示 "A name could not be generated for this structure"。

4.2.7　预测核磁共振化学位移

ChemDraw 可以根据结构式预测分子的 ^{1}H 和 ^{13}C 核磁共振化学位移。盐酸普萘洛尔（propranolol）是一种心血管药物，是 β 受体阻滞剂，能抑制心脏的收缩率，避免过度兴奋和阻止神经冲动，保证心壁平滑肌的收缩。现在以盐酸普萘洛尔为例，预测其 ^{1}H 和 ^{13}C 核磁共振图谱。

【例 4-4】 预测化合物的 ^{1}H 和 ^{13}C 核磁共振图谱。

① 绘制盐酸普萘洛尔的结构式（也可由其英文名产生结构），如图 4-20 所示。

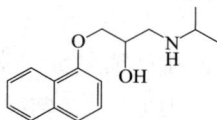

图 4-20　盐酸普萘洛尔结构式

② 选中此结构式。执行【Structure】/【Predict 1H-NMR-Shifts】菜单命令，出现盐酸普萘洛尔的 ^{1}H 核磁共振化学位移值及图谱，如图 4-21 所示。

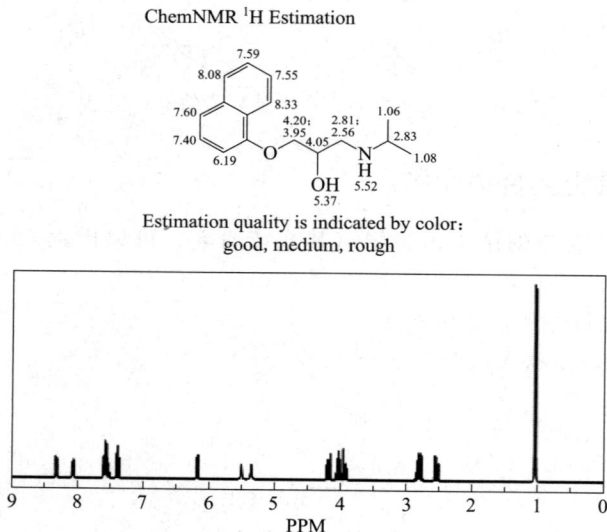

图 4-21　预测盐酸普萘洛尔的 ^{1}H 核磁共振化学位移值及图谱

盐酸普萘洛尔的 ^{1}H 核磁共振比较复杂，有 11 种不同的 ^{1}H 化学位移。有了这张预测图可以帮助我们分析实测样品的核磁共振图谱。

③ 缩小当前窗口，返回绘制结构式的窗口。

④ 执行【Structure】/【Predict 13C-NMR-Shifts】菜单命令，出现盐酸普萘洛尔的 ^{13}C 核磁共振化学位移值及图谱，如图 4-22 所示。

预测显示盐酸普萘洛尔的 ^{13}C 核磁共振有 15 种化学位移值，分别对应不同的 C 环境。

ChemNMR ^{13}C Estimation

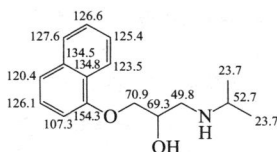

Estimation quality is indicated by color:
good, medium, rough

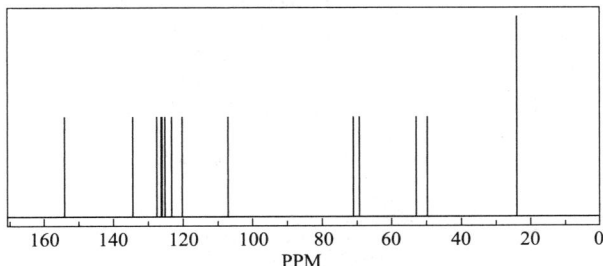

图 4-22　预测盐酸普萘洛尔的 ^{13}C 核磁共振化学位移值及图谱

4.2.8　分析结构估计性质

ChemDraw 可以对化合物结构进行分析计算。以盐酸普萘洛尔为例，选中盐酸普萘洛尔结构式，执行【View】/【Show Analysis Window】菜单命令，弹出如图 4-23 所示的分析窗口。

这个窗口包括分子简式、摩尔质量、同位素分布图、元素分析组成比例等数据。

执行【View】/【Show Chemical Properties Window】菜单命令，弹出如图 4-24 所示的化学性质窗口。

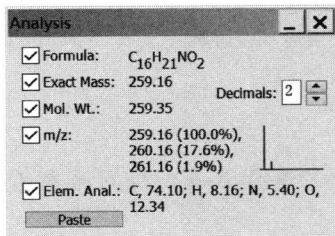

图 4-23　【Analysis】窗口

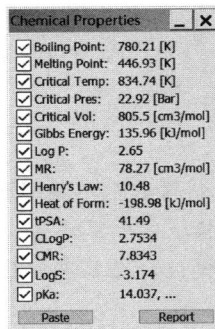

图 4-24　【Chemical Properties】窗口

这个窗口给出化合物的沸点、熔点、临界温度、临界压力、临界体积、Gibbs 自由能和生成热等数据。

4.2.9　元素周期表

ChemDraw 提供了一张使用起来十分方便的元素周期表。执行【View】/【Show

Periodic Table Window】菜单命令即可打开元素周期表窗口，如图 4-25 所示。

图 4-25　元素周期表

单击周期表上的元素符号，就可以得到该元素的物理性质。单击表中的 << 按钮，可以关闭周期表下方的物理性质详细列表，再次单击，则可以打开该列表。

4.2.10　绘制化学反应式

对氨基水杨酸（4-amino salicylic acid）是抗结核药物，可以由间氨基苯酚合成，其反应方程式如图 4-26 所示。

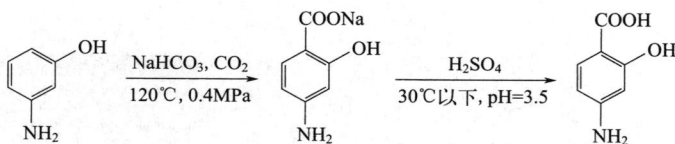

图 4-26　对氨基水杨酸合成反应式

【例 4-5】　绘制对氨基水杨酸合成反应式。

① 使用苯环模板绘制苯环。

② 使用单键模板，在苯环间位上分别绘制出羟基和氨基，得到间氨基苯酚，如图 4-27（a）所示。

③ 用选取框选中间氨基苯酚，鼠标变成🖐形状。按住 Ctrl 键，🖐形鼠标上出现一个"＋"号，向右拖动鼠标，将间氨基苯酚结构式复制一份到新位置。

④ 在新复制的结构式的氨基的对位绘制一个单键，并在单键终点的连接点上按 C 键，得到 2-甲基-5-氨基苯酚，如图 4-27（b）所示。

现在氨基对位是甲基，不符合要求，因此需要修改。

⑤ 单击垂直工具栏上的 **A**（文本）按钮。

⑥ 单击图4-27(b) 中的甲基, 出现文本编辑框, 将"H_3"删除, 输入"OONa", 变成对氨基水杨酸钠, 结果如图4-28所示。

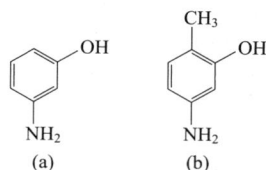

图4-27　间氨基苯酚和2-甲基-5-氨基苯酚结构式　　　　图4-28　使用文本工具修改后得到的结构式

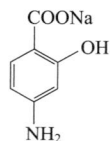

⑦ 单击选取框按钮, 如前所述方法将对氨基水杨酸钠复制一份放置在其右侧。

⑧ 如前所述方法将对氨基水杨酸钠修改为对氨基水杨酸。最终绘制出来的3个结构式如图4-29所示。

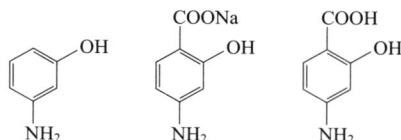

图4-29　绘制完毕的结构式

现在反应原料、中间产物和最终产物的结构式都绘制出来了, 下面添加反应条件。

⑨ 使用 ➡ 箭头模板绘出两条水平箭头。

⑩ 使用 **A** 按钮在第一个箭头上输入"NaHCO3, CO2", 在其下输入"120℃, 0.4MPa"。

⑪ 分别选中需要做上标、下标变换的文字, 使用水平工具栏的 X^2 上标按钮和 X_2 下标按钮进行变换。

⑫ 用同样方法在第二个箭头上方、下方分别输入"H_2SO_4"和"30℃以下, pH=3.5"。

4.2.11　符号、字体和颜色

(1) 输入特殊符号

有时可能需要在结构式或反应方程式中输入特殊符号。执行【View】/【Show Character Map Window】菜单命令即可打开符号窗口, 如图4-30所示。

单击 ▼ 下拉按钮, 可以选择各种Windows字体和符号, 包括汉字。

(2) 改变字体

通常使用ChemDraw默认字体就可以。若要改变字体, 可单击【Text】菜单, 在其中的【Font】菜单命令中选择字体, 如图4-31所示。

Windows所有字体都可以在ChemDraw中使用, 必要时也可使用汉字字体。

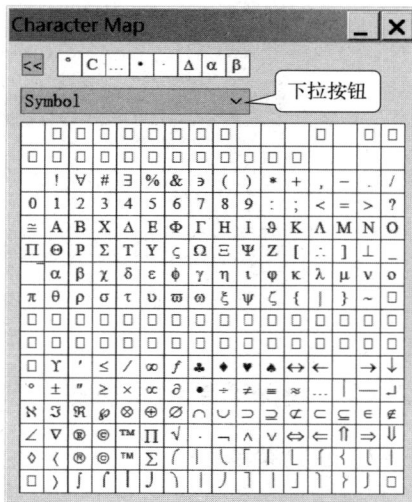

图4-30　符号窗口

图 4-31　字体选项

默认状态下 ChemDraw 的文字和绘制的图形是黑色的，有时我们需要将图形变成其他颜色，比如需要将结构式复制到 PPT 中，在白色背景上要投影得清楚，可以选用蓝色作为结构式的颜色。这就需要使用【Color】菜单。

（3）改变结构式的颜色

【例 4-6】　绘制彩色结构式。

① 选中画好的结构式。

② 单击【Color】菜单会下拉出菜单项，除了黑色之外，里面包括 6 种可以选择的颜色，如图 4-32 所示。

③ 单击【Other#5】号颜色，完成改变结构式颜色的操作。

蓝色是其中的【Other#5】号颜色。如果用户对这 6 种颜色不满意，可以单击最下面的【Other...】选项，弹出【颜色】调色板，里面有更多的颜色选项，并可以自定义颜色，如图 4-33 所示。

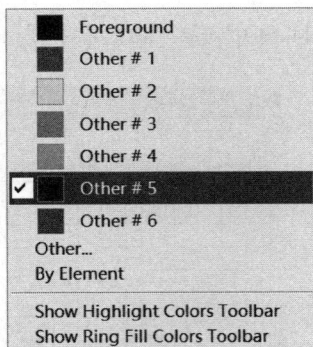

图 4-32　【Color】菜单项

图 4-33　【颜色】调色板

4.2.12　快捷菜单和快捷键

（1）快捷菜单

在选中的结构上鼠标右击，会弹出快捷菜单，如图 4-34 所示。

ChemDraw 快捷菜单包含多种选项，使用快捷菜单能完成常用编辑、属性设置、模板选择等功能。图 4-34 是利用快捷菜单整理结构式的操作。

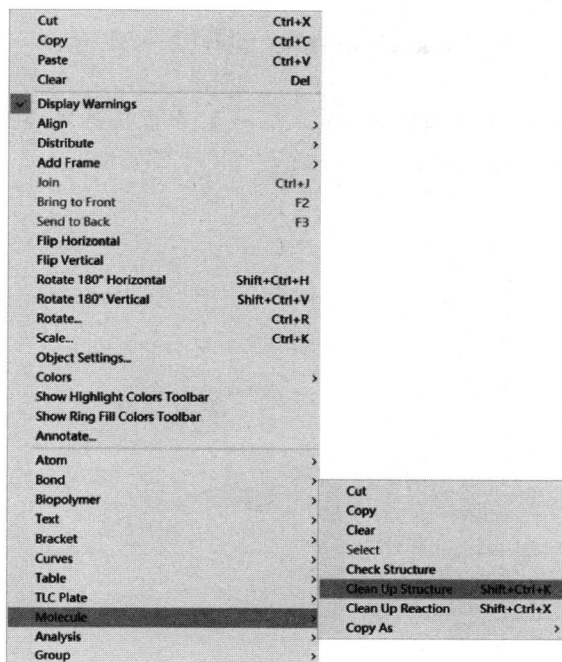

图 4-34　ChemDraw 快捷菜单

（2）快捷键

ChemDraw 提供了大量的快捷键，能大大提高工作效率。常用快捷键有：

- $\boxed{\text{Ctrl}}+\boxed{\text{Shift}}+\boxed{\text{K}}$：整理结构式。
- $\boxed{\text{Ctrl}}+\boxed{\text{Shift}}+\boxed{\text{N}}$：将化合物名称转换为结构式。
- $\boxed{\text{Alt}}+\boxed{\text{Ctrl}}+\boxed{\text{N}}$：将结构式转换为化合物名称。

编辑快捷键与其他软件如 Word 相同，常用的与图形编辑有关的快捷键为：

- $\boxed{\text{Ctrl}}+\boxed{\text{A}}$：全选。
- $\boxed{\text{Ctrl}}+\boxed{\text{C}}$：复制。
- $\boxed{\text{Ctrl}}+\boxed{\text{V}}$：粘贴。
- $\boxed{\text{Ctrl}}+\boxed{\text{X}}$：剪切。
- $\boxed{\text{F9}}$：字符下标。
- $\boxed{\text{F10}}$：字符上标。
- $\boxed{\text{Ctrl}}+\boxed{\text{R}}$：旋转图形，可以设定旋转角度。
- $\boxed{\text{Ctrl}}+\boxed{\text{K}}$：改变图形大小，可以设定键长。
- $\boxed{\text{Ctrl}}+\boxed{\text{Shift}}+\boxed{\text{H}}$：水平翻转图形。
- $\boxed{\text{Ctrl}}+\boxed{\text{Shift}}+\boxed{\text{V}}$：垂直翻转图形。

4.2.13　绘制实验装置

ChemDraw 可以用磨口玻璃仪器接插件迅速搭建化学反应装置。下面搭建一个简单的蒸馏装置。

【例 4-7】 绘制蒸馏装置。

① 执行【View】/【Templates】/【Clipware, part1】菜单命令, 将【Clipware, part1】模板窗口打开。

② 在【Clipware, part1】和【Clipware, part2】中依次选择合适的铁架台、铁夹、加热器、单口烧瓶、蒸馏头、温度计、直形冷凝管、接收器等模板, 并将其绘制出来。简单蒸馏装置组成如图 4-35 所示。

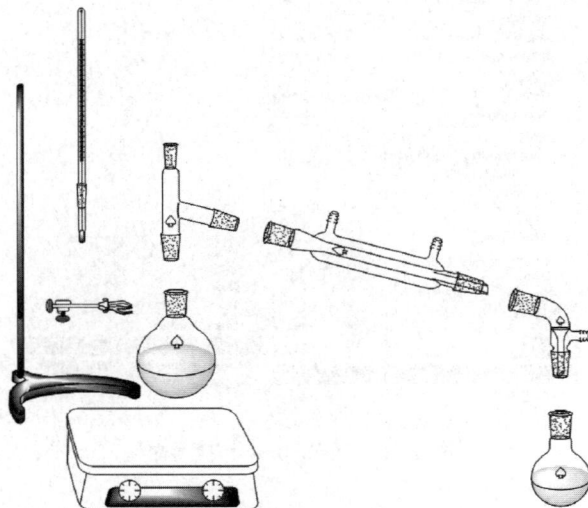

图 4-35　简单蒸馏装置的组成

③ 将玻璃仪器在磨口处拼接好。安装完成的简单蒸馏装置如图 4-36 所示。

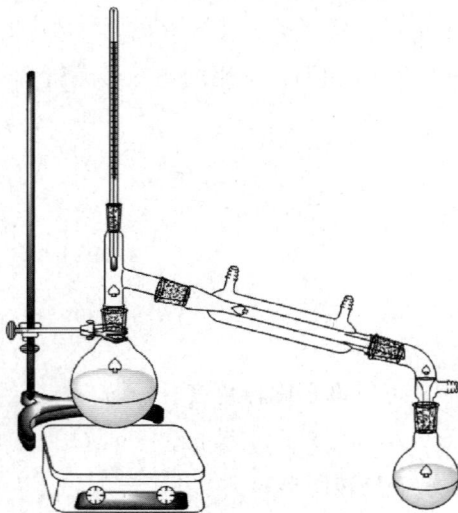

图 4-36　蒸馏装置

如果器件前后排列的次序不对, 可在器件上鼠标右击, 在弹出的快捷菜单中选择【Bring to front】或【Send to back】命令, 将器件提到前面或置于后面。

4.3 Chem3D 绘图实例

Chem3D 同 ChemDraw 一样，是 ChemOffice 的组成部分，它能很好地同 ChemDraw 协同工作，ChemDraw 画出的二维结构式可以正确地自动转换为三维结构。Chem3D 还可与著名的从头计算量子化学软件 Gaussian 连接，作为它的输入、输出界面，能够以三维的方式显示量子化学计算结果，如分子轨道、电荷密度分布等。

4.3.1 Chem3D 简介

Chem3D 的主界面如图 4-37 所示。

图 4-37 Chem3D 的主界面

Chem3D 的水平工具栏中有显示属性设置选项，单击 下拉按钮可以选择模型来表现三维分子结构，如图 4-38 所示。

简单的结构可以采用比例模型、圆柱键模型或球棍模型，复杂一些的结构可以采用棒状模型或线状模型。图 4-39 是 5 种模型的乙烷分子 3D 图形。

Chem3D 默认文件扩展名为 ".c3xml"，模板文件名为 ".c3t"。除此之外，还可以将 3D 模型存为其他格式的文件，或者存为图像文件。

Chem3D 默认的绘图背景是蓝色，如果要更换背景颜色，可执行【File】/【Modeling Settings...】命令，在【Background】选项卡里设置，例如【Background Color】选白色，【Shap】选【Solid Background】，然后单击 OK 按钮，就可将背景更换为白色。

图 4-38 Chem3D 显示属性

Chem3D 的菜单栏比较复杂，常用菜单命令的使用将在后面的实例中介绍。下面首先建立 3D 模型。

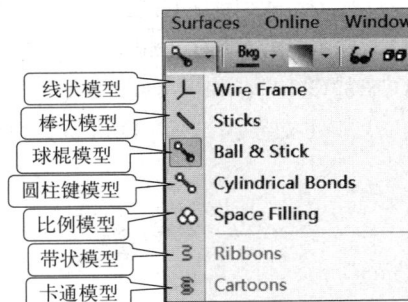

图 4-39 乙烷的 5 种 3D 显示属性

从左至右分别为线状模型、棒状模型、球棍模型、圆柱键模型和比例模型

4.3.2 建立 3D 模型

Chem3D 提供了多种多样的 3D 模型建立方法。可以利用单键、双键或三键工具直接绘制 3D 模型，也可以将分子式转换成 3D 模型，还可以用 Chem3D 提供的子结构或模板建立模型。

【例 4-8】 利用键工具建立模型。

① 单击工具栏上的 ╲ 单键按钮。

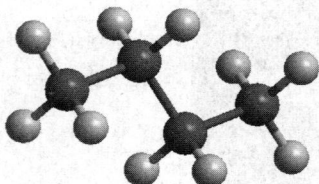

图 4-40 丁烷球棍模型

② 将鼠标移动至模型窗口，按住鼠标左键拖出一条直线，放开鼠标即成乙烷（C_2H_6）立体模型。

③ 将鼠标移至 C(1) 原子上，向外拖出一条直线，放开鼠标即成丙烷（C_3H_8）立体模型。

④ 将鼠标移至 C(2) 原子上，向外拖出一条直线，放开鼠标即成丁烷（C_4H_{10}）立体模型，如图 4-40 所示。

【例 4-9】 利用文本工具建立模型。

① 单击水平工具栏上的 **A** 按钮。

② 将鼠标移至模型窗口，单击鼠标出现文本输入框，在输入框中输入"C4H10"，如图 4-41 所示。

C4H10

图 4-41 利用文本工具建立模型

③ 按回车键，Chem3D 自动将输入的分子式变成丁烷 3D 模型。

若化合物带有支链，可以将支链用括号括起来。如建立异丁烷模型可输入"CH3CH(CH3)CH3"，如图 4-42 所示。

如建立异戊二烯 3D 模型，可输入"CH2C（CH3）CHCH2"，如图 4-43 所示。

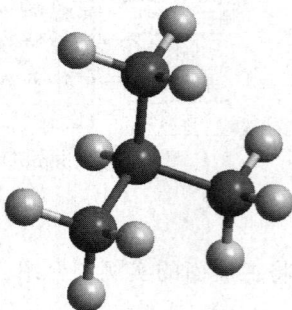

图 4-42 异丁烷 3D 模型

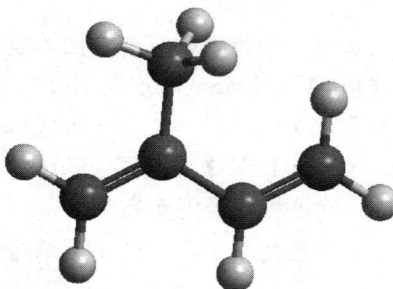

图 4-43 异戊二烯 3D 模型

如建立 4-甲基-2-戊醇 3D 模型可输入 "CH3CH(CH3)CH2CH(OH)CH3"，如图 4-44 所示。

输入一组氨基酸的缩写，可建立多肽的 3D 结构。如输入 "H(Ala)12OH"，然后用 工具转动模型，从 α-螺旋的中间部分看过去，得到如图 4-45 所示的模型。

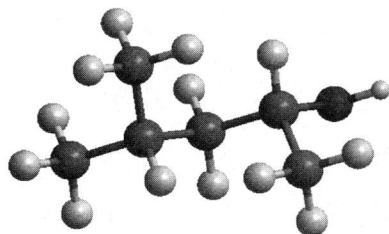

图 4-44　4-甲基-2-戊醇 3D 模型　　　　图 4-45　多肽的 α-螺旋

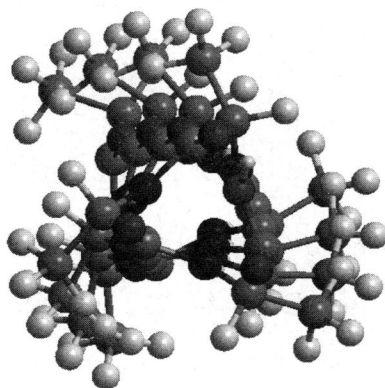

若模型很复杂，可以考虑改用线状模型显示。在显示蛋白质螺旋时也可以使用带状模型。

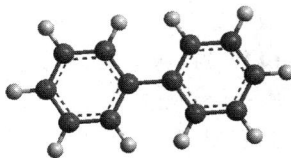

【例 4-10】　使用子结构建立 3D 模型。

Chem3D 提供了子结构库，用户可以选择其中的子结构，然后将它们拼装起来，形成复杂结构。

① 执行【View】/【Parameter Tables】/【Substructures】菜单命令，弹出【Substructures】窗口，单击【Phenyl】/【Model】选中之，如图 4-46 所示。

② 使用快捷键 Ctrl＋C 复制子结构。

③ 使用快捷键 Ctrl＋V 将子结构粘贴至窗口。

④ 再次使用快捷键 Ctrl＋V，窗口中就有了两个苯环。

⑤ 单击水平工具栏上的 按钮将两个苯环连接起来。

⑥ 选中图形，执行【Structure】/【Clear Up】命令，得到如图 4-47 所示的模型。

图 4-46　子结构模型库　　　　图 4-47　使用子结构建立模型

【例 4-11】　使用模板建立 3D 模型。

执行【File】/【Samples Files】/【Nano】/【BuckminsterFullerene-C60】菜单命令，如图 4-48 所示，出现 C_{60} 的 3D 模型，如图 4-49 所示。

图 4-48　使用模板建立 3D 模型

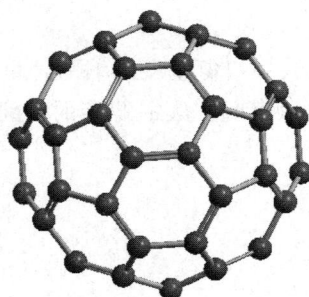

图 4-49　C_{60} 的 3D 模型

研究富勒烯的用户可以在此基础上修改模型，例如可以接上一些官能团。

4.3.3　ChemDraw 结构式与 3D 模型间的转换

Chem3D 可以将 ChemDraw 的平面结构式转换成相应的 3D 模型。3D 模型也可以转换成平面结构式。

【例 4-12】　ChemDraw 结构式转换为 3D 模型。

① 在 ChemDraw 中绘出苯丙氨酸的平面结构式（也可以使用氨基酸模板输入）。

② 选中结构式，复制到 Chem3D 窗口中，Chem3D 自动将平面结构式转换成 3D 模型，如图 4-50 所示。

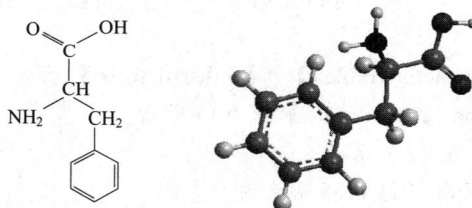

图 4-50　ChemDraw 中画出的分子结构复制粘贴到 Chem3D 中自动转换为 3D 模型

【例 4-13】　直接打开 ChemDraw 文件。

Chem3D 也可以直接打开 ChemDraw 文件。

① 执行【File】/【Open...】菜单命令，弹出【Open】对话框。

② 在【文件类型】窗口中选择 "ChemDraw（*.cdx；*.cdxml）" 类型。

③ 选择要打开的文件，单击 打开(O) 按钮打开文件。Chem3D 自动将 ChemDraw 文件转换为 3D 模型。

【例 4-14】　3D 模型转换为平面结构式。

① 选中 3D 模型。

② 执行【Edit】/【Copy As】/【ChemDraw Structure】菜单命令，复制此模型。

③ 打开 ChemDraw，粘贴至 ChemDraw 窗口中。

4.3.4　整理结构与简单优化

和 ChemDraw 一样，利用【键】工具建立的 3D 结构，键角及键长可能不正常，应首先对其进行整理操作，然后做简单优化处理，以便得到能量最低的构象。

【**例 4-15**】 整理结构与简单优化。

① 执行【Edit】/【Select All】菜单命令（或按 $\boxed{\text{Ctrl}}$ ＋ $\boxed{\text{A}}$ 键），将模型全部选中。

② 执行【Structure】/【Clean Up】菜单命令，整理结构。

③ 执行【Calculations】/【MM2】/【Minimize Energy...】菜单命令，弹出【Minimize Energy】对话框，如图 4-51 所示。

图 4-51 简单优化

④ 单击 $\boxed{\text{Run}}$ 按钮开始对模型进行优化，每迭代一次模型都会发生改变，最终给出能量最低状态。

图 4-51 由于选择了【Display Every nth Iteration】，迭代计算过程中，Chem3D 窗口最下方的状态栏会显示迭代过程中各种参数的变化。

4.3.5 显示 3D 模型信息

将鼠标移动至 3D 模型的原子上，会弹出一个窗口显示该原子的相关信息，如图 4-52 所示。

将鼠标移动至 3D 模型的化学键上，会弹出一个窗口显示该化学键的相关信息，包括键长、键级等，如图 4-53 所示。

按住 $\boxed{\text{Shift}}$ 键不动，用鼠标顺序选中连续的 3 个原子，然后将鼠标停留在任一原子上，即可显示这 3 个原子形成的键角，如图 4-54 所示。

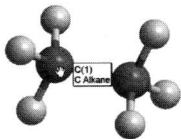

图 4-52 显示原子信息　　　图 4-53 显示键的信息　　　图 4-54 显示键角

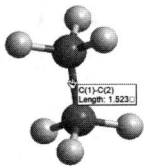

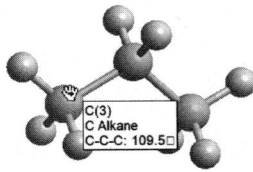

要显示更详细的信息，可以执行【Structure】/【Measurements】/【Generate All

Bond Lengths】菜单命令，如图 4-55 所示。

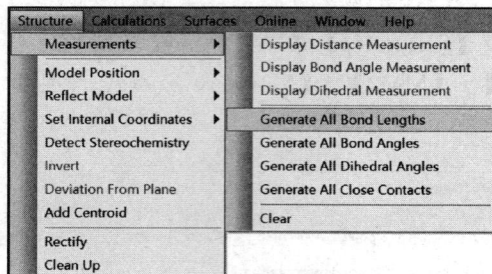

图 4-55　模型更详细的信息

模型的全部键长数据会出现在左侧新分裂出来的窗口中，如图 4-56 所示。

图 4-56　模型的键长数据

执行【Structure】/【Measurements】/【Generate All Bond Angles】菜单命令可以显示全部键角数据。

要显示全部元素的符号和序号，可以选中全部模型，然后单击菜单栏中的 **C** 按钮（元素符号）和 **1** 按钮（原子序号）。

4.3.6　改变原子序号与替换元素

以化学键工具建立起来的 3D 模型，原子序号可能不符合我们的要求，因此需要修改。另外，有时我们需要修饰模型，引入一些杂原子，这就需要将模型中的碳元素替换为其他元素。

【例 4-16】　改变原子序号。

① 使用 ＼单键按钮，绘出正丁烷模型。

② 按 Ctrl ＋ A 键全选，执行【Structure】/【Clean Up】菜单命令整理模型。

③ 使用水平工具栏上的 工具，双击需要改变序号的碳原子，弹出输入框，如图 4-57 所示。

④ 在输入框中输入原子序号，按回车键完成原子序号的修改。

【例 4-17】　替换元素。

① 双击上述正丁烷模型中的 C(1) 原子，弹出输入框，如图 4-58 所示。

② 在输入框中输入大写字母"O"，即氧原子，按回车键。

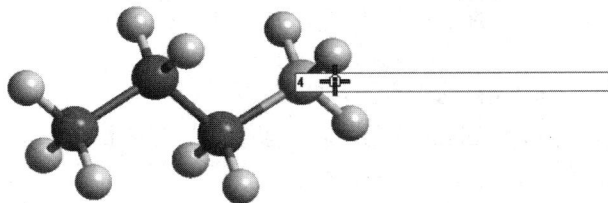

图 4-57　改变原子序号

③ 按照同样的方法修改 C(4) 原子。

④ 执行【Structure】/【Lone Pairs】/【Add】命令添加孤对电子，最终得到乙二醇的 3D 模型，如图 4-59 所示。

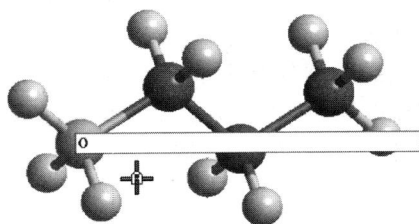

图 4-58　替换元素

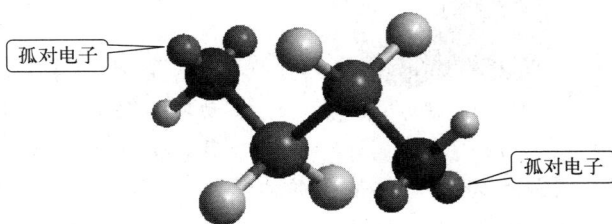

图 4-59　乙二醇的 3D 模型

在乙二醇的 3D 模型中，氧原子显示为与碳原子不同的颜色。如果不想显示氧原子上的孤对电子，可执行【Structure】/【Lone Pairs】/【Hide】命令。

4.3.7　原子和分子的大小

可以用 Chem3D 查找分子或晶体中原子的范德华半径。

【例 4-18】　查找碳原子的范德华半径。

① 执行【View】/【Parameter Tables】/【MM2 Atom Types】菜单命令，弹出【MM2 Atom Types】窗口。

② 下拉右侧的滚动条至出现 C 为止，如图 4-60 所示。

图 4-60　查找烷烃中碳原子的范德华半径

其中【VDW】栏即为原子的范德华半径。用户可以找出 F、Cl、Br、I 的范德华半径，并找出变化规律。

【例 4-19】 观察分子的表面。

① 单击在 Chem3D 界面中 ChemDraw 窗口空白处，在弹出的工具条中单击苯，然后在 ChemDraw 窗口空白处单击，建立苯的 3D 模型。

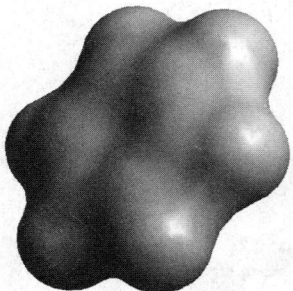

图 4-61 苯分子的表面

② 执行【Surfaces】/【Choose Surface】/【Connolly Molecular】菜单命令。

③ 执行【Surfaces】/【Display Mode】命令，可以选择分子表面的显示类型，默认值为【Solid】，还可以选择【Wire Mesh】、【Dots】、【Translucent】等类型。选用后几种类型时，分子表面是透明或半透明的，依然能看到原 3D 模型。

④ 执行【Surfaces】/【Resolution】命令，将水平滑动块右移到头，其值为"100"，即可显示苯分子的表面情况，如图 4-61 所示。

【例 4-20】 计算分子的体积。

① 建立苯的 3D 模型。

② 执行【Calculations】/【Compute Properties...】菜单命令。

③ 在弹出的对话框中，勾选【ChemProStd】下的【Connolly Solvent Excluded Volume】选项，如图 4-62 所示。

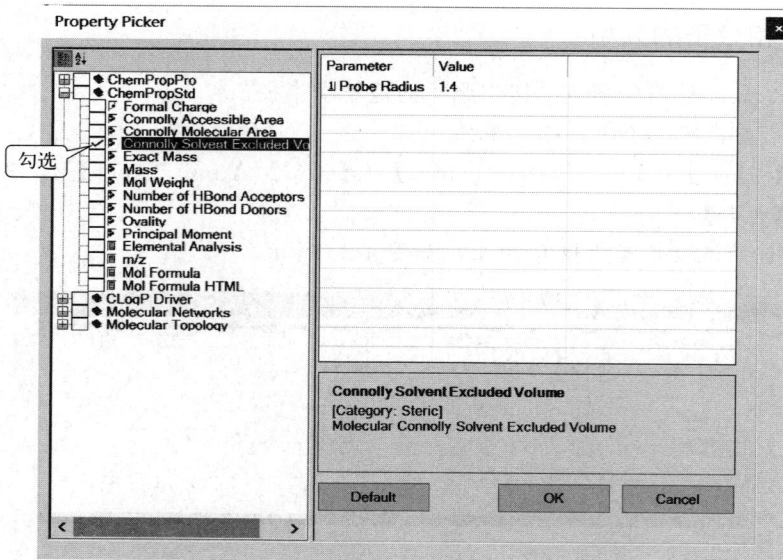

图 4-62 选择【Connolly Solvent Excluded Volume】

④ 单击 OK 按钮开始计算。计算最终结果显示在窗口下面的消息栏中，如图 4-63 所示。

计算结果表明，苯分子的溶剂占有体积为 71.129Å^3，即 0.07129nm^3。

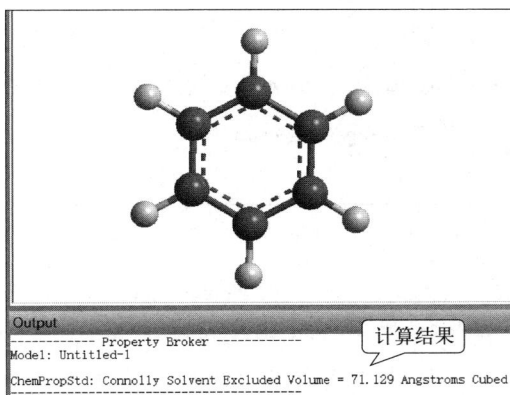

图 4-63　计算结果

4.3.8　计算内旋转势能

C—C 单键在保持键角（109°28′）不变的情况下是可以内旋转的，然而这种内旋转是受阻的，必须消耗一定能量以克服内旋转势垒。下面以 1,2-二氯乙烷为例计算其处于不同构象状态时势能的变化。

【例 4-21】　计算内旋转势能。

① 使用单键工具建立乙烷球棍模型。

② 使用 选取按钮，双击 C(1) 上的 H(4) 原子，在弹出的输入框中输入"Cl"，按回车键。

③ 双击 C(2) 上的 H(8)，在弹出的输入框中输入"Cl"，按回车键。这样模型就变成了 1,2-二氯乙烷，两个 Cl 处于交叉位置。

④ 按 Ctrl ＋ A 键全选模型，再执行【Structure】/【Clean Up】菜单命令整理模型，如图 4-64 所示。

⑤ 执行【Calculations】/【MM2】/【Minimize Energy...】菜单命令，单击 Run 按钮，优化能量至最小值，计算结果显示在 Output 窗口，如图 4-65 所示。

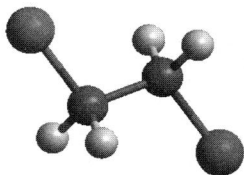

图 4-64　1,2-二氯乙烷模型

图 4-65　计算结果

⑥ 执行【Calculations】/【MM2】/【Compute Properties...】菜单命令，弹出【Compute Properties】对话框，如图 4-66 所示。

⑦ 在【Properties】中选择【Steric Energy Summary】。

⑧ 单击 Run 按钮开始计算。

在 Output 窗口显示"The total energy for frame：3.539kcal/mol"，这里的"3.539kcal/

mol"即为内旋转势能。

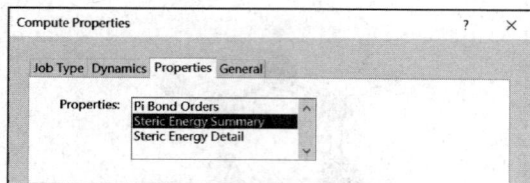

图 4-66 【Compute Properties】对话框

图 4-67 输入旋转角度

⑨ 将计算得到的结果"3.539kcal/mol"记录下来。

⑩ 使用 按钮单击 C(1)-C(2)之间键,单击 下拉三角,在弹出的页面单击 按钮,输入"10"并按回车键,C(1)顺时针转过 10°,如图 4-67 所示。

单击 按钮,则 C(2)旋转。

⑪ 重复执行步骤⑥～⑩,以 10°为增量计算势能直到 360°为止,记录所有角度和势能数据。最终得到旋转角度与势能的对照表,如表 4-1 所示。

表 4-1 旋转角度与势能的对照表

旋转角度 /(°)	势能 /(kcal/mol)	旋转角度 /(°)	势能 /(kcal/mol)	旋转角度 /(°)	势能 /(kcal/mol)	旋转角度 /(°)	势能 /(kcal/mol)
0	3.539	100	5.921	200	12.550	300	8.947
10	3.877	110	5.329	210	10.308	310	8.479
20	4.811	120	5.432	220	8.088	320	7.447
30	6.110	130	6.370	230	6.371	330	6.111
40	7.446	140	8.086	240	5.433	340	4.812
50	8.479	150	10.306	250	5.328	350	3.878
60	8.947	160	12.543	260	5.920	360	3.539
70	8.753	170	14.230	270	6.928		
80	7.992	180	14.856	280	7.991		
90	6.929	190	14.231	290	8.752		

⑫ 在 Origin 中绘制出势能与旋转角度的关系图,如图 4-68 所示。

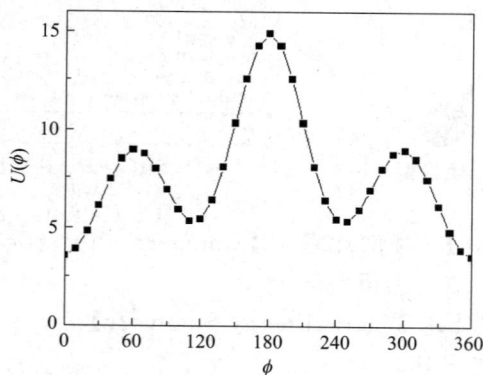

图 4-68 1,2-二氯乙烷内旋转势能

4.3.9 Hückel 分子轨道

【例 4-22】 显示 Hückel 分子轨道。

① 使用双键工具建立乙烯 3D 球棍模型。

② 执行【Surfaces】/【Choose Surface】/【Molecular Orbital（Huckel Calculation）】菜单命令，如图 4-69 所示。乙烯的 HOMO 轨道如图 4-70 所示。

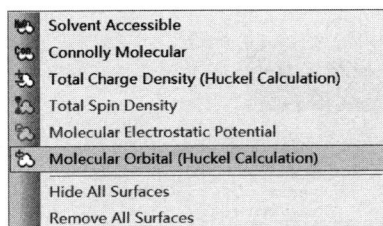

图 4-69 【Molecular Orbital（Huckel Calculation）】选项

图 4-70 乙烯的 HOMO 轨道

在【Surfaces】/【Display Mode】里有 4 个选项，即【Solid】、【Wire Mesk】、【Dots】和【Translucent】。默认选项为【Solid】，若想同时看到 3D 模型，可以选用【Translucent】。

③ 执行【Surfaces】/【Select Molecular Orbital】/【LUMO（N＝7）［－0.791eV］】命令，如图 4-71 所示。乙烯的 LUMO 轨道如图 4-72 所示。

图 4-71 【Select Molecular Orbital】选项

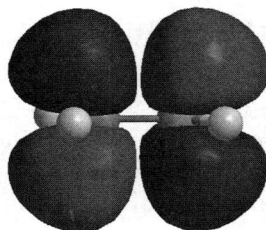

图 4-72 乙烯的 LUMO 轨道

4.4 ChemFinder

ChemFinder 是一个智能型的快速化学搜寻引擎，所提供的 ChemInfo 是目前世界上最丰富的数据库之一。

4.4.1 ChemFinder 简介

ChemFinder 包含 ChemACX、ChemINDEX、ChemRXN、ChemMSDX 等，并不断有新的数据库加入。ChemFinder 可以从本机或网上搜寻 Word、Excel、Powerpoint、ChemDraw 格式的分子结构文件，还可连接到关系型数据库包括 Oracle 及 Access 等，输入 ChemDraw 等软件提供的多种格式的化学结构文件。

4.4.2 根据结构式检索

ChemFinder 自带多个数据库。下面示例如何在库中查找相关资料。

【例 4-23】 根据结构式检索。

① 启动 ChemFinder。首先打开的是【ChemFinder】对话框，其中包括 3 个选项卡，单击【Existing】选项卡，如图 4-73 所示。

图 4-73　【ChemFinder】对话框之【Existing】选项卡

② 单击 "CS＿DEMO.cfx" 数据库，单击 **打开(0)** 按钮，弹出【ChemFinder-[CS＿DEMO]】对话框，如图 4-74 所示。

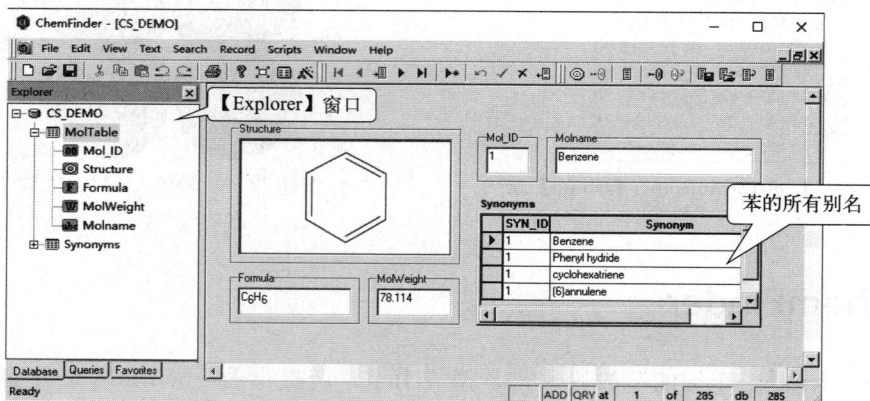

图 4-74　打开 "CS_DEMO.cfx" 数据库文件

【Explorer】窗口可以关掉，需要打开时只需在【View】菜单里勾选【Explorer Window】即可。

可以根据自己的使用习惯，通过 View 显示自己常用和习惯的窗口。例如执行【View】/【Toolbars】命令，勾选【Form】，界面左侧会显示该工具条，效果如图 4-75 所示。

在【Structure】输入框中已经有了一个苯环结构，这是该数据库的一个结构。

图 4-75　显示【Form】工具条

【Formula】显示其分子式为"C_6H_6"，【MolWeight】显示其分子量为"78.114"，【Molname】显示的是其英文名称"Benzene"，【Synonyms】显示苯的所有别名。

③ 单击◎（【Enter Query】）按钮清空各窗口。

④ 双击【Structure】窗口出现 ChemDraw 绘制分子式的工具栏【Tools】。这个工具栏前面介绍 ChemDraw 用法时曾多次使用过。

⑤ 用 ChemDraw 的【Tools】工具绘制环丁烷，单击**⋅⋅0**（【Find】）按钮查找，结果如图 4-76 所示。

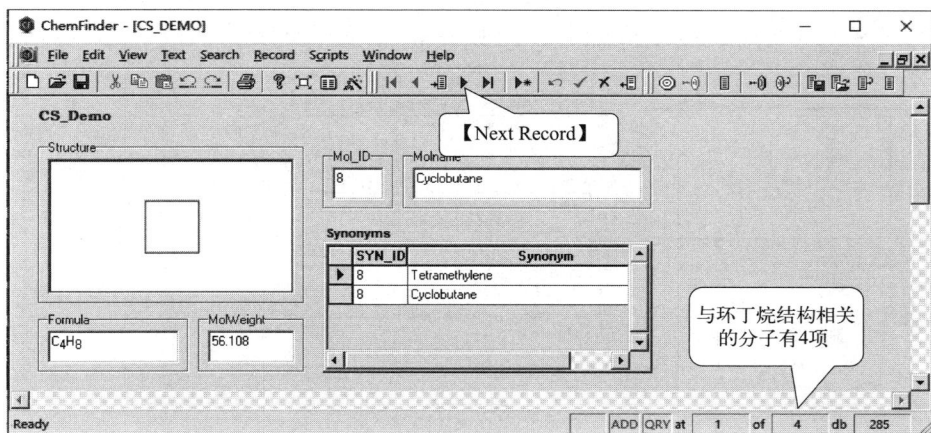

图 4-76　检索【环丁烷】结构

与环丁烷结构相关的分子有 4 项，这个数字显示在右下方的状态栏中。单击▶即【Next Record】按钮可查看下一项，只要包含环丁烷结构的项都会被检索出来。

4.4.3　根据分子式检索

可以直接输入分子式检索相关资料。ChemFinder 具有模糊检索功能，不必输入精确的分子式。

【例 4-24】　根据分子式检索。

① 接上面的操作。单击⊚（【Enter Query】）按钮，清空各窗口。

② 单击【Formula】输入"$C_9H_8O_4$"，按回车键，检索结果如图4-77所示。

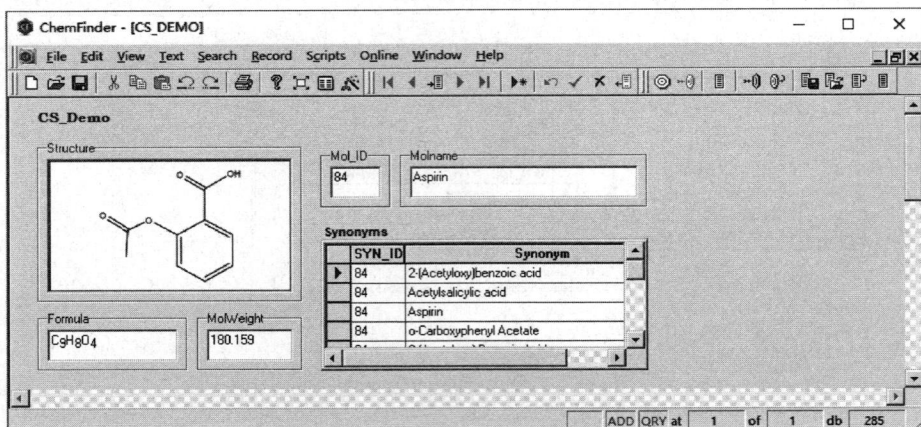

图 4-77　检索分子式"$C_9H_8O_4$"

这就是阿司匹林，在"CS_DEMO.cfx"数据库中，与"$C_9H_8O_4$"相关的分子只有这一种。如果检索"C_6H_6"，可以得到 9 个相关分子。下面进行模糊检索。

③ 单击⊚（【Enter Query】）按钮，清空各窗口。

④ 单击【Formula】窗口，输入"C5-6 N2"回车，结果如图4-78所示。

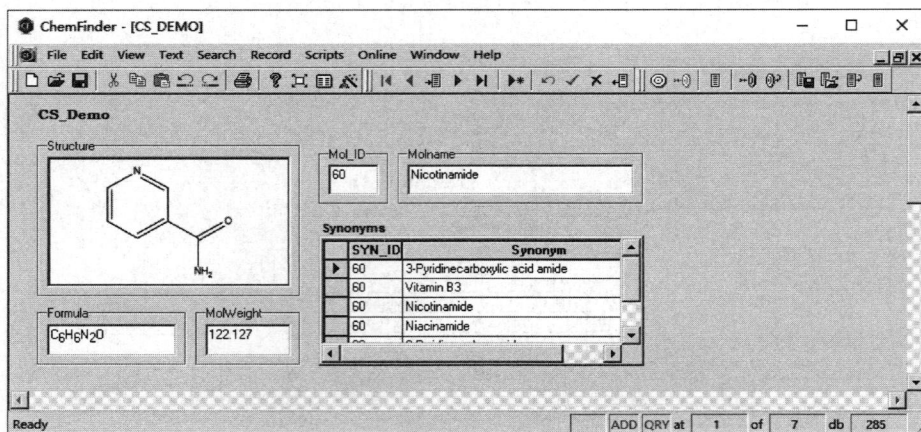

图 4-78　检索分子式"C5-6 N2"

与"C5-6 N2"结构相关的分子有 7 项，可单击▶（【Next Record】）按钮逐项查看，也可以列表查看。

⑤ 单击▦（【Switch to Table】）按钮，显示窗口变成列表。

⑥ 再次单击▦按钮，显示窗口恢复之前的样子。

4.4.4　根据化学名称检索

可以直接输入化学名（英文名）检索相关资料。ChemFinder 具有模糊检索功能，检索化学名时可用通配符表示不清楚的字符，用户不必再为分子的名称怎么拼写而发愁了。在下面的例子中我们要查找尼古丁的分子式，但不记得准确的英文名称，只确定有 "nico" 这几个字符。

【例 4-25】 根据化学名称检索。

① 接上面的操作。单击 ◎（【Enter Query】）按钮，清空各窗口。

② 单击【Molname】窗口，输入 " * nico * "，按回车键，检索结果如图 4-79 所示。

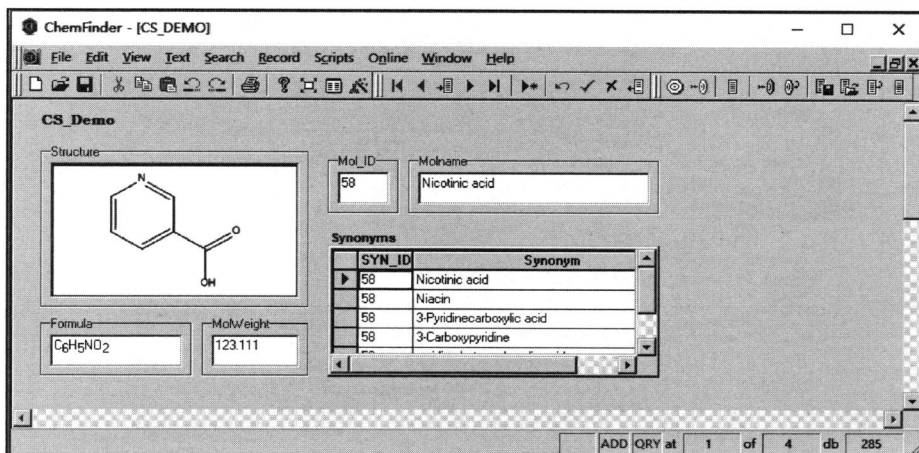

图 4-79　检索英文名称包含 "nico" 的分子

虽然若干个检索结果的英文名称中也包含 "nico"，但显然这不是我们要找的分子。请注意相关信息共找到 4 项，也许尼古丁在后面呢。

③ 单击 ▶（【Next Record】）按钮，显示出尼古丁分子及相关信息，如图 4-80 所示。

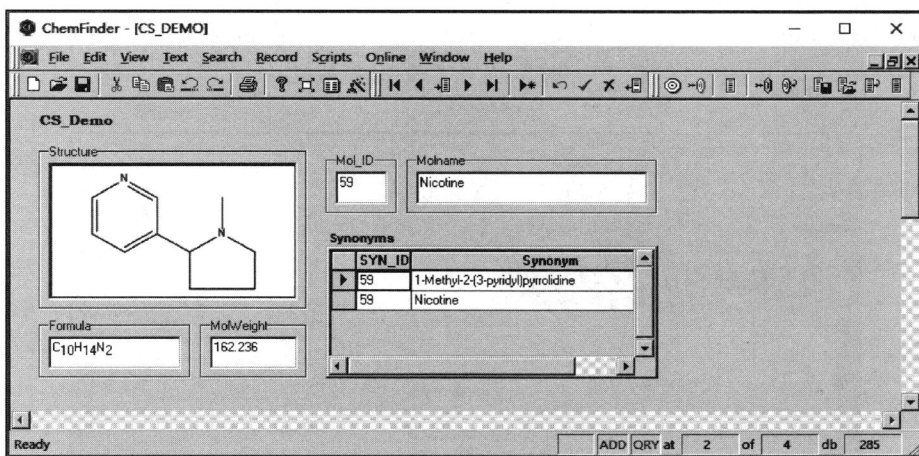

图 4-80　尼古丁分子

4.4.5　根据分子量检索

可以直接输入分子量来检索相关分子。分子量也可以模糊检索，只要大致确定一个范围就行了。

【例 4-26】 根据分子量检索。

① 接上面的操作。单击 ⊙（【Enter Query】）按钮，清空各窗口。

② 单击【MolWeight】窗口输入 "160-170"，按回车键，检索结果如图 4-81 所示。

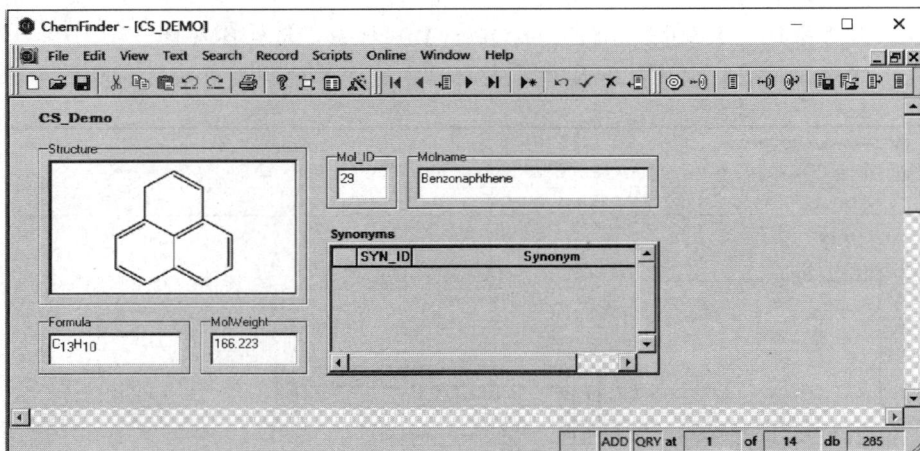

图 4-81　根据分子量检索的结果

这里共找到 14 项相关信息。前面我们检索的尼古丁分子量为 162.236，就是其中第 3 项。邻苯二甲酸（分子量为 "166.132"）是其中第 4 项。

4.4.6　使用化学反应数据库检索

打开化学反应数据库 "ISICCRsm.cfx" 检索化学反应。

【例 4-27】　检索化学反应。

① 执行【File】/【Open】命令弹出【Open】对话框，找到 "Samples" 文件夹。

② 在 "Samples" 文件夹里找到 "ISICCRsm.cfx" 数据库，单击选中之，单击
打开(Q) 按钮，"ISICCRsm.cfx" 数据库的主界面如图 4-82 所示。

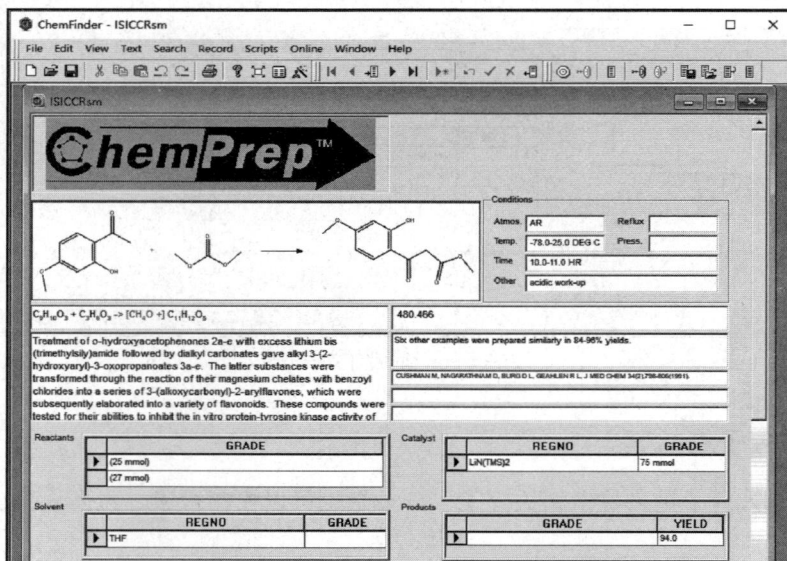

图 4-82　"ISICCRsm.cfx" 数据库

图中画有结构式的就是化学反应窗口，可以在这里绘出结构式进行检索。

③ 单击◎（【Enter Query】）按钮，清空各窗口。

④ 双击化学反应窗口，ChemFinder 自动启动 ChemDraw 并打开绘图工具栏。

⑤ 用 ChemDraw 画出卤代苯分子和一个反应箭头，关闭 ChemDraw 窗口，卤代苯分子自动进入化学反应窗口，如图 4-83 所示。

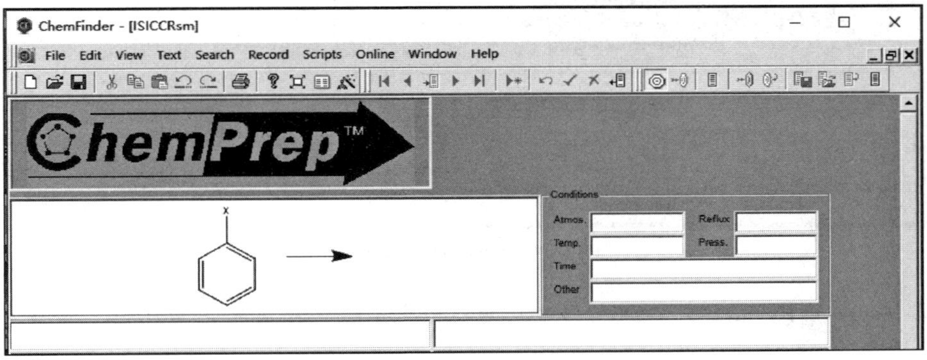

图 4-83　绘制卤代苯分子

⑥ 单击⇥◉（【Find】）按钮，检索与卤代苯结构相关的化学反应，结果如图 4-84 所示。

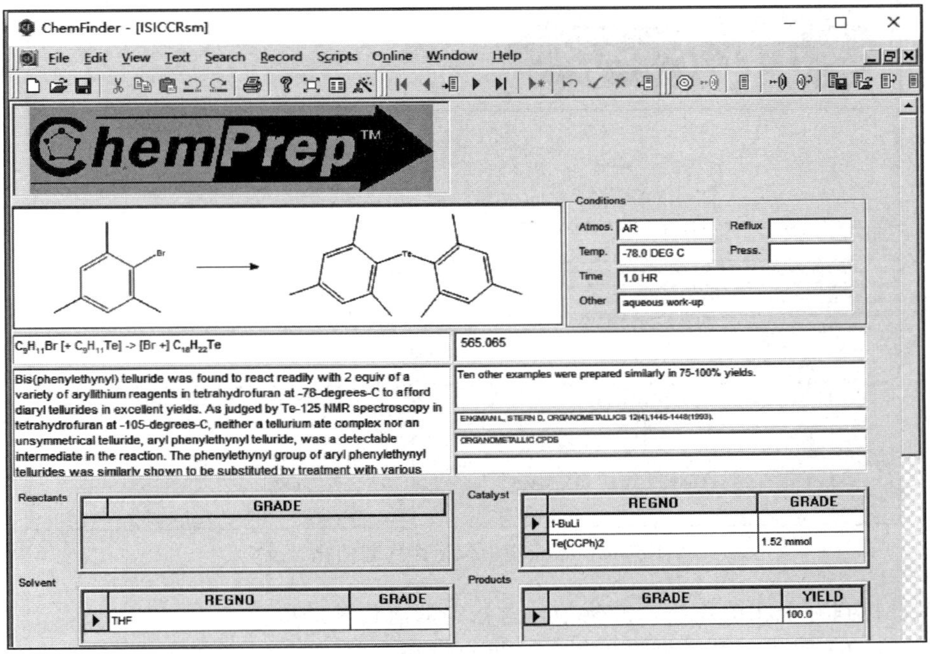

图 4-84　检索与卤代苯结构相关的化学反应

这里检索到 4 个相关反应，可单击▶按钮逐个查看，或者单击▦按钮列表查看。

上面的例子是用反应物检索，下面用产物检索相关化学反应。

【例 4-28】　由产物检索相关化学反应。

① 单击◎（【Enter Query】）按钮，清空各窗口。

② 双击化学反应窗口，ChemFinder 自动启动 ChemDraw 并打开绘图工具栏。

③ 用 ChemDraw 画出一个反应箭头和一个卤代苯分子，关闭 ChemDraw 窗口，卤代苯分子自动进入化学反应窗口，如图 4-85 所示。

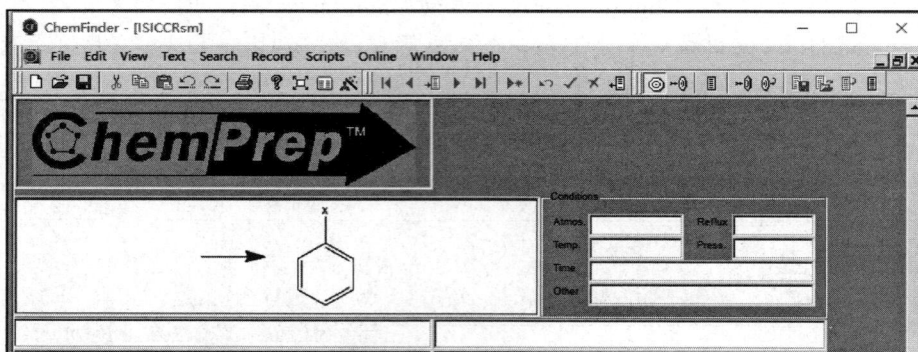

图 4-85　绘制产物卤代苯分子

④ 单击 （【Find】）按钮，检索产物与卤代苯结构相关的化学反应，结果如图 4-86 所示。

图 4-86　检索产物中包括卤代苯的化学反应

这里只找到一个相关反应，产物中包含指定的卤代苯结构。

ChemFinder 提供的数据库有很多，这里只试用了其中几个。实际使用时用户不妨多检索几个数据库。

4.5　总结

本章简介了 ChemOffice 软件的用法。重点是掌握 ChemDraw 的软件操作，ChemDraw 是 ChemOffice 中最常用的部分。Chem3D 提供了绘制三维分子式的方法，以及一定的量子化学计算能力。本章最后介绍了 ChemFinder，它既可以在本地查找数据库，也可以联机查找相关信息，使用起来十分方便。

习题

4-1. 绘制以下结构式，如图 4-87 所示。其中有些分子结构画得不对，出现错误的地方 ChemDraw 会用红框自动标记出来。请找出那些有问题的结构式。

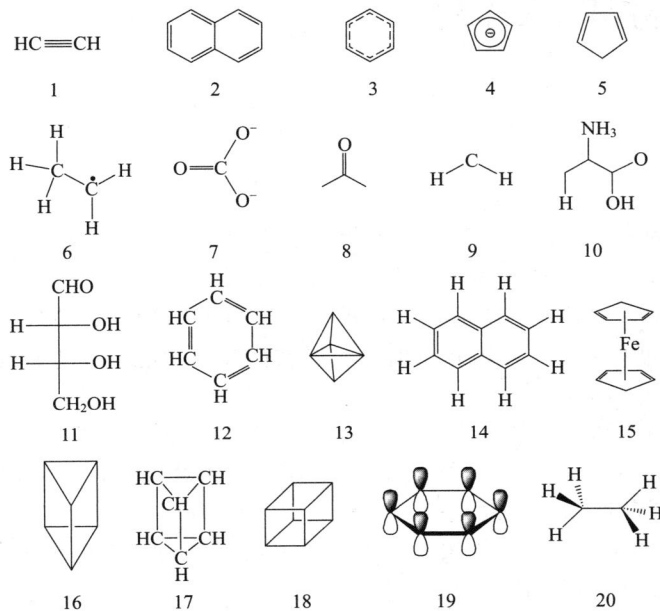

图 4-87 绘制结构式练习

4-2. 绘制对乙酰氨基酚的结构式。

4-3. 布洛芬［α-甲基-4-(2-甲基丙基)苯乙酸］是一种非甾体抗炎药，具有解热镇痛功效。布洛芬有两个互为镜像的对映异构体，$S(+)$-布洛芬和 $R(-)$-布洛芬。绘制布洛芬结构式并转成 3D 模型，比较两种对映异构体。

第 **5** 章
Origin基础简介

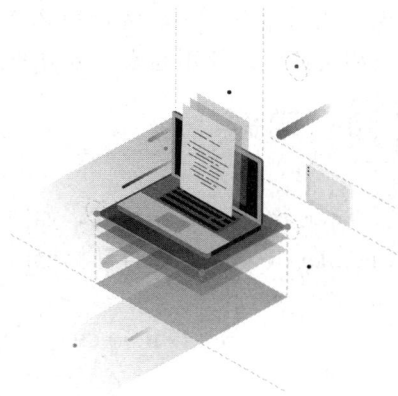

随着科学技术的进步，化学工作者需要处理越来越多的实验数据，也需要掌握越来越多的数据处理方法，如对数据进行筛选、平滑、滤波、微分、积分、线性回归、非线性拟合等。同时还需要绘制各种各样的图形，如二维、三维数据图形等。各种仪器分析数据处理，如红外光谱、紫外-可见光谱、X射线衍射、核磁共振数据等也需要进行绘图、分析、比较，并将其加工成文本的一部分。

过去处理数据与绘图要靠编程实现，对用户的编程水平要求较高，因而难以普及。本章介绍的 Origin 是一个功能强大又易学易用的科学数据处理软件，即使没有任何编程基础，也可以获得相当专业的数据处理效果。

Origin 是美国 MicroCal 公司推出的数据分析和绘图软件，在各国科技工作者中使用较为普遍。本章以 2021 版为基础介绍该软件。

Origin 拥有两大功能：数据分析和绘图。化学中的数据处理多种多样，Origin 可以根据需要对实验数据进行排序、调整、统计分析、t-检验、线性及非线性拟合等。Origin 提供了几十种二维和三维绘图模板，而且允许用户自己定制绘图模板，绘制二维及三维图形，如散点图、条形图、折线图、饼图、面积图、曲面图、等高线图等。用户还可以自定义数学函数，可以和各种数据库软件、办公软件、图像处理软件等方便地链接。有编程基础的用户还可以使用其嵌入式 Python，可以从 Python 访问 Origin 对象和数据，并在设置列值中使用 Python 函数，以及从 LabTalk 和 Origin C 访问 Python 函数等，从而实现更高级的数据分析与绘图功能。

5.1 Origin 界面

和 Word 一样，Origin 也拥有一个多文档界面，它将所有工作都保存在后缀为".opj"（旧版本的 Origin）或者".opju"的工程文件中。

一个工程文件可以包括多个子窗口，可以是工作表窗口、绘图窗口、函数绘图窗口、矩阵窗口、版面设计窗口等。一个工程文件中各窗口相互关联，可以实现数据实时更新，即如果工作表中数据改动，其变化能立即反映到其他各窗口。

保存文件时，各子窗口也随之一起存盘，然而，正因为它功能强大，其菜单界面也就较为繁复，且激活的当前子窗口类型也较多。

5.1.1 主界面

Origin2021 的主界面较为复杂，如图 5-1 所示。

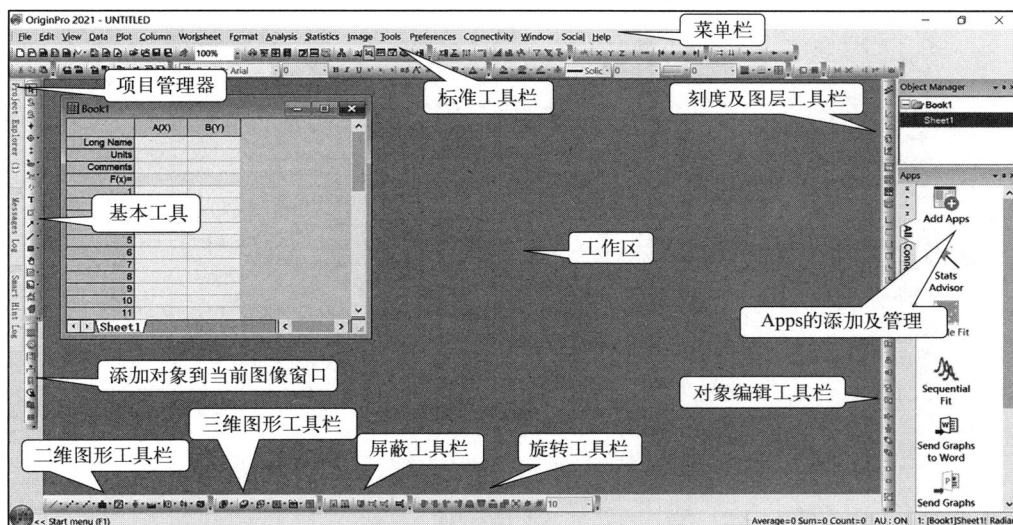

图 5-1　主界面

Origin2021 主界面包括以下几个部分：

• 菜单栏：包括 File、Edit、View、Data、Plot 等菜单项，单击之会显示快捷菜单，Origin 所有的功能都可以在菜单中找到。

• 工具栏：工具栏有多种，Origin 会将最常用的工具栏显示出来，要显示其他工具栏，需要在【View】菜单中将其打开。

• 绘图区：所有工作表、绘图子窗口等均在此。

• 项目管理器：类似 Windows 的资源管理器，管理 Origin 项目的各组成部分，可以方便地在各窗口间切换。

5.1.2 菜单栏

Origin 菜单栏并非一成不变，而是随着当前激活窗口的不同而不同。常用的窗口有工作表窗口、绘图窗口和矩阵窗口。当分别激活这些窗口时，Origin 的菜单栏会相应地发生改变。这时，尽管有些菜单名称依旧，但其中的菜单项却大相径庭。用户在使用 Origin 时，如果找不到实例中所描述的菜单项，那么可先检查一下当前激活窗口是否弄错了。

Origin 菜单栏自左至右简述如下：

• 【File】菜单：主要用于文件操作，如新建、打开、关闭、存储、打印和输出文件等。

• 【Edit】菜单：编辑操作，除了撤销、剪切、复制、粘贴和清除等常见操作外，当前工作窗口不同时，【Edit】菜单项也会有所差异，如图 5-2 所示。

• 【View】菜单：视图功能操作，控制屏幕显示。

这里需要注意的是【Toolbars】菜单项，如果要改变 Origin 界面上的各种工具栏，可在此菜单项中操作。【View】菜单中一些菜单项基本相同，其他菜单项随当前工作窗口的不同而有所差异，如图 5-3 所示。

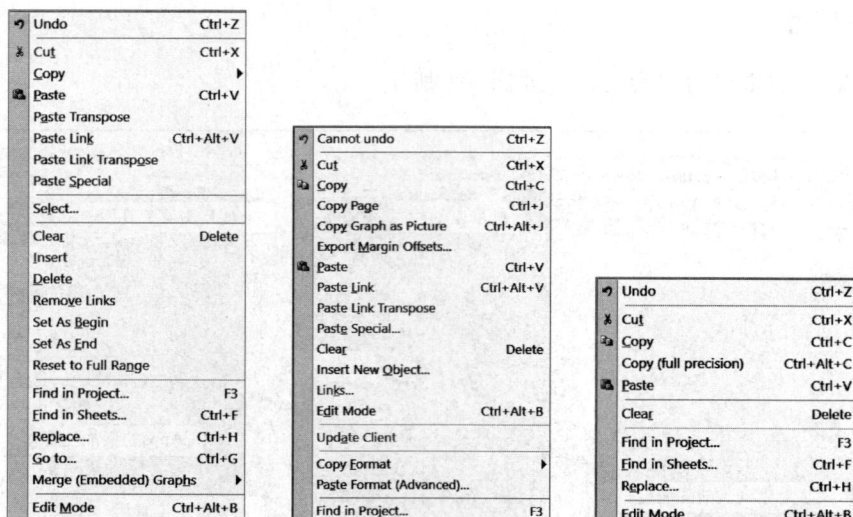

图 5-2 【Edit】菜单

自左至右分别为工作表、绘图、矩阵窗口激活状态下的【Edit】菜单

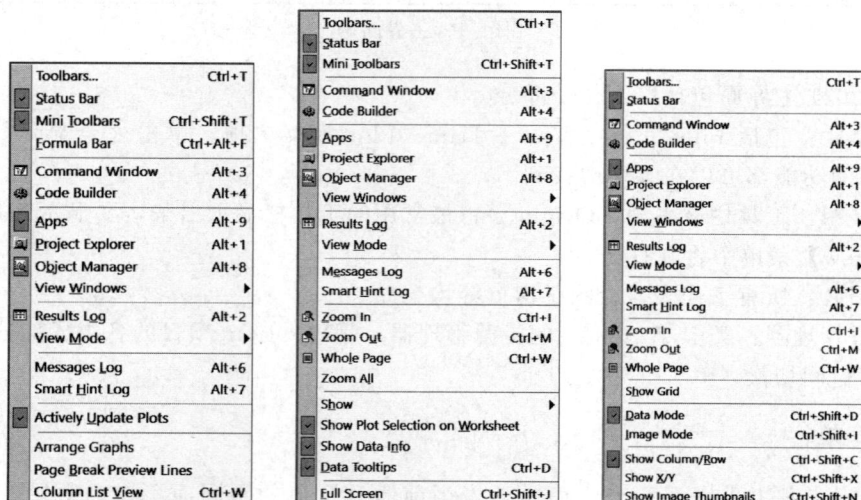

图 5-3 【View】菜单

自左至右分别为工作表、绘图、矩阵窗口激活状态下的【View】菜单

• 【Data】菜单：不同窗口激活状态下的【Data】菜单如图 5-4 所示。

工作表和矩阵窗口激活状态下，【Data】菜单主要用于文件导入等操作。绘图窗口激活状态下，【Data】菜单可以用于数据点的选取、屏蔽、删除等操作。

• 【Plot】：绘图操作。当前激活窗口为工作表和矩阵窗口时才会出现此菜单，且两种状态下的菜单又有所不同，如图 5-5 所示。

若当前激活窗口为绘图窗口，则不会出现【Plot】菜单，取而代之的是【Graph】菜单。

• 【Graph】菜单：图形操作，可绘制直线图（Line）、散点图（Scatter）、直线＋符号图（Line＋Symbol）、柱状图（Column）和面积图（Area）等。还可添加图形到某个绘图层、添加误差栏、添加函数图、缩放坐标轴、交换 X 轴、交换 Y 轴等，如图 5-6 所示。

图 5-4 【Data】菜单

自左至右分别为工作表、绘图、矩阵窗口激活状态下的【Data】菜单

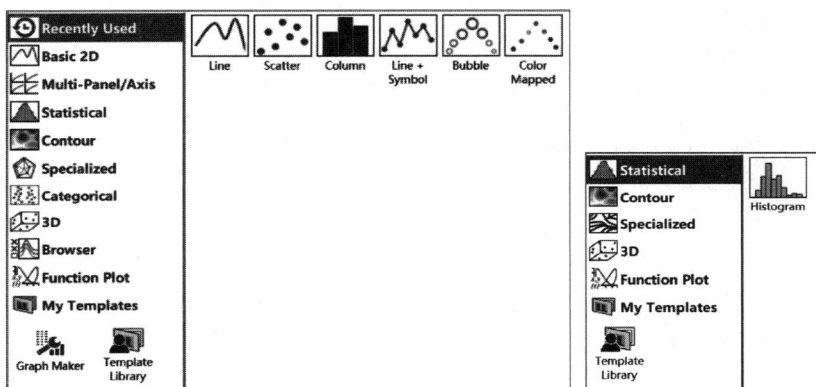

图 5-5 【Plot】菜单

自左至右分别为工作表、矩阵窗口激活状态下的【Plot】菜单

• 【Column】菜单：列功能操作，可以进行列的属性设置、增加/删除列、计算某列数值等操作，如图 5-7 所示。

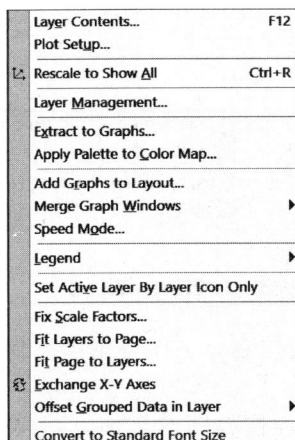

图 5-6 【Graph】菜单

绘图窗口为当前窗口时出现

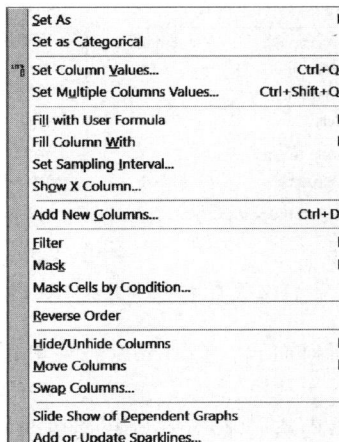

图 5-7 【Column】菜单

工作表窗口为当前窗口时出现

•【Worksheet】菜单：对列数据进行自定义排序、列数据删减，对工作表/簿进行分割等操作。如图 5-8 所示。

当前激活窗口为工作表窗口时，才会有【Column】和【Worksheet】菜单。若当前激活窗口为矩阵窗口，则相应的是【Matrix】菜单，用来设置矩阵属性，进行矩阵维数和数值、矩阵转置和取反、矩阵扩展和收缩等操作。

【Matrix】菜单如图 5-9 所示。

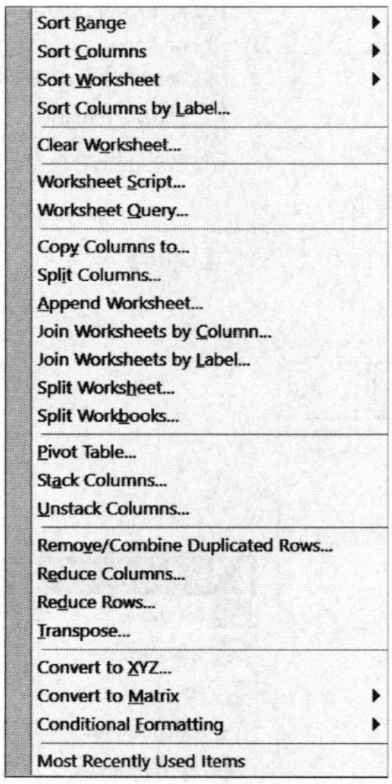

图 5-8 【Worksheet】菜单
工作表窗口为当前窗口时出现

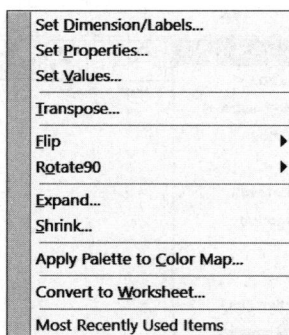

图 5-9 【Matrix】菜单

•【Format】菜单：这个菜单的功能因活动窗口不同而异，如图 5-10 所示。

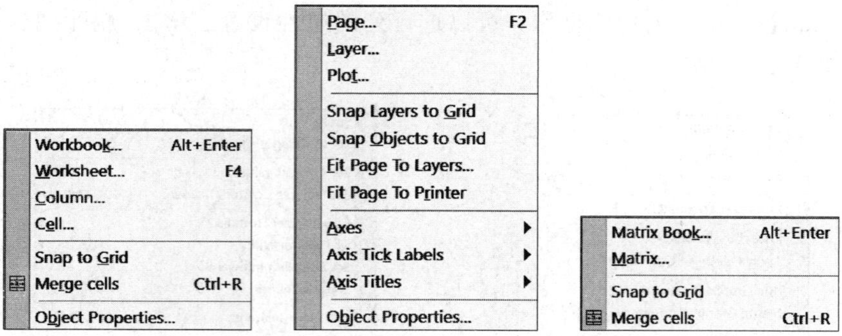

图 5-10 【Format】菜单
自左至右分别为工作表、绘图、矩阵窗口激活状态下的【Format】菜单

对工作表窗口而言，【Format】菜单包括菜单格式控制、工作表显示控制和栅格捕捉等功能。

对绘图窗口而言，【Format】菜单包括菜单格式控制、图形页面、图层和线条样式控制、栅格捕捉和坐标轴样式控制等功能。

对矩阵窗口而言，【Format】菜单包括菜单格式控制和栅格捕捉等功能。

• 【Analysis】菜单：工作表窗口、绘图窗口和矩阵窗口激活时，会出现这个菜单，三种状态下的激活菜单内容大不相同，如图 5-11 所示。

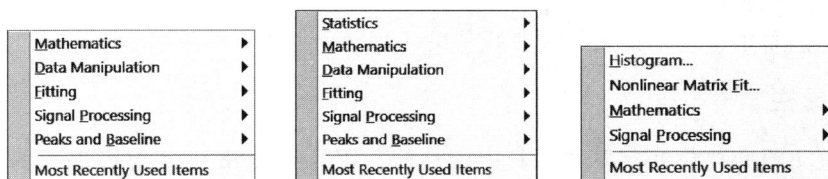

图 5-11 【Analysis】菜单

自左至右分别为工作表窗口、绘图窗口、矩阵窗口激活状态下的【Analysis】菜单

• 【Statistics】菜单：这是工作表窗口所特有的菜单，用来做各种数据统计，包括描述统计、t-检验、方差分析、多元回归和存活率分析等，如图 5-12 所示。
• 【Image】菜单：这是工作表窗口和矩阵窗口所特有的菜单，包括将位图转换成灰度＋数据显示方式、调整矩阵亮度和对比度、调整显示模式等功能，如图 5-13 所示。

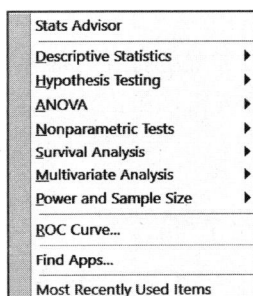

图 5-12 【Statistics】菜单

工作表窗口为当前窗口时出现

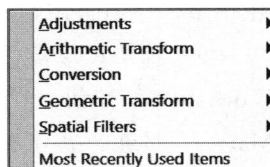

图 5-13 【Image】菜单

• 【Tools】菜单：不同激活窗口下，【Tools】菜单项略有不同，矩阵窗口激活状态下的【Tools】菜单多一项【Region of Interest Tools】，如图 5-14 所示。

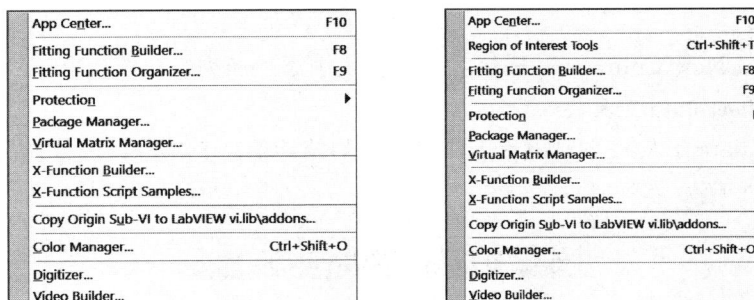

图 5-14 【Tools】菜单

自左至右分别为工作表窗口、矩阵窗口激活状态下的【Tools】菜单

• 【Preferences】菜单：偏好设置。
• 【Connectivity】菜单：可以连接 Python、R 语言或 Matlab 等控制台，可以编写 Python 代码和函数，以便使用 Origin 接口。

- 【Window】菜单：控制窗口显示，可用此菜单在各窗口间切换。
- 【Social】菜单：有关 Origin 软件试用、Origin 社区和相应社交软件，如 Facebook 网页或 YouTube 频道等。
- 【Help】菜单：用来提供各种在线帮助。

5.1.3　工具栏

多数情况下没必要打开菜单选用其中的功能，因为 Origin 已经把最常用的功能都放在工具栏里了。Origin 默认显示多种工具栏，包括 Standard（标准）、Graph（绘图）、Format（格式）、Style（风格）、Tools（工具）、2D Graphs（2 维绘图）等工具栏。接下来主要介绍最常用的工具栏及其按钮。

（1）Standard 工具栏

Standard 工具栏如图 5-15 所示。

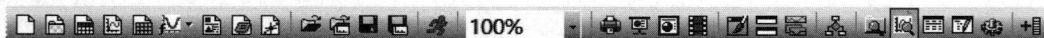
图 5-15　Standard 工具栏

自左至右分为几部分。第一部分是新建按钮，第二部分是打开、保存文件按钮，第三部分是图形展示与输出按钮，第四部分是 Windows 常用按钮，第五部分是项目管理器按钮。Standard 工具栏按钮很多，但最常用的有如下几个：

- （New Project）按钮：建立新项目。
- （New Worksheet）按钮：在项目中新增一个工作表。
- （New Matrix）按钮：新建矩阵项目。
- （Open）按钮：打开一个项目。
- （Open Template）按钮：打开一个模板。
- （Save Project）按钮：保存项目文件。
- （Save Template）按钮：保存模板文件。
- （Refresh）按钮：有时做删除操作时，图形上会留下一些痕迹，可用此按钮刷新图形。
- （Add New Columns）按钮：在工作表中添加新列。

（2）Worksheet data 工具栏

Worksheet data 工具栏主要用于工作表中列的统计信息、排序、设置列值和随机数等操作，如图 5-16 所示。

图 5-16　Worksheet data 工具栏

（3）Column 工具栏

Column 工具栏是针对工作表的数据进行列操作。选中工作表中的数据列，该工具栏将被激活，如图 5-17 所示。

- （Add Sparkline）按钮：所选列添加迷你图。
- （Set as X）按钮：将所选列设置为"X"列。

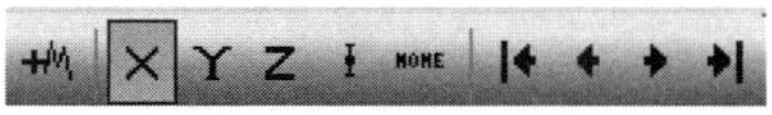

图 5-17　Column 工具栏

- ![Y](Set as Y) 按钮：将所选列设置为 "Y" 列。
- ![Z](Set as Z) 按钮：将所选列设置为 "Z" 列。
- ![I](Set as Y Error Bars) 按钮：添加 "Y" 列误差棒。
- ![NONE](Set as Disregard) 按钮：作图时忽略被设置列。
- Move to First 按钮：所选列移动到第一列。
- Move Left 按钮：所选列向左移动。
- Move Right 按钮：所选列向右移动。
- Move to Last 按钮：所选列移动到最后一列。

（4）Arrow 工具栏

在数据图上采用箭头标注的方式可以突显某个或者某几个数据点。Origin 绘图中添加的箭头可以通过箭头工具栏进行设置。当然使用箭头工具栏只能进行简单的设置，更多复杂的设置可以通过双击箭头，在弹出的对话框中进行设置。箭头工具栏如图 5-18 所示。

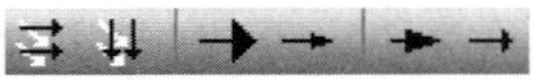

图 5-18　箭头工具栏

- Horizontal Alignment 按钮：使得添加的直线/箭头变水平。
- Vertical Alignment 按钮：使得添加的直线/箭头变垂直。
- Widen Head 按钮：每单击一下该按钮，箭头就变大。
- Narrow Head 按钮：每单击一下该按钮，箭头就变小。
- Lengthen Head 按钮：每单击一下该按钮，箭头就变长。
- Shorten Head 按钮：每单击一下该按钮，箭头就变短。

（5）Edit 工具栏

Edit 工具栏用于剪切、复制和粘贴。Edit 工具栏如图 5-19 所示。

图 5-19　Edit 工具栏

（6）Import 工具栏

Import 工具栏用于数据的导入，如图 5-20 所示。

图 5-20　Import 工具栏

（7）Format 工具栏

Format 工具栏较为常用，用来设置图中的字体、字号、字形、上标、下标、上下标、希腊字符等。Format 工具栏如图 5-21 所示。

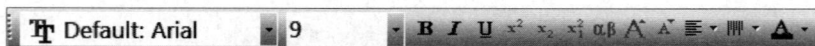
图 5-21　Format 工具栏

（8）Style 工具栏

Style 工具栏用来编辑线条、箭头、方框、椭圆、多边形等线条颜色、类型和粗细，还可用来改变方框、椭圆、多边形的网格线和背景颜色等。Style 工具栏如图 5-22 所示。

图 5-22　Style 工具栏

（9）Tools 工具栏

Tools 工具栏也是一个常用工具栏，主要用于数据的选取、区域选择和线条工具等，如图 5-23 所示。

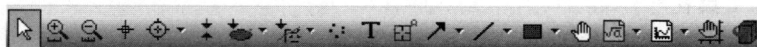
图 5-23　Tools 工具栏

Tools 工具栏常用按钮有如下几个：

- ⬚（Pointer）按钮：鼠标指针按钮，这是 Origin 默认的状态。
- ⬚（Screen Reader）按钮：读取屏幕上任意一点的坐标。
- ⬚（Data Selector）按钮：选取特定数据点。
- T（Text Tool）按钮：在图中增加文字说明，这是最为常用的工具之一。
- ⬚（Data Reader）按钮：读取某数据点的坐标。 
- ⬚（Arrow Tool）按钮：在图中绘制箭头。 
- ⬚（Line Tool）按钮：在图中画直线。

默认状态下，Tools 工具栏是在窗口左边竖直排列的，这里为排版方便，将 Tools 工具栏移动成水平排列方式。和 Tools 工具栏一样，Origin 所有的工具栏都可以随意移动。

（10）Add Object to Graph 工具栏

该工具栏可以添加颜色标尺、气泡标尺和时间等，工具栏如图 5-24 所示。

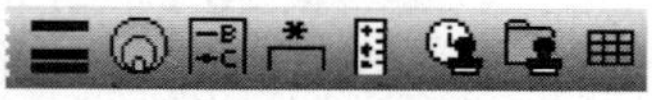

图 5-24　添加对象到绘图窗口工具栏

（11）2D Graphs 工具栏

由于大量图形都是二维的，因此 2D Graphs 工具栏是最常用的绘图工具栏，用来将工作表中选中的数据分别绘制成直线、散点、点连线、直方图、饼图等形式，如图 5-25 所示。

图 5-25　2D Graphs 工具栏

（12）3D and Contour 工具栏

该工具栏主要用于三维图和等高线图的绘制，工具栏如图 5-26 所示。

图 5-26　3D and Contour 工具栏

（13）Mask 工具栏

通常数据中有不理想或者明显错误的数据点时，可以选择屏蔽掉这些数据。屏蔽数据的工具栏如图 5-27 所示。

图 5-27　Mask 工具栏

Mask 工具栏常用按钮有：

- （Mask range）按钮：屏蔽数据点。
- （Unmask range）按钮：取消屏蔽的数据点。
- （Change mask color）按钮：改变屏蔽点的颜色。
- （Hide/Show masked points）按钮：隐藏/显示屏蔽点
- （Swap mask）按钮：屏蔽点和未屏蔽点互换。
- （Disable Masking）按钮：解除屏蔽。

（14）Graph 工具栏

单击绘图窗口，该工具栏将会被激活，如图 5-28 所示。

图 5-28　Graph 工具栏

Graph 工具栏常用按钮有：

- （Rescale）按钮：重新调整刻度。
- （Rescale X）按钮：重新调整 "X" 轴刻度。
- （Rescale Y）按钮：重新调整 "Y" 轴刻度。
- （Extract to Layers）按钮：将同一图层多条曲线拆分成多个图层。
- （Extract to Graphs）按钮：将多个图层拆分成多个独立的图形。
- （Merge）按钮：将多个独立的图形合并到一个图形中。
- （Add Inset Graph）按钮：添加空白的小坐标轴框图。
- （Add Inset Graph with Data）按钮：添加与原图数据相同的小坐标轴框图。

（15）Object Edit 工具栏

该工具栏为版面设计，可以对不同类型图片进行拼接组合，工具栏如图 5-29 所示。

图 5-29　Object Edit 工具栏

5.2 基本操作

使用 Origin，我们需要掌握一些基本操作，比如项目的保存，窗口的缩小、还原与最大化，项目管理器等操作。接下来，我们来一起学习这些基本知识与操作。

5.2.1 项目的保存与重命名

打开 Origin 后，软件就自动创建了一个项目，执行【File】/【Save Project As...】命令可以对其进行保存和重命名。

在 Origin 使用过程中，可能会遇到死机和闪退等状况，从而导致绘图数据丢失。因此，建议用户在打开 Origin 后就对项目进行保存和重命名。

5.2.2 窗口操作

Origin 有多种窗口，最基本且最常用的就是工作表窗口和绘图窗口，现以绘图窗口为例，如图 5-30 所示。

单击窗口右上角的 ▬ 按钮，工作表会最小化到 Origin 界面的左下角。单击最小化窗口上的 ▣ 按钮，该窗口会还原成原来的样子。单击窗口的 ▫ 按钮，窗口会最大化，如果要还原，只需单击 Origin 界面右上角的 ▣ 按钮。单击窗口 ✖ 按钮，弹出【Attention】对话框，如图 5-31 所示。单击【Delect】会删除该窗口，单击【Hide】会隐藏该窗口，单击【Cancel】相当于对窗口没有进行任何操作。

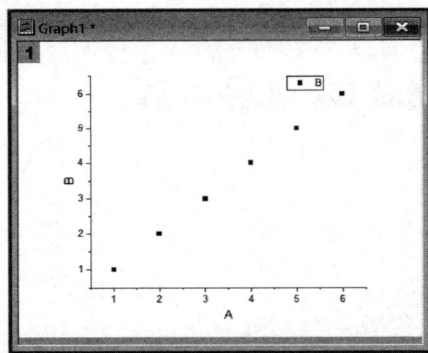

图 5-30 绘图窗口

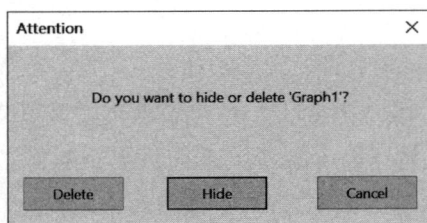

图 5-31 【Attention】对话框

5.2.3 项目管理器与文件操作

项目管理器用于组织和管理项目文件中的文件和子窗口。项目管理器默认隐藏在 Origin 窗口的最左边，单击【Project Explorer】，显示项目管理器窗口，单击空白处，项目管理器窗口将会隐藏起来。如果想要一直显示项目管理器窗口，单击 ▣ 按钮可以固定窗口，如图 5-32 所示。

项目管理器分为两部分，上面部分为项目中的文件夹列表，下面部分为相应文件夹中具体存放的子窗口。

使用项目管理器可以很好地管理论文数据。比如建立了一个名为【Paper】的项目，鼠

图 5-32　项目管理器

标右击【Paper】，单击【New Folder】可以在该项目下建立文件夹，文件夹默认名称为
【Folder1】、【Folder2】等，用户可以根据具体情况进行重命名，如第一章、第二章等。新
建文件夹后，鼠标右击文件夹，选择【New Window】下的具体窗口就可以建立对应的子窗
口了。例如选择【Worksheet】就会在该文件夹下建立一个工作表。通过该工作表绘制的数
据图和工作表在同一个文件夹中。数据图和工作表都可以根据需要进行重命名。

　　此外，上一节说到窗口可以隐藏起来，其实被隐藏的窗口可以在项目管理器中找到。相
比于没有隐藏的窗口，它在项目管理器中颜色显示比较暗，只需要双击该窗口，窗口即可正
常显示，如图 5-33 所示。

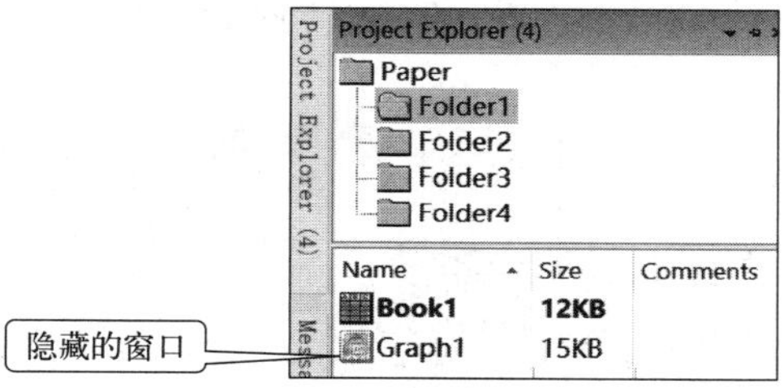

图 5-33　隐藏的绘图窗口

　　有时候想单独对某个文件夹中的数据做新的处理，但又不改变原数据，这时，只需把项
目中的文件夹粘贴到新项目里即可。具体操作如下：
　　① 在项目管理器中，选中要复制的文件夹，鼠标右击，选择【Copy】。
　　② 打开另一个项目的管理器，选择该文件夹要放置的位置，鼠标右击，选择【Paste】。
这样，文件夹中的子窗口也会粘贴到新项目中。

5.3　Workbook 表格

　　先要有数据才能作图。Origin 的 Workbook 就是这样一个存放数据的表格。

5.3.1　新建 Workbook 表格

　　当 Origin 启动后，会弹出【New Workbook】的对话框，如图 5-34 所示。
　　软件默认勾选第一个，单击 ok 按钮，会建立一个名字为【Book1】的工作表窗口。如
果想要打开 Origin 直接出现该工作表，只需要在图 5-34 中勾选【Set as Default Template】
即可。
　　工作表窗口如图 5-35 所示。

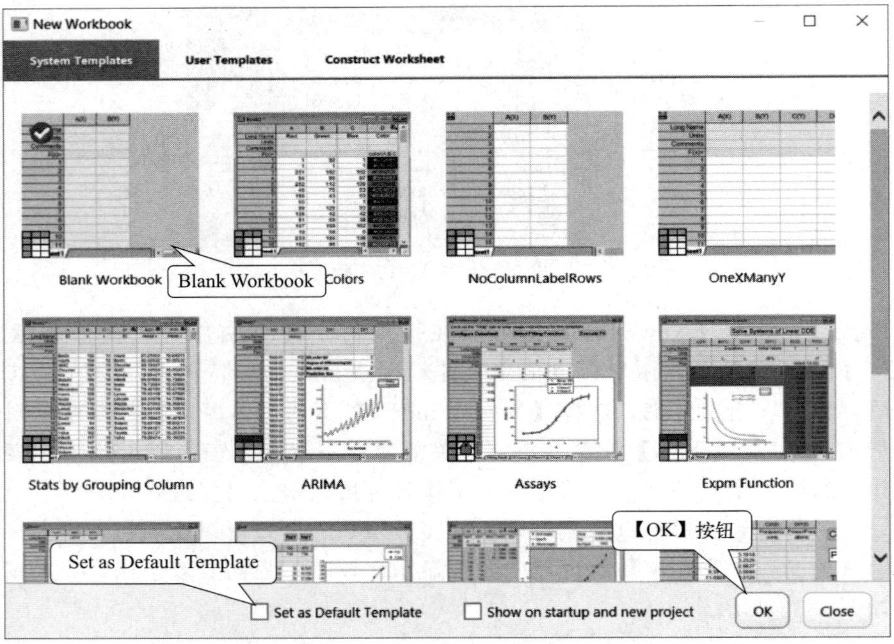

图 5-34 【New Workbook】对话框

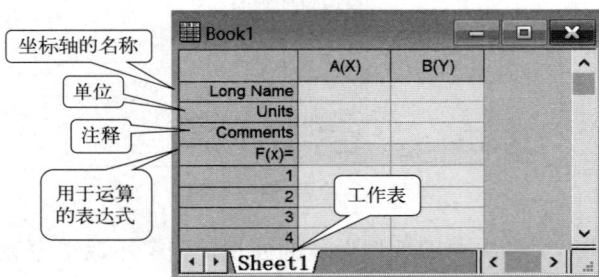

图 5-35 工作表窗口

　　一个工作簿中可以有很多个工作表，鼠标右击【Sheet1】，在弹出的页面选择【Insert】，可以在【Sheet1】左侧新建一个工作表；选择【Add】，可以在【Sheet1】右侧新建一个工作表。当工作表比较多时，将各工作表命名为易于判读的名字是很有必要的。在【Sheet1】上鼠标右击，在弹出的菜单中选择【Name and Comments...】菜单项，然后对【Name】进行重命名。

　　默认的工作表窗口分为两列：A(X)和B(Y)，分别代表自变量和因变量。工作表前4行分别为坐标轴的名称（Long Name）、单位（Units）、注释（Comments）和用于运算的表达式[F(x)]。它们对应的单元格可以双击进行书写。

5.3.2 自键盘输入数据

　　用户可以在 Workbook 窗口中直接输入数据，使用光标键、Tab 键或鼠标移动插入点，逐个输入数据。

　　某一数据输入完成后，若按回车键，则光标跳到同列的下一行。若按 Tab 键，则插入点会横向移动至下一列；若插入点已经在最后一列，则会移动到下一行。灵活运用 $\boxed{\text{Tab}}$ 键或回车键，可以快速输入数据。

5.3.3 自文件导入数据

Origin 可以从外部文件导入数据。目前联机的分析仪器越来越多，测试结果不仅可以现场在纸张上绘制图形，还可以将数据保存在磁盘上以备日后分析研究。如测试红外光谱，会得到一个波数与吸光度之间的数据文件，这些数据文件多数是以文本形式（ASCII）存放的。Origin 默认的 ASCII 数据文件扩展名为 *.DAT、*.TXT。

单击 按钮，找到数据文件所在的文件夹，单击数据文件，单击 Open 按钮即可将 ASCII 数据导入工作表中。此外也可以使用【File】/【Open】菜单命令导入数据。

Origin 不仅可以导入文本型数据文件，还可以导入 Excel、Matlab 等类型的文件，甚至可以导入声音文件（*.WAV）等。用户可以在工作表激活的状态下，单击【Data】按钮，导入数据。

5.3.4 列操作

常用的列操作有增加新列、删除列、设置列的绘图属性和排序等。

Origin 默认的工作表只有两列：A(X) 和 B(Y)。但有时我们需要处理多列数据，或者虽然导入的数据是两列，但这两列数据并不能直接使用，必须进行一些运算处理之后才能绘图。这类情况下都需要在工作表中增加新列。

【例 5-1】 增加新列。

在某列的右侧增加新列，可以单击 Standard 工具栏 按钮，也可以使用【Column】/【Add New Column】菜单命令在工作表中加入新列。或者通过如下步骤：

① 在工作表空白区域鼠标右击，弹出快捷菜单，如图 5-36 所示。

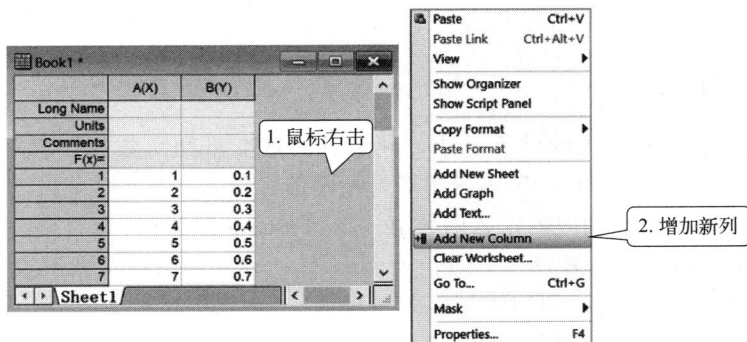

图 5-36 增加新列

② 单击【Add New Column】菜单命令，在工作表中增加新列。

在某列的左侧添加新列，需要先选中该列并鼠标右击，然后在弹出的快捷菜单中选择【Insert】。

【例 5-2】 设置列的绘图属性。

工作表中列的绘图属性有几种，如 X、Y、Z，分别表示数据绘图时的坐标轴属性。

① 在列名称上鼠标右击，弹出快捷菜单。

② 单击【Set As】菜单命令，在其右侧的子菜单中单击【Z】菜单项，这样就将该列设

置为"Z"轴数据,如图 5-37 所示。

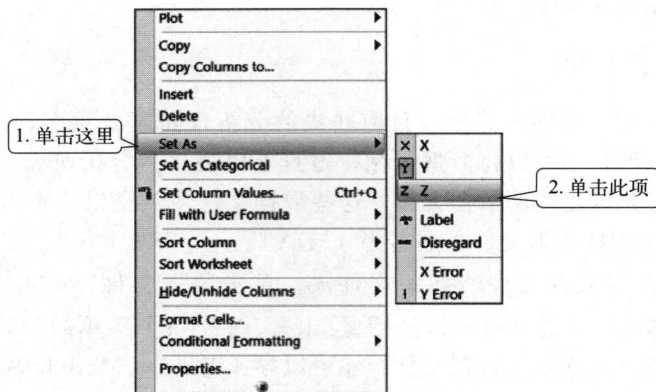

图 5-37　设置列的绘图属性

也可以使用【Column】/【Set as】/【Z】菜单命令来设定 Z 轴数据或单击【Column】工具栏上的【Z】按钮。

列的属性还有其他几种:Label(标签)、Disregard(无关列)、X Error(X 误差)和 Y Error(Y 误差)等。Origin 还可以对列或整个工作表进行排序。

【例 5-3】　排序。

① 在列名称上鼠标右击,弹出快捷菜单。

② 执行【Sort Column】/【Ascending】菜单命令,对该列进行升序排序。

若要将数据降序排列,则应执行【Sort Column】/【Descending】菜单命令。

快捷菜单中还有一个【Sort Worksheet】菜单命令,是用来排序整个工作表的,Origin 会以用户选中的那一列为主列来排序,其他各列的数据会随着主列数据相应移动。如果用户数据有许多列,则可以选用【Sort Worksheet】/【Custom】菜单命令来指定排序时各列的优先级。

5.3.5　数值计算

Origin 的工作表拥有强大的计算功能,利用其内嵌变量和函数可以计算得到数据,如要绘制正弦函数 $\sin x$ 在[0°,360°]区间的图形,绘图前必须首先得到一组"X"、"Y"数据,A(X)为角度值,B(Y)为相应的正弦函数值。如何得到这组数据呢?

【例 5-4】　从 0°到 360°,每隔 1°计算一个 $\sin x$ 值,以备后续绘图之用。

首先需要得到 A(X)这一列的数据作为角度值。从 0°到 360°总共 361 个数据。用键盘逐一输入显然不是个好方法。可以用 Origin 提供的行号变量"i"来解决这个问题。

① 在工作表 A(X)列名称上鼠标右击,选中 A(X)栏并弹出快捷菜单。

② 在快捷菜单中单击【Set Column Values】菜单项,弹出【Set Values】对话框,如图 5-38 所示。

使用【Set Values】对话框不仅可以进行简单的加、减、乘、除运算,还可以使用 Origin 的内部函数进行复杂运算。【Set Values】对话框主要由以下几部分组成:

- 菜单栏。
- Row(i):设置行范围。
- 运算表达式编辑窗口:用来编辑运算表达式。

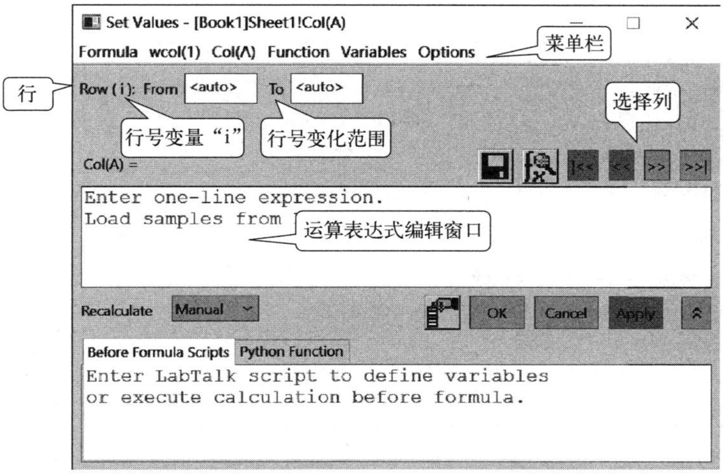

图 5-38   【Set Values】对话框

③ 在运算表达式编辑窗口输入"i-1"。注意不要把双引号输进去，下同。

这里要特别介绍 Origin 工作表的行号变量"i"。

既然和表格的行数有关，那么"i"自然是从 1 开始的正整数。其他有规律的数据可以利用"i"这个变量来构建。

表达式写成"i-1"可以确保 A(X) 列的数值从"0"开始递增。那么，总共需要填入多少行数据呢？由于包括了"0"，显然总共拥有 361 行数据。

④ 在【From】和【To】输入框中分别输入"1"和"361"，单击 Apply 按钮完成 A(X) 列的计算。

这样就在 A(X) 列填入了起始为"0"、增量为"1"、最大为"360"、总共有 361 个的角度值。

下面来计算其对应的 B(Y) 列正弦值。

⑤ 单击 >> 按钮，选到 B(Y) 列。

⑥ 在运算表达式编辑窗口输入"sin(A * 3.14/180)"，单击 OK 按钮完成 B 列运算。

至此就建立了 361 个角度-正弦值数据表，以备后续绘图之用。

计算 B(Y)列时就不必再指定行变化范围了，Origin 会自动根据 A(X)列的数量进行相应计算。

这里，sin() 函数里的大写 A 代表 A(X)列的值，A * 3.14/180 是要把 A(X)列的角度值换算成弧度，因为 sin() 函数只能以弧度为自变量进行计算。

计算表达式书写方法与编程语言一样，如乘号" * "不能省略。表达式不能使用全角括弧。如果计算报错，检查一下是不是处于全角输入状态。

常用数学函数如 sin() 可以在表达式里直接书写，复杂函数或不确定的函数，可以在【Function】菜单里面查找。

有时实验数据需要做归一化处理，即将原始数据变成[0,1]区间的数据。Origin 专门提供了数据的归一化功能。具体步骤如下。

【例 5-5】 数据的归一化。

① 将数据输入或导入工作表之后，选中数据列鼠标右击，在弹出的快捷菜单中单击

【Normalize...】菜单项,出现数据归一化对话框,如图 5-39 所示。

图 5-39 数据归一化对话框

② 选择【Normalize Methods】,即归一化的方法;选择【Output】,即数据输出的方式;最后单击 OK 按钮。

默认的 Output 设置是归一化的数据和原始数据在同一个工作表中,如图 5-40 所示。

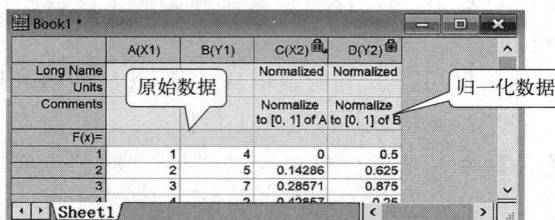

图 5-40 归一化数据

5.4 绘图基本设置

数据绘制图形是 Origin 最重要的功能。Origin 可以制作各种图形,包括直线图、散点图、向量图、直方图、饼图、区域图、极坐标图以及各种 3D 图表、统计用图表等。本节简介常用的 2D 绘图功能。

5.4.1 绘制最简单的 X-Y 图形

启动 Origin 或新建项目后,默认打开的工作表包括两列:A(X)、B(Y)。将数据按照 X、Y 坐标分别输入其中,即可绘制 X、Y 关系图。

【例 5-6】 总有机碳含量 TOC 值与吸光度(Absorbance)值之间的关系如表 5-1 所示。试以吸光度值对 TOC 作图。

表 5-1 TOC 值与吸光度值之间的关系

TOC/(mg/L)	Absorbance
11.1	0.15
12.5	0.19

TOC/(mg/L)	Absorbance
16.2	0.26
20.5	0.38
28.1	0.51
36.5	0.72

① 将表 5-1 中的数据分别输入至工作表 A 列和 B 列。

② 将 A 列的 Long Name 修改为 "TOC"；B 列的 Long Name 修改为 "Absorbance"。

③ 选中 B 列，单击窗口下方 2D Graphs 工具栏中的 ■ 按钮，弹出【Graph1】窗口，如图 5-41 所示。

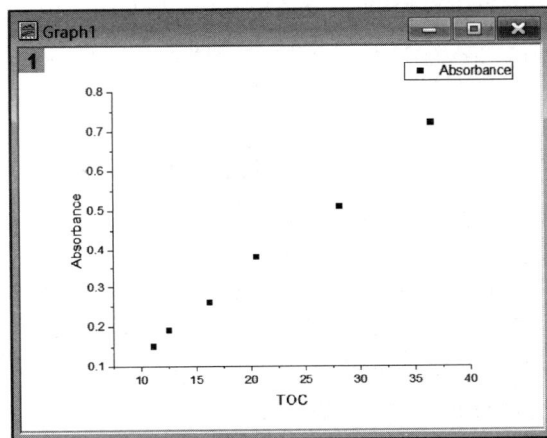

图 5-41　【Graph1】窗口

■ 按钮用来绘制散点图 (Scatter)，■ 按钮用来绘制符号连线图 (Line＋Symbol)，如果数据点十分密集，则可以采用 ╱ 按钮绘制线图 (Line)，这些按钮旁边都有下拉菜单按钮 ▼ ，单击该按钮，可以看到里面有更多类型可以选择。以上 3 种绘图方式是最为常用的，此外 2D Graphs 绘图工具栏上还有直方图、饼图等绘图按钮，可依具体情况选用。

5.4.2　定制图形

若已经绘制了散点图，后来又想改成点连线图或线图，此时不必重新绘图，只需单击 ■ 按钮或 ╱ 按钮即可更改为相应的绘图方式。此外，这些按钮旁都有下拉菜单按钮 ▼ ，单击该按钮可以选择更多种类的绘图方式。更为复杂的定制过程则需要打开【Plot Details】对话框。

首先简介一下【Plot Details-Plot Properties】对话框。

• 图层浏览器：用来在各图层中切换。本例中只有一个图层一条曲线，若项目内容比较复杂，有多层图和曲线，用图层浏览器切换就会很方便。图层浏览器是可以关闭的，在【Plot Details-Plot Properties】对话框下方有个 ▶▶ 按钮，单击之，图层浏览器会关闭，【Plot Details-Plot Properties】对话框变成缩略图，同时该按钮变成展开详图的按钮 ◀◀ ，单击这个按钮，左侧的图层浏览器又会重新出现。

• 【Plot Type】选择框：其中有几种绘图方式，分别是【Line】、【Scatter】、【Line＋Symbol】和【Column/Bar】。要更改数据的绘图方式，可在这里作出选择。

【Symbol】选项卡，用来定义符号种类、大小、边缘厚度和符号颜色。

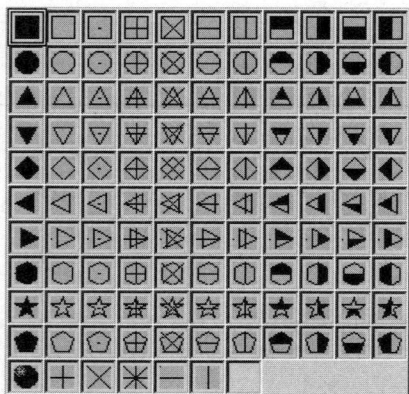

图 5-42　符号选择列表

• 符号种类：Origin 默认的符号为实心黑色方框。Origin 提供了几十种符号，分为 3 类：实心符号、空心符号和半实心符号，足够区分各种复杂曲线。单击【Preview】右侧的▼按钮，弹出符号选择列表，如图 5-42 所示。

• 【Size】下拉列表：用来设置符号的大小。

• 【Edge Thickness】下拉列表：用来设定空心符号的边缘厚度。

• 【Symbol Color】：用来设定实心符号颜色。

若选用的是空心符号，则此按钮变成【Edge Color】（边缘颜色）设置按钮，下方出现【Fill Color】（填充颜色）设置按钮，可分别设定符号边缘颜色及内部填充颜色。需要提醒用户的是，如果绘制的图形用于投影，请尽量选用与白色银幕对比强烈的深色，不要采用浅色，否则投影不清晰。

【Panel】选项卡：通常使用默认值【None】。

【Drop Lines】选项卡：自数据点向坐标轴画垂线，用来标明数据点在坐标轴上的位置，既可以设定向 Y 轴画线（【Horizontal】选项），也可以向 X 轴画线（【Vertical】选项），垂线的类型、宽度、颜色都可以在这里设定。

【Label】选项卡：可对数据点的标签进行设置。

• Workbook 按钮：单击这个按钮，将关闭【Plot Details-Plot Properties】对话框，同时打开与该图相关的工作表。

• Apply 按钮：单击这个按钮，对绘图细节所作的修改会生效。

用不同的方式绘图，其【Plot Details-Plot Properties】对话框也会有所不同。与【Scatter】作图方式相比，如用【Line＋Symbol】方式作图，会增加一个【Line】选项卡，用来设置线的连接方式、样式、线宽和颜色等，如图 5-43 所示。

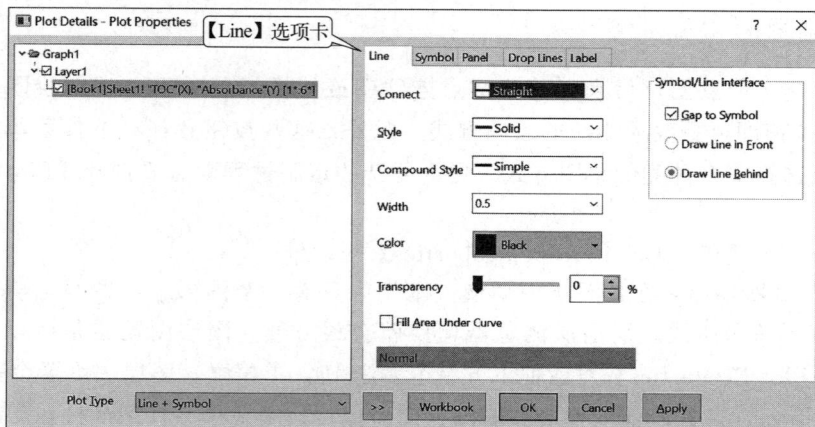

图 5-43　【Plot Details-Plot Properties】对话框中的【Line】选项卡

【例 5-7】 定制图形。

① 双击图上任何一个数据点符号，弹出【Plot Details-Plot Properties】对话框，如图 5-44 所示。

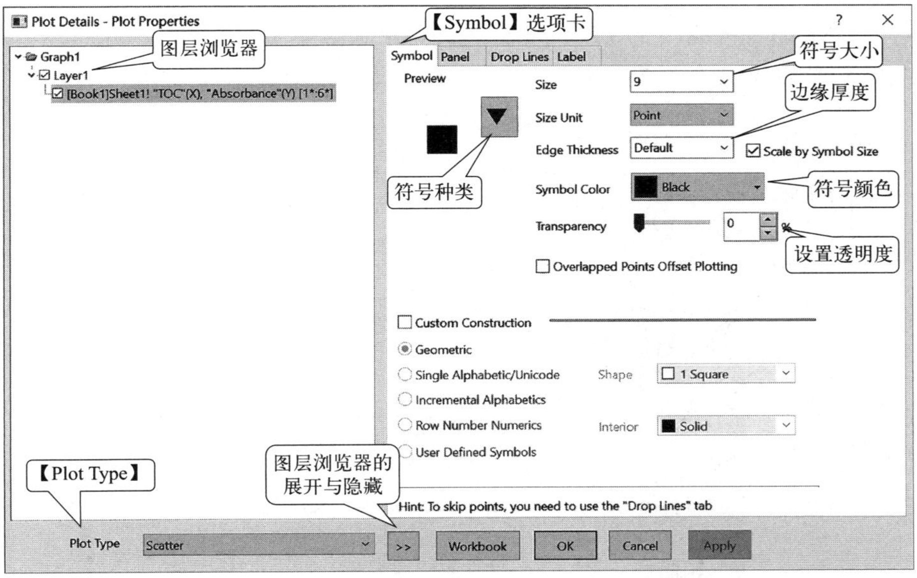

图 5-44 【Plot Details-Plot Properties】对话框

② 选择【Plot Type】为"Line＋Symbol"。

③ 单击【Symbol】选项卡，选择符号种类为空心圆，符号大小为"15"，边缘厚度为"40"，边缘颜色为蓝色。

④ 单击 OK 按钮，完成图形定制。定制后的图形如图 5-45 所示。

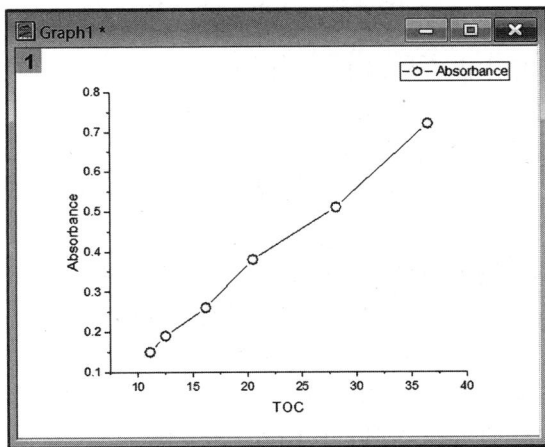

图 5-45 定制后的图形

5.4.3 定制坐标轴

图形定制好了，现在来定制坐标轴。

【例 5-8】 定制坐标轴。

① 双击坐标轴的说明，可以对坐标轴文本说明进行修改。例如双击【TOC】，出现一个小型文本编辑框，将"TOC"改为"TOC/（mg/L）"。在【Format】工具栏中选择字号为 28 号。

② 单击【Absorbance】，在【Format】工具栏中选择字号为 28 号。

③ 双击 X 坐标轴，弹出【X Axis-Layer 1】对话框，如图 5-46 所示。

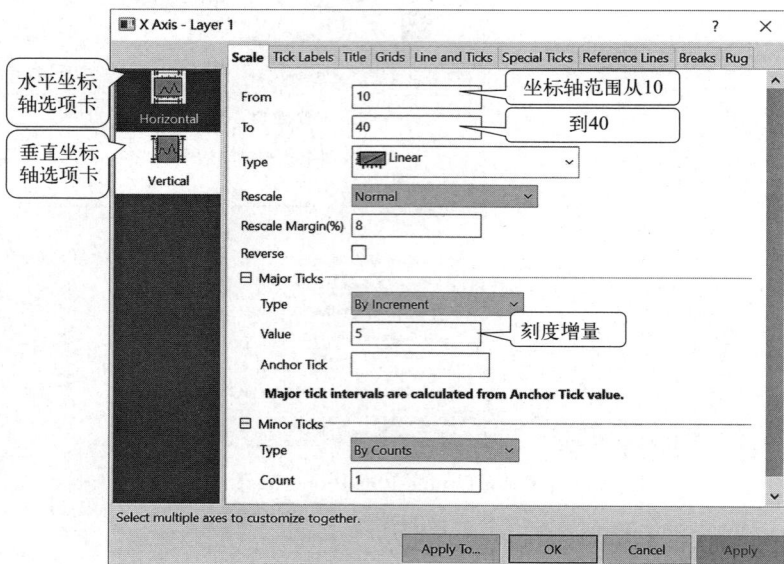

图 5-46　【X Axis-Layer 1】对话框

这里有 9 个选项卡。常用的有【Scale】、【Tick Labels】、【Title】和【Line and Ticks】，这里将重点讲解这 4 个选项卡。【Breaks】选项卡是用来定制带有间断坐标轴的，偶尔也会用到。首先介绍【Scale】选项卡。

a.【Scale】选项卡：用来确定坐标轴及数值范围。

• 坐标轴选项卡：在窗口左侧，用来选择 Horizontal（水平）坐标轴或 Vertical（垂直）坐标轴，即通常的 X 轴或 Y 轴。

•【From】输入框：用来输入坐标轴起点值，对 X 轴来说是最左侧的值，对 Y 轴来说是最下方的值。

•【To】输入框：用来输入坐标轴终点值，对 X 轴来说是最右侧的值，对 Y 轴来说是最上方的值。通常【From】小于【To】，但有时也可以大于【To】。

•【Type】选项：用来设定坐标类型。常用类型为线性（Linear）坐标，这是 Origin 默认的坐标类型。对数坐标包括以 10 为底（log10）、以 2 为底（log2）的对数坐标及自然对数坐标（ln）等，也是常见的坐标类型。【Probability】类型是高斯累积分布反向表示，以百分比表示，所有数值必须在 [0,100] 区间，刻度范围为 [0.001,99.999]。【Probit】和【Probability】类似，但刻度是线性的，递增单位为标准差。【Reciprocal】为倒数坐标，即 $X'=1/X$。【Offset Reciprocal】为补偿倒数坐标，其变换公式为 $X'=1/(X+273.15)$，用来将摄氏度转成热力学温度再转换为倒数，这在热力学常用。

•【Rescale】选项：使用放大镜放大图形后，坐标刻度如何改变需要在这里进行设置。

选择【Normal】会重新标定刻度，选择【Auto】会根据情况自动重新标定刻度，选择【Fix From】或【Fix To】会固定坐标起点或终点。

　　•【Value】选项：设置坐标轴刻度增量的大小。

　　b.【Tick Labels】选项卡用来设置坐标轴刻度标签，如图 5-47 所示。

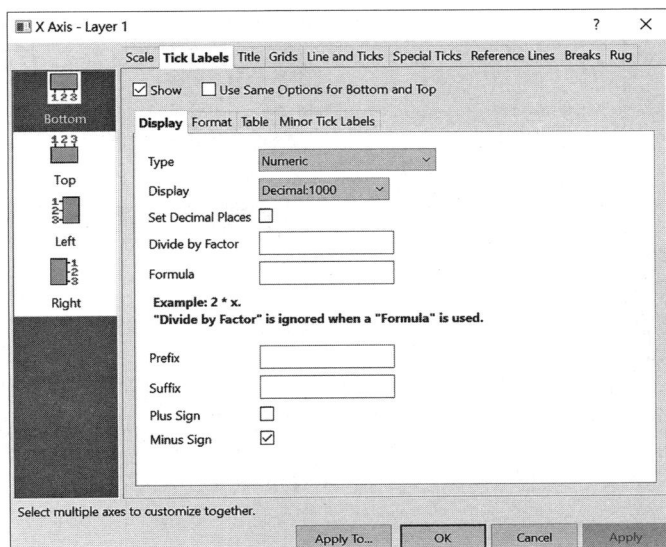

图 5-47　【Tick Labels】对话框

　　【Tick Labels】选项卡有 4 个子选项卡，现在一一介绍常用的设置。先介绍【Display】子选项卡。

　　•【Type】下拉列表：默认主刻度标签为【Numeric】（数字）标签，通常不必更改。其他形式如【Text from data set】、【Time】、【Date】等，在化学化工数据处理中使用不多。

　　•【Display】下拉列表：选择坐标轴数值的表示方式，分别是【Decimal：1000】、【Scientific：1E3】/【Engineering：1k】等，默认选项为【Decimal：1000】，如果数量级跨度较大，可以选用科学记数法【Scientific：1E3】。

　　【Format】子选项卡主要设置坐标轴数值的样式。

　　•【Color】下拉列表：用来设置坐标轴刻度标签的颜色。

　　•【Font】下拉列表：用来设置坐标轴刻度标签的字体。

　　•【Bold】复选框：用来将坐标轴刻度标签设置为粗体。

　　•【Rotate(deg)】：设置坐标轴刻度标签旋转角度。

　　•【Position】：设置坐标轴刻度标签的位置。

　　【Table】子选项卡主要用于创建表格，坐标轴刻度标签以表格形式显示。这个功能不常用。

　　【Minor Tick Labels】子选项卡主要进行副刻度标签显示设置。

　　c. 接下来看【Title】选项卡，该选项卡主要设置坐标轴的说明格式等，如图 5-48 所示。

　　•【Show】：将复选框√去掉，坐标轴的说明会被隐藏，如果要再次显示，勾选上即可。

　　•【Use Same Optations for Bottom and Top】：勾选此复选框，绘图页面上边框将显示

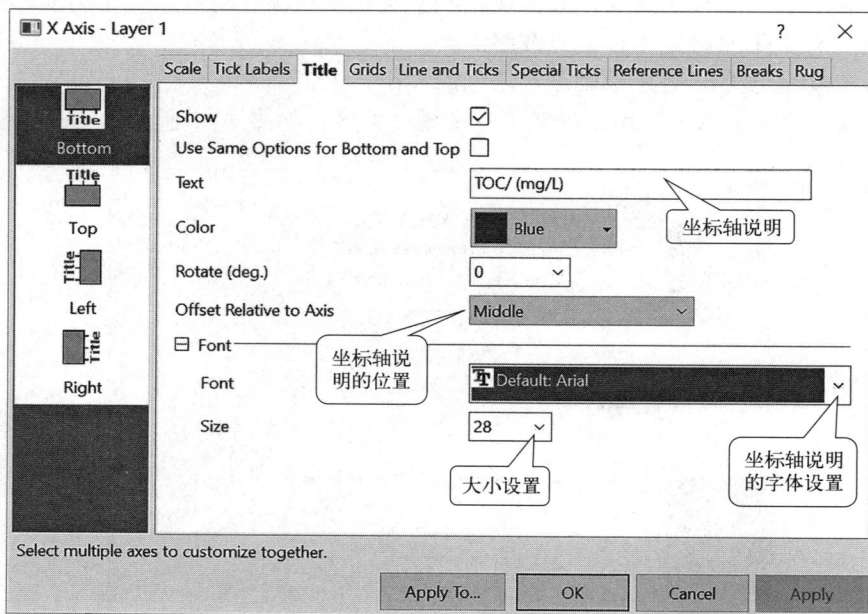

图 5-48　【Title】选项卡

和下坐标轴一样的说明。

- 【Text】：坐标轴的说明内容，这里可以修改。
- 【Color】：坐标轴说明的字体颜色设置。
- 【Rotate(deg.)】：坐标轴说明的旋转角度设置。
- 【Offset Relative to Axis】：坐标轴说明的位置设置。
- 【Font】：坐标轴说明的字体类型设置。
- 【Size】：坐标轴说明的字体大小设置。

d. 【Line and Ticks】选项卡主要用于坐标轴和轴上刻度的格式设置，如图 5-49 所示。

【Line and Ticks】选项卡主要涉及三部分的设置，坐标轴线的设置，包括坐标轴线的颜色（Color）、粗细（Thickness）等设置；坐标轴主刻度线和副刻度线的设置，包括刻度线的类型（Style）、长度（Length）、颜色（Color）、粗细（Thickness）等的设置，其中刻度线的类型有 4 种，单击∨符号可选择类型，如图 5-50 所示。

简介【Scale】、【Tick Labels】和【Line and Ticks】选项卡之后，下面继续【例 5-8】坐标轴的设定步骤。

④ 在【Scale】选项卡中设置 X 轴坐标范围为［10,40］，增量为"10"。选择【Vertical】项，设置 Y 轴坐标范围为［0.1,0.75］，增量为"0.2"。单击 Apply 按钮完成【Scale】选项卡的设置。

⑤ 单击【Tick Labels】选项卡，单击【Format】子选项卡，单击【Bottom】选项，在【Size】的下拉菜单中选择 24，【Bold】的复选框勾选上。用同样的方法设置【Right】项。分别设定 X 轴和 Y 轴主标签字体为【Bold】，【Point】为 24。单击 Apply 按钮完成【Tick Labels】选项卡设置。

⑥ 单击【Line and Ticks】选项卡，单击【Top】项，选中【Show Line and Ticks】复选框，分别在【Major Ticks】、【Minor Tick】中的【Style】下拉列表中选择【None】选项

（显示 Top 轴，但不显示主、副刻度）。用同样方法处理【Right】项。单击 Apply 按钮完成
【Line and Ticks】选项卡的设置。

图 5-49 【Line and Ticks】选项卡

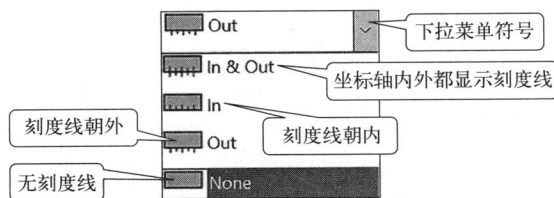

图 5-50 刻度的类型

⑦ 单击 OK 按钮完成坐标轴的定制。定制完成后的图形如图 5-51 所示。

5.4.4 添加文本、箭头等注释

图形复杂时，就需要在图上添加文字说明，或用箭头、直线等进行标注。

单击【Tools】工具栏上的文本工具 T 按钮，移动鼠标到图中，在需要插入注释的地方
单击鼠标，出现一个文本编辑框，鼠标变成插入符的样子，同时激活【Format】工具条。

未使用文本工具时，【Format】工具条上的按钮都是灰色的，显示不可用。【Format】
工具条激活后就可以用这些编辑按钮进行文字编辑了，如选择字体、字号、颜色、粗体、斜
体、下划线、上标、下标、上下标以及希腊字符等，如图 5-52 所示。

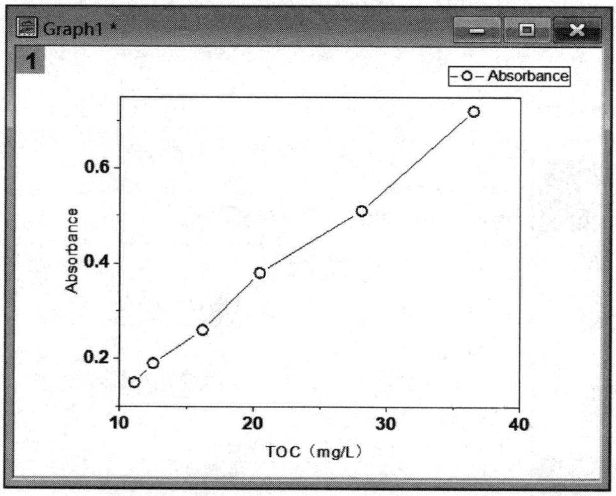

图 5-51　定制坐标轴后的图形

图 5-52　激活后的【Format】工具条

单击 **αβ** 按钮会将英文键盘变成希腊字符键盘，也就是说按键 "abc" 会变成 "αβχ"，以此类推。

若需要输入其他特殊字符，可在文字编辑框内鼠标右击，在快捷菜单中选择【Symbol Map】菜单项，弹出【Symbol Map】窗口，如图 5-53 所示。

用户可在【Font】下拉列表中选择字体，Windows 提供的各种字体都列在其中。

除了直接在图形窗口中编辑文字，也可以在文本框上鼠标右击，选择快捷菜单中的【Properties...】菜单项，会弹出【Text Object-Text】窗口，如图 5-54 所示。

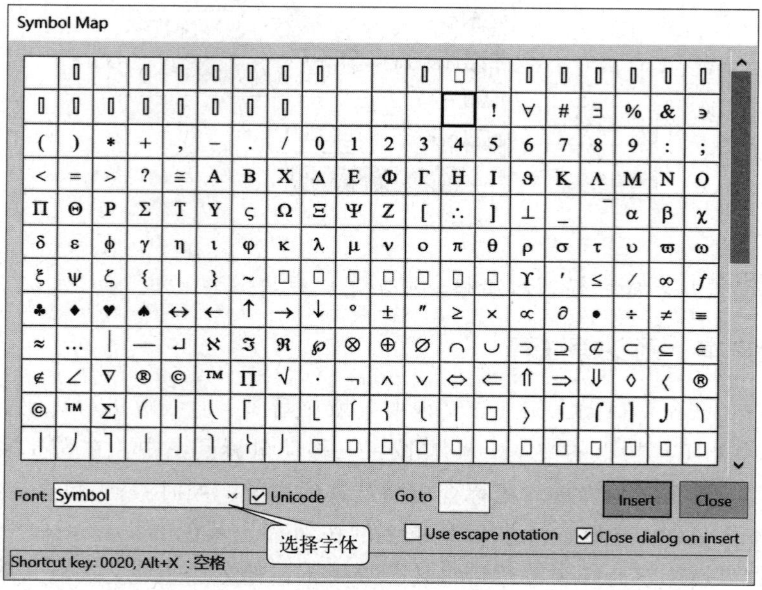

图 5-53　【Symbol Map】窗口

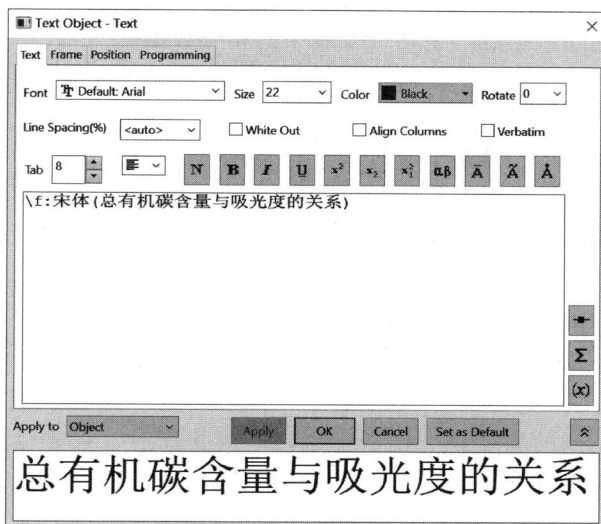

图 5-54　【Text Object-Text】窗口

此外，在【Text Object-Text】窗口中的【Frame】选项卡中可以设置文本框格式。

若要画箭头，可以使用【Tools】工具栏上的 按钮。

若要画直线，可以使用【Tools】工具栏上的 按钮。

5.4.5　读取图上数据

【Tool】工具栏上有两个按钮可以用来读取图上的数据。一个是 按钮（Screen Reader），另一个是 按钮（Data Reader）。顾名思义，前者可以读取图形窗口上任意点的坐标值，后者只能读取数据点的坐标值。

5.4.6　数据屏蔽和移除

数据分析与拟合过程中，有时需要剔除不合理的数据，这需要用到 Mask（屏蔽）功能。被屏蔽的可以是单个数据，也可以是一个数据范围。被屏蔽的数据可以用不同颜色显示，也可以将它们隐藏起来不显示。

绘图窗口中，以 Scatter 或 Line＋Symbol 形式绘图时才能使用屏蔽数据功能。

在工作表中选中要屏蔽数据点的 Y 轴数据， 按钮被激活，单击 按钮，被屏蔽的数据在工作表窗口和图像窗口都默认显示红色。这时 按钮和 按钮也被激活，单击 按钮，可以对屏蔽的数据换颜色，每单击一下，会换一种颜色。若要取消屏蔽，单击 按钮即可。

被屏蔽的数据在数据图上仍会显示，只是和其他数据颜色不一样而已，如果要隐藏屏蔽的数据点，在图形窗口内单击， 和 按钮被激活，单击 按钮，屏蔽的数据隐藏起来，再单击该按钮，显示屏蔽的数据。单击 按钮，屏蔽点和未屏蔽点交换。

若要解除屏蔽，单击 按钮。

若要移除某数据，可以选用【Data】/【Remove Bad Data Points】菜单命令，此时鼠标变成 ，选中绘图窗口数据点之后，按回车键即可将数据点删除。

屏蔽数据与移除数据是有区别的，前者仅仅标示出不参加处理的数据点，但数据依然存在。后者则从根本上删除数据点，包括工作表中的相应数据。

5.4.7　保存项目文件和模板

Origin 的工作表、图形、分析结果等的集合叫作项目（Project），保存 Origin 文件通常就是保存项目。第一次保存时需要指定项目文件名（扩展名为 ＊.opju 或者 ＊.opi），需要使用【File】/【Save Project As】菜单命令。默认的项目文件名为"UNTITLED.opju"，可以根据需要进行修改。有了项目文件名之后再保存，可以使用【File】/【Save Project】菜单命令，或直接单击标准工具栏上的 ■ 按钮。

用户可在 D 盘上建立"MyOrigin"文件夹，并将本节前面所做的项目文件以"TOC.opju"为名保存。

Origin 还可以将定制的图形存为模板。这样下次绘图时，只需输入不同数据即可。使用模板可以大大提高工作效率，同时也能保证图形的一致性。因此花点时间精心定制常用图形，是非常值得的。

Origin 模板的扩展名为"OTPU"，也可以选择为"OPT"。初次将图形存为模板，可以使用【File】/【Save Template As...】菜单命令，在弹出的对话框中可以设置模板名称、类型和存放的位置等，如图 5-55 所示。

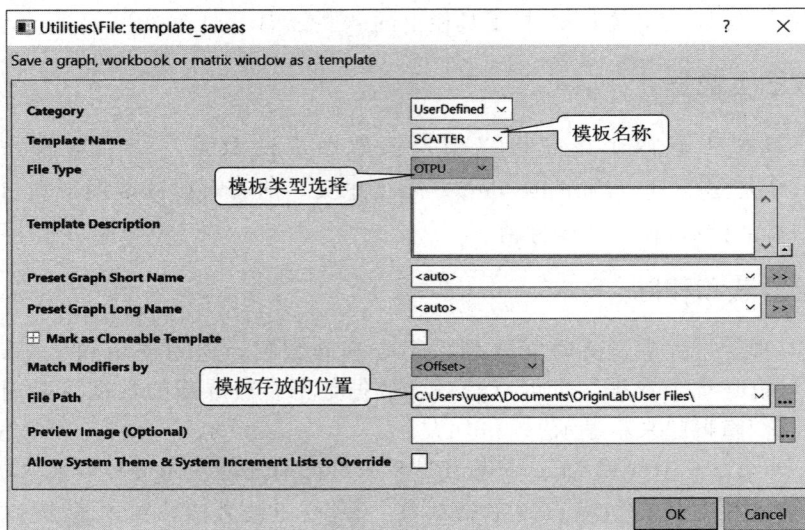

图 5-55　模板保存设置页面

用户可以对模板进行重命名和设置新的保存位置，这样下次使用模板的时候，能很快地在文件夹中选择合适的模板绘图。

用户可将本节前面定制的图形以"TOC.otpu"为名存入"D:\MyOrigin"文件夹中，以便下一节的操作。

5.4.8　使用模板绘图

Origin 绘图都是基于模板的，实际上前面已经用到模板了，如绘制线图、散点图和点连线图等，这些常用模板做成按钮放在了 2D Graphs 工具栏上。若需要使用不常见的绘图模板，或者使用自己保存的绘图模板，则需要使用 2D Graphs 工具栏最右端的 Template Library 按钮。

【例 5-9】 自定义模板绘图。

① 建立新项目，在工作表中输入一组数据。

② 单击 B 列名称，选中之。

③ 单击 ![按钮] 按钮，弹出【Template Library】窗口，如图 5-56 所示。

图 5-56 【Template Library】窗口

④ 在自定义模板中选中【TOC】模板。

⑤ 单击 Plot 按钮完成绘图。

⑥ 单击 Close 按钮，关闭【Template Library】窗口。

因此，使用自定义模板来绘图是非常快捷的。

5.5 总结

数据处理是化学化工工作者需要面临的重要问题。本章简介了 Origin 2021 版的基本功能和用法，用户需要熟练掌握才能快速处理数据并在此基础上独立学习更复杂的操作。

习题

5-1. 计算并绘制一个周期的余弦函数图形。从 0 到 360° 每隔 1° 计算一个值。

5-2. 继续上题。定制坐标值，将 X 轴移动到 Y 轴的零点处。

5-3. 依照表 4-1 数据绘制 1,2-二氯乙烷内旋转势能图。

5-4. 秸秆是一种生物质燃料，可再生。其热解产生三种物质：气体、碳粉和燃料油。不同温度下热解试验得到如表 5-2 所示数据。试绘制三种秸秆热分解产率与温度的关系图。

表 5-2 气体、碳粉、燃料油在不同温度下的产率数据

温度/℃	气体/%	碳粉/%	燃料油/%
420	12	32	56
450	14	25	61
480	20	24	57
510	24	19	57
540	31	17	52

5-5. 纳米二氧化钛是一种很好的光催化材料。但白色的二氧化钛只能被紫外光激发，而太阳光谱主要集中在可见光波段，紫外成分较少。为拓展纳米二氧化钛的光响应范围，提高太阳光的利用效率，现通过共掺杂的方法制备了红色二氧化钛。白色和红色二氧化钛的紫外-可见光谱如图 5-57 所示。试绘制此图。

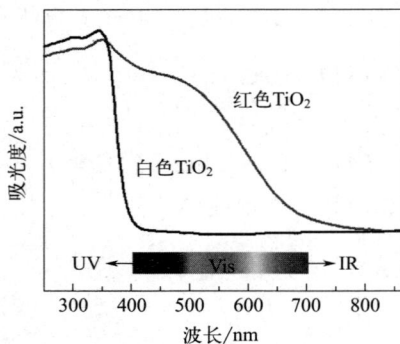

图 5-57 白色和红色二氧化钛的紫外-可见光谱

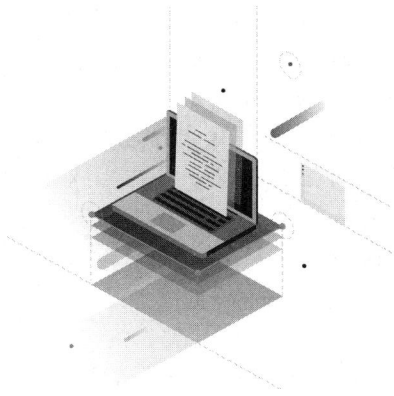

第**6**章

Origin计算与绘图实例

学习软件应用，最好的办法就是做实例练习。通过实例练习能够快速掌握 Origin 的计算和绘图功能。本章通过大量实例和习题供大家练习和掌握这些技能。

6.1 概述

Origin 不仅可以进行数据的计算、分析，还可以进行绘图。根据 Origin 常用功能，将本章分为五大部分进行介绍，即计算实例、常用绘图实例、数据拟合与分析、文献绘图实例和 3D 作图等。每一部分侧重点不一样，使用的功能有相同也有不同，因此并不是每一个实例都详细列出了所有操作步骤。建议读者跟着本章从头到尾学习一遍，从而达到融会贯通的效果。

6.2 计算实例

并非所有数据直接导入 Origin 就可以用来绘图。原始数据往往需要做一些处理才能绘图。有些运算较为简单，有些则需要使用函数。这一节通过实例练习来掌握 Origin 数据处理方法。

6.2.1 计算晶面间距

用已知波长的 X 射线照射未知结构的晶体，通过衍射角的测量求得晶体中各晶面的间距，从而揭示晶体的结构信息，这就是晶体结构分析。计算晶面间距所用的计算公式为布拉格方程。下面是一个典型案例。

石墨是一种层状结构物质，层与层之间距离很小，作用力很强，很难将其拆分开。具有很多优异性质的石墨烯可以理解为单层的石墨。但如何大规模拆分石墨制备石墨烯却是材料学家曾经面临的难题。

Hummers 方法是大规模制备石墨烯的有效手段。第一步是制备氧化石墨，用强氧化剂破坏石墨的共轭结构并增加其层间距，降低层间作用力，然后用超声波进行剥离得到氧化石墨烯，最后再将其还原得到石墨烯。石墨氧化前后层间距会发生明显变化，层间距可以通过 X 射线衍射测试得到。

图 6-1 石墨和氧化石墨的 X 射线衍射图

【例 6-1】 石墨经 Hummers 法氧化之后变成氧化石墨，其（002）晶面的特征 XRD 衍射峰 2θ 角由石墨的 26.0°减小到氧化石墨的 10.5°，如图 6-1 所示。试用布拉格方程分别计算两者的层间距各为多少。已知 X 射线波长 $\lambda = 0.154$nm。

布拉格方程为：

$$d = \frac{n\lambda}{2\sin\theta} \qquad (6\text{-}1)$$

式中，d 为晶面间距；λ 为 X 射线波长；θ 为衍射角度；n 为衍射级数，相邻晶面情况下 $n=1$。

分别将波长和衍射角度代入布拉格方程，计算即可得到晶面间距。当然也可以只计算题目中给出的两个衍射角度，但不妨一次性把所有可能的衍射角都计算一遍，需要时只需查这个计算表，就可以知道某个角度的衍射峰所对应的晶面间距。

【例 6-2】 2θ 从 1°到 120°，每间隔 0.1 度用布拉格方程计算一个晶面间距 d 值。

这里设置的角度范围有点宽，涵盖小角 X 射线衍射（通常 1°~10°）和广角 X 射线衍射（通常 10°~90°）范围，共计 1191 个数值，不过这点计算量对现代计算机来说很容易做到。具体步骤如下：

① 新建一个 Origin 项目。

② 在工作表中选中 A 列，鼠标右击，单击【Set Column Values...】。

③ 在弹出的【Set Values】对话框中，From 后面的输入框中输入 "1"，To 后面的输入框中输入 "1191"，公式栏的输入框中输入 "1+(i-1)*0.1"（注意只输入双引号内的表达式，不包括双引号。下同），然后单击 Apply 按钮，如图 6-2 所示。

④ 在【Set Values】对话框中，单击 >> 按钮，切换到工作表的 B 列。

⑤ 公式栏的输入框中输入 "0.154/2/sin(Col(A)*3.14/180/2)"，然后单击 OK 按钮，如图 6-3 所示。

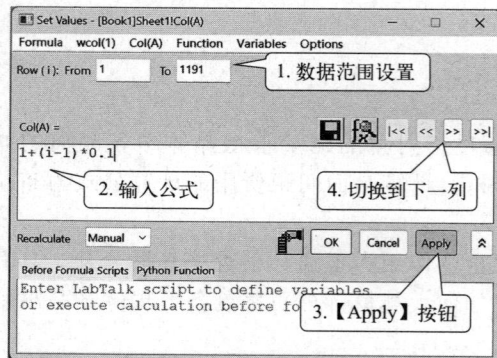

图 6-2 设置 A 列的值

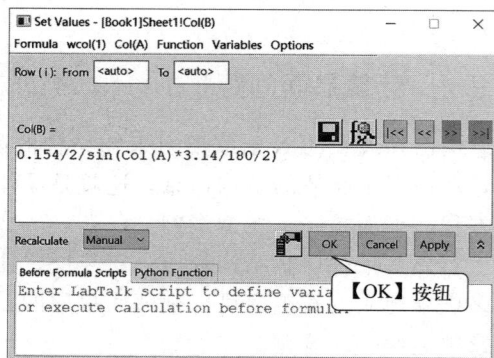

图 6-3 设置 B 列的值

需要注意的是，题目中给出的 X 射线衍射角是 2θ，但布拉格方程里用的是 θ，所以 B（Y）列计算表达式里要除以 2。

⑥ 选中工作表的 A 和 B 列，单击 2D Graphs 工具栏上的 ⬚ 按钮进行绘图。结果如图 6-4 所示。

由图可见，衍射角越小晶面间距越大，反之亦然。

晶面间距大的晶体如结晶高分子，其衍射峰出现在较小角度。晶面间距更大的超分子结构则需要用专门的小角 X 射线衍射仪进行分析。晶面间距小的晶体如金属和矿物，其衍射峰出现在较大角度。

查看一下计算结果，2θ 为 26.0° 的石墨层间距为 0.343 nm。2θ 为 10.5° 的氧化石墨

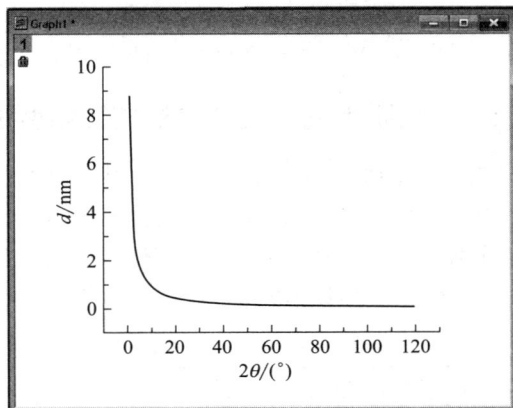

图 6-4　晶面间距与 2θ 之间的关系

层间距为 0.842nm。氧化石墨的层间距有明显增加，因此在超声波作用下很容易解离。

6.2.2　基态氢原子径向分布函数

按照量子力学的理解，电子运动是一种概率波。电子在空间中的概率分布与其到原子核的距离远近有关，即呈径向分布。基态氢原子径向分布函数表达式为

$$D(r) = \frac{4}{a_0}\left(\frac{r}{a_0}\right)^2 (e^{-\frac{r}{a_0}})^2 \tag{6-2}$$

这里 $a_0 = 52.9$pm（pm 即 10^{-12}m），是玻尔半径；r 表示电子到原子核的距离。

随着距离 r（核外半径）的增加，电子云呈现一种怎样的分布，这是我们需要解决的问题。

【例 6-3】　计算基态氢原子在 $r[0,500]$pm 区间内的径向分布函数值，并绘图。

这里要从 0pm 开始，每隔 0.1pm 计算一个分布函数 $D(r)$ 值，计算到 500pm（0.5nm），总共 5001 个数值。具体步骤如下：

① 新建一个 Origin 项目。

② 在工作表中选中 A 列，鼠标右击，单击【Set Column Values...】。

③ 在弹出的【Set Values】对话框中，【From】后面的输入框中输入"1"，【To】后面的输入框中输入"5001"，公式栏中输入"(i-1)*0.1"，然后单击 Apply 按钮。

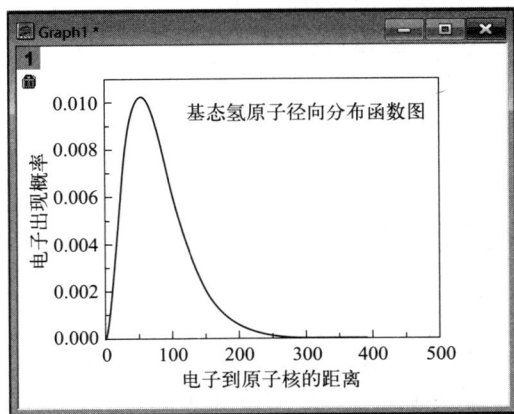

图 6-5　基态氢原子径向分布函数图

④ 在【Set Values】对话框中，单击 >> 按钮，切换到工作表的 B 列。

⑤ 在公式栏中输入"4/52.9*(Col(A)/52.9)^2*exp(-Col(A)/52.9)^2"。然后单击 OK 按钮。

⑥ 选中工作表的 A 和 B 列，单击 2D Graphs 工具栏上的 ⬚ 按钮进行绘图，然后设置坐标轴等，最终效果如图 6-5 所示。

由图可见，径向分布函数的峰值出现在玻尔半径的位置，即 52.9pm 处，这个距离上电子出现的概率最高。距离原子核比较远

的地方如 300pm 处，电子出现的概率几乎为零。距离原子核很近的地方电子出现的概率也很小，显然这里拥有很高的势垒使电子难以逾越，也就是说电子不会掉进原子核里面。

6.2.3 蒙脱土纳米复合材料抗拉强度试验

有些试验的结果波动较大。为减小试验误差，往往要做多次试验，将所有试验结果统计平均并用误差棒标明误差。这是科研中经常遇到的一种数据处理方式。

【例 6-4】 蒙脱土纳米复合材料抗拉强度试验得到五组数据。根据这些数据绘制抗拉强度与蒙脱土含量之间的关系，用误差棒标明试验误差。

表 6-1　蒙脱土纳米复合材料抗拉强度试验

蒙脱土含量（体积分数）/%	抗拉强度/MPa				
	（试验 1）	（试验 2）	（试验 3）	（试验 4）	（试验 5）
0	10	10.5	9.5	8.8	10.2
1	16	13	11	12.5	10
2	14	15.1	16.5	15.3	15.1
3	11	16	16.1	15.8	20.5
4	13	19	23	18	20
5	12.5	17.5	17.6	19.5	17
6	12	13	14	12.5	12.8

① 新建一个 Origin 项目，将表中数据输入工作表中。

② 选中 B(Y)~F(Y) 列数据。

③ 执行【Statistics】/【Descriptive Statistics】/【Statistics on Rows】命令，弹出如图 6-6 所示的对话框。

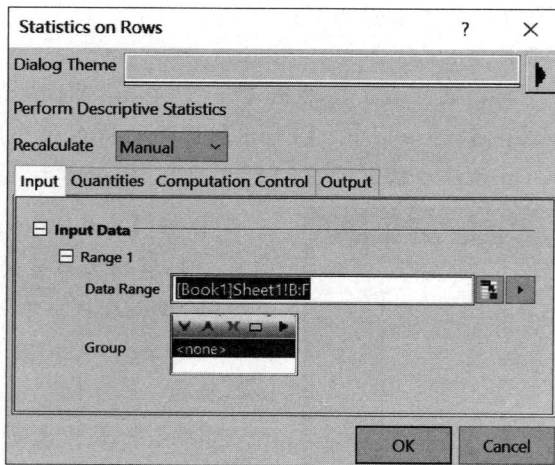

图 6-6　【Statistics on Rows】对话框

④ 单击 OK 按钮即可，因为默认计算就是统计均值和标准差。用户可以单击【Statistics on Rows】对话框中的【Quantities】选项卡查看，如果要计算其他项，可以在该选项卡中进行勾选，如图 6-7 所示。

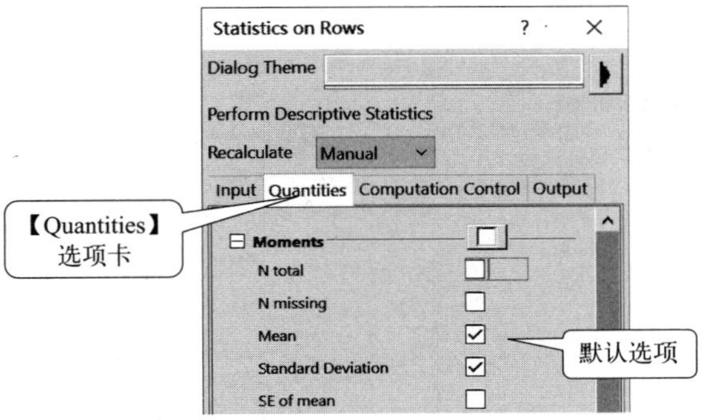

图 6-7 【Quantities】选项卡

计算结果显示在工作表中，如图 6-8 所示。

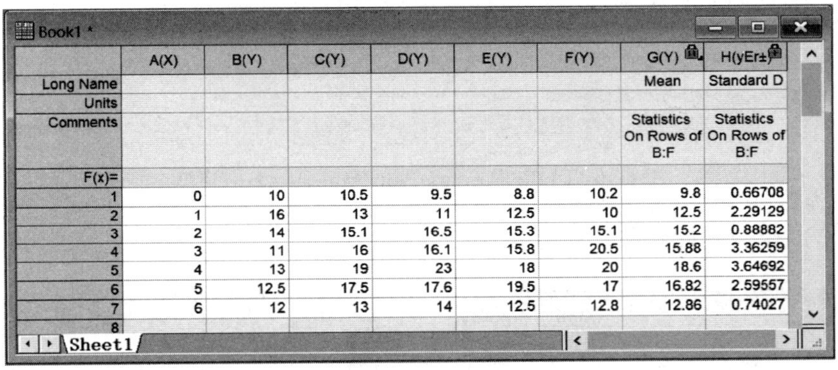

图 6-8 计算结果

⑤ 选中第一列和最后两列，单击 2D Graphs 工具栏上的 按钮进行绘图，然后设置坐标轴等，如图 6-9 所示。

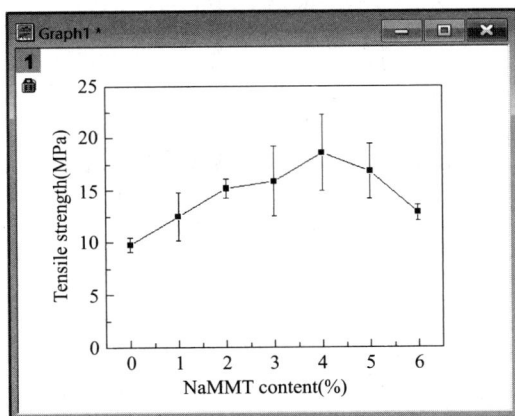

图 6-9 设置边框和坐标轴

⑥ 双击数据点，单击 ▼，弹出【Plot Details-Plot Properties】对话框，如图 6-10 所示。

⑦ 选择数据点的符号类型，在本例中我们选择 ，单击 OK 按钮。最终效果如图 6-11 所示。

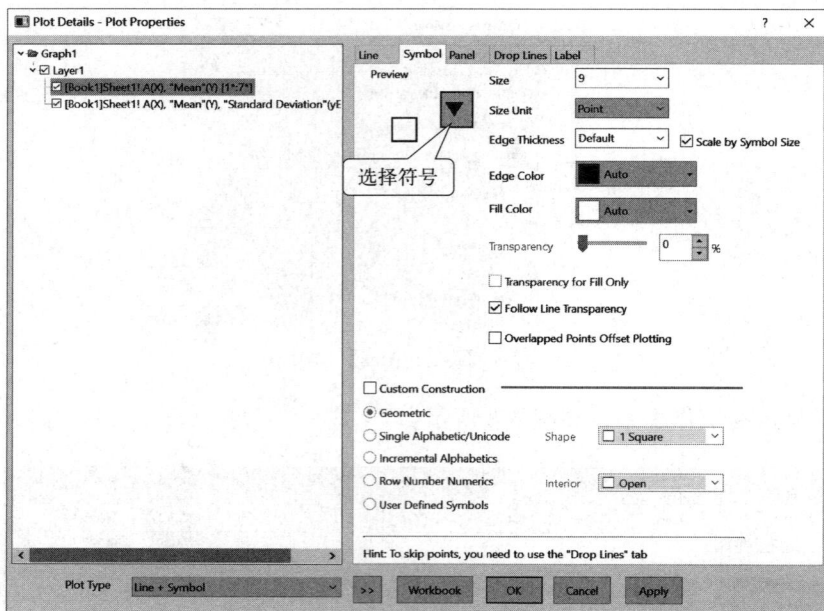

图 6-10　【Plot Details-Plot Properties】对话框

用户也可以绘制成柱状图，如图 6-12 所示。

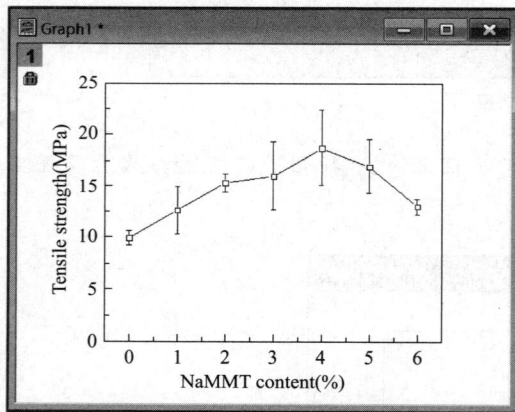

图 6-11　最终效果图

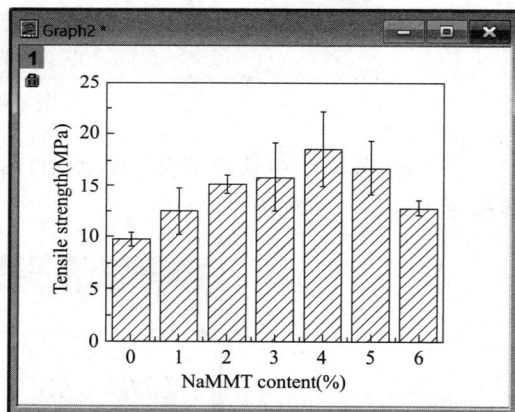

图 6-12　带有误差棒的柱状图

6.2.4　t-检验

为了判断某种分析方法、分析仪器、试剂以及某实验室或某人的操作等是否可靠，即是否存在系统误差，可以将所得样本的平均值与检验均值（标准值）作比较进行 t-检验。有关 t-检验的详细内容请参考相关书籍。

【例 6-5】　用原子吸收法测定土壤中砷含量，9 个样品的测定结果为：7.76，8.96，8.82，10.98，8.58，7.79，8.20，9.18，9.52（单位：mg/kg）。用单样本 t-检验法检验总体均值与检验均值（8.6）是否有显著差异。检验的显著性水平为"0.05"。

① 新建一个 Origin 项目。将上述数据输入工作表 A(X) 列。

② 单击 A 列名称选中此列。

③ 执行【Statistics】/【Hypothesis Testing】/【One Sample t-Test...】菜单命令，弹出【One Sample t-Test】对话框，如图 6-13 所示。

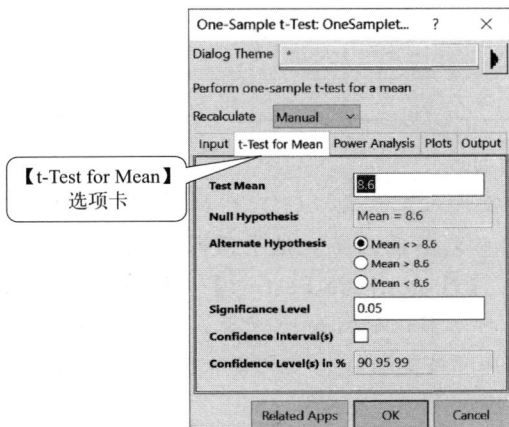

图 6-13 【One Sample t-Test】对话框

④ 单击【t-Test for Mean】选项卡，在【Text Mean】输入框中输入要检测的平均值，如"8.6"。

⑤ 在【Significance Level】输入框中输入显著性水平（[0,1]），默认值为"0.05"。

⑥ 单击 OK 按钮，计算结果出现工作表中，如图 6-14 所示。

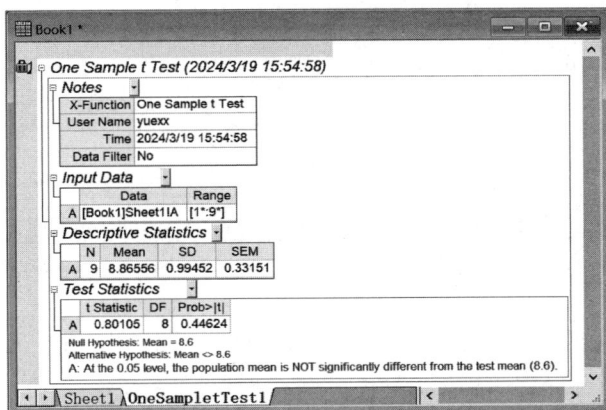

图 6-14 计算结果

单样本 t-检验法表明，在显著性水平为"0.05"时，总体均值（population mean）与检验均值（test mean）并无明显差异。

进行 t-检验时，还可以设定置信度，用来判断所选数据在给定置信度下是否存在显著性差异。

在有限次测定中，随机误差带来的差异是难以避免的，有些差异可能并不显著。在定量分析中，常发现即使同一操作者用同一方法测定由同一总体抽取的样本，所得各样本的平均值也不相等。不同实验室、不同操作者，用不同方法进行测定，样本平均值的差别也许更大。这就需要对两组数据的均值进行双样本 t-检验。

【例 6-6】 测定两种产品杂质含量，每种各测 5 次，数据如表 6-2 所示。用 t-检验判断两组数据均值是否显著差异。检验的显著性水平为 "0.05"。

表 6-2 两种产品杂质含量

测量次数	1	2	3	4	5
样品 A 含量/(mg/kg)	24	26	21	27	23
样品 B 含量/(mg/kg)	26	28	30	22	25

① 新建一个 Origin 项目。

② 将上述两组数据分别输入工作表 A(X) 列和 B(Y) 列。

③ 拖动鼠标自 A 列名称到 B 列名称，选中两列。

④ 执行【Statistics】/【Hypothesis Testing】/【Two Sample t-Test…】菜单命令，弹出【Two Sample t-Test】对话框，如图 6-15 所示。

⑤ 单击 OK 按钮，计算结果出现在工作表中，如图 6-16 所示。

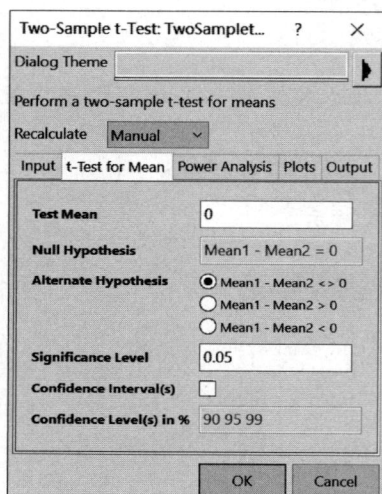

图 6-15 【Two Sample t-Test】对话框

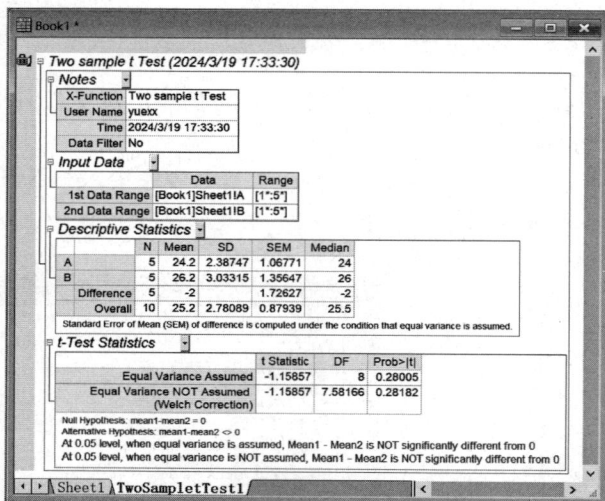

图 6-16 计算结果

检验结果表明，在显著性水平为 "0.05" 时，两个样本的均值并无明显差异。

6.3 常用绘图实例

本节将通过几个实例讲解 Origin 在化学化工领域数据处理中的具体用法。有些实例的数据量比较大。如果读者需要这些数据作为教学实例的话，可以联系作者或出版社。本节所有数据文件都默认存放在 D:\MyOrigin 文件夹中。

6.3.1 绘制红外光谱

红外光谱是最为常用的物质结构测试手段。现在的红外光谱仪多为傅里叶变换红外光谱仪（FTIR），这种仪器不仅能够测试、打印红外光谱图，还能为用户提供红外光谱的数据文件，即一组波数与吸光度数据。有了数据文件并在 Origin 中绘制出来，就可以将用户最关心的吸收区域呈现出来，也便于谱图之间进行比较和最终形成 Word 文档。

【例 6-7】 绘制 P（VDF/TrFE）共聚物的红外光谱。

① 启动 Origin。

② 单击 ▦ 按钮，弹出【ASCII】对话框，找到"D：\MyOrigin"文件夹，双击"IR.dat"数据文件，将数据导入工作表中。

数据文件"IR.dat"中有两列数据，分别是波数和吸光度。导入工作表之后，A(X) 列中是波数，B(Y) 列中是吸光度。

③ 单击 B(Y) 列名称，选中此列。

④ 单击 2D Graphs 工具栏上的 ╱ 按钮，绘制线图，如图 6-17 所示。

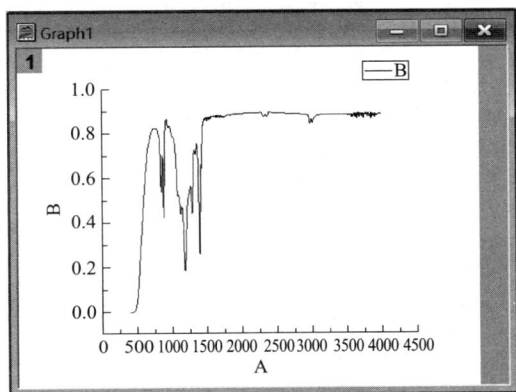

图 6-17　红外光谱图

现在这张红外光谱看起来有点奇怪，问题出在横坐标上。因为习惯上红外光谱高波数在横坐标左侧，低波数在右侧，即波数由大到小。而 Origin 默认的横坐标是由小到大，因此，要将坐标方向调过来。

⑤ 双击横坐标，弹出【X Axis-Layer 1】对话框。

⑥ 单击【Scale】选项卡，选中【Horizontal】。

⑦ 在【From】输入框中输入"4000"，在【To】输入框中输入"400"，在【Major Ticks】设置中的【Value】输入框中输入"-500"，如图 6-18 所示。

⑧ 单击 Apply 按钮，图谱横坐标轴变成红外光谱习惯的样子。

⑨ 用同样方法选中【Vertical】，将坐标轴范围改为 0～1 之间。

下面我们给图形添加上边框和右边框。

⑩ 单击【Line and Ticks】选项卡，选中【Top】轴。选中【Show Line and Ticks】复选框。

⑪【Major Ticks】和【Minor Ticks】中的【Style】均选择【None】选项。

⑫ 单击 Apply 按钮，完成上边框的设置。

⑬ 用同样方法选【Right】轴，设置右边框。

⑭ 单击 OK 按钮，完成坐标轴的设置。

下面设置 X 轴和 Y 轴的标题。

⑮ 双击横坐标说明【A】，出现编辑框，将 X 轴标题改为"波数/cm^{-1}"。

⑯ 双击纵坐标说明【B】，出现编辑框，将 Y 轴标题改为"透过率"。

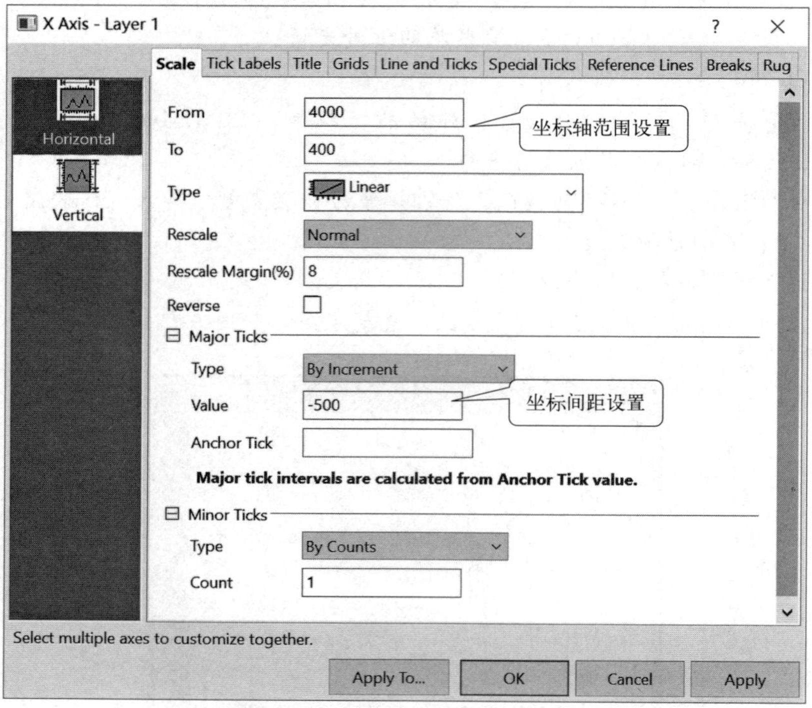

图 6-18 【X Axis-Layer 1】对话框

Origin 默认的曲线线宽为"0.5"磅，为了使图形在缩小后依然清晰，需要增加线宽。

⑰ 双击曲线上任意一点，弹出【Plot Details-Plot Properties】对话框，如图 6-19 所示。

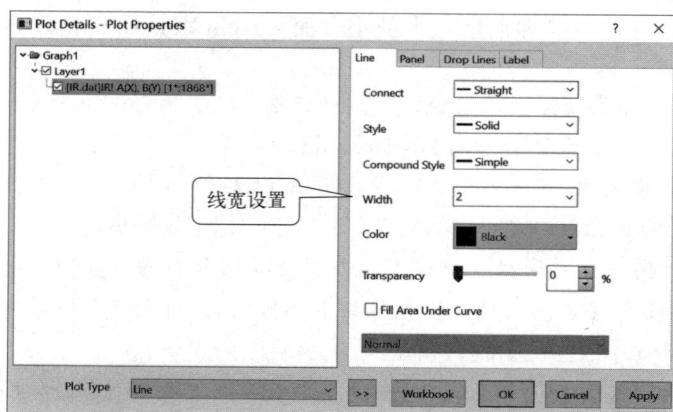

图 6-19【Plot Details-Plot Properties】对话框

⑱ 将【Width】项改为"2"。单击 OK 按钮。

⑲ 选中图例（legend）——B，单击键盘上的 Del 键。

最终的红外光谱如图 6-20 所示。

Origin 默认的坐标轴线宽为 1.5 磅，轴上的刻度字符为 18 磅，必要时可以加宽轴线和加大刻度字符。

本例中的红外光谱扫描范围比较宽，多数情况下只需观察某一特定区间的吸收峰，此时

可重新设置 X 轴范围。将 X 轴范围设为 $[1500,600]$，增量为"-200"，坐标轴刻度字符大小设为 24 磅，坐标轴说明设为 28 磅，结果如图 6-21 所示。

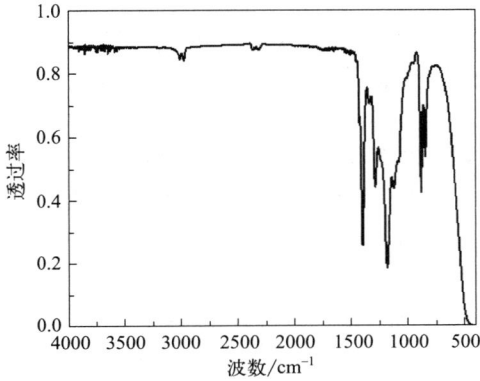

图 6-20 P(VDF/TrFE) 共聚物
最终的红外光谱图

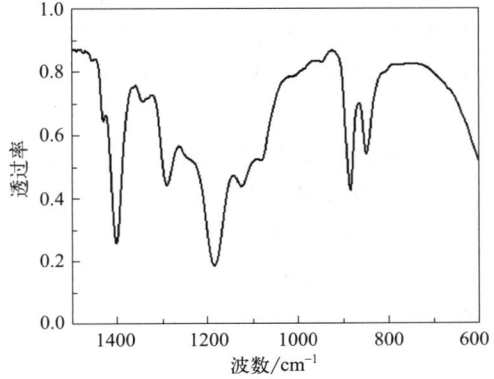

图 6-21 波数 $1500\sim600cm^{-1}$ 之间的
红外吸收光谱

将精心设置过的图形存为模板，下次再绘制红外光谱时只需套用模板即可。

⑳ 使用【File】/【Save Template As...】菜单命令，以"红外光谱.otpu"为文件名将图形存为模板。

6.3.2 X 射线衍射

X 射线衍射分析是化学化工中常用的结构分析手段，然而有些 X 射线衍射仪给出的数据仅有衍射强度一栏，但会告知衍射起始角度、终止角度和角度增量。有了这些条件就能重建衍射角度数据。假定衍射数据已经转换成了文本格式，文件名为"XRD.DAT"，衍射角度为 $10°\sim50°$，每隔 $0.1°$ 采集一个衍射强度数据。

【例 6-8】 绘制 X 射线衍射图。

① 新建一个 Origin 项目。单击 ▦ 按钮，导入 X 射线衍射数据"XRD.DAT"。

导入的数据占据 A(X)列，共有 401 个数据。下面需要在 B(Y)列中计算并填充衍射角数据。

② 在 B(Y)列标题上鼠标右击，弹出快捷菜单，执行【Set Column Values...】菜单项，弹出【Set Values】对话框，如图 6-22 所示。

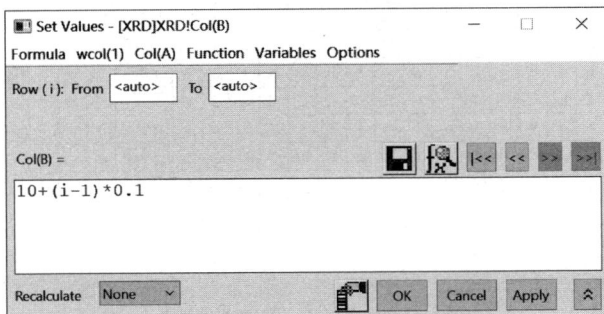

图 6-22 【Set Values】对话框

Origin 提供了一个行号变量 "i"，可以使用这个变量计算 B(Y) 列各行的数据。

③ 在【From】输入框中填入 "1"，【To】输入框中填入 "401"。

④ 在【Col(B)＝】下面的公式输入框中输入：$10＋(i-1) * 0.1$。单击 OK 按钮。

这样 B(Y) 列就填充了从 10°开始，间隔为 0.1，直到 50°的数据，共计 401 个。然而 X 射线衍射图应该以衍射角 2θ 为横坐标。现在的情况显然是不合适的，需要重新设定 X 轴和 Y 轴。

⑤ 在 A(X) 列标题上鼠标右击，弹出快捷菜单，选择【Set As】/【Y】菜单项。

⑥ 在 B(Y) 列标题上鼠标右击，弹出快捷菜单，选择【Set As】/【X】菜单项。

⑦ 单击 A(Y) 列标题选中此列，单击 2D Graphs 工具栏上的 ╱ 按钮，绘制 X 射线衍射图，结果如图 6-23 所示。

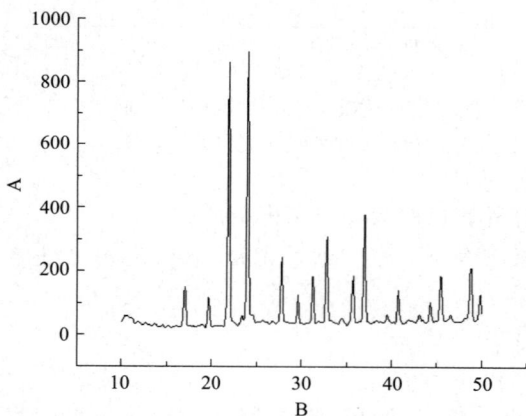

图 6-23　X 射线衍射图

⑧ 双击 Y 轴坐标，弹出【Y Axis-Layer 1】对话框，单击【Tick Labels】选项卡，选择【Left】轴，去掉【Show】前面复选框中的钩，单击 Apply 按钮；单击【Title】选项卡，选择【Left】轴，删除【Text】后面输入框中的内容，单击 Apply 按钮；单击【Line and Ticks】选项卡，选择【Left】轴，去掉【Show Line and Ticks】后面复选框中的钩，单击 OK 按钮。

⑨ 双击 x 轴坐标，【From】设置为 "10"，【To】设置为 "50"，单击 Apply 按钮；单击【Tick Labels】选项卡，选择【Bottom】轴，单击【Format】选项卡，【Size】选择 "18"，勾选【Bold】后面的复选框，单击 Apply 按钮。

⑩ 双击横坐标下方的【B】，删掉 "％（？ X）"，在输入框中先输入 "2"，然后按 Ctrl＋M 快捷键，弹出【Symbol Map】对话框，单击 "θ"，然后单击 Insert 按钮，如图 6-24 所示。

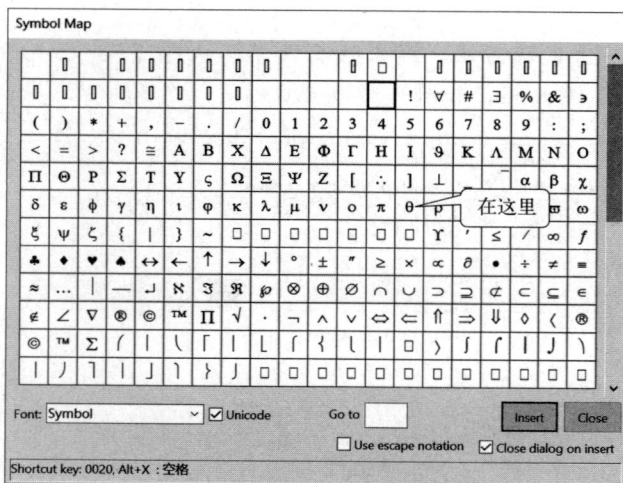

图 6-24　【Symbol Map】对话框

输入"θ"字符也可以通过【Format】工具栏上的按钮来实现。按钮按下时，键盘上的英文字符就变成相应的希腊字符了，按 Q 键即可输入"θ"。

接下来我们用【Tools】工具栏上的 **T** 工具，对图上的衍射峰进行必要的标注。

⑪ 对前四个峰分别标注为（111）、（200）、（210）、（211）。

默认情况下，用 **T** 工具标注的文字是水平方向。接下来将它们设置为竖直方向。

⑫ 单击标注，鼠标右击，单击【Properties...】，弹出【Text Object-Text】对话框，在【Rotate】选项框中选"90"，单击 OK 按钮，如图 6-25 所示。

图 6-25　【Text Object-Text】对话框

⑬ 调整标注位置并删除图注 ⸺A ，最终形成的 XRD 衍射图如图 6-26 所示。

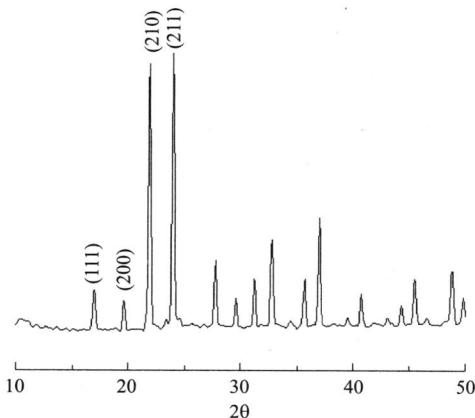

图 6-26　一种热缩材料的 X 射线衍射谱图

6.3.3　多条曲线叠加

很多情况下需要比较多条曲线的出峰位置，如比较红外光谱、拉曼光谱或 X 射线衍射图谱等。此时需要将各实验曲线叠加起来，共用一个 X 轴，不用 Y 轴，或者 Y 轴上不再标注单位。

陶瓷工业常用原料，如高岭土、多水高岭土、地开石和珍珠陶土的 Raman 光谱比相应的红外光谱具有更多特征，是陶瓷工业中快速有效的检测手段。下面将这几种物质的 Raman 光谱叠加起来，比较它们的差异。

【例 6-9】 绘制叠加多条曲线的 Raman 光谱。

① 新建一个 Origin 项目。

② 执行【Data】/【Import From File】/【Multiple ASCII...】命令，弹出【ASCII】对话框。

③ 选中要导入的四个数据，单击 `Add File(s)` 按钮，然后单击 `OK` 按钮，如图 6-27 所示。

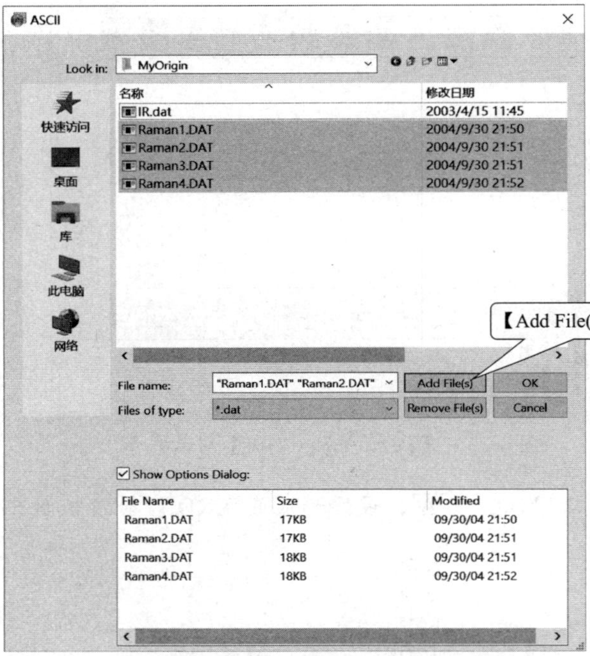

图 6-27 导入【ASCII】文件对话框

④ 在弹出的对话框中，【Import Options】选项卡里的【Multi-File（except 1st）Import Mode】中选择【Start New Columns】，然后单击 `OK` 按钮，如图 6-28 所示。

以上数据会导入到一个工作表中，可以发现工作表的命名是以最后一个导入文件的名称命名的，用户可以根据需要修改工作表的名称。

另外，工作表中除了第一列的属性为 X，其他列都为 Y。本例中 X 值都是一样的，可以将 C(Y)、E(Y) 和 G(Y) 三列删除，共用第一个"X"坐标值。

如果各组数据 X 的坐标值不相同，那么需要将 C(Y)、E(Y) 和 G(Y) 的属性修改为 X。这种做法更具兼容性。

⑤ 分别选中 C(Y)、E(Y) 和 G(Y)，执行【Set As】/【X】命令，如图 6-29 所示。

⑥ 选中表中所有数据，单击 2D Graphs 工具栏上的 按钮。结果如图 6-30 所示。

可以发现，现在的结果有点糟糕，曲线全部重叠在一起了。

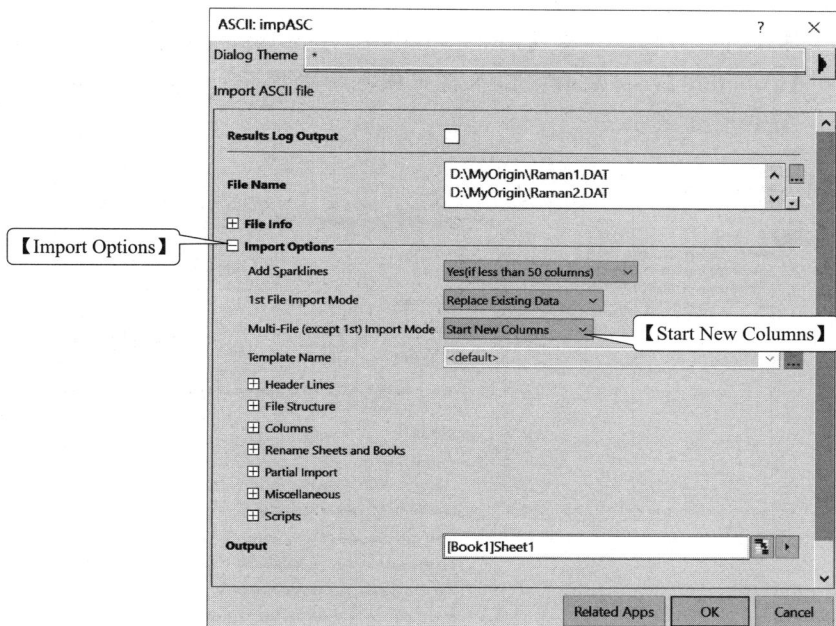

图 6-28 【ASCII：ImpASC】对话框

Raman4 - Raman4.DAT *

	A(X1)	B(Y1)	C(X2)	D(Y2)	E(X3)	F(Y3)	G(X4)	H(Y4)
Long Name								
Units								
Comments								
F(x)=								
Sparklines								
1	204	0.05676	204	0.10813	204	0.06099	204	0.28844
2	205	0.05497	205	0.10888	205	0.06515	205	0.27789
3	206	0.05341	206	0.10874	206	0.06626	206	0.26806
4	207	0.05215	207	0.10841	207	0.06551	207	0.26129
5	208	0.05171	208	0.10838	208	0.06493	208	0.25603
6	209	0.05251	209	0.10846	209	0.06612	209	0.24913
7	210	0.05426	210	0.1085	210	0.06895	210	0.24024
8	211	0.05561	211	0.10842	211	0.07194	211	0.2321
9	212	0.05585	212	0.10811	212	0.07404	212	0.22638

Raman4

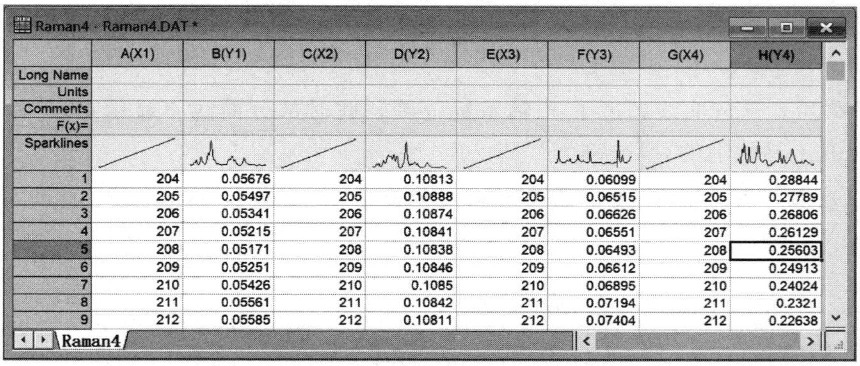

图 6-29 四组拉曼光谱数据

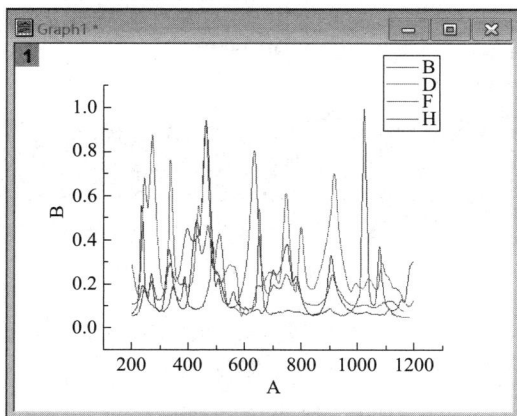

图 6-30 四条叠加的 Raman 光谱曲线

下面来设置层叠效果。

⑦ 双击坐标轴内空白区，弹出【Plot Details-Layer Properties】对话框，单击【Stack】选项卡，单击【Constant】，在后面的输入框中输入堆叠间距，在本例中输入 0.8，然后单击 OK 按钮，如图 6-31 所示。

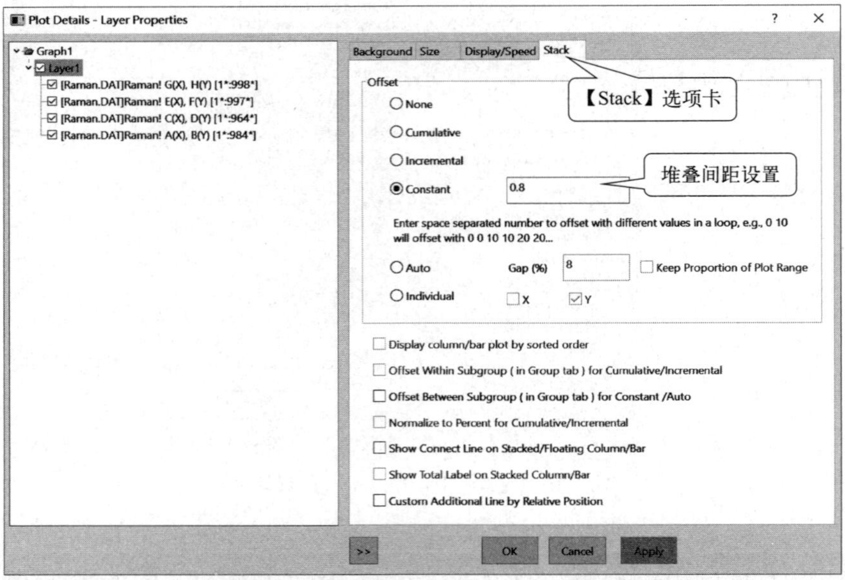

图 6-31　【Plot-Details-Layer Properties】对话框

曲线平移后，部分曲线超过了 Y 轴坐标范围，此时部分曲线不显示了，用户只需要单击右侧 Graph 工具栏上的 按钮。

⑧ 把鼠标放在图层位置 1，鼠标右击，单击【Layer Contents...】，弹出如图 6-32 所示的对话框。

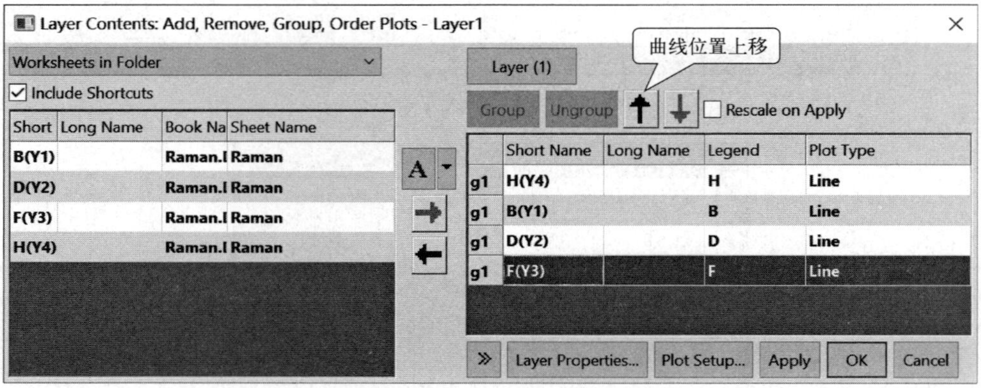

图 6-32　调整堆叠曲线的顺序

Origin 会按照初始数据列给出多条曲线的排列顺序。若要调整曲线的顺序，只需选中要移动的曲线，单击↑或↓按钮，最后单击 OK 按钮即可。在本例中，我们将曲线顺序由原来的 1、2、3、4 调整为 4、3、2、1，如图 6-33 所示。

在该例中，我们不需要图例，可将图例删除。

⑨ 选中图例，单击键盘 $\boxed{\text{Del}}$ 键将其删除。

下面继续坐标轴的设置。

这类曲线通常比较的是出峰位置，因此 Y 轴是不需要的。另外，拉曼位移也和红外光谱一样，习惯上横坐标是由大到小。

⑩ 双击 Y 轴，单击【Line and Ticks】选项卡，选中【Left】轴，去掉【Show Line and Ticks】后面复选框中的钩。

⑪ 单击【Scale】选项卡，选中【Horizontal】坐标轴，将坐标尺度设为 [1200，200]，增量设为"－200"，单击 Apply 按钮。

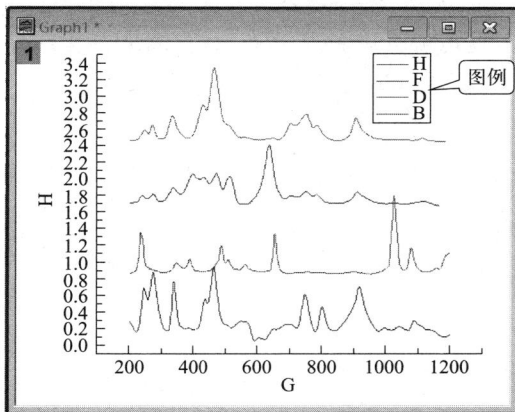

图 6-33　曲线排序

⑫ 单击【Tick Labels】选项卡，选中【Left】，去掉【Show】前面复选框中的钩。选中【Bottom】，单击【Format】，【Size】勾选 24，勾选【Bold】后面的复选框，单击 OK 按钮。

⑬ 双击横坐标标题，将 X 轴标题修改为"拉曼位移 / cm^{-1}"，使用宋体字，字号设为 28 磅。

⑭ 选中纵坐标轴说明，按键盘 $\boxed{\text{Del}}$ 删除纵坐标轴说明。

至此坐标轴设置完毕，下面将设置曲线宽度。

⑮ 双击曲线，弹出【Plot Details-Plot Properties】对话框，将【Width】设置为"2"，单击 OK 按钮，如图 6-34 所示。

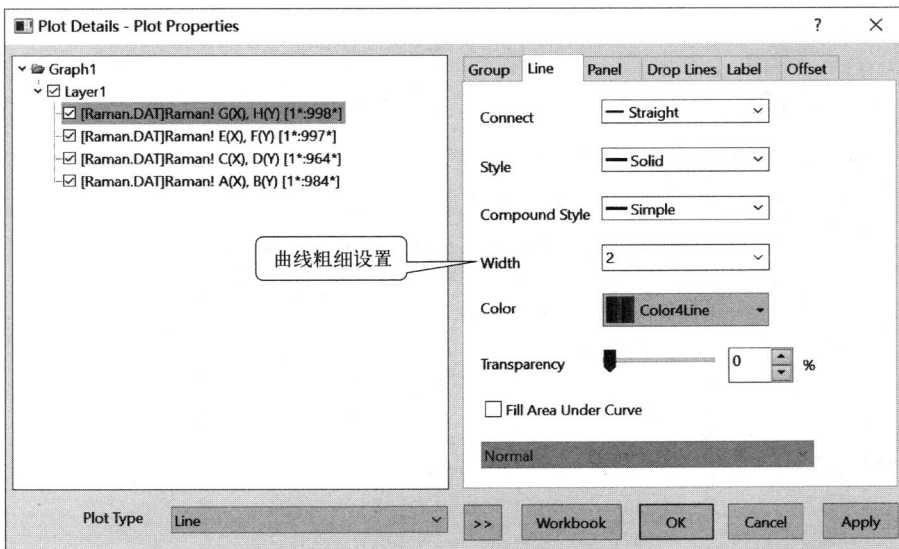

图 6-34　【Plot Details-Plot Properties】对话框

最后还需要在曲线上加标记，自下而上分别注明为"高岭土""多水高岭土""地开石"和"珍珠陶土"。

⑯ 单击【Tools】工具栏上的 **T** 按钮，在图中最下面曲线的适当位置单击鼠标，弹出文字编辑框，输入"高岭土"。依次在其他曲线上标明"多水高岭土""地开石"和"珍珠陶土"。最终的拉曼层叠光谱如图 6-35 所示。

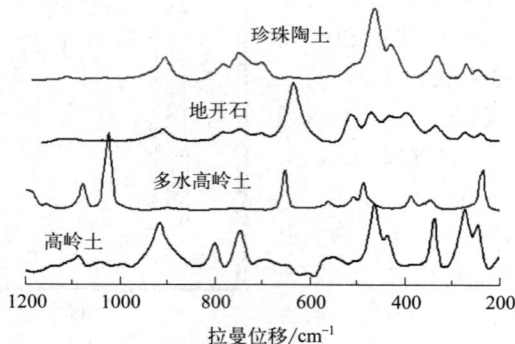

图 6-35　几种陶瓷原料最终的拉曼光谱

⑰ 将此图保存成"Raman.opju"为名的项目文件。

⑱ 将此图保存成"拉曼层叠.opju"为名的模板。

6.3.4　双坐标作图

实际工作中常遇到这样的情况，即某因素的改变会引起其他两个相关因素的变化，如随着温度的变化，材料的介电常数和介电损耗同时发生变化。这种情况下两组数据可以使用同一个 X 轴绘图。但如果两组数据的 Y 值差异较大，就不得不使用不同的 Y 轴，否则 Y 值较小的一组数据会被压缩得看不到变化细节。

前面所讲的实例都只有一个图层。双坐标图具有两个图层，用户可选择指定图层将数据绘制其上。

【例 6-10】　绘制双坐标图。

① 新建一个 Origin 项目。

② 单击 ▦ 按钮，导入数据"L1.dat"。

③ 单击 ╱ 按钮，绘制连线图，结果如图 6-36 所示。

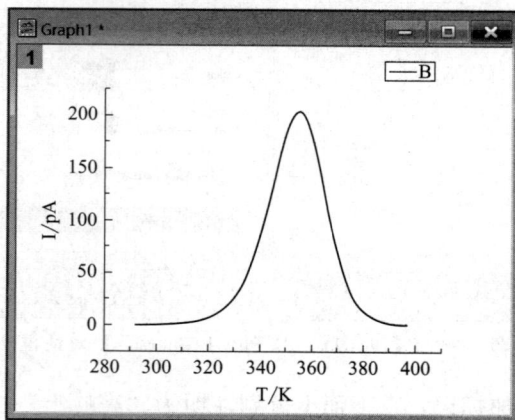

图 6-36　热释电流曲线

这是电介质热释电流理论曲线，Y 值范围为 $1\sim200$ pA。求数值微分后的数据文件为"L2.dat"，数值范围为 $-12\sim10$。两者 Y 值差异较大，不便共用一个 Y 坐标。

④ 单击 ▦ 按钮，新建一个工作表。

⑤ 单击 ▦ 按钮，导入数据"L2.dat"。

⑥ 单击【L2】工作表的 B(Y) 列选中之。

⑦ 单击【Graph1】窗口激活之。

下面的工作是要在激活的图上添加第二层坐标。两个图层是关联的（Linked），共用 X 轴，新图层的 Y 轴在右侧。

⑧ 执行【Insert】/【New Layer（Axes）】/【Right Y（Linked X Scale and Dimension）】菜单命令，增加一个新图层和新 Y 轴，如图 6-37 所示。

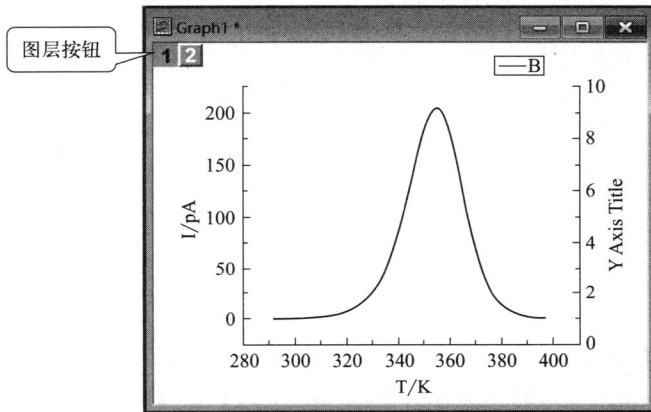

图 6-37　新增图层和 Y 轴

注意看左上角图层按钮处，之前只有一个按钮，现在变成了两个。若 **2** 按钮处于按下状态，说明当前激活图层是第 2 层。

⑨ 单击激活图层 2，执行【Insert】/【Plot to Layer】/【Line】菜单命令，则"L2.dat"数据绘入图层 2 上，如图 6-38 所示。

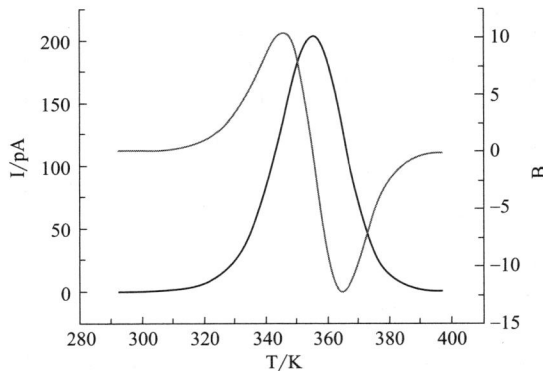

图 6-38　在 Layer 2 上绘制数据

⑩ 双击曲线，将其变成点划线（Dot），【Width】设置成 2。

新建的 Y 轴名称显示为【B】，需要添加合适的名称并适当调整坐标范围。

⑪ 双击右侧 Y 轴，弹出【Y Axis-Layer 2】对话框，如图 6-39 所示。

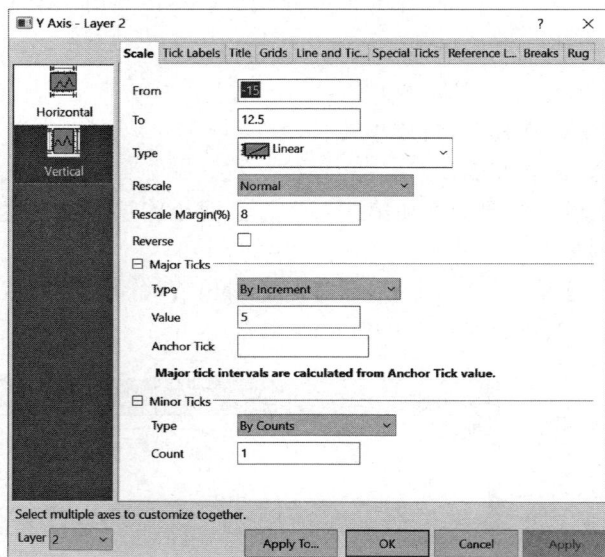

图 6-39　【Y Axis-Layer 2】对话框

⑫ 单击【Scale】选项卡，将纵坐标范围设定为 [−28, 28]，增量为"10"，单击 Apply 按钮。

⑬ 单击【Title】选项卡，在【Text】输入框中输入"dI/dT"，单击 Apply 按钮。

⑭ 单击【Line and Ticks】选项卡，【Major Ticks】和【Minor Ticks】中的【Style】设置为【Out】，单击 OK 按钮。

⑮ 选择左侧 Y 轴，在图层 1 上加上没有刻度的 Top 轴。

⑯ 单击 Tools 工具栏上 ↗ 按钮，用箭头标明曲线与轴的关系。如果不需要图例，可以将其删掉。最终结果如图 6-40 所示。

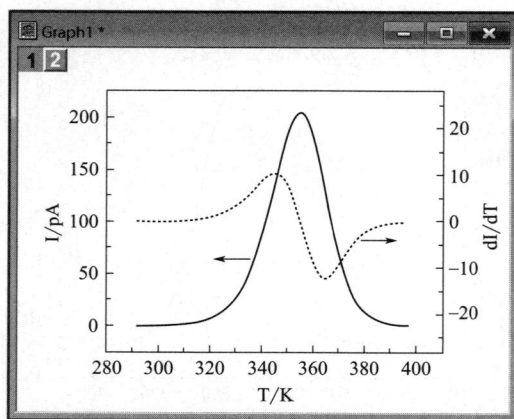

图 6-40　绘制完成的双 Y 坐标图

学会绘制双 Y 轴之后，绘制其他类型的坐标轴也就触类旁通了。

实际上在工作表中将绘图数据导入后，也可以直接使用 2D Graphs 工具栏中的 ▨ 绘制

双 Y 数据图。

在双坐标图上添加数据绘图时，一定要注意左上角哪一个图层按钮被按下去了，即必须清楚当前激活图层，否则会将数据绘制到不合适的图层上。

6.3.5 多图层

常见多层图有几种，Origin 提供了相应模板，有横向排列两层图、纵向排列两层图、两行两列四层图、三行三列九层图等。

接下来以两行两列四层图为例介绍多图层绘图的方法。

【例 6-11】 绘制两行两列四层图。

① 新建一个 Origin 项目。单击 📅 按钮，导入数据 "L4.dat"。单击【L4】工作表的 B(Y) 列选中之。

② 单击 2D Graphs 工具栏上的 ⚏ 按钮绘制曲线。生成曲线后，返回工作表窗口，再次执行绘图操作。共执行 4 次，画出 4 个图形。

③ 单击右侧的 Graph 工具栏上 ⚏ 按钮，弹出如图 6-41 所示的对话框。

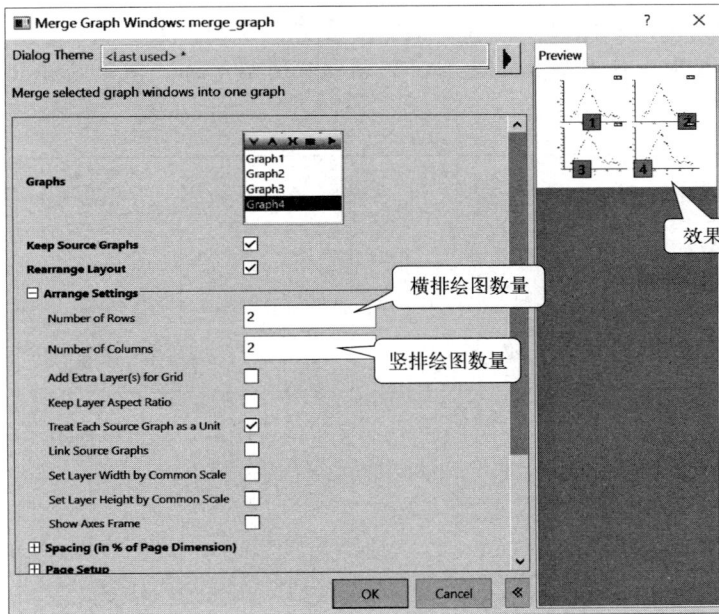

图 6-41 合并图形

④ 在对话框中，【Number of Rows】和【Number of Columns】分别设置为 2，然后单击 ⬛ OK 按钮，结果如图 6-42 所示。

默认情况下，4 个图层分别有自己的 X、Y 轴坐标名称和刻度。然而在实际应用过程中，如此密集地放置在一起进行比较的图形往往有共同的 X、Y 坐标，因此应该尽量共用坐标名称，并消融各图层之间的间隙，使得图形更加简洁。

⑤ 单击图层 1 的【A】选中之，按 Del 键将其删除。

⑥ 用同样方法删除图层 2 的【A】和【B】以及图层 4 的【B】。

⑦ 双击图层 1 的 X 轴，弹出【X Axis-Layer 1】对话框。

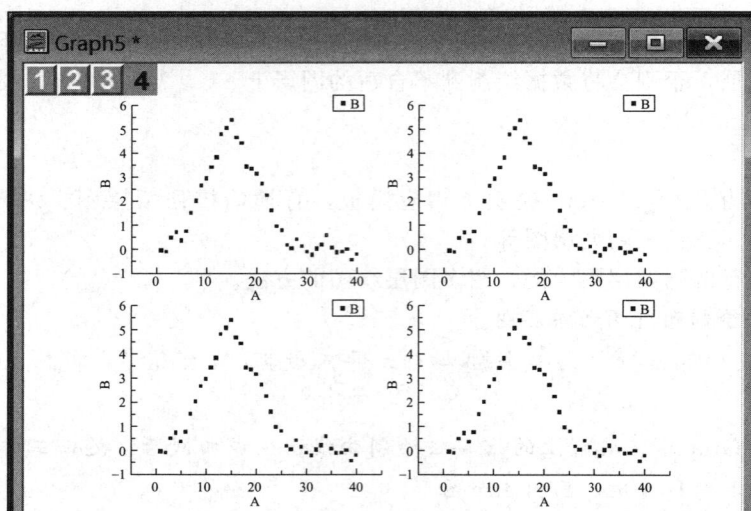

图 6-42　两行两列四层图

⑧ 单击【Tick Labels】选项卡，去掉【Show】复选框中的钩，单击 ▢ OK 按钮。

⑨ 同样操作，分别去掉图层 2 的 X 轴、Y 轴以及图层 4 的 Y 轴的【Show】复选项。结果如图 6-43 所示。

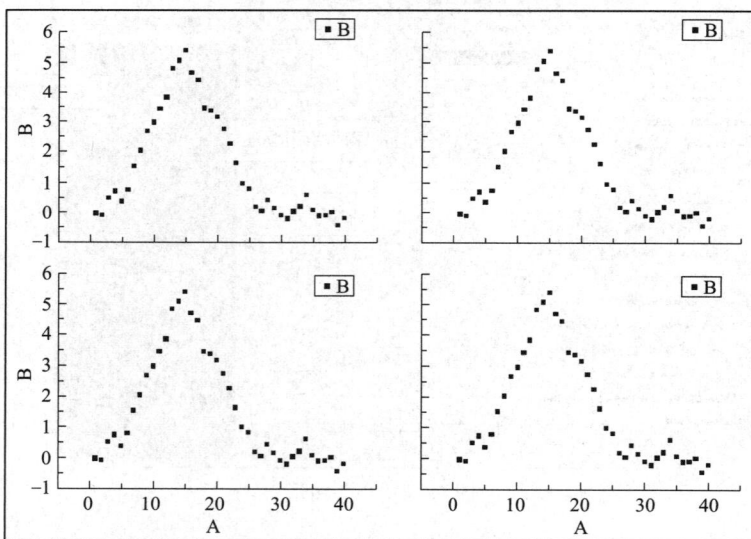

图 6-43　初步简化过的图形

经过这样一番处理，图形看起来简化多了。各层图之间的间隙默认值为 5%。下面将其去掉，使之成为一个整体。

⑩ 在图层 2 按钮上鼠标右击，弹出快捷菜单，执行其中的【Layer Properties...】命令，弹出【Plot Details-Layer Properties】对话框，如图 6-44 所示。

⑪ 单击【Link Axes Scales】选项卡，在【Link to】选项框中选择【Layer 1】项，单击 Apply 按钮。

⑫ 单击【Size】选项卡，在【Units】选项框中选择【% of Linked Layer】项，【Layer

Area】/【Left】选项改为"100"，单击 Apply 按钮，如图6-45所示。

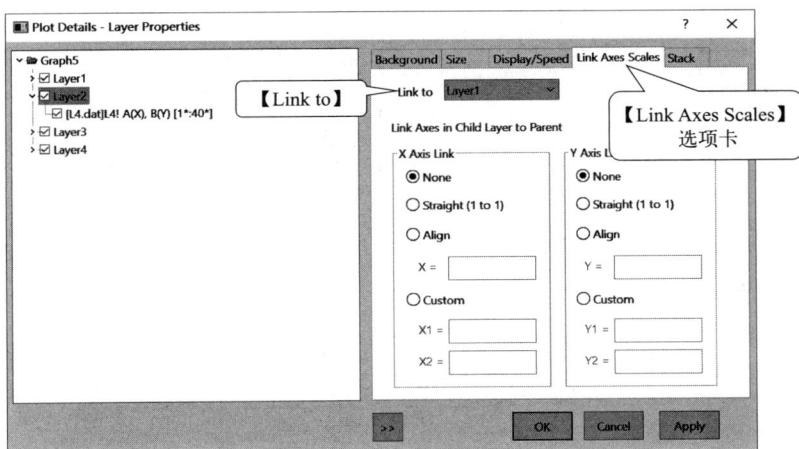

图 6-44　【Plot Details-Layer Properties】对话框

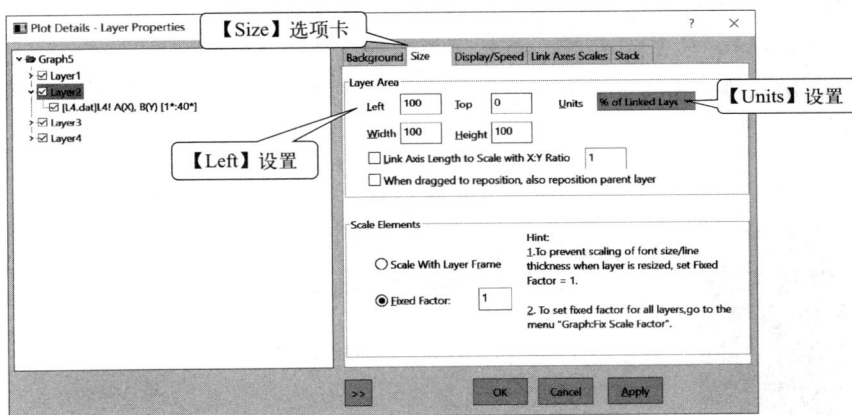

图 6-45　【Size】选项卡

经过上面两步的设置，图层2就和图层1关联起来了，图形大小与图层1相同（单位为%），仅左移了一个图形的位置。

⑬ 用同样的方法将图层3与图层1关联，【Layer Area】/【Left】选项为"0"，【Layer Area】/【Top】选项为"100"。

⑭ 用同样方法将图层4与图层1关联，【Layer Area】/【Left】选项为"100"，【Layer Area】/【Top】选项为"100"。

⑮ 给图层1加上无刻度 Top 轴，给图层2加上无刻度 Top 轴和 Right 轴，给图层4加上无刻度 Right 轴。

⑯ 删掉图例，适当加大坐标轴说明及刻度字符的字号，最终结果如图6-46所示。

⑰ 将项目文件存为"Panel4.opju"。

经过关联设置后，其他图层均与图层1关联起来。图层1改变大小时，其他图层会同步改变，并保持相对位置不变。单击图层1的坐标轴，出现图形大小调节框，读者可以用鼠标拖动该调节框试试。

除了可以使用以上方法外，也可以定制多层图，步骤如下。

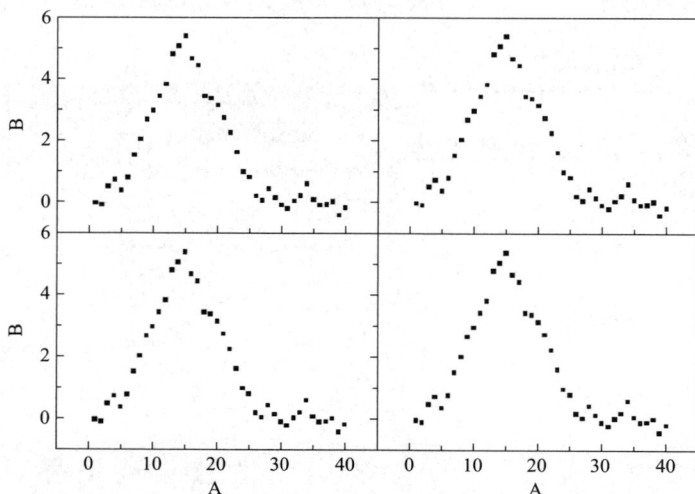

图 6-46 四层图最终结果

【例 6-12】 定制多层图。

① 读入一组数据，单击 ▀▪ 按钮，绘制单层的散点图。

② 执行【Graph】/【Layer Management...】菜单命令，弹出【Layer Management】对话框，如图 6-47 所示。

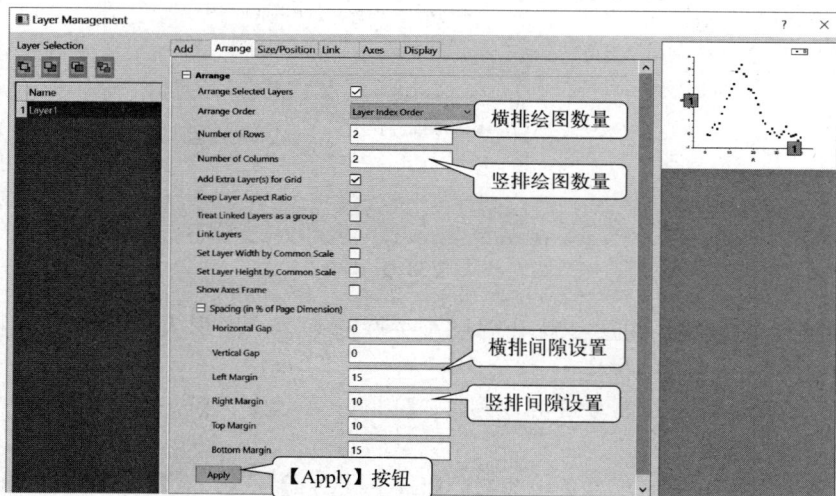

图 6-47 【Layer Management】对话框

③ 在【Number of Rows】中输入"2"，在【Number of Columns】中输入"2"；【Spacing（in％ of Page Dimension）】设置部分，将【Horizontal Gap】值改为"0"，将【Vertical Gap】值改为"0"，在【Left Margin】输入 15，在【Right Margin】输入 10，并进行其他相关设置后，单击 Apply 按钮。

④ 单击 OK 按钮，出现两行两列的 4 层图，如图 6-48 所示。

最早读入的数据绘制在图层 1 上。选中其他绘图的数据，执行【Insert】/【Plot to Layer】命令就可以在各图层上绘制数据了，必要情况下也可以设置图层间的关联。

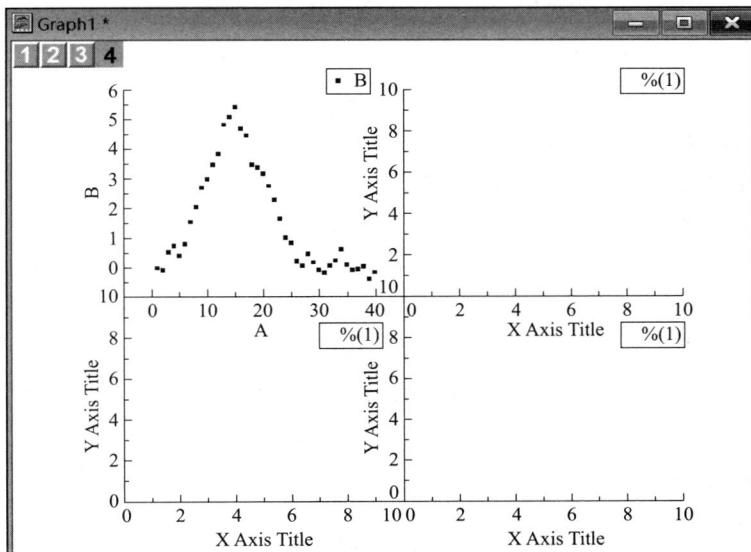

图 6-48　定制完成的 4 层图

6.3.6　平滑与滤波

通过灵敏仪器采集到的数据，难免会受到各种噪声的干扰。做数据处理操作之前，往往需要首先对数据进行平滑或滤波处理。Origin 提供了几种类型的平滑与滤波功能，如 Savitzky-Golay 平滑、Adjacent Averaging（相邻平均）、FFT Filter（滤波器）等。下面使用 Panel4. opju 项目文件进行平滑操作。本例将使用上述 3 种平滑操作并对其进行简单比较。

【例 6-13】　数据平滑。

① 打开"Panel4. opju"项目文件。

② 单击【Graph5】的 [1] 图层按钮将其激活。

③ 单击 [图标] 按钮，将图层 1 的数据点变成点连线图。

④ 单击 [2] 图层按钮将其激活。执行【Analysis】/【Signal Processing】/【Smooth…】菜单命令，弹出【Smooth：smooth】对话框，如图 6-49 所示。

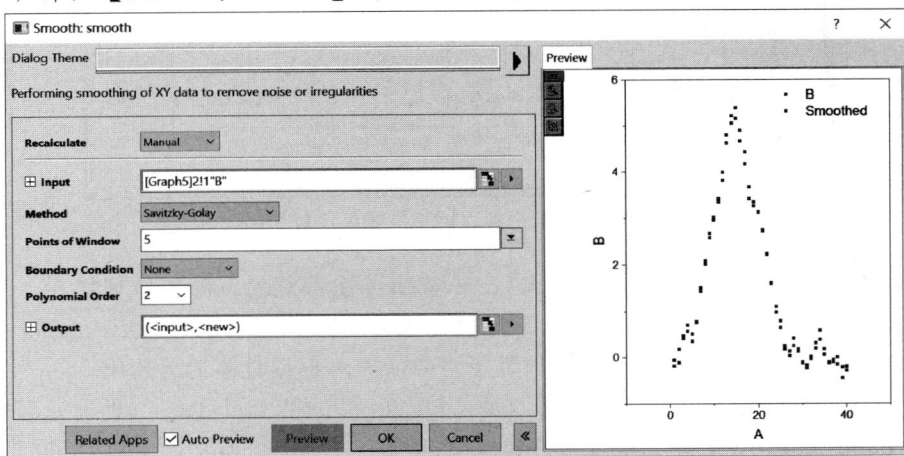

图 6-49　【Smooth：smooth】对话框

Savitzky-Golay 平滑方法是对数据点进行局部多元拟合平滑。计算需要设置 3 个参数：Points of Window（窗口点数）、Boundary Condition（边界条件）和 Polynomial Order（多项式阶数，默认为 2，最大为 5，阶数越高越能保留原始数据的特征）。

⑤ 单击 OK 按钮，完成 Savitzky-Golay 平滑。

⑥ 单击 3 图层按钮将其激活。执行【Analysis】/【Signal Processing】/【Smooth...】菜单命令，【Method】选择【Adjacent-Averaging】。

Adjacent Averaging 方法对指定点数 n（即 Points of Window 值，默认为 5，越小越能保留原始数据特征，越大数据越平滑）的相邻数据求平均，并将其作为平滑后的数据点值。

⑦ 单击 OK 按钮，完成 Adjacent Averaging 平滑。

⑧ 单击 4 图层按钮将其激活。执行【Analysis】/【Signal Processing】/【Smooth...】菜单命令，【Method】选择【FFT Filter】。

此法首先对数据进行 FFT（快速傅里叶变换）操作，然后除去频率高于 $1/n * delta$ 的高频成分，使得数据平滑。其中 n 为进行 FFT 的数据点数（即 Points of Window，默认为 5，越小越能保留原始数据特征，越大数据越平滑）。

⑨ 单击 OK 按钮，完成 FFT Filter 平滑。

⑩ 单击【Toolbar Options】工具栏上的 T 按钮，分别在四个图层合适的位置标明"点连线""Savitaky-Golay 平滑""Adjacent Averaging 平滑"和"FFT Filter 平滑"，最终结果如图 6-50 所示。

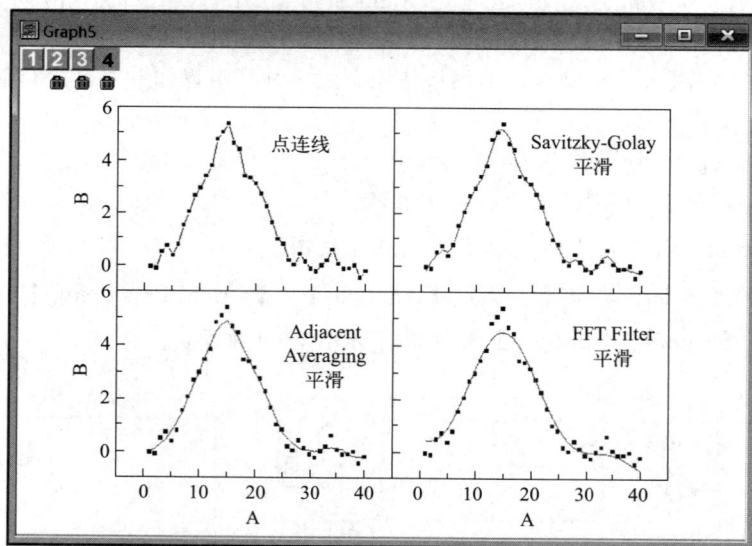

图 6-50　三种方法平滑效果比较

可以看出，在使用默认值情况下，Savitzky-Golay 法最能保留原始数据特征，但所得曲线不够平滑，FFT 方法得到的数据最为平滑但会将峰值抹平，Adjacent Averaging 方法介于两者之间。3 种方法均能通过调整 n 值改变平滑效果，可根据具体情况选用。

使用 FFT 可以把信号中特定的频率过滤。Origin 提供了 Low Pass（低通）、High Pass（高通）、Band Pass（带通）、Band Block（带阻）、Threshold（门限）和 Low Pass Parabolic（低通抛物型）滤波器。

低通滤波器可以让特定频率的信号通过，这样可以消除信号中的高频成分。反之高通滤波器则可以消除信号中的低频成分。带通滤波器可以让某段频率的信号通过，过滤掉除此之外的其他频率。反之，带阻滤波器则阻止某段频率的信号通过，保留除此之外的其他频率。门限滤波器用来消除特定门槛值以下的频率。

【例 6-14】 低通滤波。

① 新建一个 Origin 项目。单击 ▦ 按钮，导入数据 "Lowpass. dat"。

② 单击 ╱ 按钮，绘制线图，如图 6-51 所示。

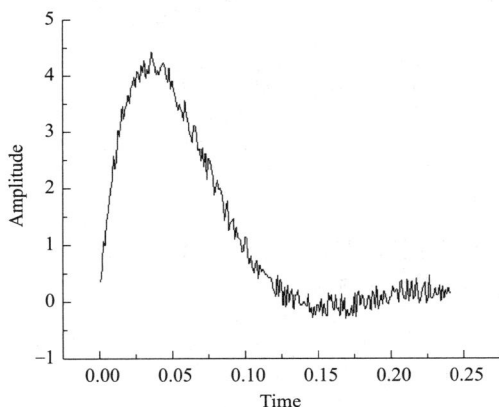

图 6-51 带有噪声的信号

这是一段带有噪声的信号。噪声的频率比信号频率高许多。使用低通滤波器就可以将噪声过滤。Origin 会根据原始数据给出默认截止频率 F_c。这里默认给出的截止频率是 125Hz。这个数值有点高，平滑效果不太好。

③ 执行【Analysis】/【Signal Processing】/【FFT Filters...】菜单命令，弹出【FFT Filters：fft _ filters】对话框，如图 6-52 所示。

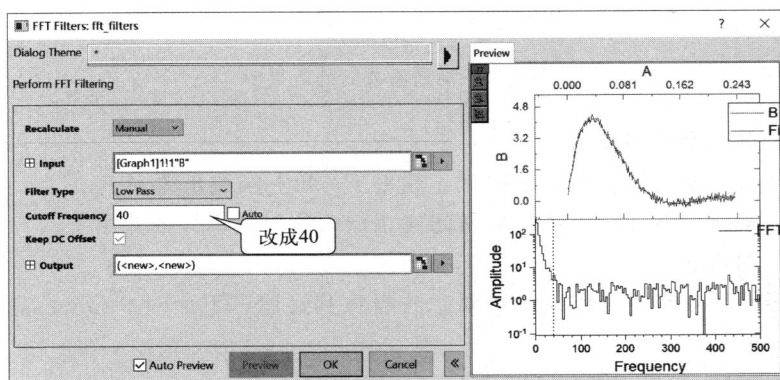

图 6-52 【FFT Filters：fft_filters】对话框

④【Filter Type】选择【Low Pass】，【Cutoff Frequency】设置为 "40"，单击 OK 按钮，开始 FFT 处理并进行低通滤波，结果如图 6-53 所示。

可以看出，信号频率基本在 40Hz 以下，设定截止频率为 40Hz 完全可以使信号通过，并有效地除去噪声干扰。

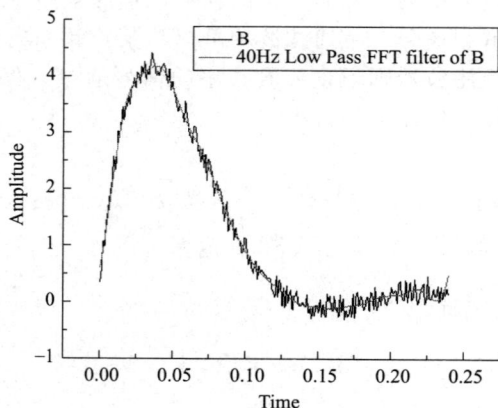

图 6-53　低通滤波后的结果图

【例 6-15】 高通滤波。

用 40Hz 作为截止频率对上例数据进行高通滤波，可将低于 40Hz 的缓慢变化的信号去除，结果仅剩下噪声信号，如图 6-54 所示。

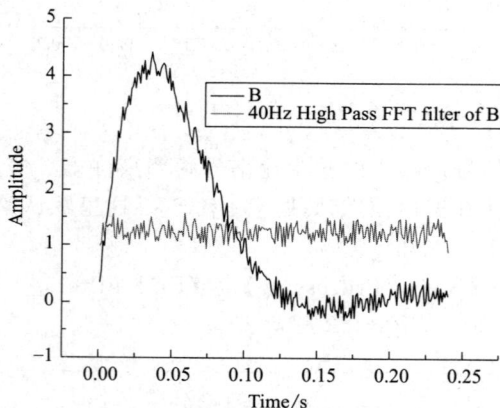

图 6-54　高通滤波后的效果图

【例 6-16】 带通和带阻滤波。

带通滤波和带阻滤波需要给出下限截止频率 F_L 和上限截止频率 F_H。

带通滤波和带阻滤波使用方法和低通滤波相似，这里就不详细介绍了。

【例 6-17】 门限滤波。

若某频率振幅比较小，可以使用门限滤波器将其过滤。下面对 "Lowpass. dat" 数据进行门限滤波。

① 新建一个 Origin 项目。

② 单击 按钮，导入数据 "Lowpass. dat"。

③ 单击 按钮，绘制线图。

④ 执行 【Analysis】／【Signal Processing】／【FFT Filters...】菜单命令，弹出如图 6-55 所示的对话框。

预览窗口下面图中有一条可以上下移动的直线，是用来确定门槛值的。门槛值也可以在

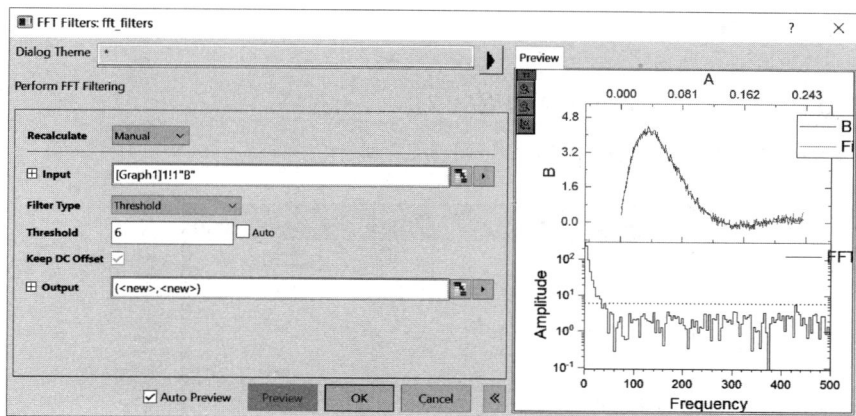

图 6-55   【FFT Filters...】菜单命令

【Threshold】输入框中输入。本例中噪声信号的振幅基本在 6 以下。

⑤【Filter Type】选择【Threshold】,【Threshold】设置为 "6",单击 OK 按钮,结果如图 6-56 所示。

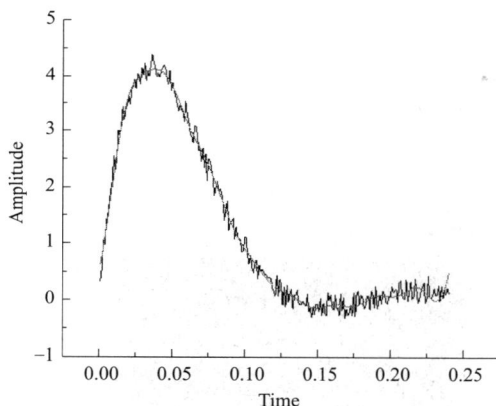

图 6-56   门限滤波后的结果

6.3.7   基线与分峰

科学研究需要尊重原始试验数据,这是最基本的科学素养。数据无论好坏,都是试验测定出来的,其中包含试验原理、试验方法、仪器和人为等因素的影响。试验数据处理就是要对其去粗取精,去伪存真,由此及彼,由表及里,把最能反映事物本质的数据总结出来,把干扰因素尽可能排除。其中仪器是影响试验数据的重要因素之一。

仪器总会受到各种因素的干扰导致测试基线发生漂移。在需要做定量分析的场合,扣除基线就成了十分必要的步骤。如果基线没有漂移,那么可以略过此步骤。

用 X 射线衍射法估算半晶高分子的结晶度,须用数值积分得到衍射峰面积。然而,由于仪器测试基线不为零且测试过程中基线还会有漂移,直接积分会带来较大误差。这就需要使用 Origin 提供的扣除基线功能。

实验测得某半晶高分子的 X 射线衍射数据(XRD-1.dat)以及完全非晶态的漫散射数据(XRD-2.dat)。下面将其基线扣除。

【例 6-18】 扣除基线。

① 新建一个 Origin 项目。

② 单击 ▦ 按钮，导入 X 射线衍射数据 "XRD-1.dat"。

③ 单击 ╱ 按钮，绘制连线图，结果如图 6-57 所示。

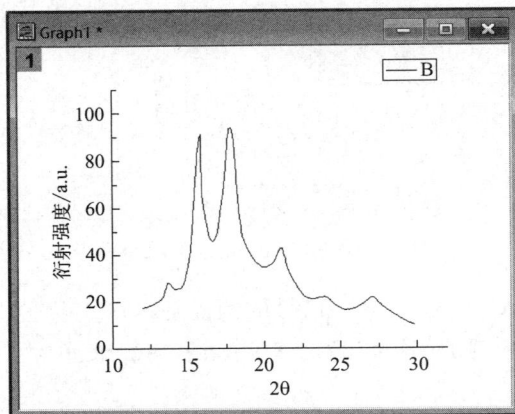

图 6-57　某半晶高分子的 X 射线衍射图

显然图形的衍射强度基线不为 "0"，需扣除之才能得到准确的峰面积。

④ 执行【Analysis】/【Peaks and Baseline】/【Peak Analyzer】菜单命令，弹出【Peak Analyzer】对话框和预览窗口，如图 6-58 所示。

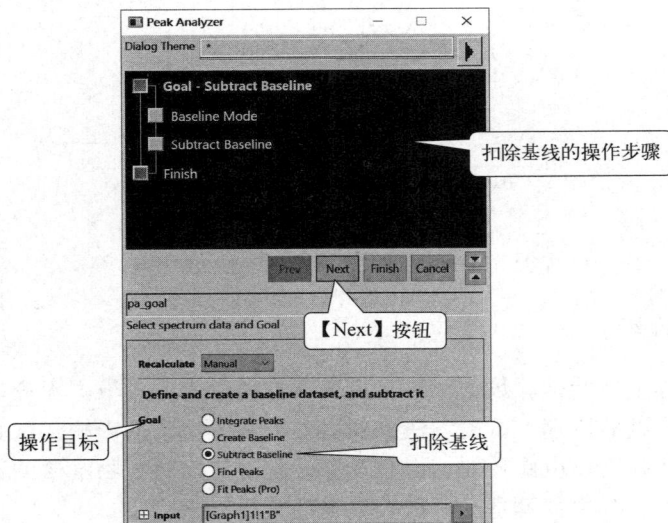

图 6-58　【Peak Analyzer】对话框

基线可以自动生成，可以用已知的基线方程，或者已知的基线数据。这里假定基线是直线，并由 Origin 自动生成基线。

⑤ 勾选【Substract Baseline】，单击 Next 按钮。

选择操作类型后，黑色界面会显示操作的步骤。

⑥【Baseline Mode】选择【Straight Line】，如图 6-59 所示。预览窗口自动生成一条基

线，如图 6-60 所示。单击 Finish 按钮，完成基线的扣除。

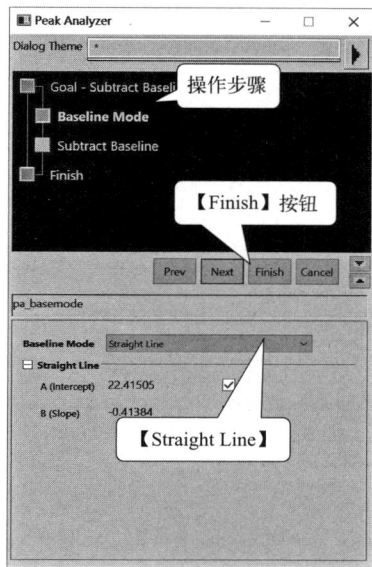

图 6-59　选择【Baseline Mode】

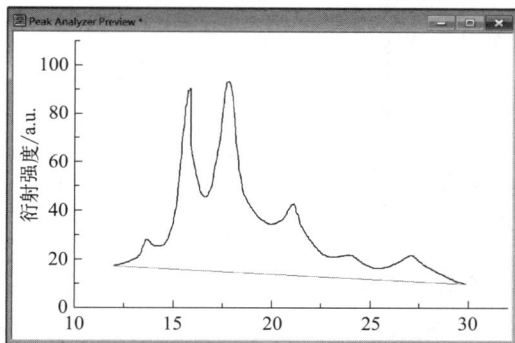

图 6-60　自动生成基线

　　如果用户想要使用自定义的基线，可以在【Baseline Mode】里选择【User Defined】，如图 6-61（左）所示，设置好参数后，单击 Next 按钮进行下一步设置，如图 6-61（右）所示，单击 Add 按钮或 Modify/Del 按钮，可以对基线进行手工修改。

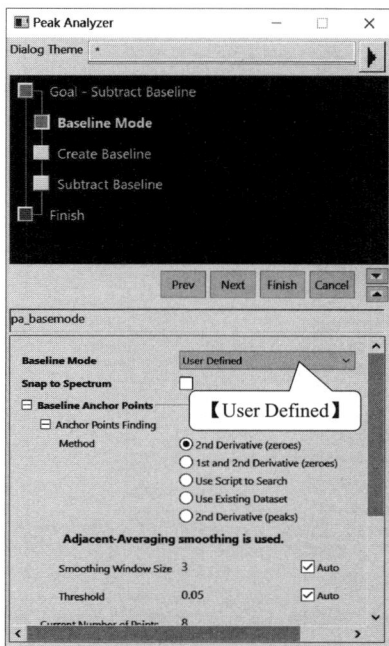

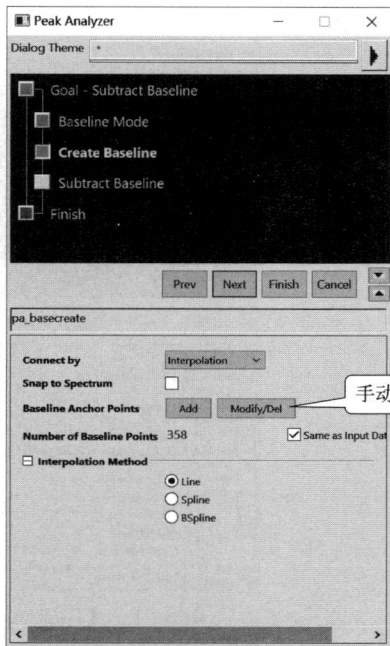

图 6-61　自定义基线选择（左）和手动修改基线（右）

　　⑦ 基线和扣除基线的数据会在工作表中显示，如图 6-62 所示。

⑧ 选择 C(X2) 和 D(Y2) 重新绘图，可得到扣除基线后的曲线，如图 6-63 所示。

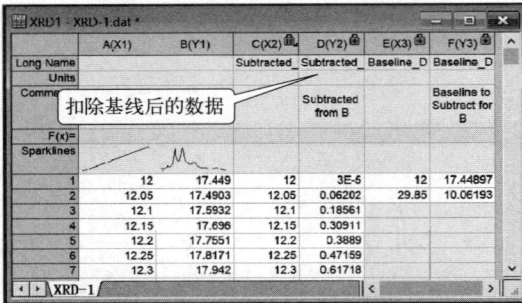

图 6-62　数据

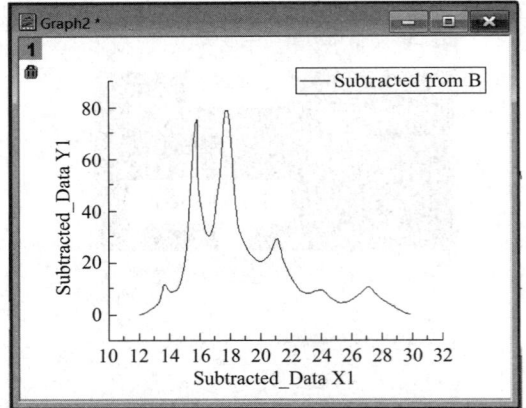

图 6-63　扣除基线后的图形

⑨ 将该项目存为 "BaseLine. opju"。

本例中基线是线性的。若基线变化并非线性的，可以多选几个数据点，并通过移动数据点使之符合基线的变化趋势。

Origin 具有自动查找峰值的能力，具体步骤如下。

【例 6-19】　自动寻峰。

① 打开 "BaseLine. opju" 项目。

② 执行【Analysis】/【Peaks and Baseline】/【Peak Analyzer】菜单命令，弹出【Peak Analyzer】对话框和预览窗口，勾选【Find Peaks】，单击 Next 按钮。如图 6-64 所示。

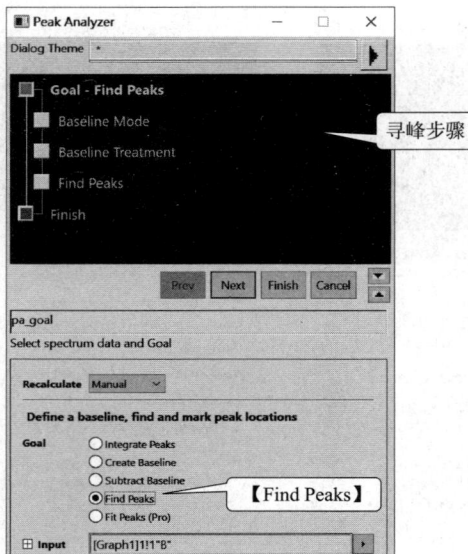

图 6-64　【Peak Analyzer】对话框

③ 曲线已经是去掉基线的，因此【Baseline Mode】选择【None（Y=0）】即可，单击 Next 按钮。

④ 根据具体情况设置【Threshold Height（％）】，在本例中将其设置为"10"，如图 6-65 所示。

⑤ 单击 Find 按钮，【Current Number of Peaks】处，"0"会变成"6"，即根据设置，Origin 找到 6 个峰，如图 6-66 所示。

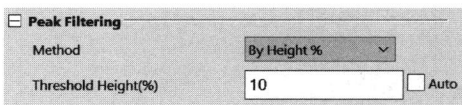

图 6-65　【Threshold Height（％）】设置

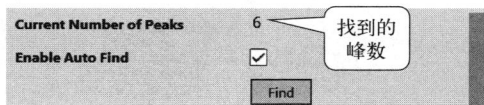

图 6-66　查找峰

⑥ 单击 Finish 按钮，最终的峰值图如图 6-67 所示。

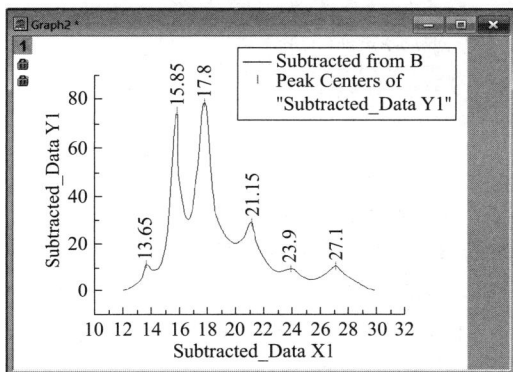

图 6-67　最终的峰值图

除了扣除基线，常常也需要将谱图上的重叠峰分离开。常用的分峰函数有 Gaussian 函数和 Lorentzian 函数，分峰数目不超过 30。这两种函数形状有所差异，可根据实际情况选用，如图 6-68 所示。

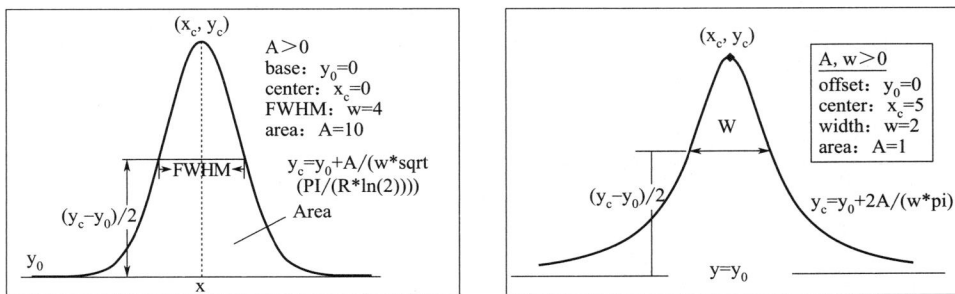

图 6-68　Gaussian 函数（左）和 Lorentzian 函数（右）

下面以 Lorentzian 函数拟合分离上例扣除了基线的各峰。

【例 6-20】　Lorentzian 函数拟合分峰。

① 为了美观，先简单设置图 6-67，如坐标说明等。

② 执行【Analysis】/【Peaks and Baseline】/【Multiple Peak Fit...】菜单命令，弹出【Multiple Peak Fit：nlfitpeaks】输入框，如图 6-69 所示，【Peak Function】选择【Lorentz】，单击 OK 按钮。

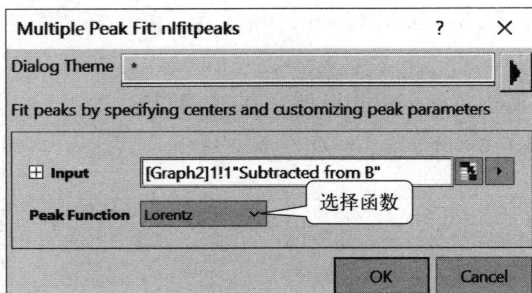

图 6-69　【Multiple Peak Fit：nlfitpeaks】输入框

③ 在弹出的【Get Point】对话框中，有操作说明，如图 6-70 所示。

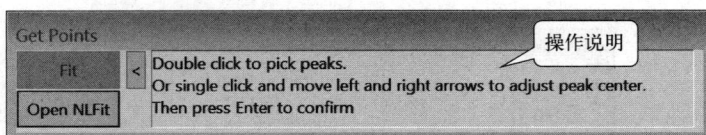

图 6-70　【Get Point】对话框

④ 此时鼠标变成╋，把鼠标放在要取的峰上，单击，【Get Point】对话框会显示鼠标选点的坐标，若峰值位置有偏差，可通过单击键盘上箭头按钮进行调整，调整好后，双击鼠标，会出现一道红色的直线，如图 6-71 所示。

⑤ 单击 Fit 按钮，图上会显示拟合的曲线，如图 6-72 所示，同时出现一个文字框，里面详细列出了各峰的参数，如图 6-73 所示。

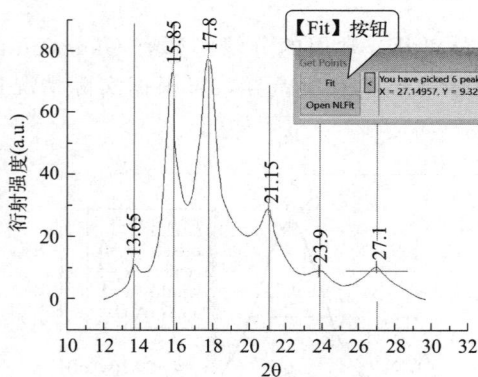

图 6-71　选择峰值

图 6-72　Lorentzian 函数拟合分峰结果

Model	Lorentz					
Equation	$y = y0 + (2*A/pi)*(w/(4*(x-xc)^2 + w^2))$					
Plot	Peak1(Subtracted_Data Y1)	Peak2(Subtracted_Data Y1)	Peak3(Subtracted_Data Y1)	Peak4(Subtracted_Data Y1)	Peak5(Subtracted_Data Y1)	Peak6(Subtracted_Data Y1)
y0	-1.71219 ± 0.42848	-1.71219 ± 0.42848	-1.71219 ± 0.42848	-1.71219 ± 0.42848	-1.71219 ± 0.42848	-1.71219 ± 0.42848
xc	13.70646 ± 0.02777	15.69919 ± 0.00401	17.77299 ± 0.0048	20.89576 ± 0.02248	24.03019 ± 0.05707	27.12538 ± 0.04474
w	0.622 ± 0.10261	0.79512 ± 0.01406	1.31697 ± 0.01847	2.6456 ± 0.09807	1.16064 ± 0.20805	2.22438 ± 0.19196
A	7.93085 ± 1.21814	81.06426 ± 1.29778	151.54487 ± 2.06173	99.04564 ± 3.91905	10.31987 ± 1.70978	35.50648 ± 3.48028
Reduced Chi-Sqr	2.52108					
R-Square (COD)	0.99305					
Adj. R-Square	0.99268					

图 6-73　拟合参数

虽然有了各峰的参数，可以使用 Lorentzian 函数将曲线重绘出来。但是多数情况下我们只关心各峰的数据，有了这些数据，就可以直接进行积分等操作。

那么各峰拟合的数据在哪里呢？接下来我们进行拟合数据的查找操作。

【例 6-21】 查找拟合数据。

① 双击曲线，弹出【Plot Details-Plot Properties】对话框，如图 6-74 所示。

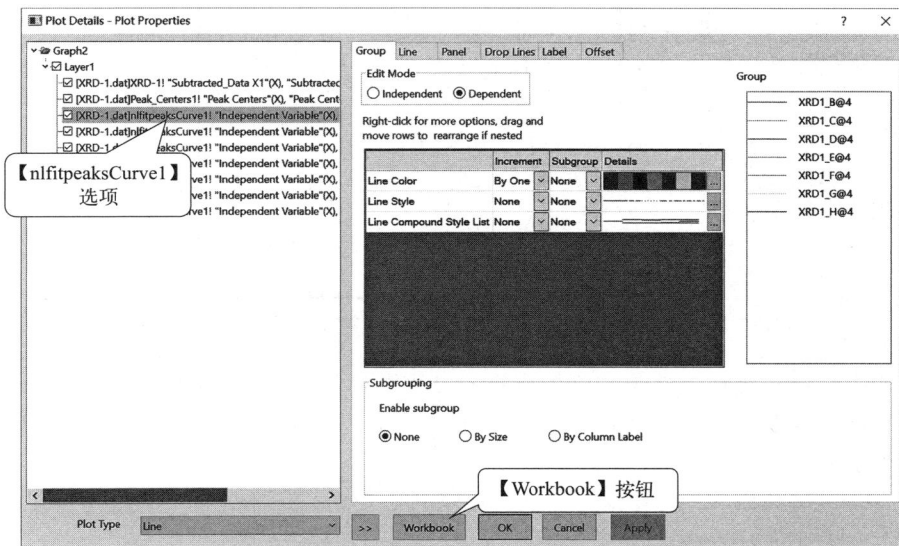

图 6-74 【Plot Details-Plot Properties】对话框

② 单击图中标示的【nlfitpeaksCurve1】选项，单击 Workbook 按钮，弹出【nlfitpeaksCurve1】工作表，如图 6-75 所示。

图 6-75 【nlfitpeaksCurve1】工作表

③ 各峰拟合数据都在【nlfitpeaksCurve1】工作表中，每条曲线拥有 1000 组数据，可依据这些数据做进一步处理。

6.3.8 数值积分

半晶聚合物的 X 射线衍射峰包含两部分：结晶衍射峰和非晶漫散射峰。图 6-76 为半晶聚合物 X 射线衍射峰（实线）与完全非晶聚合物漫散射峰（虚线）。实线包含了晶区的衍射信号和非晶区的散射信号。

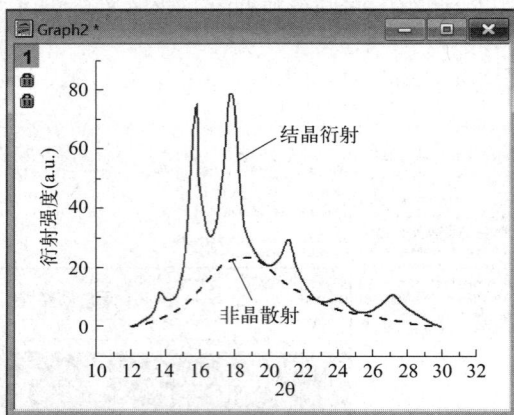

图 6-76　半晶聚合物 X 射线衍射峰与完全非晶聚合物漫散射峰

这里，衍射强度是任意单位。衍射强度对 2θ 积分可以得到峰面积。

设半晶聚合物衍射峰（实线部分）总面积为 S，非晶散射峰（虚线部分）面积为 S_a，则结晶峰面积为

$$S_c = S - S_a \tag{6-3}$$

聚合物的结晶度计算公式为

$$X_c = \frac{S_c}{S} \times 100\% = \frac{S - S_a}{S} \times 100\% \tag{6-4}$$

只要分别求出半晶聚合物衍射峰总面积 S 和非晶散射峰面积 S_a，就可以算出聚合物的结晶度。

【例 6-22】　数值积分。

① 新建 Origin 项目，导入 X 射线衍射数据 "XRD-1. dat"。

② 单击 ▱ 按钮，绘制连线图。

③ 执行【Analysis】/【Peaks and Baseline】/【Peak Analyzer】/【Open Dialog...】菜单命令，弹出【Peak Analyzer】对话框和预览窗口。

④【Goal】选择【Integrate Peaks】，单击 Next 按钮，如图 6-77 所示。

⑤【Baseline Mode】选择【Straight Line】，单击 Next 按钮。

⑥ 单击 Subtract Now 按钮，单击 Next 按钮，如图 6-78 所示。

⑦【Peak Filtering】中【Threshold Height（%）】设置为 "10"，单击 Next 按钮。

因为本例中求整个曲线的积分面积，所以【Find Peaks】中可以不用设置【Threshold Height（%）】，直接单击 Next 按钮即可。

⑧ 在【Quantities】中勾选需要计算的项目。在

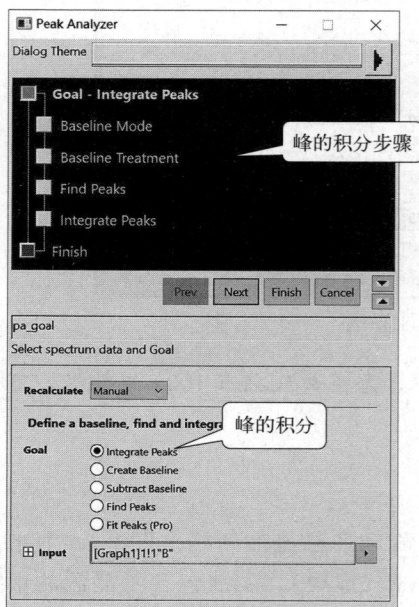

图 6-77　积分

本例中计算曲线的积分面积，因此需要把【Curve Area】后面的复选框勾选上，如图 6-79 所示。

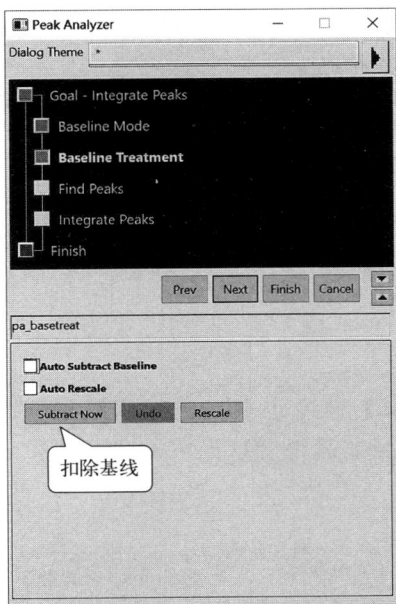

图 6-78　去基线

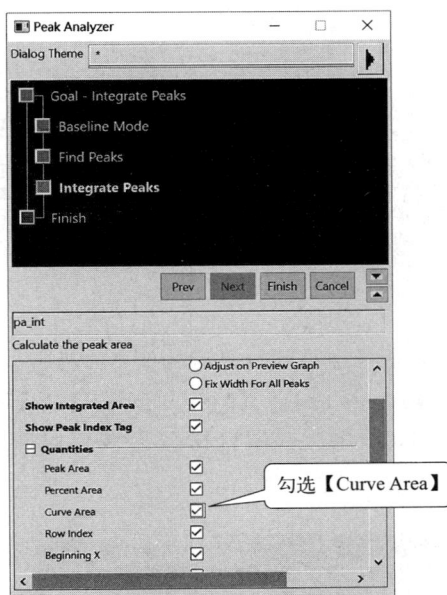

图 6-79　勾选曲线积分项

⑨ 单击 Finish 按钮。积分的数据可以在工作表中查看，整个曲线的积分数据在 D（Y）列，如图 6-80 所示。

图 6-80　积分数据

结果显示曲线下包括的面积 Curve Area，即 $S = 327.814$。这一数值包括了结晶部分和非晶部分对衍射强度的共同贡献。

下面处理非晶漫散射峰，首先扣除基线，然后积分。

⑩ 单击 按钮，新建一个 Origin 工作表。

⑪ 单击 导入非晶散射数据"XRD-2.dat"。

⑫ 按照上面同样的步骤进行操作，积分得到漫散射峰的面积为 157.6，如图 6-81 所示。

⑬ 计算结晶度：

图 6-81　非晶曲线积分数据

$$X_c = \frac{S-S_a}{S} \times 100\% = \frac{327.8-157.6}{327.8} \times 100\% = 51.9\% \tag{6-5}$$

即该半晶聚合物的结晶度约为 51.9%。

执行【Analysis】/【Mathematics】/【Integrate】命令也可以进行曲线积分。例如本节中扣除了基线的半晶聚合物 X 射线衍射曲线和完全非晶聚合物漫散射曲线的积分结果如图 6-82 所示。

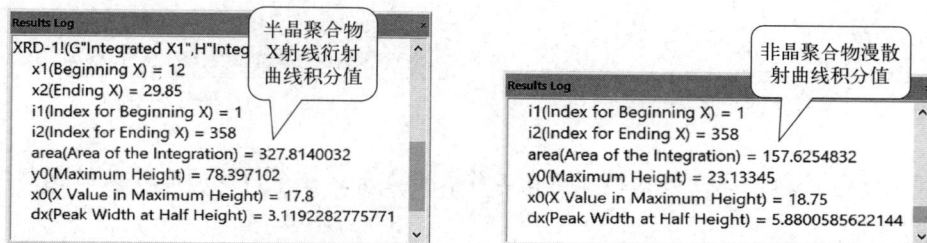

图 6-82　半晶聚合物 X 射线衍射曲线的积分数据（左）和完全非晶聚合物漫散射曲线的积分数据（右）

6.4　数据拟合与分析

拟合（fitting）是数据分析中一个非常重要的概念，根据试验数据样本建立一个能够最好地拟合这些数据的数学模型，可以帮助我们从数据中发现隐藏的规律和趋势并用于预测。在实际应用中，拟合需要根据具体的问题和数据类型选择合适的模型和算法。数据拟合包括线性拟合、多项式拟合以及非线性拟合等。

6.4.1　饱和蒸气压法测定液体的摩尔蒸发焓

拟合分析是研究随机变量间相互关系的重要方法。化学是一门实验科学，有大量的实验数据需要找出它们之间的关系。这些数据之间的关系可能是线性的，也可能是非线性的。有些非线性关系也可以通过一定的变换转变为线性关系。拟合分析可以减小实验数据的随机误差，发现数据之间的内在关系。

线性拟合数据是拟合分析中最简单、最常用的方法。也就是说数据间的关系可以用一元一次方程描述。下面以实例说明 Origin 进行线性拟合的过程。

【例 6-23】　饱和蒸气压法测定液体的摩尔蒸发焓。

液体蒸发需要吸收热量，这就是摩尔蒸发焓 ΔH。ΔH 可以通过测定不同温度下液体的饱和蒸气压来求得。

液体饱和蒸气压与温度的关系可用克拉珀龙-克劳修斯方程表示

$$\frac{\mathrm{d}\ln p}{\mathrm{d}T} = \frac{\Delta H}{RT^2} \tag{6-6}$$

积分得

$$\ln p = A - \frac{\Delta H}{RT} \tag{6-7}$$

用 $\ln p$ 对 $1/T$ 作图，应得一直线。直线的斜率为 $-\dfrac{\Delta H}{R}$，截距为 A。根据斜率可求得液体的摩尔蒸发焓 ΔH。

通过实验得到一组液体饱和蒸气压与温度的关系，如表 6-3 所示。

表 6-3　液体饱和蒸气压的实验数据

实验序号	气体沸点 /℃	$1/T$ /K^{-1}	水银柱 Δh/mmHg	气体压强($p_{外}-\Delta h$) /Pa	$\ln p_{气}$
1	98.5		54.0		
2	97.0		84.0		
3	94.8		123.5		
4	93.5		170.5		
5	90.2		218.0		
6	89.2		265.7		
7	87.2		321.0		
8	84.6		357.0		
9	83.1		393.0		
10	79.2		436.5		

实验室大气压 $p_{外}=102640\mathrm{Pa}$。

显然实验记录到的数据是不能直接绘图的，必须经过必要的转换处理。首先要把气体沸点由 "℃" 转换成 "K"，之后取倒数，这样自变量数据就处理完了。因变量的数据处理起来稍微烦琐些，要把水银柱高度 Δh 转换成 "Pa"（1mmHg＝133.32Pa），计算气体压强 $p_{气}=p_{外}-\Delta h$，最后取自然对数 $\ln p_{气}$。

① 新建一个 Origin 项目。

② 将气体沸点实验数据输入 A(X) 列。

③ 在 B(Y) 列标题上鼠标右击，弹出快捷菜单，执行【Set Column Values...】菜单项，弹出【Set Values】对话框，如图 6-83 所示。

④ 计算范围设定为 1～10，即【From】和【To】后面的输入框中分别输入 "1" 和 "10"，计算公式为 "1/(col(A)＋273.15)"。单击 OK 按钮。

⑤ 单击标准工具栏上 按钮，每单击一次，增加一列。一共单击三次，新增列分别是 C(Y)、D(Y) 和 E(Y)。

⑥ 将水银柱高度数据输入新增的 C(Y) 列。

⑦ 在 D(Y) 列标题上鼠标右击，弹出快捷菜单，执行【Set Column Values...】菜单项，弹出【Set Values】对话框。计算公式为：102640-col(C) * 133.32，计算范围为 1～10。

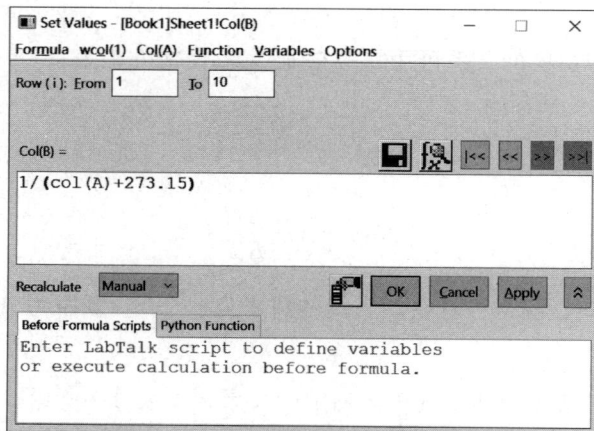

图 6-83 【Set Values】对话框

单击 ox 按钮。

⑧ 同样操作计算 E(Y)列数据。计算公式为：ln(col(D))，计算范围为 1～10。

至此数据的预处理完成。当然读者也可以将上两步合并为一步，增加两个新列即可。计算公式为：ln(102640-col(C) * 133.32)。

需要说明的是，Origin 中的对数函数和常用算法语言中的对数函数有所不同，它有专门的自然对数函数 "ln()"，还有以 10 为底的常用对数函数 "log()"。而在某些算法语言中，"log()" 就是自然对数，"log10()" 才是以 10 为底的对数，或者只有自然对数函数 "log()"，计算常用对数时用换底公式来实现。

⑨ B(Y) 列标题上鼠标右击，弹出快捷菜单，选择【Set As】/【X】菜单项。

⑩ 单击 B(X2) 列标题，然后按住键盘的 Ctrl 键，单击 E(Y2) 列标题，这样将同时选中 B(X2) 列和 E(Y2) 列，单击 2D Graphs 工具栏上的 按钮，绘制散点图，如图 6-84 所示。

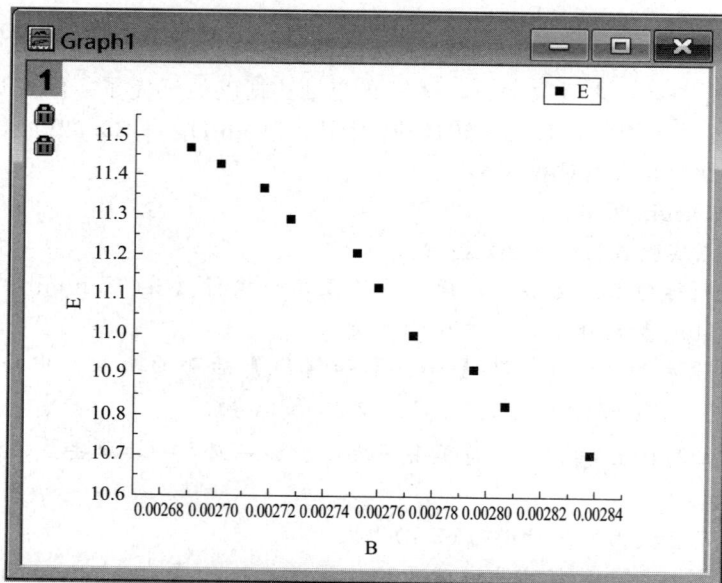

图 6-84 绘制散点图

可以看出，$\ln p$ 和 $1/T$ 之间近似为线性关系。下面进行线性拟合分析。

⑪ 执行【Analysis】/【Fitting】/【Linear Fit】/【Open Dialog...】菜单命令，单击 OK 按钮。拟合直线如图 6-85 所示。

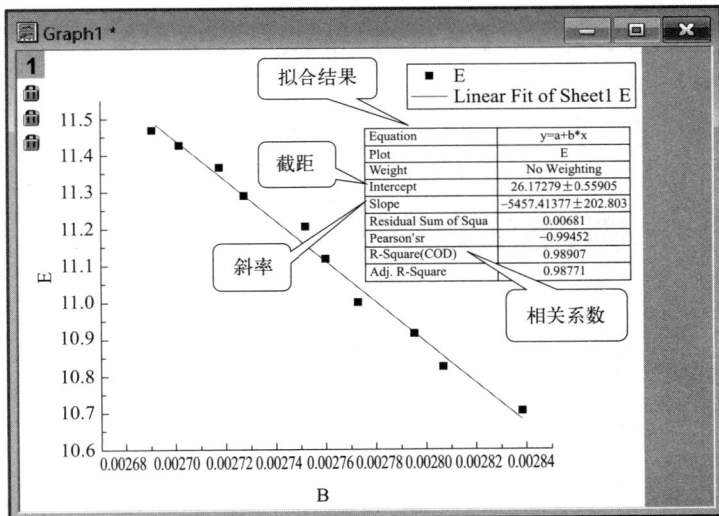

图 6-85　拟合得到的直线

上述步骤执行后，绘图页面上出现一个表格，表格里显示线性拟合的结果。

线性拟合的结果显示，直线方程为：$Y = 26.173 - 5457.4X$，对本实验来说方程为：$\ln p = 26.173 - 5457.4/T$。直线的斜率为 -5457.4，相关系数为 0.98907。相关系数的绝对值越接近1，说明实验点越接近线性。

此外，线性拟合的数据在工作表中也可以看到。

下面将图形完善一下。由于自变量数据较小，Origin 默认刻度标签很密集也不美观，有必要以习惯的方式将 $1/T$ 变成 $1000/T$。

⑫ 双击 X 轴，弹出【X Axis-Layer 1】对话框。

⑬ 单击【Tick Labels】选项卡，在【Divide by Factor】输入框中输入"0.001"，单击 Apply 按钮，如图 6-86 所示。

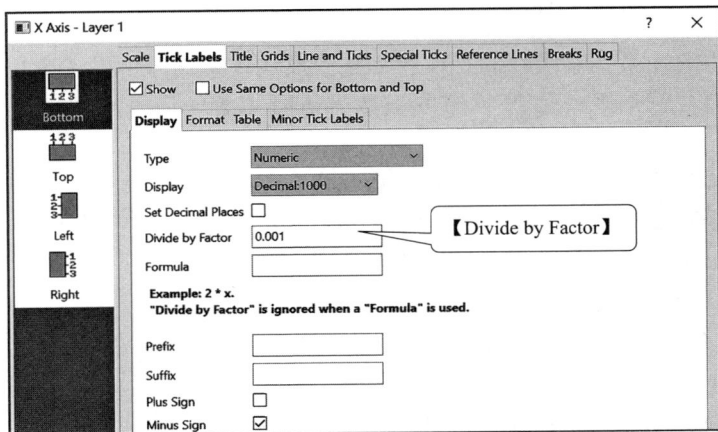

图 6-86　【X Axis-Layer 1】对话框

【Diveded by Factor】的功能就是将坐标轴的刻度值除以设定的值。

⑭ 单击【Scale】选项卡，将【Increment】改为"0.05"。单击 Apply 按钮。

⑮ 将 Y 轴的【Increment】改为"0.2"。单击 Apply 按钮。

⑯ 给图形加上边框和右边框。

⑰ 将横坐标说明【B】编辑为【1000/T】。将纵坐标说明【E】编辑为【lnp】。

⑱ 删掉图注和表格。

⑲ 用 T 工具在图上注明实验名称。用 T 工具将直线方程标注到图上。最终的图形如图 6-87 所示。

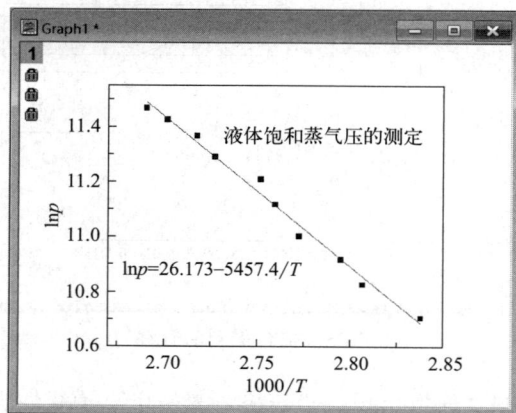

图 6-87　液体饱和蒸气压数据处理结果

本实验的最终目的是求出液体的摩尔蒸发焓 ΔH。

拟合得到直线的斜率为 5457.4，所以 $-\dfrac{\Delta H}{R}=-5457.4$。由此求得液体的摩尔蒸发焓 $\Delta H \approx 45.37 \text{kJ/mol}$。

读者可建立一个 Word 文档，将实验原理、步骤、原始数据、处理过程与结果组织起来。在 Origin 中可以使用【Edit】/【Copy Page】菜单命令将图形复制到 Word 文档中，从而形成一份完整的实验报告。

6.4.2　K 型热电偶温差热电势

有时变量之间的关系并非线性的，或者无法变成线性，这时可以考虑用多项式来拟合实验数据。多项式拟合就是用一元 N 次方程对数据进行拟合，通过增加自变量的方次增强对数据的拟合效果。

【例 6-24】　K 型热电偶的温差热电势（冷端为 0℃）与温度近似为线性关系，但在低温段有所偏离。实验测定了 $-200 \sim 700℃$ 之间每隔 10℃ 的温差热电势数据，数据文件名为"ThermoCouple.dat"。选用适当的多项式来拟合这些数据。

① 新建一个 Origin 项目。

② 单击 按钮，导入 K 型热电偶的热电势数据"ThermoCouple.dat"。

③ 将数据以散点形式绘制出来。

④ 双击数据点，将散点符号大小设为"5"（默认大小为"9"）。

⑤ 对坐标外观做必要的处理，结果如图 6-88 所示。

可以看出，在低温部分数据偏离线性的程度较大。

⑥ 执行【Analysis】/【Fitting】/【Polynomial Fit...】菜单命令，弹出【Polynomial Fit】对话框，如图 6-89 所示。

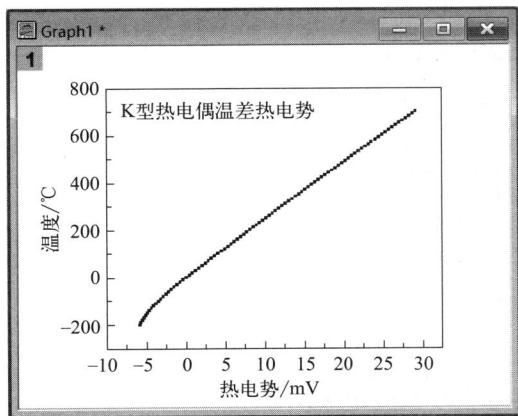

图 6-88　K 型热电偶数据散点图

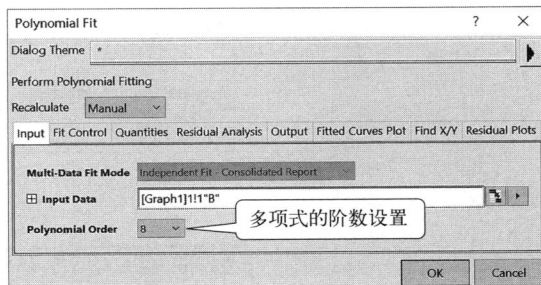

图 6-89　【Polynomial Fit】对话框

【Polynomial Order】输入框用来确定多项式的阶数，范围为 [1,9]。若 Polynomial Order＝1，即线性拟合，若 Polynomial Order＝2，即抛物线拟合。为取得较好的拟合效果，【Polynomial Order】项可以酌情选择大一些的数值。

⑦ 在【Polynomial Order】输入框中输入"8"。

⑧ 单击【Fitted Curves Plot】选项卡，【X Data Type】中的【Range】设置为【Span to Full Axis Range】，如图 6-90 所示。这样拟合曲线会延伸到坐标轴的整个范围。

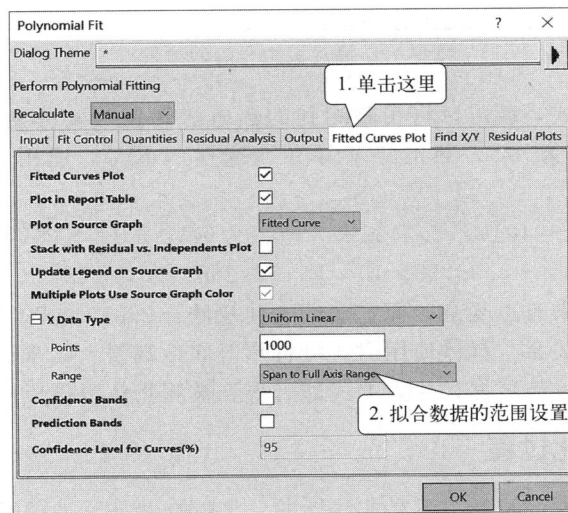

图 6-90　【Fitted Curves Plot】选项卡

⑨ 单击 OK 开始拟合。拟合的效果相当好，相关系数为 1，如图 6-91 所示。

拟合完成的 8 次多项式会自动添加到图形上。在对这个多项式进行编辑之后，最终的图形如图 6-92 所示。

Equation	y = Intercept + B1*x^1 + B2*x^2 + B3*x^3 + B4*x^4 + B5*x^5 + B6*x^6 + B7*x^7 + B8*x^8
Plot	B
Weight	No Weighting
Intercept	-0.27803 ± 0.15349
B1	24.9494 ± 0.0495
B2	-0.34529 ± 0.01684
B3	0.09397 ± 0.0023
B4	-0.01125 ± 3.45805E-4
B5	6.9818E-4 ± 5.72839E-5
B6	-2.40131E-5 ± 3.71295E-6
B7	4.36778E-7 ± 1.07154E-7
B8	-3.28691E-9 ± 1.15718E-9
Residual Sum of Squares	21.73243
R-Square (COD)	1
Adj. R-Square	1

图 6-91　拟合结果

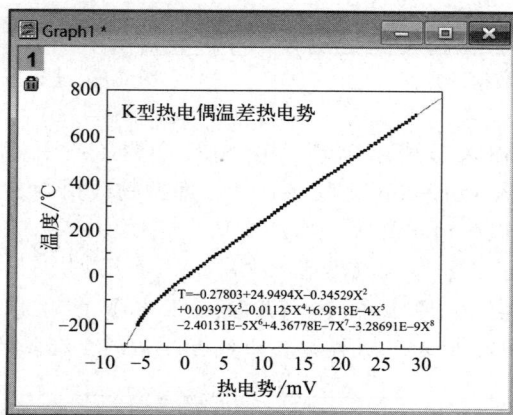

图 6-92　多项式拟合后的结果

有了这样一个多项式，就可以将实验测到的热电势转换为实际温度 T。这里的热电偶为 K 型，冷端补偿温度为 0℃，热电势 V 单位为毫伏（mV），适用范围 $-200 \sim +700$℃。热电势与温度的关系为

$$T = -0.27803 + 24.9494V - 0.34529V^2 + 0.09397V^3 - 0.01125V^4 + 6.9818 \times 10^{-4}V^5 - 240131 \times 10^{-5}V^6 + 4.36778 \times 10^{-7}V^7 - 3.28691 \times 10^{-9}V^8 \tag{6-8}$$

虽然最终结果看起来有点复杂，但它能精确地反映 -200℃ 到 700℃ 之间 K 型热电偶温差热电势与温度之间的关系。具体使用时，可将热电偶冷端浸入冰水混合物中，另一端固定在被测物体上。读取热电势数据，代入上式即可得到被测物体以摄氏度表示的温度数据。

6.4.3　环氧乙烷固化过程

很多情况下实测数据之间的关系是非线性的。虽然有些非线性关系也能通过转换变成线性，但很多情况下难以进行这种变换。Origin 提供了非线性拟合的功能，不仅内建了大量非线性函数供用户选用，而且还允许用户自定义非线性函数来拟合实验数据。

【例 6-25】　实验测定了某种环氧乙烷复合材料固化程度与固化时间的关系，得到一组数据。选用合适的函数拟合这组数据。

① 新建一个 Origin 项目。单击 ▦ 按钮，导入固化数据 "Epoxy.dat"。

② 绘制散点图，可以看出这是一个 S 形曲线，如图 6-93 所示。

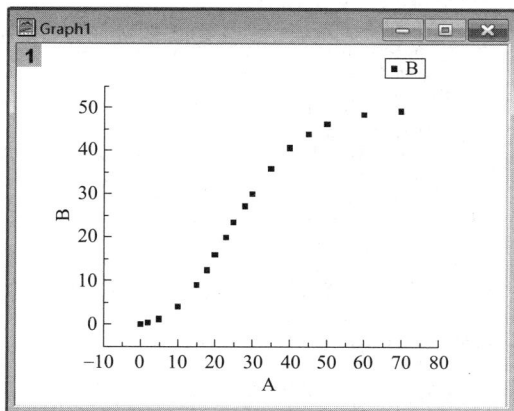

图 6-93　散点图

③ 执行【Analysis】/【Fitting】/【Non-linear Curve Fit...】命令，弹出如图 6-94 所示的对话框。

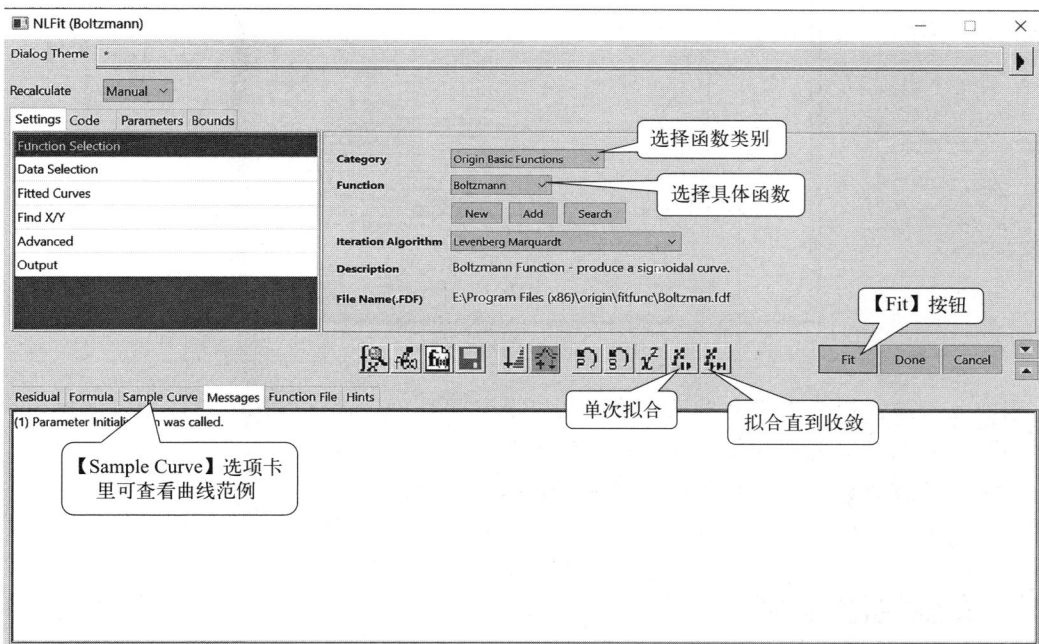

图 6-94　NLFit 对话框

Origin 内建了大量非线性函数类型供用户选用，如【Origin Basic Functions】类中就有 ExpDecay（指数衰减）、ExpGrow（指数增长）、Boltzmann、Gauss、Lorentz 等常用非线性函数。

④ 在【Category】中选用【Growth/Sigmoidal】函数类别。

⑤ 在【Function】中选择【Boltzmann】函数。

⑥ 单击【Sample Curve】选项卡显示曲线范例，如图 6-95 所示。

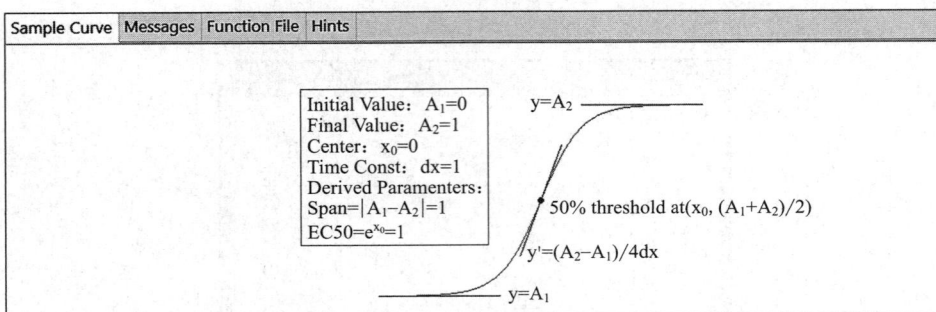

图 6-95　【Boltzmann】函数曲线

这个曲线形状正是我们需要的函数。

⑦ 单击 [Fit] 按钮，拟合结果如图 6-96 所示。

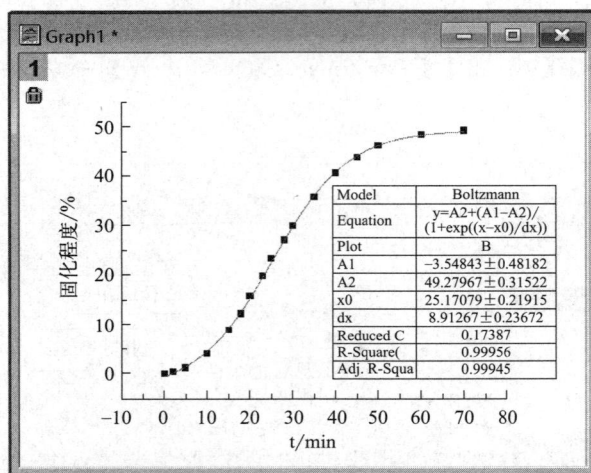

图 6-96　最终拟合结果

函数各参数的拟合结果会显示在绘图窗口上，同时也显示在工作表窗口中。如果用户不小心删除了绘图窗口上的参数表，可在工作表窗口中查看。

默认的拟合数据为全部数据。如果用 Mask 功能屏蔽某些数据，就可以实现部分数据拟合。

6.5　文献绘图实例

本节中的数据和图形参考自一些正式发表的研究论文，目的是让用户模拟实战进行训练。

6.5.1　使用 Insert 绘图实例

有时我们需要在大图里嵌套一个小图，分别表述数据曲线的整体和局部，小图用来展示大图的某个细节，这就需要使用 Insert 绘图，如图 6-97 所示。

接下来，我们学习如何使用 Insert 功能绘制曲线的局部图。

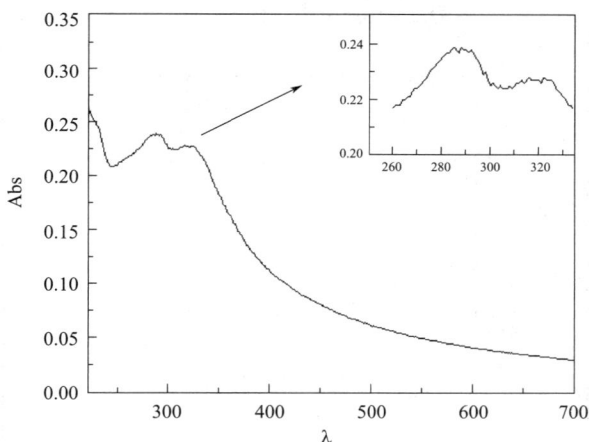

图 6-97   图中嵌图

【例 6-26】   使用 Insert 绘图。

① 新建一个 Origin 项目。

② 单击 ▦ 按钮，导入 Insert 绘图实例 200～700 数据。

③ 选中 B（Y）列，单击 ╱ 按钮进行绘图。

④ 设置坐标轴边框、说明等，如图 6-98 所示。

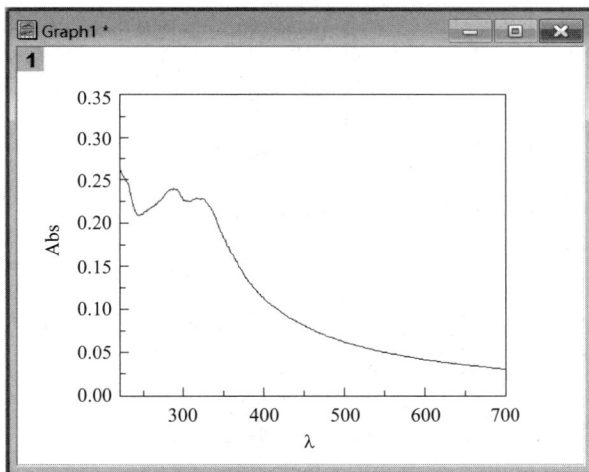

图 6-98   数据图

⑤ 执行【Insert】/【New Layer（Axes）】/【Inset With Data（Linked Dimension）】命令，得到如图 6-99 所示的图形。

⑥ 选中图层 2 中的图形，即右上角图形，将图形拉到合适大小。

⑦ 双击图层 2 中的横坐标，横坐标范围设置为 250～335，间隔为 20；纵坐标设置为 0.2～0.25，间隔为 0.02，最后单击 OK 按钮。

⑧ 分别单击"A"和"B"，按 Del 键删除。

⑨ 单击 ↗ 按钮，在图中进行标注，最终效果如图 6-97 所示。

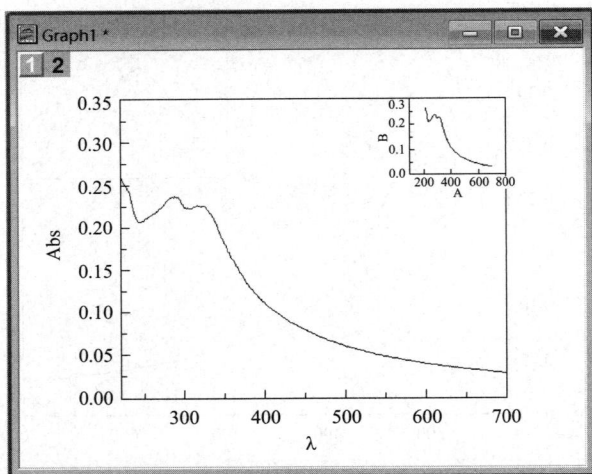

图 6-99　插入新图形

6.5.2　横坐标有间断的拉曼光谱

拉曼光谱常用来分析石墨和石墨烯。除了需要把它们放在一起比较之外，还需考虑把较长的、没有信号的区域略去，否则画面不美观。如图 6-100 所示。

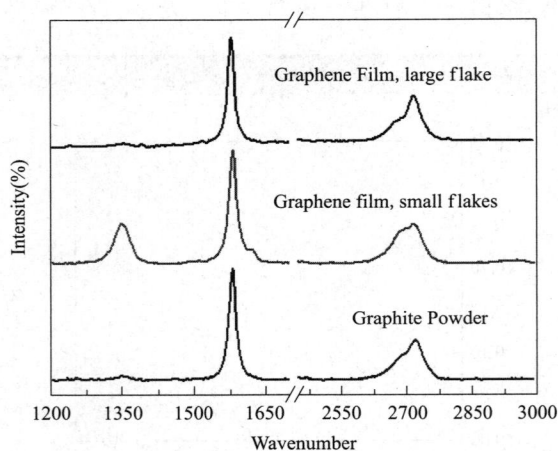

图 6-100　横坐标有间断的拉曼光谱

【例 6-27】　横坐标有间断的拉曼光谱。

① 新建一个 Origin 项目。

② 执行【Data】/【Import From File】/【Multiple ASCII...】命令。

③ 在弹出的 ASCII 对话框中，选中要导入的文件 "1.dat" "2.dat" "3.dat"，单击 Add File(s) 按钮，单击 OK 按钮。

④ 在弹出的页面中，【Multi-File(except 1st) Import Mode】选择【Start New Book】，这也是默认设置，然后单击 OK 按钮，如图 6-101 所示。

⑤ 选中 "A3-3.dat" 工作表中的 B(Y) 列，单击 ／ 按钮。

⑥ 执行【Insert】/【Plot to Layer】/【Line...】命令，选中 2.dat 行，单击 ➡ 按钮，选

中 1.dat 行，单击 ➡ 按钮，然后单击 OK 按钮，如图 6-102 所示。

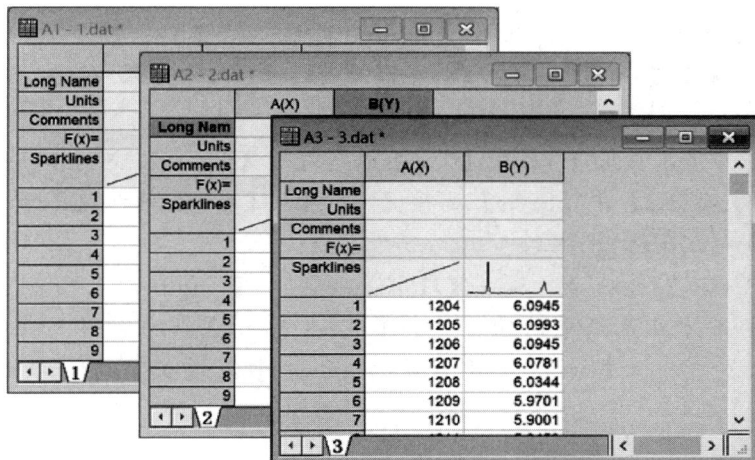

图 6-101 导入数据

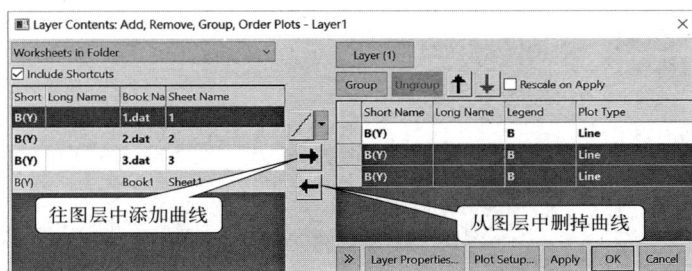

往图层中添加曲线

从图层中删掉曲线

图 6-102 选择绘图数据

⑦ 导入后曲线显示不全，如图 6-103（左）所示，单击绘图区右侧 Graph 工具栏上的按钮，这样显示不全的曲线就显示全了，如图 6-103（右）所示。

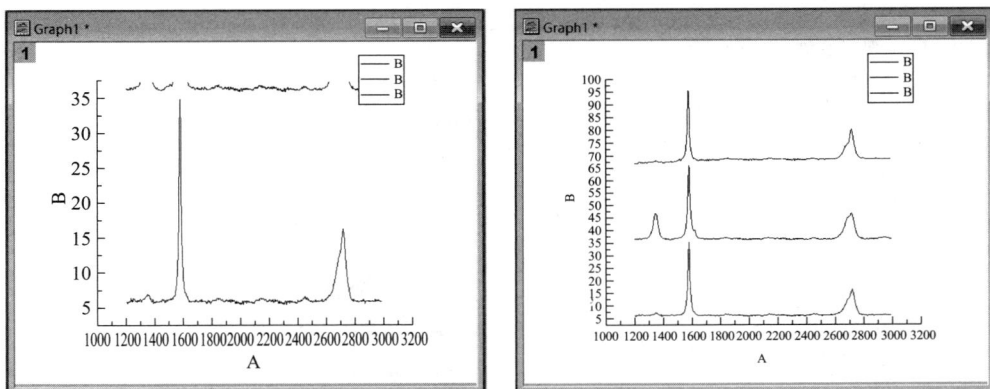

图 6-103 原始导入数据图（左）和调整后的图（右）

⑧ 双击横坐标轴，单击【Horizontal】，【From】设置为 1200，【To】设置为 3000，【Value】设置为 150，单击 Apply 按钮。

⑨ 单击【Tick Labels】选项卡，选择【Left】轴，去掉【Show】前面复选框中的钩，单击 Apply 按钮。

⑩ 单击【Title】选项卡，选择【Bottom】轴，在【Text】后的输入框中输入"Wavenumber"；选择【Left】轴，在【Text】后面的输入框中输入"Intensity（％）"，单击 Apply 按钮。

⑪ 单击【Line and Ticks】，选中【Top】轴，勾选【Show Line and Ticks】，【Major Ticks】和【Minor Ticks】中【Style】选择【None】。【Left】轴和【Right】轴的设置同【Top】轴，然后单击 OK 按钮。

⑫ 单击【Breaks】选项卡，单击【Horizontal】，【Number of Breaks】选1。去掉【Auto Position】下方复选框中的钩，双击【Break From】下方的输入框，将数据改成1700，用同样的方法，将【Break To】修改为2450，最后单击 OK 按钮，如图6-104所示。

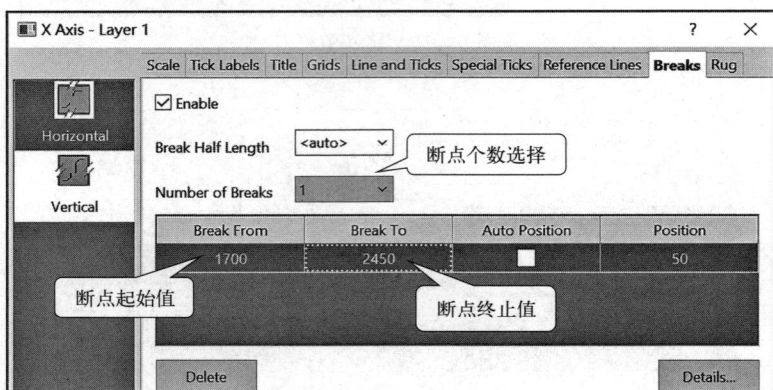

图 6-104　设置坐标断点

⑬ 选中图注，按Del键删掉。

⑭ 双击最下面的曲线，【Width】选2，【Color】选择蓝色，如图6-105所示。

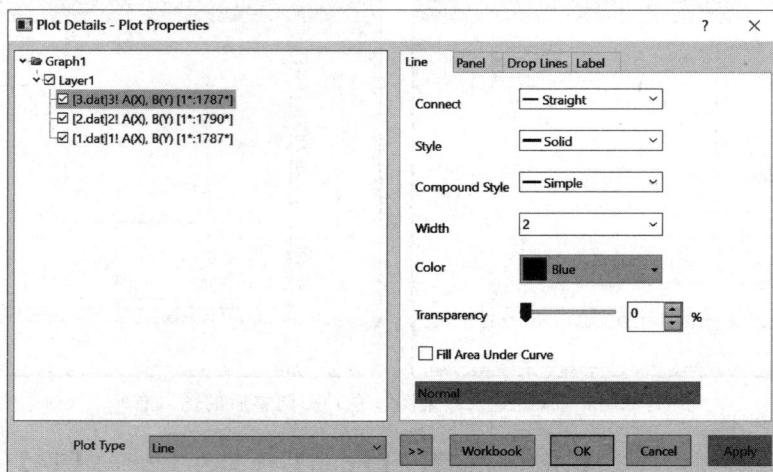

图 6-105　设置曲线颜色

⑮ 单击图 6-105 左侧栏中［2. dat］2！这一行，【Width】选 2，【Color】选择红色。单击左侧栏中［1. dat］1！这一行，【Width】选 2，单击 OK 按钮。

⑯ 单击 **T** 按钮，对曲线进行说明，最终效果如图 6-100 所示。

6.5.3 片层分布（柱状图）

采用高功率超声波可以直接剥离石墨制备石墨烯。然而，剥离出来的石墨并非都是单层的，产物的层数有一个分布。这种分布可以用柱状图来表示。如图 6-106 所示。

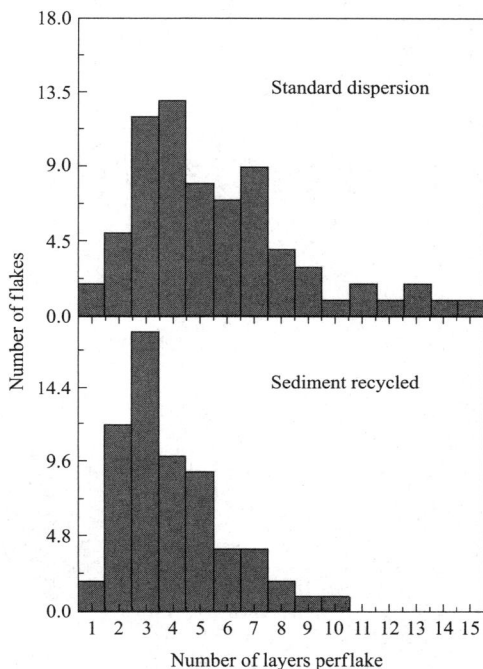

图 6-106　超声法制备石墨烯的片层分布

【例 6-28】 用柱状图表示石墨烯片层分布。

① 新建一个 Origin 项目。

② 执行【Data】/【Import From File】/【Multiple ASCII...】命令。

③ 单击"Graphene2. dat"，单击 Add File(s) ，再单击"Graphene1. dat"，单击 Add File(s) ，单击 OK 按钮。

④ 在弹出的页面中，【Multi-File(except 1st)Import Mode】选择【Start New Columns】，这也是默认设置，然后单击 OK 按钮，如图 6-107 所示。

将所有数据导入一个工作表中，工作表的默认命名是以最后一个导入文件的名称来命名的，在此例中，最后导入的是"Graphene1. dat"。

⑤ 选中 C(Y) 列，鼠标右击，执行【Set As】/【X】命令。

⑥ 选中工作表中数据，单击 ⊠▾ 按钮上的下拉三角按钮，选择 **Stack...** 弹出如图 6-108 所示的对话框。

默认的图形堆叠方式是竖着排列，默认的图层顺序是从下到上，即图层 1 在下方，图层 2 在图层 1 的上方。在本例中我们选择默认，用户可以根据具体情况进行设置。

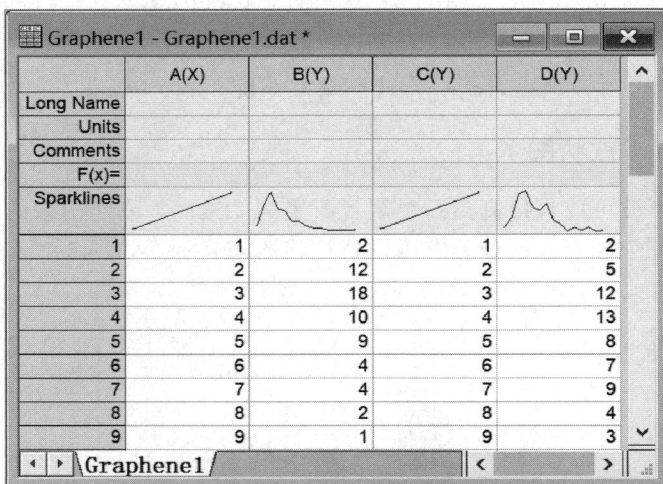

图 6-107　导入数据

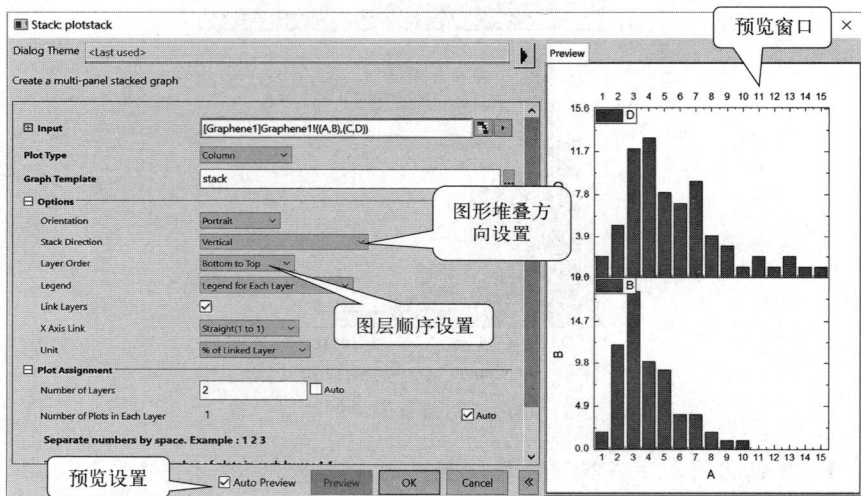

图 6-108　【Stack plotstack】对话框

建议勾选【Auto Preview】在预览窗口展示图形设置效果，方便用户调整。

⑦【Plot Type】选择【Column】。

⑧ 单击 OK 按钮，初始图形如图 6-109（左）所示。设置坐标轴等基本设置后效果如图 6-109（右）所示。

双击柱状图，可以对其颜色、边框、柱状之间的间隙等进行设置。

⑨ 双击图层 2 中的柱状体，弹出【Plot Details-Plot Properties】对话框，如图 6-110所示。

在【Pattern】选项卡中可以进行柱状边界和填充等设置。该例中我们就不进行设置了。接下来我们来看看如何取消柱状之间的间隙。

⑩ 单击【Spacing】选项卡，【Gap Between Bar（in％）】选择"0"，单击 Apply 按钮，如图 6-111 所示。

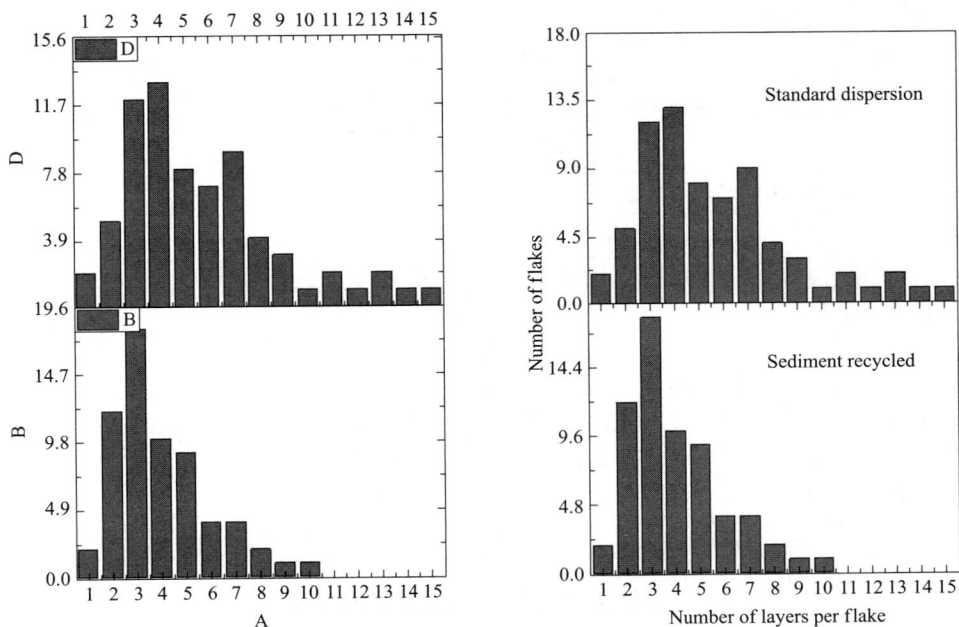
图 6-109　初始（左）和设置后（右）的效果图

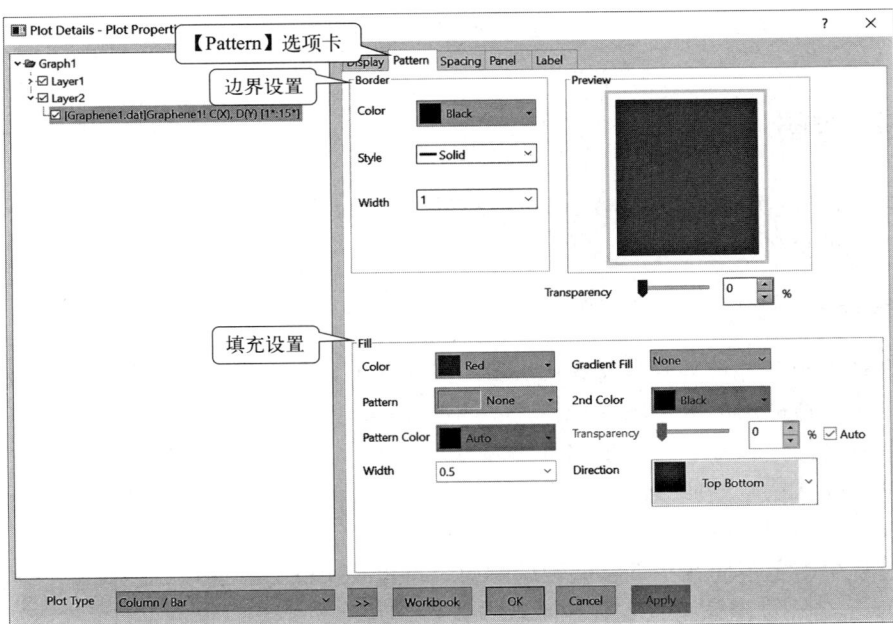
图 6-110　【Plot Details-Plot Properties】对话框

⑪ 单击左侧【Layer1】前的 ▶ 符号，展开 Layer1 内容，单击 "［Graphene1.dat］Graphene1! A(X),B(Y)［1 * :15 *]" 这一行，如图 6-112 所示。

⑫ 在【Spacing】选项卡里将【Gap Between Bar(in%)】选择 "0"，单击 ОК 按钮。最终效果如图 6-106 所示。

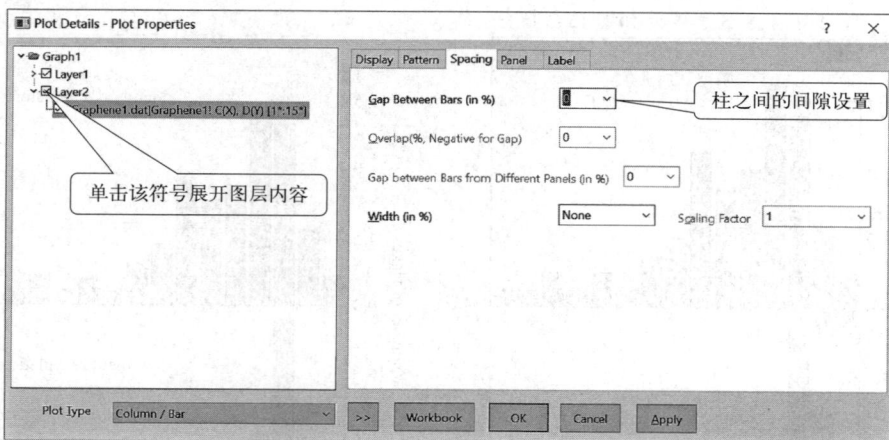

图 6-111 【Spacing】选项卡

图 6-112 选择图层 1 的数据

6.6 3D 作图

3D 作图可以一次性了解 X、Y、Z 三个变量之间的关系，与 2D 绘图相比在某些情况下有着不可替代的优势。

6.6.1 铁电材料的介电温度谱

室温下钛酸钡是一种具有自发极化性质的典型铁电材料，具有较高介电常数和较低介电损耗，是一种广泛应用的电子陶瓷材料。

随着温度升高，钛酸钡的自发极化程度逐渐降低。当温度到达 130℃ 时，发生铁电-顺电相变，钛酸钡从铁电相四方晶系转变为顺电相立方晶系。除了温度以外，钛酸钡的介电常数还与外加电场的频率有关。

升温过程中测定不同频率下钛酸钡的响应，可以一次性得到温度 T、频率 ν 和介电常数 ε 三种数据，绘制 3D 图像可以直观地了解三者之间的相互关系，如图 6-113 所示。

【例 6-29】 绘制钛酸钡介电常数随温度和频率的变化关系。

① 新建一个 Origin 项目。

② 单击 ▦ 按钮，导入数据 "Real.dat"。

③ 选中 C（Y）列，鼠标右击，执行【Set As】/【Z】命令。

④ 在 3D 绘图工具栏上单击 ▨ （3D Color Fill Surface）按钮，得到如图 6-114 所示的图形。

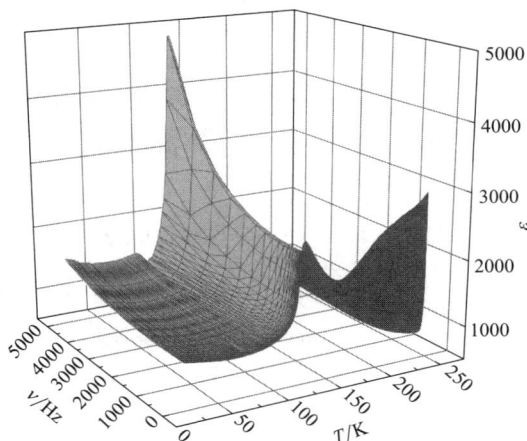

图 6-113　钛酸钡的介电温度频率谱

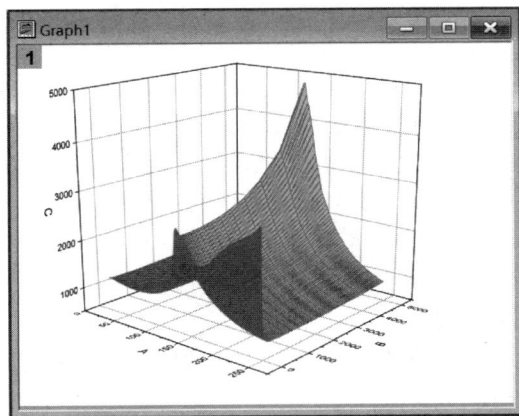

图 6-114　3D 表面图

在出现 3D 图形的同时，Origin 会自动启动 3D 工具栏，其中有若干图形旋转按钮，如图 6-115 所示。

图 6-115　3D 工具栏

单击这些按钮可以将图形旋转一定角度。读者可以组合使用这些按钮，将 3D 图形旋转至最有代表性的观察角度。

⑤ 单击 [按钮] 按钮旋转图形。

⑥ 修改各坐标轴说明使之符合要求。最终效果如图 6-113 所示。

可以通过设置图层属性，改变 3D 图形的背景、大小、显示/速度、显示外观，进行坐标轴与坐标平面的设置等。

设置图层属性的操作步骤如下：

⑦ 在图层 **1** 按钮上鼠标右击，弹出快捷菜单，选中【Layer Properties...】菜单项，弹出【Plot Details-Layer Properties】对话框，直接在绘图区空白处双击也可以弹出该对话

框，如图 6-116 所示。

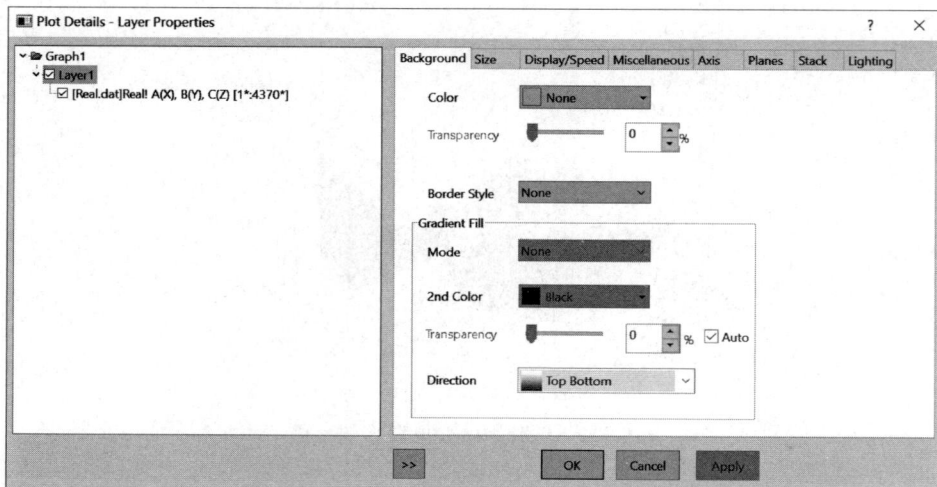

图 6-116　图层属性设置对话框

【Plot Details】对话框已经很熟悉了，包含了所有图形属性的设置。双击图中曲线就可以弹出该对话框。只不过会直接进入曲线属性设置。这里有多个选项卡。

- 【Background】：设置背景颜色和边框样式等。默认值为【None】。
- 【Size】：设置图形尺寸。图形以页面大小的百分比表示。
- 【Display/Speed】：设置显示元素和速度等。
- 【Miscellaneous】：杂项设置。
- 【Axis】：设置坐标轴属性等。
- 【Planes】：设置网格线的位置、颜色等。通常用默认设置即可。
- 【Stack】：设置堆叠偏移。
- 【Lighting】：设置图形光影效果。

6.6.2　三维柱状图

对于有些数据，如数据数量有限且数值差异大，则可以选择三维柱状图来绘制，因其视觉上更直观。请看下面的实例。

与三类能源材料 A、B 和 C 相关的研究论文 2021～2023 年发表篇数如表 6-4 所示。

表 6-4　三类能源材料近三年发表论文数

年份	A 类能源材料	B 类能源材料	C 类能源材料
2021	2068	1428	1577
2022	1044	1054	4139
2023	764	1430	6241

这里有三个变量：能源材料种类、时间（年）和论文数量。用三维柱状图可直观展示随着时间的延续，三种类型论文的增减趋势，如图 6-117 所示。

【例 6-30】　绘制三维柱状图。

① 新建一个 Origin 项目。

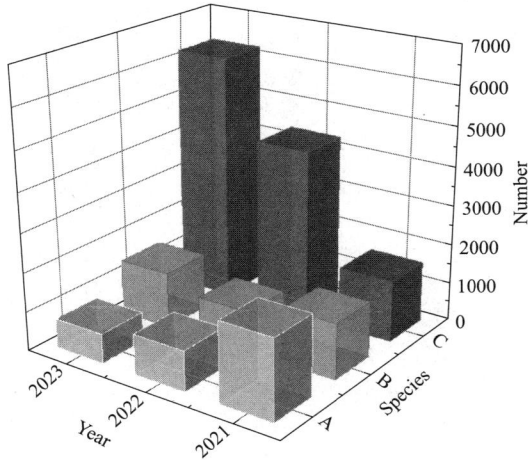

图 6-117　三类能源材料 2021～2023 年发表论文数量变化趋势

② 将数据录入工作表，选中 E（Y）列，鼠标右击，执行【Set As】/【Label】命令，如图 6-118 所示。

图 6-118　绘图数据

③ 选中前四列，执行【Plot】/【3D】/【XYY 3D Bars】命令，如图 6-119 所示。

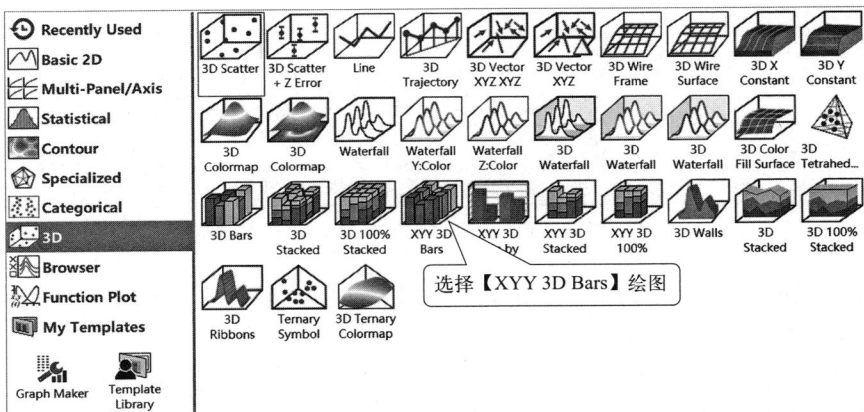

图 6-119　选择绘图类型

3D 柱状图如图 6-120 所示。

④ 双击绘图区任意三维柱状体，弹出【Plot Details-Plot Properties】对话框，如图 6-121 所示。

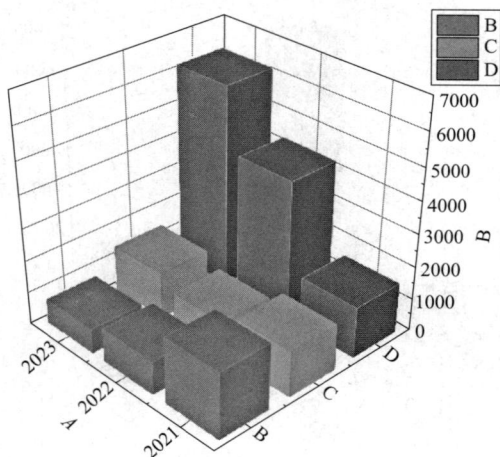

图 6-120　XYY 3D 柱状图

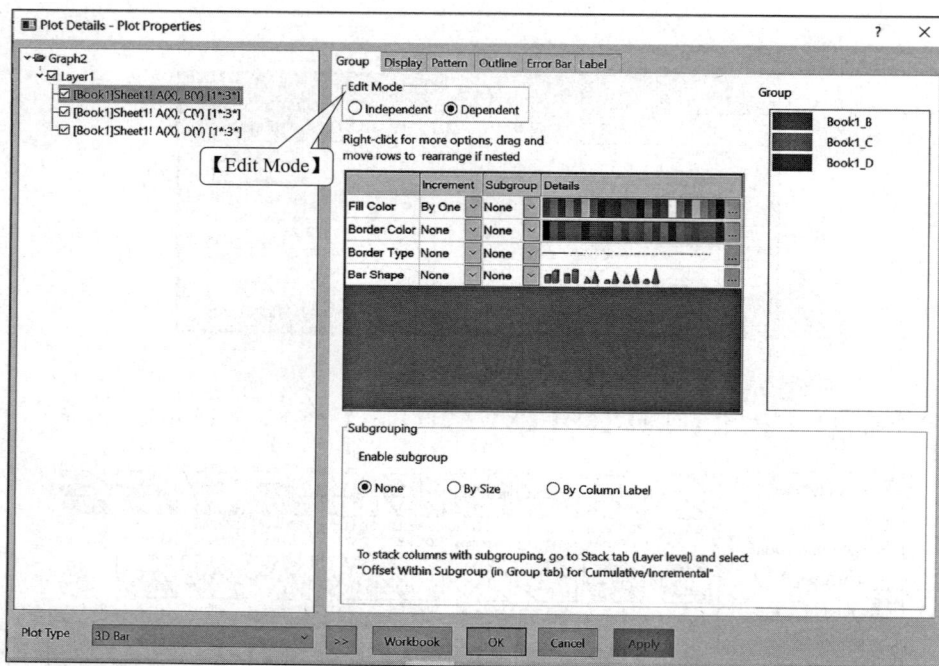

图 6-121　【Plot Details-Plot Properties】对话框

⑤【Edit Mode】选择【Independent】，单击 Apply 按钮。这样后续就可以单独对不同材料的柱状体进行设置。

将柱状体设置成优雅的半透明状态，可以清晰、美观且快速地展示数据，在一定程度上会提高文章的视觉吸引力。此外，对于研究生和科研工作者来说，高质量的数据表达形式也有助于论文投稿。

接下来进行柱状体颜色和尺寸等的设置。需要说明的是，每个人的审美不尽相同，要具体情况具体分析，不必完全照搬书本上的参数设置。

⑥ 单击【Pattern】选项卡，【Border】的设置中，【Color】选择白色。【Fill】的设置

中，【Color】选择橘色（#F88F92），【Transparency】调整为20，单击 Apply 按钮，如图6-122所示。

图6-122　绘图属性设置

⑦ 单击左侧Layer1中的第二行，对B材料的柱状体设置边界和填充的颜色。【Border】的设置中，【Color】选择白色。【Fill】的设置中，【Color】选择绿色（#75FF75），【Transparency】调整为20，单击 Apply 按钮。

⑧ 单击左侧Layer1中的第三行，对C材料的柱状体设置边界和填充的颜色。【Border】的设置中，【Color】选择白色。【Fill】的设置中，【Color】选择紫色（#BA75FF），【Transparency】调整为20，单击 Apply 按钮。

⑨ 单击【Outline】选项卡，勾选【Keep Shape】前面的复选框，拖动【Width（in%）】的拖动条，调整柱的粗细，单击 OK 按钮。在本例中，我们调整到了60。如图6-123所示。

接下来我们对坐标轴进行设置。

⑩ 双击标有年的坐标轴，如图6-124所示。

⑪ 单击【Tick labels】选项卡，选择【Z】轴，【Type】选择【Text from dataset】，【Dataset Name】选择【［Book1］Sheet1! E】，单击 Apply 按钮。

⑫ 单击【Title】选项卡，选中【X】轴，【Text】后面的输入框中输入"Year"。选中【Y】轴，【Text】后面的输入框中输入"Number"。选中【Z】轴，【Text】后面的输入框中输入"Species"，单击 OK 按钮。

⑬ 选中图注，按 Del 键删除。旋转图形到合适的角度，最终效果如图6-117所示。

可以发现三维图形的设置和二维有很多类似相通的地方，二维图形使用熟练后，三维图形使用起来就不难了。

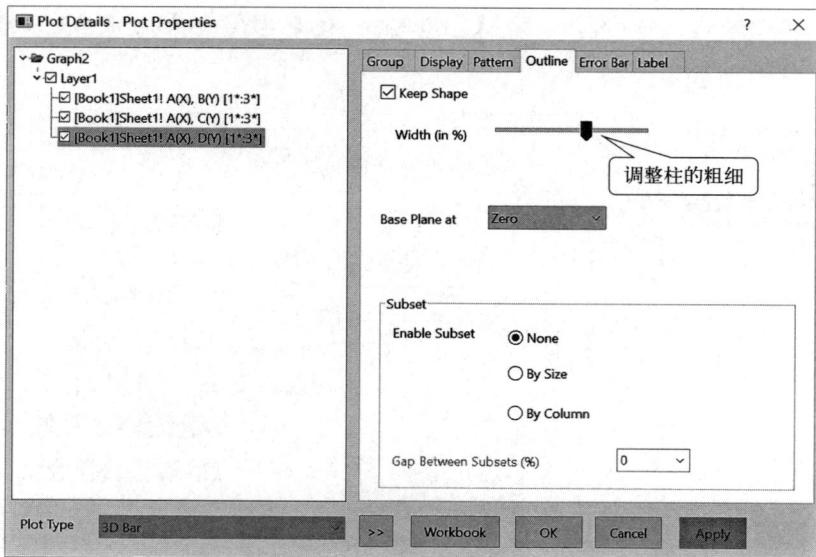

图 6-123　调整柱的粗细

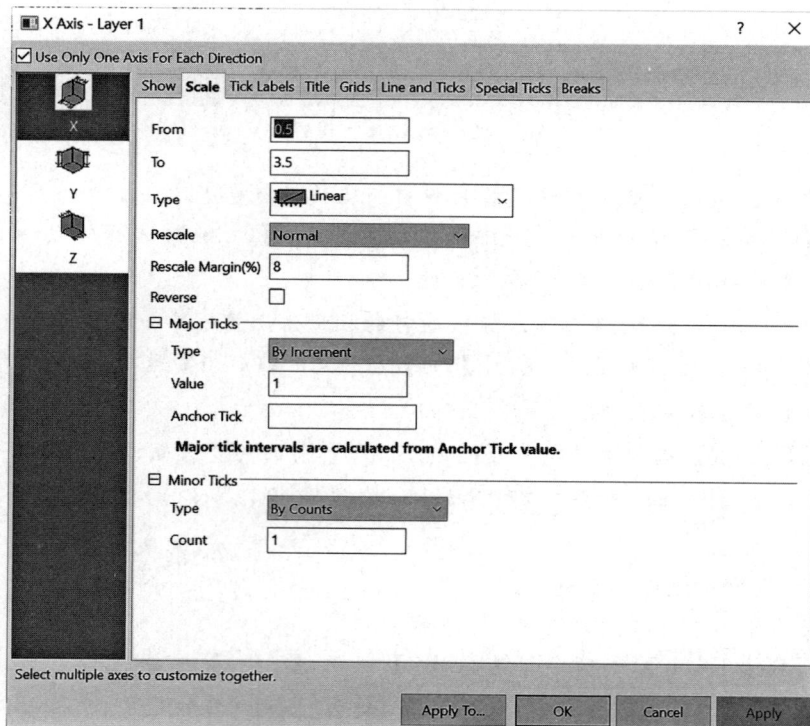

图 6-124　坐标轴设置

6.7　总结

本章通过大量的计算、2D 绘图、数据拟合与分析、文献绘图和 3D 作图等实例，为读者展示了常用的数据处理方法。学会这些方法，实验数据的分析和绘制基本能应付。本章还优选了部分文献中的作图实例，供读者观摩学习实际研究工作中的数据处理技能。

建议读者跟着本章内容从头到尾练习，从实例练习中掌握 Origin 的基本使用方法，进而可以自己进行更复杂的操作，做出更准确、清晰和有特色的数据处理结果。

习题

6-1. 边长为 1 的正方形靶子，内接一个圆，圆心在（0.5，0.5）处，如图 6-125 所示。试用蒙特卡洛法计算圆周率 π 的近似值。

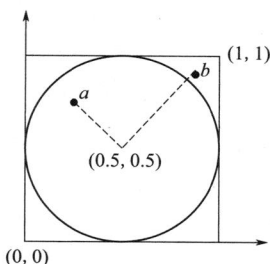

图 6-125　蒙特卡洛法计算圆周率

6-2. 普朗克黑体辐射公式能量密度谱的波长形式为：

$$\mu_\lambda = (\lambda, T) = \frac{8\pi hc}{\lambda^5} \times \frac{1}{e^{\frac{hc}{\lambda kT}} - 1} \qquad (6-9)$$

式中，λ 是波长；T 是温度；h 是普朗克常数，6.63×10^{-34} J·s；k 是玻尔兹曼常数，1.38×10^{-23} J/K；c 是光速，3×10^8 m/s。

计算表面温度为 6000K 的太阳的能量密度谱并标出可见光的波长区间。

6-3. 绘制草酸的各种存在形式在不同 pH 值下的分布曲线。

草酸在水溶液中可以进行两级电离，因而有 3 种存在形式：$H_2C_2O_4$、$HC_2O_4^-$ 和 $C_2O_4^{2-}$。三种存在形式的分布随着 pH 值变化而变化。

总浓度为三者之和，即 $c = [H_2C_2O_4] + [HC_2O_4^-] + [C_2O_4^{2-}]$

d_2、d_1、d_0 分别表示 $H_2C_2O_4$、$HC_2O_4^-$、$C_2O_4^{2-}$ 的分布系数。

$K_{a1} = 5.9 \times 10^{-2}$ 和 $K_{a2} = 6.4 \times 10^{-5}$ 分别为草酸的一级和二级电离常数。根据电离平衡和质量平衡，有

$$d_2 = \frac{[H_2C_2O_4]}{c} = \frac{[H^+]^2}{[H^+]^2 + K_{a1}[H^+] + K_{a1}K_{a2}}$$

$$d_1 = \frac{[HC_2O_4^-]}{c} = \frac{K_{a1}[H^+]}{[H^+]^2 + K_{a1}[H^+] + K_{a1}K_{a2}}$$

$$d_0 = \frac{[C_2O_4^{2-}]}{c} = 1 - d_2 - d_1$$

绘制水溶液中草酸的 3 种存在形式分布曲线。pH 值从 0 到 7 每间隔 0.1 计算一组数值，共计 71 组。提示：先根据 pH 算出 $[H^+]$，即 $[H^+] = 10^{-pH}$。

6-4. Fe-N 薄膜中 N 含量与晶型关系如图 6-126 所示。试绘制此图。

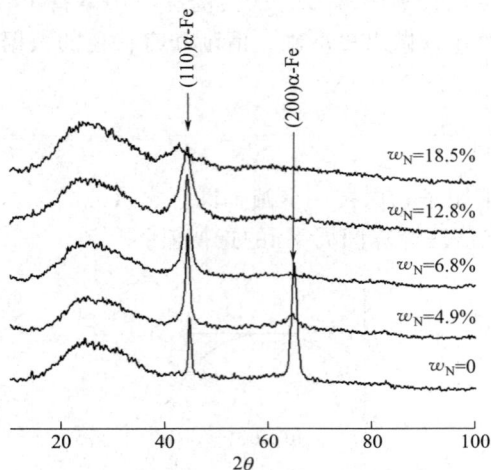

图 6-126　N 含量与晶型关系

6-5. 某核壳结构硅负极材料 XRD 图谱如图 6-127 所示。试绘制此图。

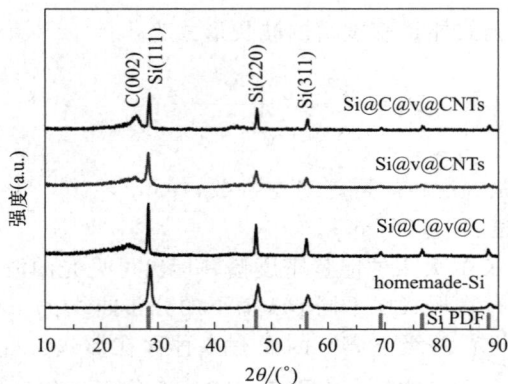

图 6-127　核壳结构硅负极材料 XRD 图谱

6-6. 某体重 70kg 的人瞬间喝下两瓶啤酒后，每隔一段时间抽血测定血液中的酒精含量（mg/100mL），数据如表 6-5 所示。绘制并分析酒精在人体血液中代谢的动力学过程。

表 6-5　人体中酒精含量变化

时间/h	酒精含量/(mg/100mL)	时间/h	酒精含量/(mg/100mL)
0.0	0	2.5	68
0.25	30	3.0	68
0.50	68	3.5	58
0.75	75	4.0	51
1.0	82	4.5	50
1.5	82	5.0	41
2.0	77	6.0	38

时间/h	酒精含量/(mg/100mL)	时间/h	酒精含量/(mg/100mL)
7.0	35	12	12
8.0	28	13	10
9.0	25	14	7
10	18	15	7
11	15	16	4

6-7. 石墨烯浓度与吸光度的关系如图 6-128 所示。试绘制此图。

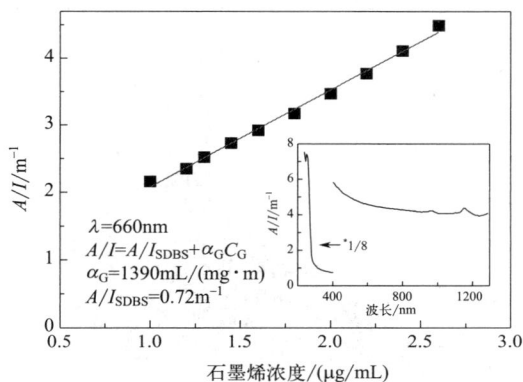

图 6-128　石墨烯浓度与吸光度的关系

6-8. 某单分子化学反应速率可以用如下公式表示：

$$y = k\,e^{mt} \tag{6-10}$$

式中，y 是 t 时刻反应物的量；k 和 m 为待定常数。

反应中共进行 8 次取样，如表 6-6 所示。根据实验数据确定反应速率表达式。

表 6-6　不同时刻反应物的量

i	1	2	3	4	5	6	7	8
t_i	3	6	9	12	15	18	21	24
y_i	57.6	41.9	31.0	22.7	16.6	12.2	8.9	6.5

6-9. 某合成反应，反应温度与产物收率之间的关系如表 6-7 所示。

表 6-7　反应温度与产物收率之间的关系

反应温度/℃	产物收率/%
60	56
70	70
100	77
120	49

扫一扫，看视频

假设反应温度与产物收率之间有二次多项式关系。用 Origin 拟合实验数据，求出最佳反应温度及该温度下的产物收率。

6-10. 两种浓度的离子型和非离子型溶剂对石墨烯的溶解能力如表 6-8 所示。试用 3D 柱状图绘制彼此关系，效果如图 6-129 所示。

表 6-8   离子型和非离子型溶剂对石墨烯的溶解能力

溶剂浓度 /(g/mL)	离子型			非离子型		
	SDS	CHAPS	PSS	Tween-85	Brij-700	Tween-80
0.5	0.06	0.08	0.19	0.11	0.24	0.51
1	0.01	0.03	0.11	0.2	0.32	0.65

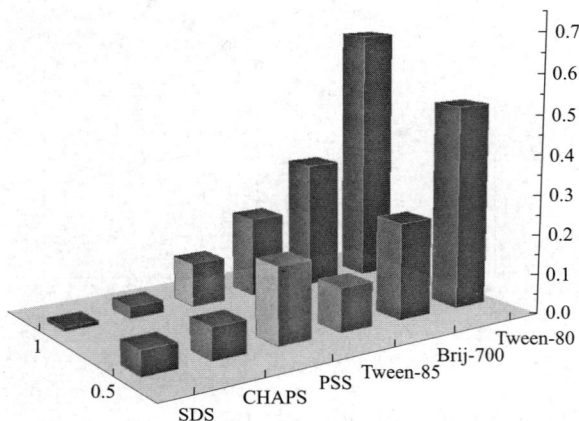

图 6-129   离子型和非离子型溶剂对石墨烯的溶解能力

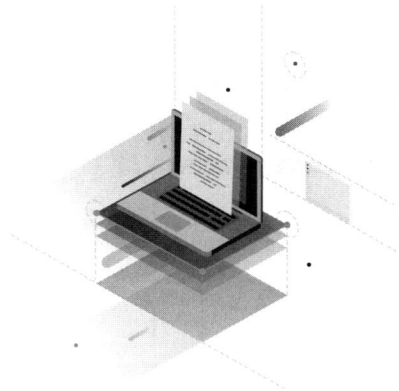

第**7**章

Matlab在化学化工中的应用

在化学化工领域，经常会用到一些数学模型，用来模拟质量传递和能量转移过程，进行数据可视化和统计分析等。简单的数据可以人工计算，但是遇到复杂的问题，人工计算不仅缓慢而且出错率高。因此，使用软件协助工程实践和科学研究，可以达到事半功倍的效果，Matlab就是这样一款集计算、仿真、绘图等功能于一身的软件，推动了化学化工领域的技术创新和发展。

7.1 Matlab 简介

Matlab（Matrix Laboratory）是一种强大的数值计算和科学编程语言，始于 1984 年，由美国数学家 Cleve Moler 博士创建。它的核心特点为：矩阵运算便捷、数学函数库丰富、可视化工具强大、编程语言灵活、工具箱丰富。

本章所讲解的版本是 Matlab R2023a。

7.1.1 主界面

Matlab 的主界面主要包括功能区、命令行窗口、左侧的当前文件夹窗口和工作区窗口，如图 7-1 所示。

• 功能区：包括主页选项卡、绘图选项卡（相关绘图命令等）和 APP 选项卡（显示多种应用程序命令等）。

• 当前文件夹窗口：显示当前目录下所有文件和文件夹。

• 命令行窗口：在命令提示符"≫"后面输入命令，然后按回车键，命令则会被执行。

• 工作区窗口：显示和编辑变量的名称、数学结构及内容等。在命令行窗口输入 clear 并按回车键可以清空工作区窗口的内容。

例如计算 8×2，在命令行输入"a＝8＊2"，按回车键后，命令行窗口会显示计算结果，工作区会显示变量名和它的值，如图 7-2 所示。

在命令提示符后面输入 clc 并按回车键可以清除命令行窗口内容，或者在命令行窗口鼠标右击，选择【清空命令行窗口】。

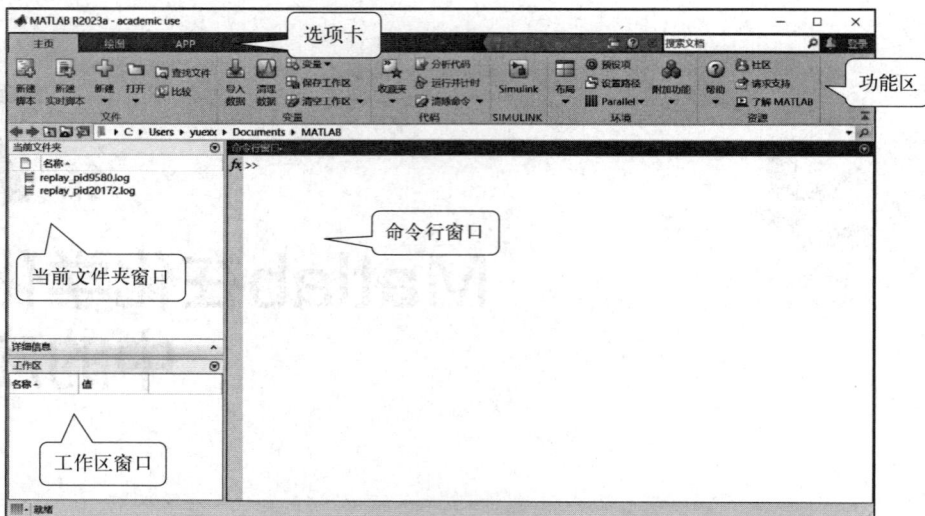

图 7-1　主界面

图 7-2　计算 8×2

7.1.2　Help 功能

Matlab 功能非常强大，内容非常多，但不需要用户死记硬背，因为它提供了一个 Help 功能。通过 Help 功能，可以得到函数的使用场合、方法和格式等。

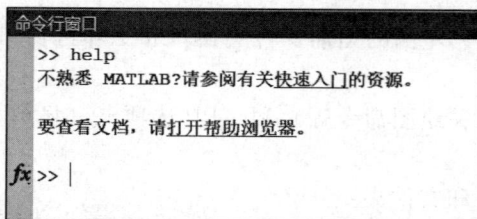

图 7-3　Help 功能

不要小看 Help，即使是 Matlab 使用高手，也会经常用到这个功能。学会使用 Help 能够更高效地帮助用户学习和使用 Matlab。Help 使用方法如下：

在命令行窗口输入"help"并按回车键，然后根据我们的需求可以单击"快速入门"或者"打开帮助浏览器"，如图 7-3 所示。

此外 Help 加函数名可以了解函数的概念和使用方法。

【例 7-1】　通过 Help 了解 abs 函数并计算 abs(5) 和 abs(-5) 的数值。

① 在命令行窗口输入"help abs"并按回车键，命令行窗口会显示 abs 函数介绍和使用方法等，如图 7-4 所示。

② 在命令行窗口输入 abs(5)，按回车键；在命令行窗口输入 abs(-5)，按回车键。结果如图 7-5 所示。

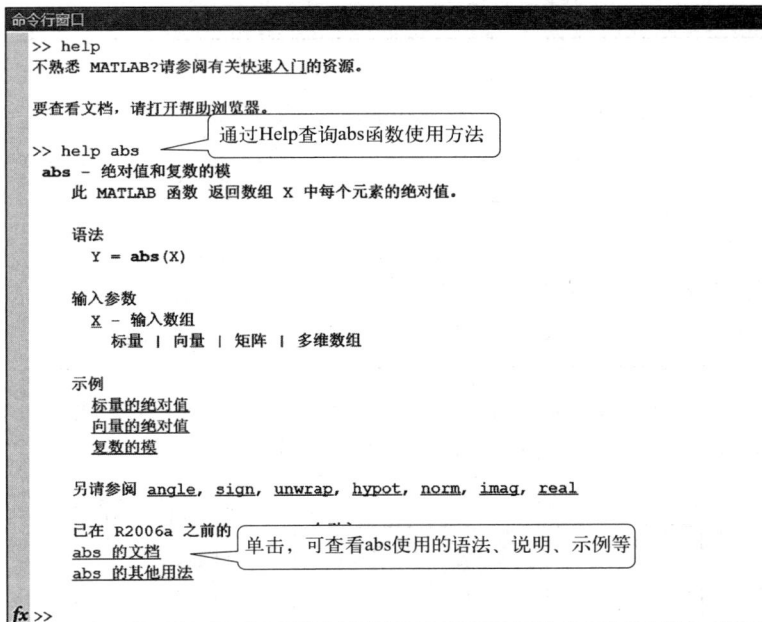

图 7-4　通过 Help 查询 abs 函数

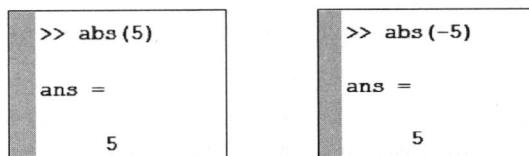

图 7-5　计算 abs(5) 和 abs(-5)

7.2　基础知识

要使用 Matlab，首先必须掌握一些基础知识，如算术运算符、标点符号、数值类型与表示等。只有了解这些知识并规范使用，才能得到正确的计算结果，否则 Matlab 会报错。

7.2.1　算术运算符

Matlab 具有丰富的运算符，包括算术运算符、关系运算符、逻辑运算符、集合运算符等。算术运算符是最基本且必须掌握的，算术运算符如表 7-1 所示。

表 7-1　算术运算符

算术运算符	说明
＋	算术加
－	算术减
*	算术乘
.*	点乘
^	算术乘方

算术运算符	说明
. ^	点乘方
\	算术左除
.\	点左除
/	算术右除
./	点右除
'	矩阵的共轭转置
.'	矩阵的非共轭转置

【例 7-2】 计算 3 和 4 的乘积；计算 25^5；计算向量 $\begin{bmatrix} 2 & 3 & 5 \end{bmatrix}$ 的转置。

在命令行窗口分别输入命令并按回车键。结果如图 7-6 所示。

```
>> 3*4

ans =

    12
```

```
>> 25^5

ans =

    9765625
```

```
>> [2 3 5]'

ans =

    2
    3
    5
```

图 7-6 算术运算

在这几个计算中，因为没有提前给结果赋予一个变量，所以在结果前默认显示"ans＝"，ans 是 answer 的缩写。

【例 7-3】 已知 Cu 的晶格常数为 $a = 0.36$nm，求 Cu(111) 晶面的间距。

```
命令行窗口
>> h=1;k=1;l=1;
>> a=0.36;
>> d=a/(h^2+k^2+l^2)^0.5

d =

    0.2078
```

图 7-7 晶面间距计算

铜是面心立方晶体。晶面间距 d 的表达式为

$$d = \frac{a}{\sqrt{h^2 + k^2 + l^2}} \tag{7-1}$$

式中，a 是晶格常数；h、k、l 是晶面指数，即 Cu(111) 括号里面的数字，在本例中均为 1。代码如图 7-7 所示。

计算得到 Cu(111) 晶面的间距为 0.2078nm。

7.2.2 标点符号

标点符号在 Matlab 中也有特殊的意义，如表 7-2 所示。

表 7-2 标点符号的意义

标点符号	说明
:	具有多种功能，如定义行向量、表示范围等
;	数组行元素之间分隔符、不输出当前命令行结果等
,	区分列、函数参数分隔符等
( )	指定运算过程中的先后顺序等
{ }	用于构成单元数组等
!	调用操作系统运算
[ ]	矩阵定义标志等

标点符号	说明
...	续行符
%	注释标记
'	字符串标识符

以分号为例，每条命令后面不加分号，命令行窗口就会显示运行结果，加上分号则不显示。此外，命令后面加上分号，多个命令就可以写在一行。需要注意的是加不加分号不影响程序的运行和结果，只影响计算时间。如图 7-8 所示。

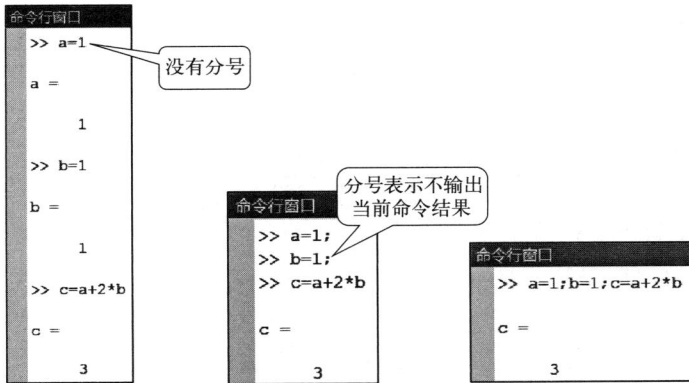

图 7-8　分号的意义

在 Matlab 中，大写字母和小写字母代表两个不同的变量。在书写代码时，需要特别注意。

【例 7-4】　输出如下矩阵并学习 $a(1,:)$ 和 $a(:,2)$ 所表示的含义。

$$a = \begin{bmatrix} 1 & 3 & 5 \\ 4 & 7 & 3 \\ 2 & 6 & 0 \end{bmatrix}$$

具体输入命令如图 7-9 所示。

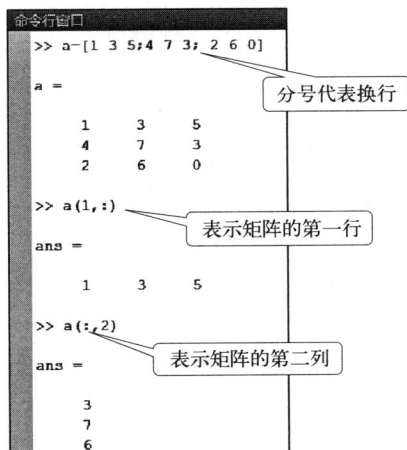

图 7-9　矩阵

【例7-5】 生成 0 到 25 之间公差为 5 的等差数列数组。

具体输入命令如图 7-10 所示。

```
命令行窗口
>> a=[0:5:25]

a =

     0     5    10    15    20    25
```

图 7-10 等差数列

7.2.3 数学函数

Matlab 中的基本数学函数有三角函数、指数函数、复数函数、统计与分析函数等，如表 7-3 所示。

表 7-3 基本数学函数

基本函数	函数	名称
三角函数	sin	正弦
	cos	余弦
	tan	正切
	cot	余切
	asin	反正弦
	acos	反余弦
	atan	反正切
	csc	余割
	asec	反正割
	acsc	反余割
指数函数	exp	e 为底的指数
	sqrt	平方根
	log	自然对数
	log10	以 10 为底的对数
复数函数	abs	绝对值
	real	复数的实部
	imag	复数的虚部
	conj	共轭复数
统计与分析函数	max	最大值
	min	最小值
	mean	平均值
	median	中位数
	sum	总和
	std	标准差
	var	方差
	sort	排序

【例 7-6】 用 Matlab 语言表示 e^0、2^7、$\ln 50$、$\lg 100$。

具体输入命令如图 7-11 所示。

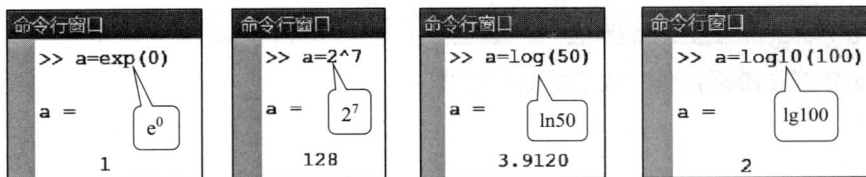

图 7-11 函数运算

【例 7-7】 计算数组 0,5,7,3,12,9 的平均值并排序。

具体输入命令如图 7-12 所示。

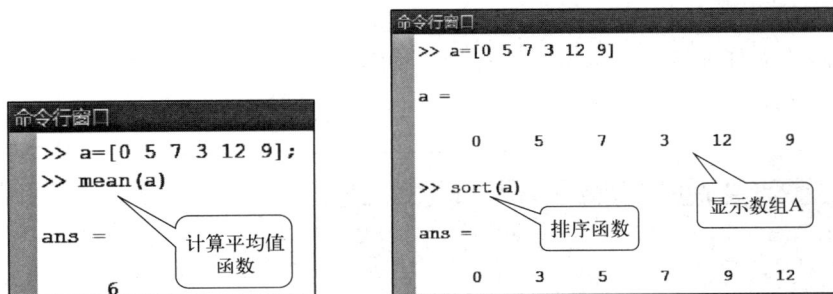

图 7-12 计算平均值并排序

7.2.4 M 脚本文件

简单运算可以直接在 Matlab 命令行窗口进行。复杂运算就要用到 M 脚本文件了。所谓 M 脚本文件就是一段 Matlab 程序，编程方法与其他程序语言类似。写好代码后直接单击运行按钮▶即可。写好的 M 脚本文件保存后，可方便后续修改及重复使用。下面介绍的例子都是基于 M 脚本文件进行的。

建立 M 脚本文件之前，首先需要建立或选择一个存放脚本文件的位置。可通过单击 🗔 按钮来建立新文件夹或者选择已经存在的文件夹，如图 7-13 所示。

在本章的学习中，所有的脚本文件都保存在"D:\M"文件夹中。

选择好 M 脚本文件存放的位置后，在【当前文件夹】下，鼠标右击，执行【新建】/【脚本】命令，即可建立一个 M 脚本文件，如图 7-14 所示。

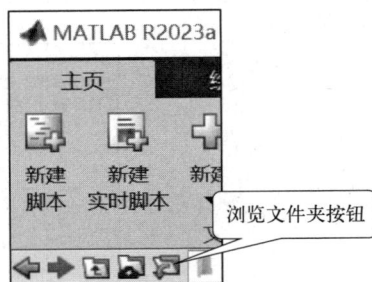

图 7-13 浏览文件夹按钮

M 脚本文件默认命名为"untitled"，用户可以根据编程内容或者习惯对 M 脚本文件进行重命名。重命名要遵守以下规则：

• 文件名命名可以包含英文字符、数字和下划线，但是命名的首字母必须要用英文字符。

• 文件名不能与 Matlab 的内置函数同名。因此建议文件名尽量由大小写英文、数字、下划线组成。

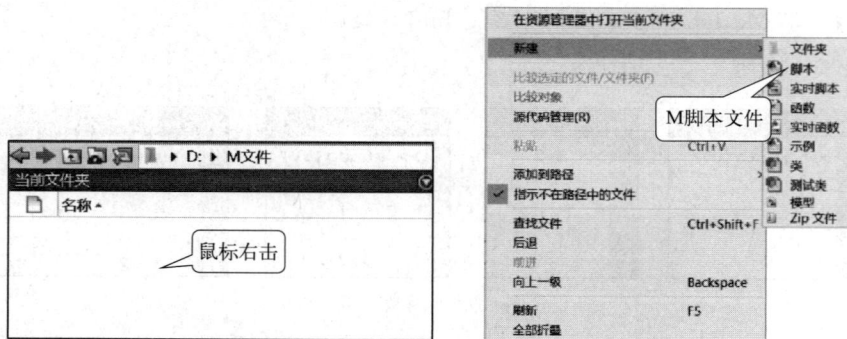

图 7-14　建立 M 脚本文件

• 文件名中不能有空格。如命名中有多个单词，可以用下划线连接或者首字母大写来区分。例如"my example"可以写成"MyExample"或者"My _ Example"。

双击 M 脚本文件即可在该脚本中进行代码书写。M 脚本文件通常由正文和注释部分构成，如图 7-15 所示。

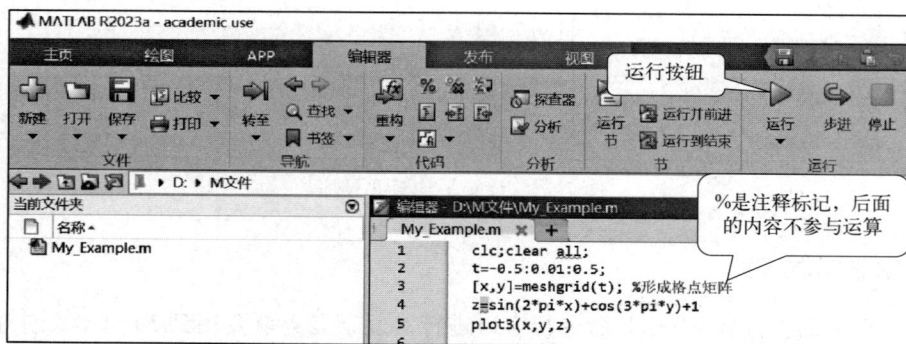

图 7-15　M 脚本文件重命名与内容构成

M 脚本程序写完后，单击运行按钮 ▷，脚本内的代码将会被执行，图 7-15 中的代码执行后，会得到如图 7-16 所示的图形。

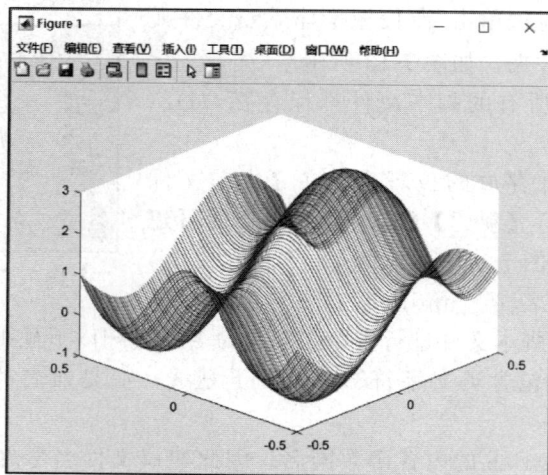

图 7-16　M 脚本文件运行后显示的数据图

下面通过借助 Matlab 构建矩阵并求解，做一个配平化学方程式的例子。

【例 7-8】 将化学方程式 $Fe+HCl \longrightarrow FeCl_3+H_2$ 配平。

① 构建原子个数矩阵，化学方程式左边用正数表示，右边用负数表示，如图 7-17 所示。

$$\begin{array}{c} Fe \\ H \\ Cl \end{array} \begin{bmatrix} 1 & 0 & -1 & 0 \\ 0 & 1 & 0 & -2 \\ 0 & 1 & -3 & 0 \end{bmatrix}$$

图 7-17 化学方程式系数矩阵

② 书写 M 脚本文件，程序如下：

```
A＝[1 0 −1 0;0 1 0 −2;0 1 −3 0];  % 化学方程式的矩阵
x＝intlinprog(ones(size(A,2),1),1:size(A,2),[],[],...
A,zeros(size(A,1),1),ones(size(A,2),1))
```

③ 单击 ▶ 按钮，程序开始运行，运行结束后，命令行窗口显示 x 的数字即为化学方程式的系数，如图 7-18 所示。

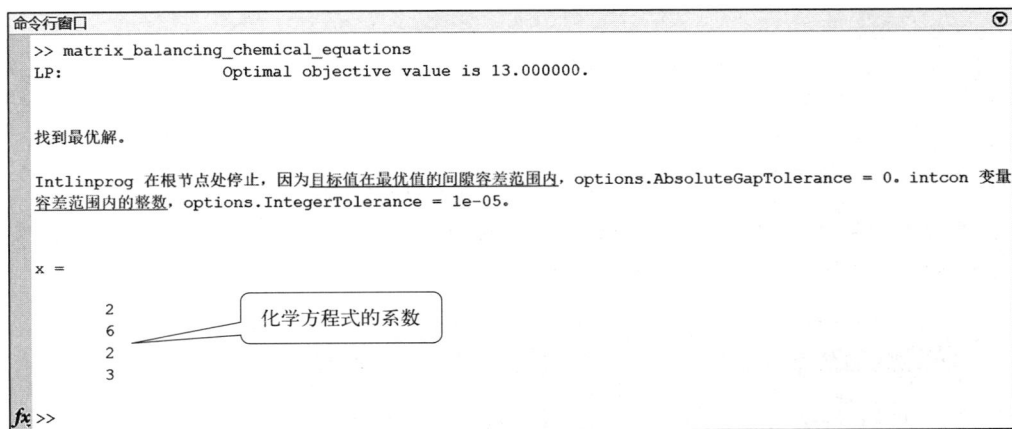

图 7-18 化学方式的系数

化学方程式配平结果为：$2Fe+6HCl \Longrightarrow 2FeCl_3+3H_2$

配平方程式的原理是原子守恒法，即配平的方程式两边原子数要相等。反应物的原子数减去产物的原子数必须为零。这就是产物一侧要用负值的原因。

配平过程就是解一组线性方程，其解就是方程两边各物质的物质的量。

这段程序只有两行。第二行可以照搬，不必修改。这里用到的 intlinprog（）是一个整数线性规划函数，可以返回最优整数解。括号里面是各种参数，这里已经写好了，直接使用即可。

需要变动的是第一行——化学方程式矩阵。将各种原子的数量按顺序写下来即可，左正右负。

化学方程式矩阵一定要写对，否则得不到正确结果。

7.2.5 数据输入与输出

在使用 M 脚本编写程序时，经常会遇到从外部读取数据或将计算后的数据写入文件中的情况。Matlab 提供了多种读取数据和写入数据的方式，具体选择取决于数据类型和数据存储格式。常见的数据读取方式有：textread 函数、importdata 函数、readtable 函数等。常见的数据写入方式有：writetable 函数、fprintf 函数、fwrite 函数等。使用帮助文档（Help 命令）可以详细了解每个函数的用法和选项。

【例7-9】 读取图7-19中".xlsx"数据并将三个科目的平均分输出到新的".xlsx"表中，新表命名为"平均分"。

	A	B	C
1	语文	数学	英语
2	98	90	87
3	88	89	95
4	96	96	87
5	94	93	89
6	78	93	77
7	75	88	90

图7-19 语文、数学和英语三门科目的分数

① 新建一个M文件，命名为"My Practicle1"。输入如下代码：

```
clc;clear all;
% 读取表中数据,这里保留表格中的变量名称
A=readtable('数据读取练习.xlsx','VariableNamingRule','preserve');
T=mean(A)    % 计算每一列的平均值
writetable(T,'平均分.xlsx')   % 将表写入文件(命名为:平均分.xlsx)中
```

② 单击运行按钮▶后，工作区会出现名称为A和T的表，可以双击该表查看数据；打开当前文件夹下名为"平均分"的表格，可以看到带有表头的计算结果，如图7-20所示。

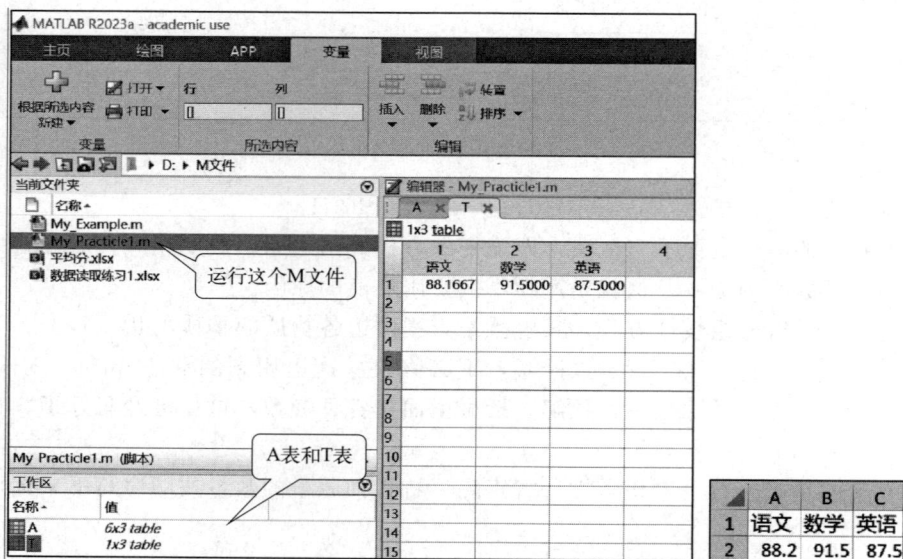

图7-20 双击名称为"T"的表（左）和输出文件中的数据（右）

如果原始数据中只有数据没有表头说明，则第二行代码修改为A=readtable（'数据读取练习1.xlsx'）即可。

7.2.6 数据图形可视化——plot函数

Matlab可以把数据进行可视化，最常用的函数就是plot函数。基本语法是：$plot(x,y)$。通过该语法可以绘画二维线图。

如果想要更改数据的线型、标记符或者颜色的属性，可以通过以下语法来修改：plot $(x,y,'参数')$，用户可以在单引号里写入参数。常用的线型、标记符和颜色参数分别如表 7-4、表 7-5 和表 7-6 所示。

表 7-4　线型

线型	说明	线型	说明
—	实线（默认）	— —	虚线
:	点线	—.	点划线

表 7-5　标记符

标记符	说明	标记符	说明
+	加号符	^	上三角形
o	空心圆	v	下三角形
*	星号	<	左三角形
.	实心圆	>	右三角形
x	叉号符	p	五角星
s	正方形	h	六角星
d	菱形		

表 7-6　颜色

颜色	说明	颜色	说明
r	红色	k	黑色
g	绿色	y	黄色
b	蓝色	m	洋红色
w	白色	c	青蓝色

【例 7-10】　画出 $[-\pi,\pi]$ 范围内的正弦函数曲线，曲线线型为虚线，颜色为蓝色。

① 新建一个 M 文件，命名为"plot _ sin"。

② 双击 M 文件，在文件里写入如下代码：

```
clc;clear all;          % 清除命令行窗口内容和工作空间所有变量、函数等
x=linspace(-pi,pi);     % 设置"x"的范围为 [-π,π]
y=sin(x);               % 设置"y"的值
plot(x,y,'--b');        % 画图，"——"代表曲线是虚线，"b"代表曲线是蓝色。
```

每行代码的％字符后面是注释文字。注释文字不是用来当作程序运行的，是帮助编程者理解这行代码功能的。良好的注释可以让所编写的代码更易于理解，对于编写复杂程序尤为有利。

③ 单击▶按钮，程序开始运行，运行结束后，弹出图 7-21 所示的界面。

更多的曲线设置可以在命令行窗口执行 help plot 命令来查看。

从上面的例子可以看出，数据图没有 x 坐标、y 坐标以及图例的说明，要显示说明只需在程序里添加 xlabel、ylabel 和 legend 的设置即可。

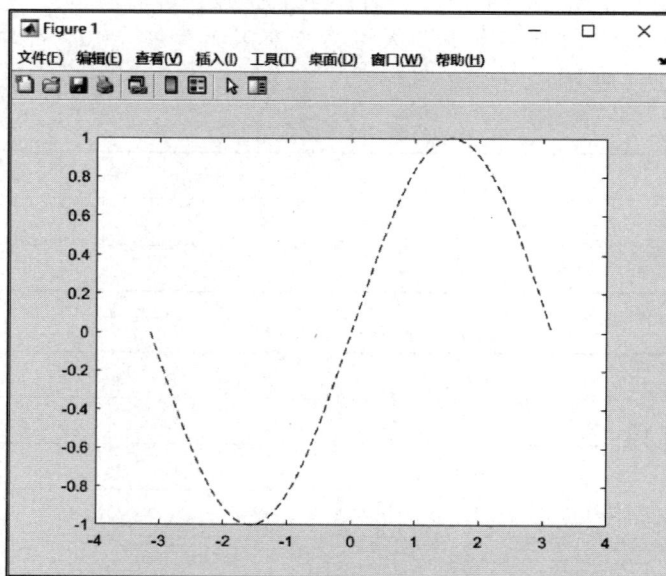

图 7-21 　[−π,π] 范围内的正弦函数曲线

如果要设置曲线的线宽、标记点的大小和边框颜色等，可以通过 plot（Property Name、Property Value 等）来设置。曲线与标记点如表 7-7 所示。

表 7-7 　曲线与标记点

Property Name（属性名称）	属性意义	Property Value（属性值）
LineWidth	线宽	数值
Marker	标记点的大小	数值
MarkerEdgeColor	标记点边框线条颜色	颜色字符
MarkerFaceColor	标记点内部区域填充颜色	颜色字符

【例 7-11】　使用 for 循环和 plot 画出 x 在 [−15,15] 范围内 $y = 3x^2 + 2x + 6$ 的图形，曲线宽度设置为 2，曲线用圆圈符号表示，圆圈边框颜色为红色。

① 新建一个 M 文件，输入如下代码：

```
clc;clear all;
for i=1:31
    x(i)=i−16
    y(i)=3*(x(i))^2+2*x(i)+6
end
plot(x,y,'ok','LineWidth',2,'MarkerEdgeColor','r')
xlabel('x')
ylabel('y')
legend('y=3*x^2+2*x+6',Location='best')
```

② 单击▶按钮，程序开始运行，运行结果如图 7-22 所示。

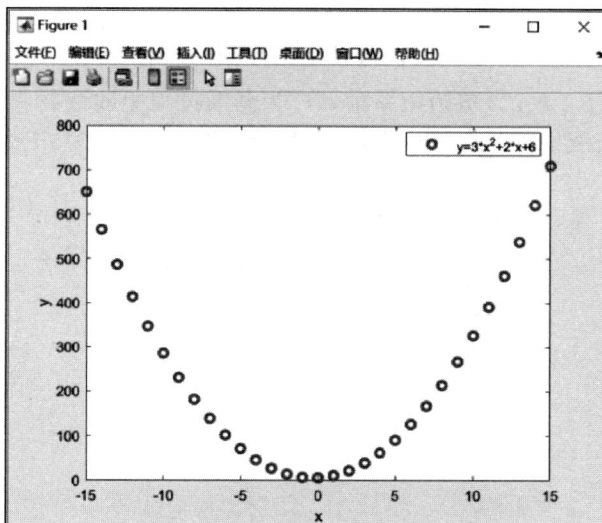

图 7-22　运行结果

7.3　非线性方程求解

Matlab 提供了多种函数用于求解非线性方程（组），如 solve、vpasolve、fsolve、fzero 和 roots 等。求解符号方程用 vpasolve，求解多项式函数可以用 roots，求解非线性方程可以用 fzero，求解非线性方程组可以用 fsolve。

7.3.1　vpasolve 函数的用法

该函数的基本调用格式为 vpasolve（eqns，vars），其中 eqns 是方程（组），vars 是变量。例如求 $a=(x-1)(x-2)/(x-3)$ 的解，代码及结果如图 7-23 所示。

图 7-23　求解方程代码及结果

7.3.2　蒸馏残液中苯含量的计算

【例 7-12】苯和甲苯具有不同的挥发度。苯的沸点为 $80.2℃$，甲苯的沸点为 $110.6℃$，二者的混合物是均相混合物，可以通过蒸馏的方法实现组分提纯。苯和甲苯的混合物在简单蒸馏时，已知残液量与其中苯含量之间的关系可表示为

$$\ln\frac{F_0}{F}=\frac{1}{\alpha-1}\left(\ln\frac{x_0}{x}+\alpha\ln\frac{1-x}{1-x_0}\right) \tag{7-2}$$

其中相对挥发度 $\alpha=2.5$，F_0 为初始物系量，F 为蒸馏过程中残液物料量，开始物系中苯的含量 $x_0=0.6$，x 为残液中苯的含量。求蒸馏过程中残液量分别为 kF_0（$k=0.1$、0.2、0.3、0.4、0.5、0.6、0.7、0.8、0.9）时苯的含量变化。

① 新建一个 M 文件，输入如下代码：

```
clc;clear all;   % 清除命令行窗口内容和工作空间所有变量、函数
syms x
for i=1:9
k(i)=0.1*i
eqn= log(1/k(i))-2/3*(log(0.6/x)+2.5*log((1-x)/0.4))==0;
answ(i)=vpasolve(eqn,x)
end
plot(k,answ,'r-o');
xlabel('k')
ylabel('answ')
legend('残液中苯含量',Location='best')
```

② 单击 ▶ 按钮，运行结束后，弹出如图 7-24 所示的页面。

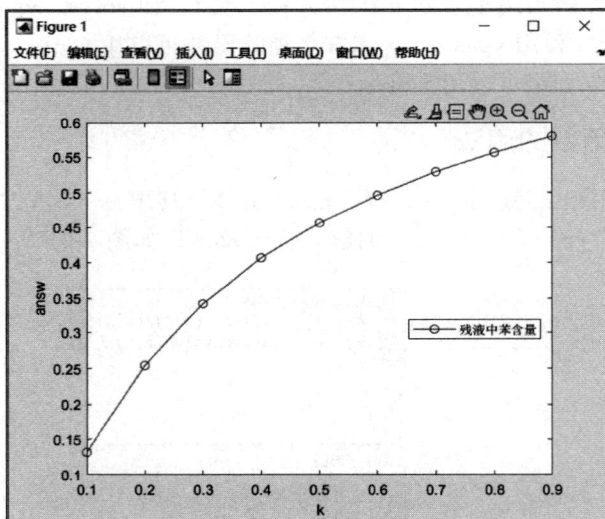

图 7-24　残液中苯含量变化曲线

如果要算其中一个数据点，可以直接在命令行窗口输入命令计算，例如计算残液量为 $0.5F_0$ 时，可以在命令行窗口输 "vpasolve(log(2)-2/3*(log(0.6/x)+2.5*log((1-x)/0.4)))" 并按回车键。

7.3.3　pH 值的求解

【例 7-13】　求 pH 值。计算浓度为 0.1mol/L 的 HF 溶液的 pH 值。

pH 值是氢离子浓度的负对数。要求 pH 首先要得到氢离子浓度，本例中即为求

0.1mol/L 的 HF 溶液的氢离子浓度。一元弱酸的氢离子浓度 $[H^+]$ 符合如下方程：
$$[H^+]^3+K_a[H^+]^2-(cK_a+K_w)[H^+]-K_aK_w=0$$
其中水的离子积常数 $K_w=10^{-14}$，HF 电离平衡常数 $K_a=3.6\times10^{-4}$，$c=0.1mol/L$。

这是一个关于氢离子浓度 $[H^+]$ 的三次方程，可以使用 vpasolve 函数求解。

① 新建一个 M 文件，输入如下代码：

```
clc;clear all;
kw=1e-14;
ka=3.6e-4;
c=0.1;                      % 设 HF 的浓度
syms x                      % 设 H+浓度为 x
eqn=x^3+ka*x^2-(c*ka+kw)*x-ka*kw==0;
x=vpasolve(eqn,x);
out=-log10(x(x>0))          % 计算正实根
```

② 单击▶按钮，运行结束后，命令行窗口显示 out 的值，如图 7-25 所示。

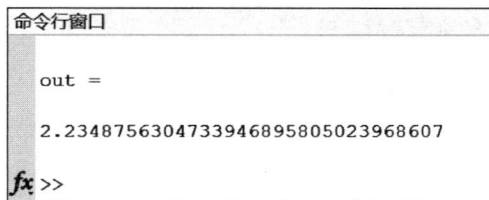

```
命令行窗口

out =

2.2348756304733946895805023968607

fx >>
```

图 7-25　pH 值计算结果

即浓度为 0.1mol/L 的 HF 溶液的 pH 值约为 2.23。不难看出，若计算其他一元弱酸的 pH 值，只需修改 K_a 和 c 的值即可。

7.4　常微分方程及其求解

许多化学过程可以用微分方程来描述。用 Matlab 求解微分方程十分方便。

Matlab 求解常微分方程的函数有：ode45、ode23、ode113、ode15s、ode23s、ode23t、ode23tb。其中 ode45 是首选方法。求解微分方程 $y'=f(t,y)$，使用语法为：

$$[t,y]=\text{ode45}(\text{odefun},\text{tspan},y_0)$$

其中 odefun 是函数句柄，tspan$=[t_0\ t_f]$ 为求解区间，y_0 为初始条件，t 为返回的列向量的时间点，y 为返回的相对应的 t 的数值解。

函数句柄的语法：@（参数列表）单行表达式。例如：

$$\text{odefun}=@(x,y)x.\text{\textasciicircum}3+y.\text{\textasciicircum}3$$

7.4.1　化学反应速率的计算

化学反应速率指在一定条件下，单位时间内某化学反应的反应物转变为生成物的速率。随着反应的进行分子间相互碰撞的概率减小，因此反应速率也逐渐变慢，这一过程为一瞬时量，故需以微分形式表达反应速率。

单分子反应：A ——→产物　　　　　　　　$-dc_A/dt=kc_A$

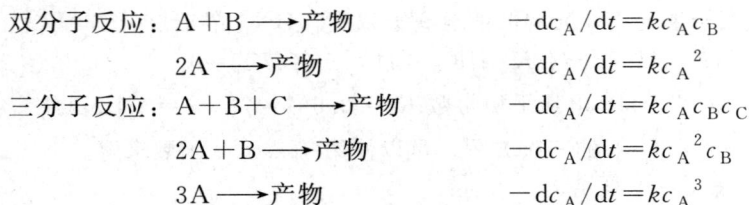

双分子反应：A＋B ⟶ 产物　　　　　$-dc_A/dt = kc_A c_B$

　　　　　2A ⟶ 产物　　　　　$-dc_A/dt = kc_A^2$

三分子反应：A＋B＋C ⟶ 产物　　　　　$-dc_A/dt = kc_A c_B c_C$

　　　　　2A＋B ⟶ 产物　　　　　$-dc_A/dt = kc_A^2 c_B$

　　　　　3A ⟶ 产物　　　　　$-dc_A/dt = kc_A^3$

【例 7-14】 某反应 A ⟶ 产物是一级反应，其速率方程为

$$-\frac{dc}{dt} = kc \tag{7-3}$$

式中，c 为 t 时刻的反应物浓度，k 为速率常数，单位是时间单位的负一次方。假设初始浓度 $c_0 = 0.2\text{mol/L}$，t 为 $[0,60]$，画出速率常数为 0.05 的曲线。

① 建立一个 M 文件，输入如下代码：

```
clc;clear all;          % 清除命令行窗口内容和工作空间所有变量、函数
k=0.05;
odefun=@(t,c)-k*c;
c0=[0.2];               % 初始条件,初始浓度为 C0=0.2mol/L
tspan=[0 60]            % 时间区间的设置
[t c]=ode45(odefun,tspan,c0);
result=[t c]
plot(t,c,'ok')
xlabel('time(s)')
ylabel('concentration(mol/L)')
legend('concentration')
```

② 单击▶按钮，运行结束后，弹出如图 7-26 所示的页面。

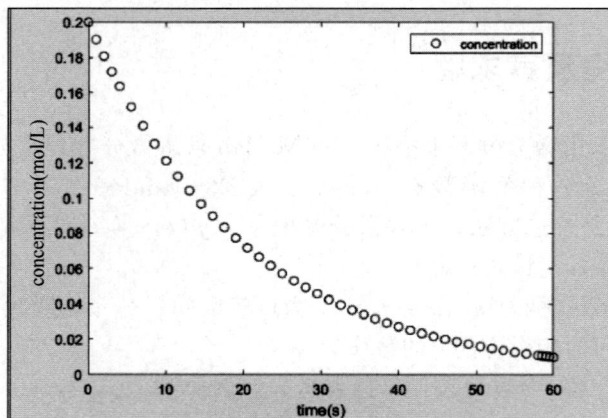

图 7-26　反应物浓度随时间变化曲线

7.4.2　间歇反应器的计算

间歇反应器是所有反应物一次性加入反应釜中，随着反应的进行，釜内的温度、浓度和反应速率都会随着时间变化。

【例 7-15】 在某间歇反应器中发生了二级动力学反应 A ⟶ B，反应速率常数为

$0.2\mathrm{cm}^3/$（$\mathrm{mol \cdot s}$），组分 A 的初始浓度为 $c_{A0}=2\mathrm{mol/cm}^3$，绘出浓度随时间变化曲线图。

该过程的微分方程为

$$\mathrm{d}c/\mathrm{d}t=-kc_A^2 \tag{7-4}$$

① 建立一个 M 文件，在 M 文件里写如下代码：

```
clc;clear all;                    % 清除命令行窗口内容和工作空间所有变量、函数等
odefun=@(t,c)-0.2*c^2;            % 定义函数
c0=[2];                           % 初始条件,初始浓度为 2mol/cm3
tspan=[08];                       % 时间区间的设置
[t c]=ode45(odefun,tspan,c0);
result=[t c]                      % t 和 c 值输出到命令行窗口
plot(t,c,'ok')                    % 画图
xlabel('time(s)')
ylabel('concentration(mol/cm3)')
legend('CA')
```

② 单击 ▶ 按钮，运行结束后，弹出如图 7-27 所示的页面。

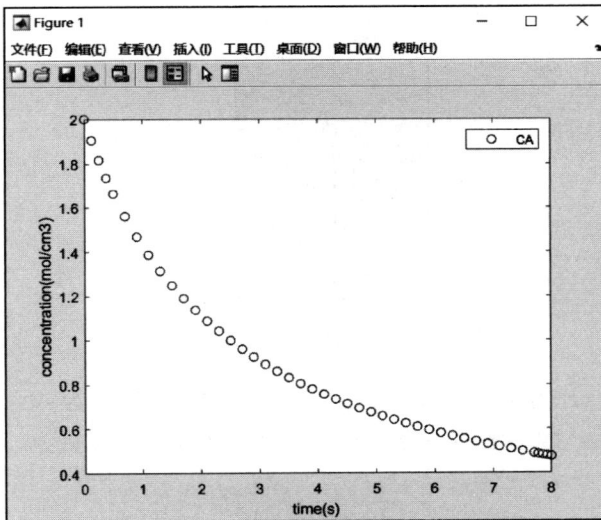

图 7-27　浓度随时间变化曲线

在这段程序中，还可以删掉"c0=[2]"和"tspan=[0 8]"两行代码，并将"[t c]=ode45(odefun,tspan,c0)"修改为"[t c]=ode45(odefun,[0 8],2)"。用户可以尝试自己进行练习。

此外，该过程还可以通过函数文件定义微分方程 odefun，具体步骤如下。

【例 7-16】　通过函数文件定义微分方程。

① 在当前文件夹空白处鼠标右击，选择【新建】/【函数】，函数名重命名为"batchreactorfun"，双击该函数文件，在文件里输入如下代码并保存：

```
function dcdt=batchreactorfun(t,c)
k=0.2
dcdt=[-k*c^2]
```

② M 文件里输入如下代码：

```
clc;clear all;          % 清除命令行窗口内容和工作空间所有变量、函数等
[t c]=ode45('batchreactorfun',[0 8],2)
result=[t c]
plot(t,c,'ok')          % 画图,横坐标为 x 的值,纵坐标为 y 的值。
xlabel('time(s)')
ylabel('concentration(mol/cm3)')
legend('CA')
```

③ 单击 ▶ 按钮，程序开始运行，运行结果与图 7-27 是一样的。

7.4.3 连续搅拌反应器流量的计算

连续搅拌反应器是化工生产中广泛使用的设备，可以进行各种物理和化学反应，如图 7-28 所示。

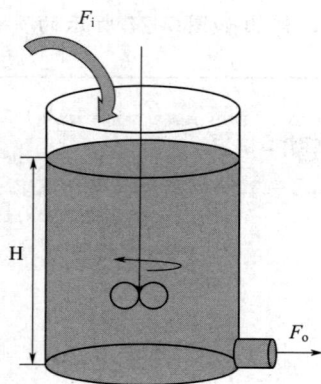

图 7-28 连续搅拌反应器示意图

假设进料量为 F_i，原有料液高度为 H_0，反应器的横截面积为 A，则液体排出量与料液高度的关系为 $F_o=kH$，罐内液体高度随时间变化的微分方程为

$$\frac{\mathrm{d}H}{\mathrm{d}t}=\frac{F_i}{A}-\frac{k}{A}H \tag{7-5}$$

【例 7-17】 已知敞口连续操作搅拌罐的原有料液高度 $H_0=1\mathrm{m}$，进料量 $F_i=120\mathrm{kg}$，$k=3\mathrm{kg/(h \cdot m)}$，搅拌罐的横截面积 $A=5\mathrm{m}^2$，求液料高度随时间的变化。

① 建立一个 M 文件，在 M 文件里输入如下代码：

```
clc;clear all;          % 清除命令行窗口内容和工作空间所有变量、函数等
odefun=@(t,H)(120-3*H)/5;
H0=[1.0];               % 初始条件
tspan=1:1:50;           % 时间区间的设置
[t H]=ode45(odefun,tspan,H0);
result=[t H]
plot(t,H,'^k')          % 画图,横坐标为 x 的值,纵坐标为 y 的值
xlabel('t(h)')
ylabel('H(m)')
```

```
legend('H',Location='best')
```

② 单击 ▶ 按钮，程序开始运行，运行结果如图 7-29 所示。

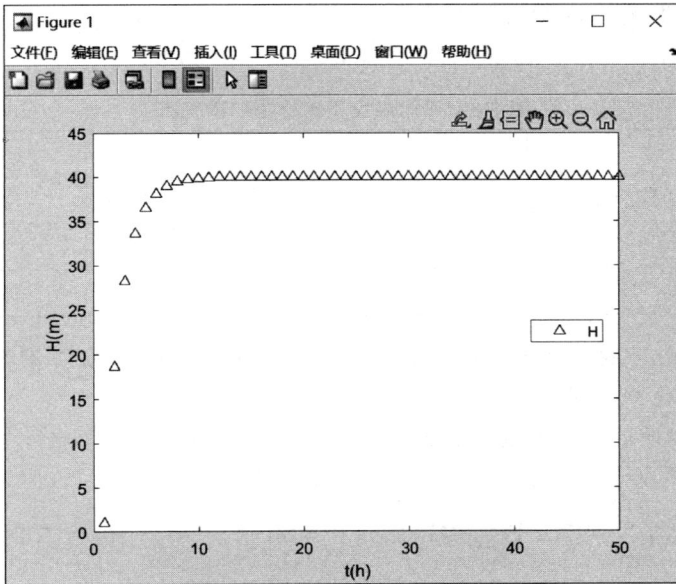

图 7-29　液料高度随时间变化图

7.5　总结

　　Matlab 在计算方面非常强大，涉及的内容非常多，应用范围非常广。从前面的实例练习中可以发现，在学习和使用 Matlab 时，不必非常系统地去学习。当掌握了基本的使用规则后，对于遇到的实际问题，首先要弄明白描述该问题的数学模型和算法，就可以在已有 Matlab 知识的基础上，通过 Help 功能或者网页搜索协助完成计算和相关绘图等操作。

习题

7-1. 建立矩阵 $\begin{bmatrix} 3 & 5 & 9 \\ 6 & 1 & 7 \end{bmatrix}$，并将其赋予变量 b。

7-2. 画出 $[0,10]$ 范围内的 $y=2x$ 和 $y=6x+1$ 曲线，数据点的个数都为 20 个，符号分别为空心圆和五角星，颜色分别为红色和黑色。

7-3. 求二元非线性方程组 $\begin{cases} 3x^2+4x+1=0 \\ x+y-2=0 \end{cases}$ 的解。

7-4. 计算积分 $\displaystyle\int_1^{15} \frac{x}{1+x^2} dx$。

7-5. 使用 ode45 求解 $y'=y-2t$。

7-6. 水在温度为 $1\sim99℃$ 下的饱和蒸气压 Antoine 方程为 $\log_{10} p=A-\dfrac{B}{C+T}$，其中系数

$A=8.07131$，$B=1730.63$，$C=233.426$；T 为温度，单位是℃；p 为饱和蒸气压，单位为 mmHg。求温度为 50℃时的饱和蒸气压。

7-7. 配平化学方程式 $KMnO_4+KI+H_2O \longrightarrow I_2+MnO_2+KOH$。

7-8. 不同温度下水的饱和蒸气压如表 7-8 所示，用 spline 插值方法计算水在 33℃和 45.5℃的饱和蒸气压。

表 7-8　不同温度下水的饱和蒸气压

温度/℃	0	10	20	30	40	50
饱和蒸气压/kPa	0.6113	1.2281	2.3388	4.2455	7.3814	12.344
温度/℃	60	70	80	90	100	
饱和蒸气压/kPa	19.932	31.176	47.373	70.117	101.32	

7-9. 用 0.1mol/L 的 NaOH 滴定 0.1mol/L、体积 20mL 的 HCl 溶液。计算 pH 值随 NaOH 加入量的变化并绘图。

7-10. 已知某物质的扩散浓度为 $c(x)=e^{-x}+13x^4$，单位为 kg/m^3，扩散系数为 $2.5 \times 10^{-11} m^2/s$，根据菲克第一定律，求 $x=0.02$ 时的扩散通量。

7-11. 可逆的化学反应 $A+B \underset{k_2}{\overset{k_1}{\rightleftharpoons}} C$，$k_1=0.002$，$k_2=0.1$，初始 A 的浓度为 50mol/L，B 的浓度为 100mol/L，求反应时间 8s 内反应物和生成物随时间的变化。

7-12. 一级连串反应 $A \xrightarrow{k_1} B \xrightarrow{k_2} C$，$k_1=0.3$，$k_2=0.1$，反应物 A 的初始浓度为 3mol/L，反应时间为 70s。运用 Matlab 求 A、B、C 的浓度随时间变化的曲线，使最终结果如图 7-30 所示。

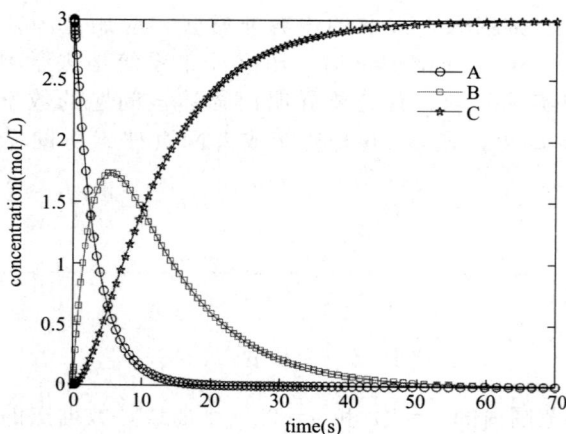

图 7-30　一级连串反应

7-13. 搅拌槽内含有体积 $V_0=2m^3$ 的水，将浓度为 $c_i=0.4mol/m^3$ 的某溶液以恒定的流量 F_i 加入搅拌槽内，完全混合后溶液以恒定流量 $F_o=0.1m^3/s$ 排放。该过程的微分方程为：

$$\frac{dc}{dt}=\frac{F_i(c_i-c)}{(F_i-F_o)t+V_0} \tag{7-6}$$

分别求 $F_i = 0.5\text{m}^3/\text{s}$、$1.0\text{m}^3/\text{s}$、$2.0\text{m}^3/\text{s}$ 时搅拌槽内溶液浓度 c 的变化规律，将三条曲线画在一张图中，曲线分别用圆形、星号、下三角表示，使最终效果如图 7-31 所示。

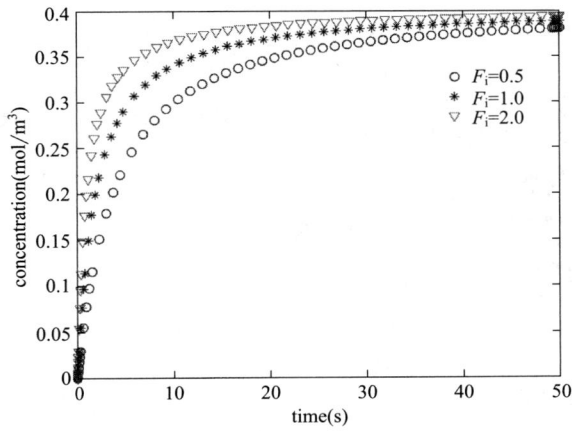

图 7-31   最终效果图

第 **8** 章

绘制示意图
软件Visio

化学化工工作者要表达自己的想法，如写研究论文、绘制实验原理图、绘制实验步骤示意图、绘制晶体结构或复合材料结构示意图、设计工艺流程、绘制设备工作原理图、绘制厂区和办公室平面布置图等，这些固然可以使用纯文字进行描述，但如果配合示意图来表述，则会达到事半功倍的效果。一方面，示意图不仅可以明确表达作者的意愿，表达出难以用文字描述的内容；另一方面，用户理解配有示意图的内容要比读纯文字容易得多，可谓一图胜千字。

虽然可以使用专业的绘图软件，如 AutoCAD 等软件，但这类软件太专业了，需要较多的相关知识作基础，学习起来比较费时费力。因此，需要一种易学易用、绘图效果又非常专业的软件，以便把主要精力用在构思与创意上，而不是花费在学习软件的使用上。符合这个要求的软件就是 Visio。

Visio 是一种可以将构思迅速转换成图形的流程视觉化应用软件，其易用性和专业性结合得非常好，是众多绘图软件中最易学习的软件之一。用户只需几分钟就能学会基本绘图，稍加学习就能得到相当专业的输出效果。从前需要几个工作日才能完成的图表，现在只需要动动鼠标拖拽形状，轻轻松松几个步骤就能实现。

Visio 于 2000 年被微软收购，现在 Visio 已经成为 Office 的一个组成部分，由此可见微软公司对其重视程度。Visio 正风靡全世界，在同类产品中 Visio 排名已列世界第一位。

本书所用软件版本为 Visio 2021（简称 Visio，下同）。此版本拥有更丰富的形状、模具和流程图模板库，可方便地表达数字、创意和信息。其智能布局功能使复杂的流程图变得十分美观。其数字可视化功能可将电子表格中的复杂数据轻松转换为美观的流程图。

本章首先介绍 Visio 的主界面、菜单栏、工具栏、模板和模具等。在后面几节中将介绍文件、页面和基本绘图等操作，最后是本章的重点，通过绘图实例学习 Visio。

8.1　初识 Visio

本节首先认识一下 Visio 的主界面、菜单栏、工具栏、模具与模板等内容。

8.1.1　主界面与菜单栏

启动 Visio 2021 后，出现如图 8-1 所示的页面。

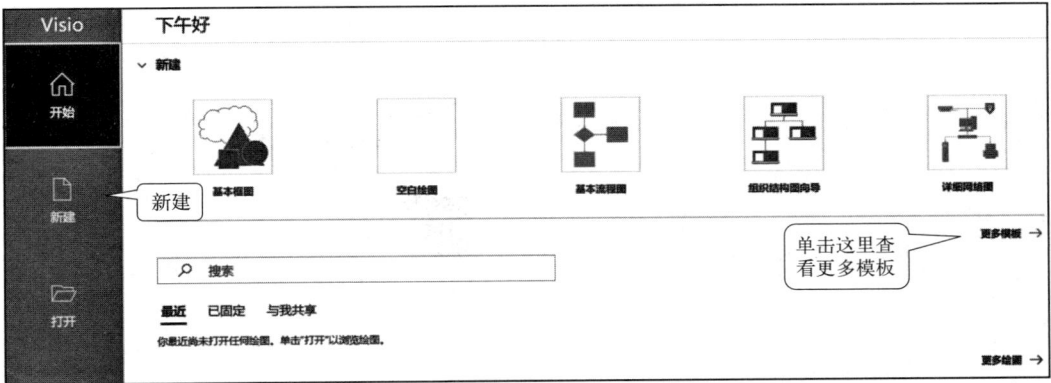

图 8-1　选择绘图模板

Visio 提供了各种各样的模板，用户可以根据具体需要进行选择。如果想要的模板在该页面没有，可以单击【更多模板】或者【新建】来查看和选择。

【例 8-1】　新建工艺流程图模板。

① 打开 Visio，单击【更多模板】或者【新建】。

② 单击【类别】，单击【工程】图标，如图 8-2 所示。

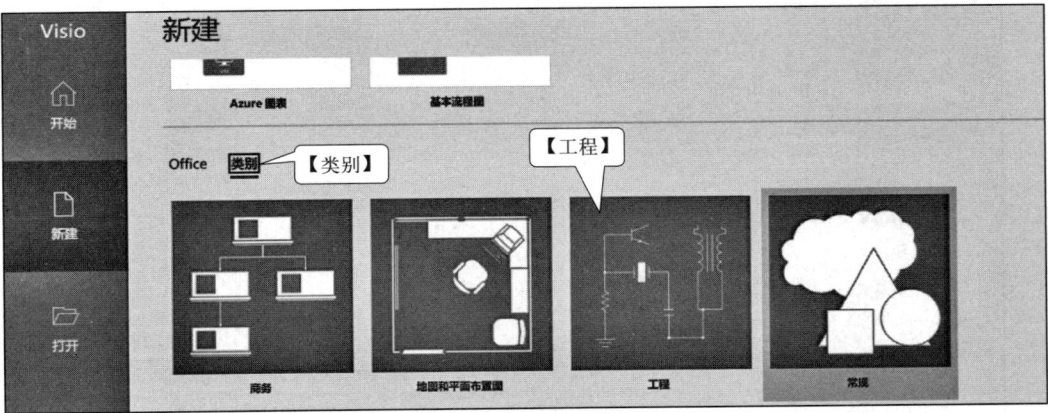

图 8-2　类别选择

③ 单击【工艺流程图】模板，如图 8-3 所示。

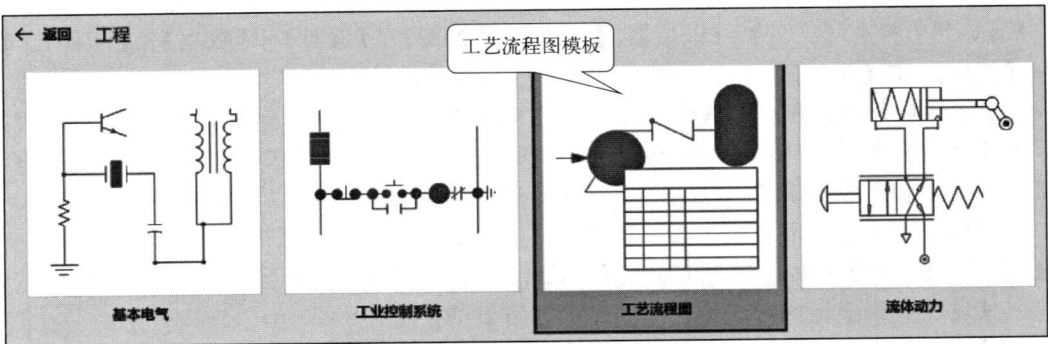

图 8-3　选择模板

④ 在弹出的页面单击【创建】，如图 8-4 所示。

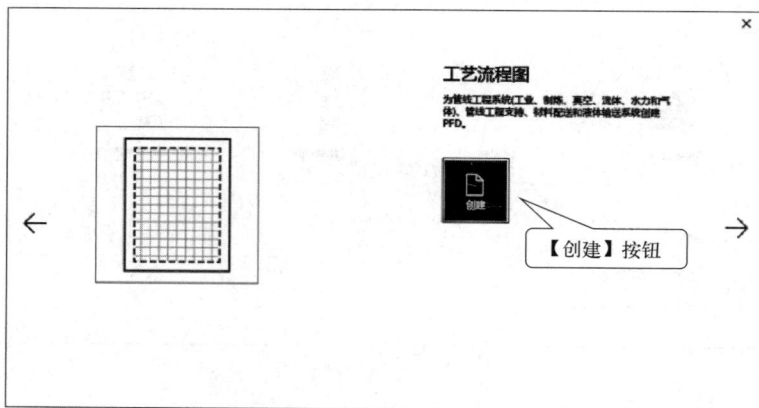

工艺流程图

为管线工程系统工业、制炼、真空、流体、水力和气体）、管线工程支持、材料配送和液件输送系统创建 PFD。

【创建】按钮

图 8-4　创建模板

至此工艺流程图的模板就创建好了。弹出的主界面如图 8-5 所示。

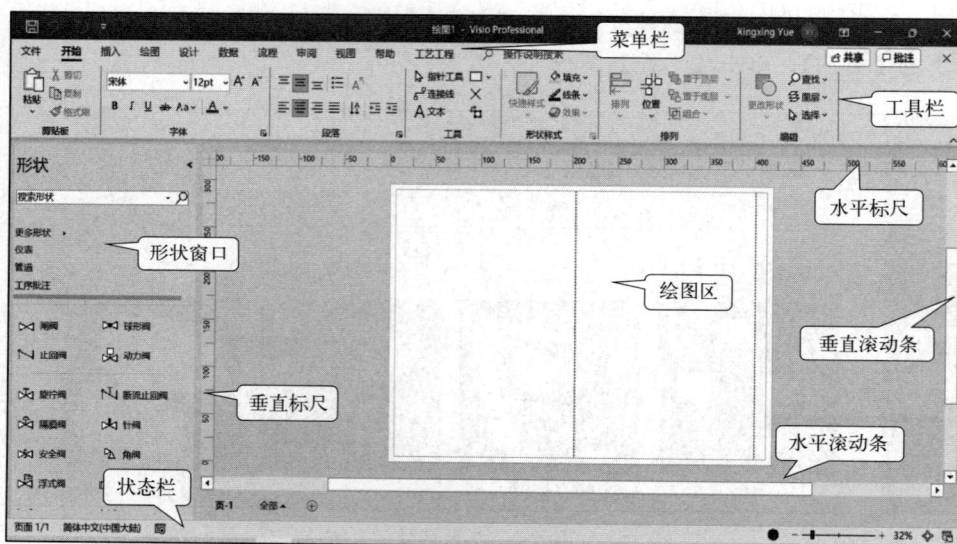

菜单栏　工具栏　水平标尺　绘图区　垂直滚动条　形状窗口　垂直标尺　水平滚动条　状态栏

图 8-5　Visio 主界面

主界面主要包括菜单栏、工具栏、形状窗口、绘图区、状态栏和标尺等。

Visio 菜单栏有【文件】、【开始】、【插入】、【绘图】、【设计】、【数据】、【流程】、【审阅】、【视图】和【帮助】。单击菜单，会出现相应的工具。

·【文件】菜单：和其他软件一样，用于文件的打开、创建、保存等操作。

·【开始】菜单：Visio 中最常用的工具都在开始菜单，主要包括字体设置、段落设置、连接线、线条和图像的设置以及图形的对齐等工具。

·【插入】菜单：用来插入【新建页】、【标注】、【连接线】、【符号】等，也可以用来插入【图片】、【对象】（如公式编辑器）、【CAD 绘图】和【超链接】等。

·【设计】菜单：主要用于页面、主题和背景的设置。

·【视图】菜单：主要用于标尺、网格、分页符、窗口等的设置。

8.1.2 形状、模具与模板

首先了解一下形状、模具和模板。

形状（图件）是 Visio 提供的各式各样的绘图基本模块。将这些形状拖到绘图页上，就可以添加上图形。形状可以反复使用。

模具是一些相关形状的集合，是特定的 Visio 绘图类型。"阀门和管件"模具及其所包含的形状如图 8-6 所示。

模板包括模具、样式、设置和工具，是为特定绘图任务而组织起来的一系列主控图形的集合。例如，打开流程图模板时，会打开一个绘图页和包含流程图形状的模具。模板还包含用于创建流程图的工具（例如为形状编号的工具）以及适当的样式（例如箭头）等。

Visio 启动时会让用户选择一种模板，打开模板时会同时打开与之相关的模具。如果绘图过程中需要使用其他形状的模具，可以单击【更多形状】，在弹出的菜单中选择需要的模具，如图 8-7 所示。

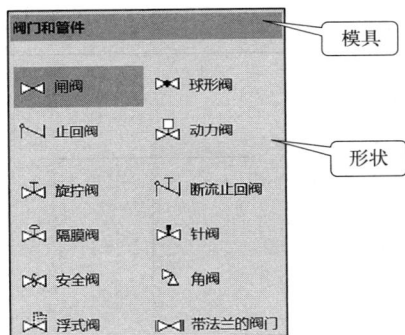

图 8-6 模具与形状

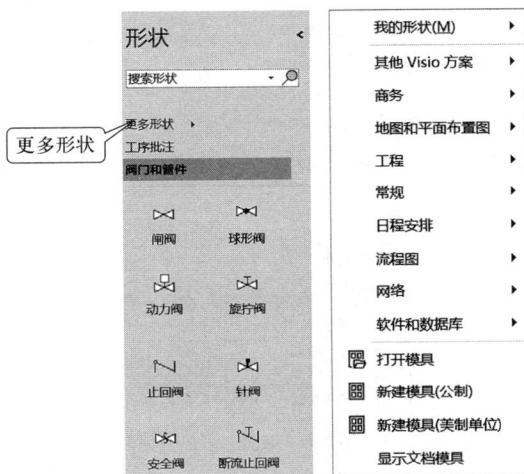

图 8-7 【更多形状】菜单

8.2 基本文件与页面操作

本节简介 Visio 文件新建、保存与打开等操作，并简介页面设置和标尺、网格的使用。

8.2.1 文件操作

（1）新建绘图文件

Visio 启动时会让用户选择一种绘图形状和模板。如果 Visio 启动后又想建立新的绘图文件，可以执行【文件】/【新建】菜单命令，打开感兴趣的绘图模板。

（2）保存绘图文件

Visio 文件绘制完成后，若该文件从未保存过，可以执行【文件】/【另存为】菜单命令，弹出【保存为】对话框，默认的保存文件类型为"Visio 绘图"。另存文件时用户可以根据具体情况修改文件名。

除了"Visio 绘图"类型的文件外，Visio 图形还可以保存为多种形式，如各种格式的图形文件（JPEG、TAG、PNG 等）以及 AutoCAD 绘图或网页文件等。需要保存的文件类型可以在【另存为】对话框的【保存类型】下拉选项框中选择。

如果文件已经保存过了，可执行【文件】/【保存】菜单命令，或单击快捷访问工具栏上的![保存]按钮将修改后的文件保存起来。

（3）打开绘图文件

执行【文件】/【打开】菜单命令，在文件夹中选择要打开的文件。

8.2.2 页面设置

（1）插入新页

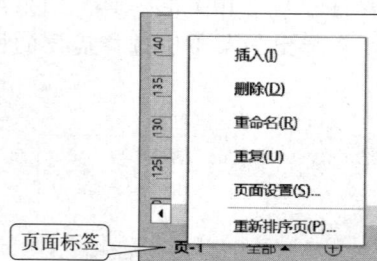

图 8-8　插入新页

一个 Visio 文件可以包括多个页面。选择模板新建一个绘图文件后，Visio 会自动生成一个绘图页，页面标签名为"页-1"（显示在绘图窗口的左下方）。在"页-1"标签上鼠标右击，弹出快捷菜单，如图 8-8 所示。

除了【插入（I）】之外，快捷菜单还能对页进行【删除（D）】、【重命名（R）】、【重复（U）】、【页面设置（S）...】和【重新排序页（P）...】等操作。

单击【插入（I）】菜单命令，弹出【页面设置】对话框，如图 8-9 所示。

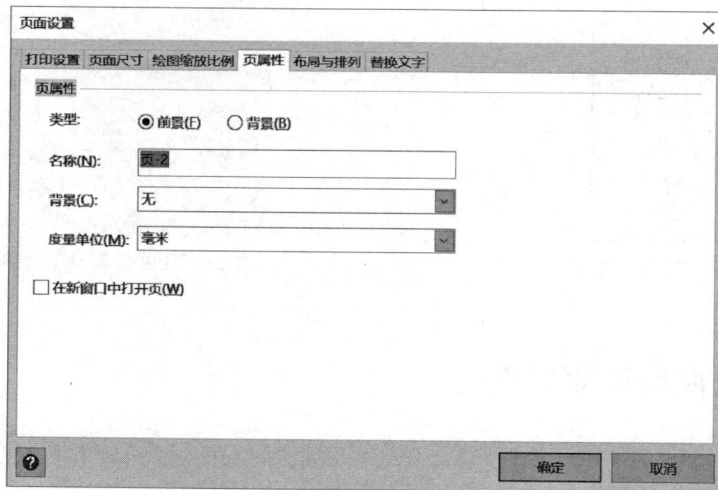

图 8-9　【页面设置】对话框

在此对话框中可以进行【打印设置】、【页面尺寸】、【绘图缩放比例】、【页属性】、【布局与排列】和【替换文字】等设置。单击 确定 按钮即可插入新绘图页。

单击绘图窗口下方的 ⊕ 按钮，或者执行【插入】/【新建页】菜单命令，也可以达到同样的效果。

（2）设置绘图页面

【页面设置】对话框，如图 8-10 所示。

在【打印设置】选项卡中，默认打印纸与打印机的设置是一样的，默认打印方向为【纵向】，如果需要的话可以改成【横向】。

在【页面尺寸】选项卡中，Visio 给出的【预定义的大小】随模板不同而不同。

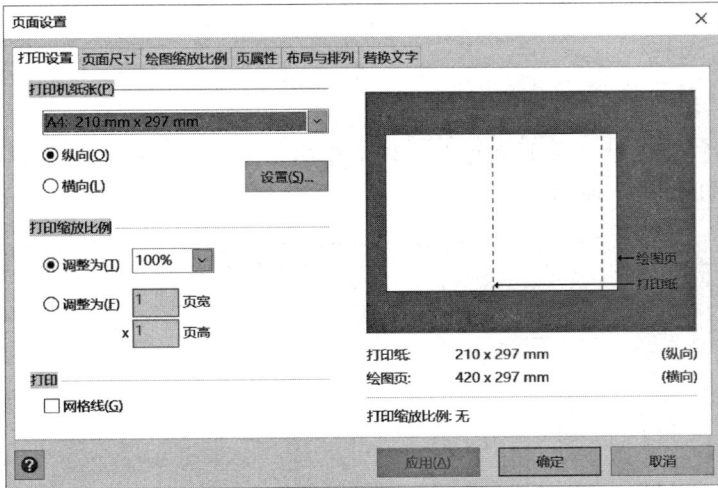

图 8-10　【页面设置】对话框

（3）旋转页面

使用旋转页面会带来一些特殊效果，可以轻松创建与页面或其他图形走向成一定角度的图形，比如规划图。厂区的地理环境可能并非面南背北，四四方方的，然而建筑物则通常需要面南背北排列。这时就需要把纸张进行旋转。按住 Ctrl 键，鼠标指针靠近页脚，当鼠标指针变成旋转手柄，就可以用鼠标拖动页脚来旋转页面，如图 8-11 所示。

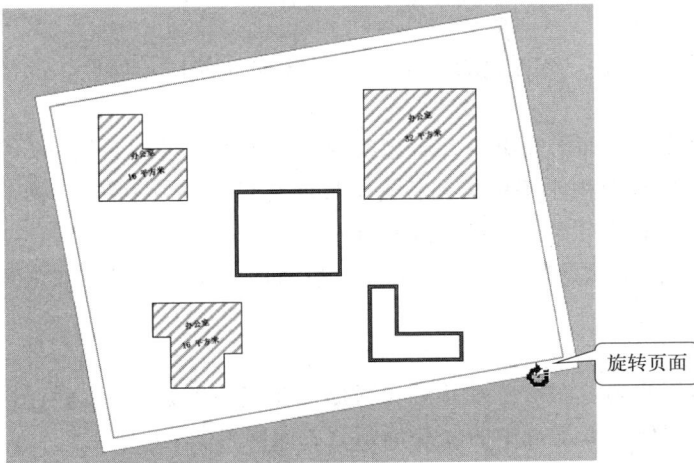

图 8-11　旋转页面

如果不显示旋转手柄图标，执行【文件】/【选项】/【高级】命令，在编辑选项下勾选【按 Ctrl 并悬停光标显示页面和旋转手柄（R）】并单击 确定 按钮，再次尝试旋转页面，就可以看到旋转手柄了。

拖动左侧的两个页脚，最小旋转角度间隔为 10°。拖动右侧的两个页脚，最小旋转角度间隔为 15°。

旋转过的页面还可以再旋转回来，这样两次创建的图形之间就会成一定角度。

页面旋转之后，标尺和网格并不跟着改变，因此绘图方式和未旋转时一样。页面旋转也不影响打印。

8.2.3　标尺与网格

(1)　标尺

默认情况下，Visio 绘图页面上有水平和垂直两个标尺。使用标尺可以精确定位图的大小和所在位置，如图 8-12 所示。

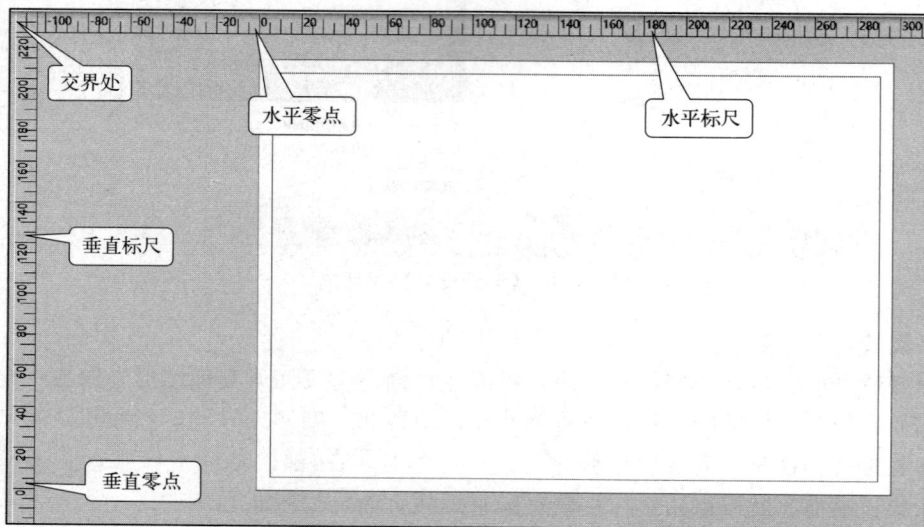

图 8-12　标尺

在【视图】/【显示】栏，勾选【标尺】前的复选框可以打开标尺，取消选中的复选框则会关闭标尺。

标尺的零点通常在页面的左下角。若想改变标尺零点，可按照如下方法设置。

按住 Ctrl 键，鼠标单击水平标尺和垂直标尺的交界处（左上角），然后拖动鼠标到页面上特定位置，松开鼠标即可完成标尺零点的设置。

若要恢复 Visio 的默认设置，可在水平标尺和垂直标尺的交界处双击鼠标，即可恢复标尺零点。

(2)　网格

网格可以帮助用户确定图形位置并对齐图形。在【视图】/【显示】栏，勾选【网格】前的复选框可以打开网格，取消选中的复选框则会关闭网格。

要改变标尺和网格属性，可单击【视图】/【显示】栏的 ⬚ 按钮，弹出【标尺和网格】对话框，如图 8-13 所示。

这里可以设置标尺的细分线，即有【细致】、【正常】、【粗糙】3 种选择。在网格设置中，网格间距有【细致】、【正常】、【粗糙】、【固定】几种选项。Visio 默认网格是【固定网格】。这种网格不会随视图放大或缩小而变，常用于空间规划和工程图设计。其他类型的网格会随着视图的缩放比例而变，网格间距会随视图放大而减小，随视图缩小而变大，便于用户调整图形。

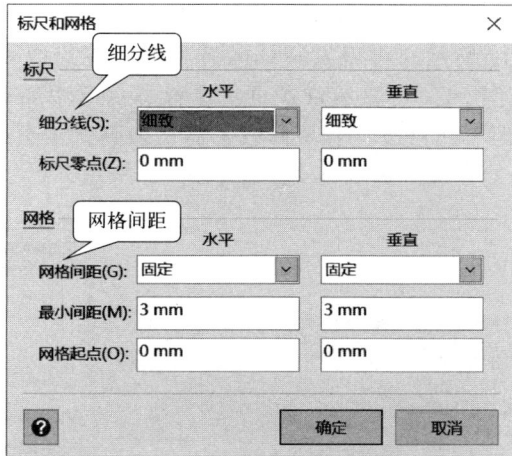

图 8-13 【标尺和网格】对话框

8.2.4 背景页

Visio 绘图至少包括一个前景页，也可以拥有一个或多个背景页。背景页出现在其他页面之后。可以将一个背景页（如公司的标志等）分配给多个前景页，使各图形风格统一。适当运用背景页，会使图形变得美观且专业。

背景页的设置在【设计】菜单栏下，如图 8-14 所示。

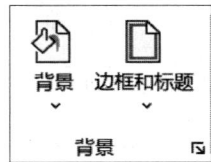

图 8-14 【背景】与
【边框和标题】下拉按钮

单击 下拉按钮可以选择背景的类型，单击 下拉按钮可以选择边框与标题的样式。背景页设置后会自动分配给该前景页。

【例 8-2】 设置背景页。

① 将【计算机和显示】形状里的【PC】拖到画布上，如图 8-15 所示。

② 单击 按钮，选择一个背景，本例中选择【世界】，如图 8-16 所示。

图 8-15 将图形拖拽到画布上

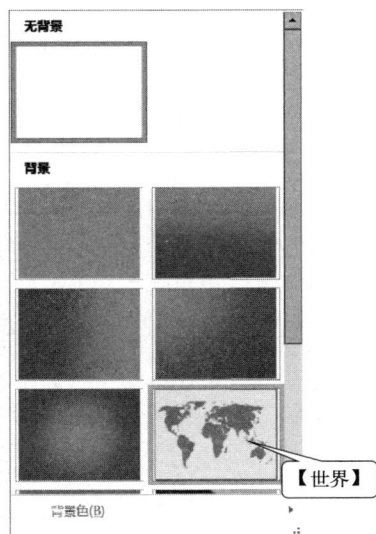

图 8-16 选择背景

把鼠标放在背景模板上，会弹出背景模板的类型。

插入背景效果如图 8-17 所示。可以发现插入背景后，在绘图页后面多了一个名为"背景-1"的背景页，单击"背景-1"可显示背景页。在背景页可添加其他图形，添加后，绘图页的相同位置也会显示，但不能修改，若要修改，需切换到背景页进行修改操作。

③ 单击 ▢ 按钮，选择边框和标题的样式，如图 8-18 所示。

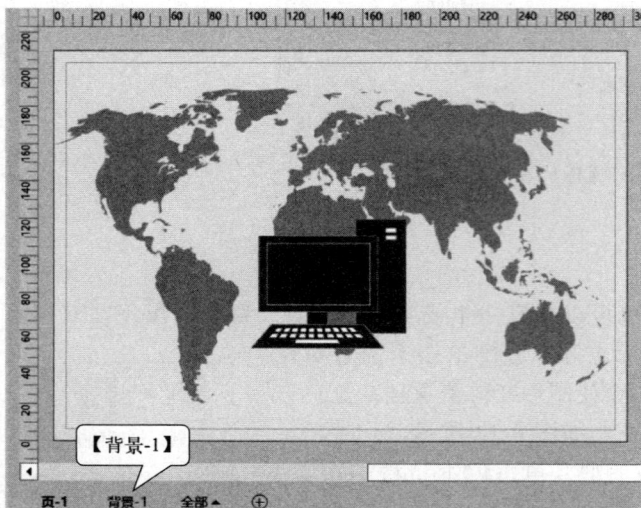

图 8-17　背景插入效果

图 8-18　选择边框与标题

④ 插入的边框与标题只能在背景页修改。在背景页，双击标题与日期可进行修改，在本例中我们将标题修改为"台式计算机"并居中，效果如图 8-19 所示。

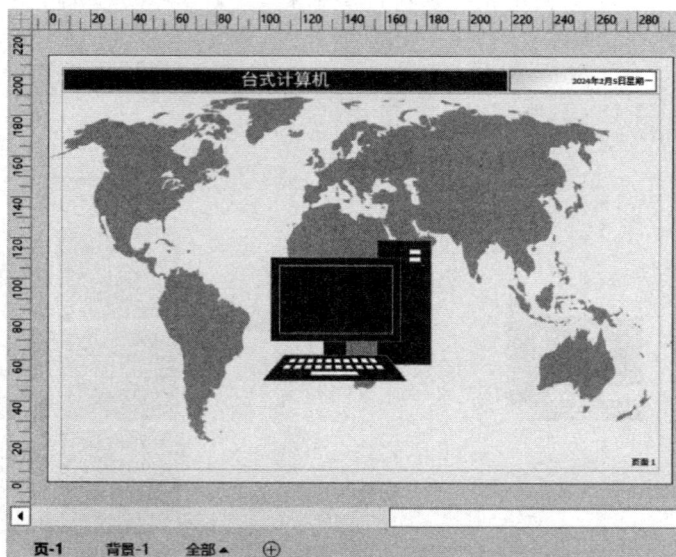

图 8-19　修改标题

如果设置了多个背景页，那么如何给绘图换个背景呢？在【页面设置】/【页属性】对话框中，单击【背景(C)】的下拉菜单选择要替换的背景，然后单击 确定 按钮，如图 8-20 所示。

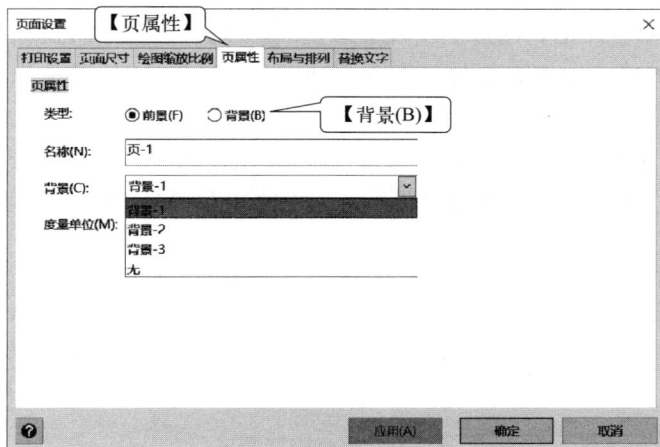

图 8-20　【页属性】选项卡

对于前景页，若在【页面设置】/【页属性】/【类型】中勾选【背景(B)】，则可将前景页转换为背景页。

8.3　基本图形操作

在介绍基本图形操作之前，首先介绍一下 Visio 基本图形分类以及各种图形手柄。

在绘图过程中，如果因为操作失误而破坏了图形，只需单击 按钮撤销上一个操作（在左上角快捷访问工具栏里）即可。

8.3.1　基本图形

Visio 图形分为一维图形（1D）和二维图形（2D）两种。

一维图形是线条和箭头等线形图形，可改变长度。

二维图形具有两个维度，能在二维方向上改变大小。

一维图形和二维图形如图 8-21 所示。

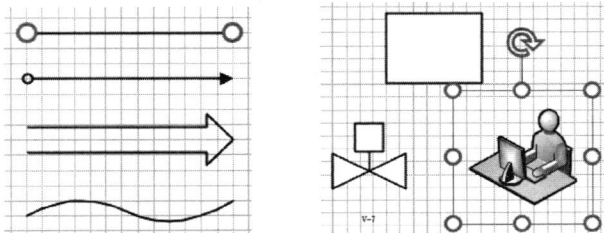

图 8-21　一维图形（左）和二维图形（右）

用一维图形将二维图形串接起来，就可以得到流程图。

8.3.2 图形的各种手柄

选中图形之后，图形上会出现各种各样的手柄用来对图形进行操作。Visio 的图形手柄介绍如下。

• 选择手柄：单击图形，图形上出现空心圆 ⭕，用来改变图形的大小。一维图形有两个选择手柄，二维图形通常有 8 个选择手柄，如图 8-22 所示。拖动角上的手柄，可基于原先的长宽比例缩放图形。

• 旋转手柄：选中图形后，旋转手柄 ⟳ 出现在图形顶端，如图 8-22（右）所示。将鼠标置于旋转手柄上，按住鼠标左键拖动图形，即可使图形围绕旋转中心旋转。

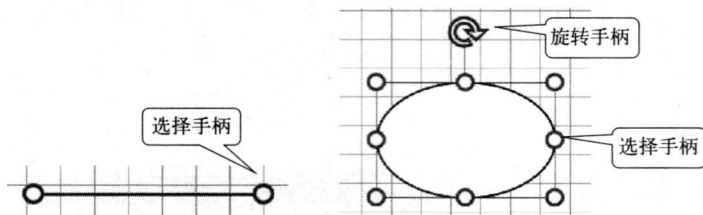

图 8-22　选择手柄（左）与旋转手柄（右）

• 控制手柄：黄色圆形 ⬤，用指针工具 [▷ 指针工具] 选中图形时，有些图形可能会出现控制手柄（如具有透视效果的块），如图 8-23 所示。控制手柄用来改变图形形状。将鼠标在控制手柄上停留片刻，会弹出动态帮助信息，说明此控制手柄的功能。

单击形状，有些图形也会出现该控制手柄，拖动该手柄可以移动文字的位置，如图 8-24 所示。

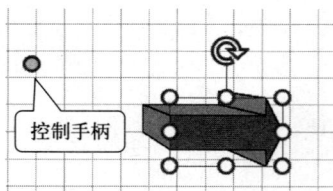

图 8-23　控制手柄

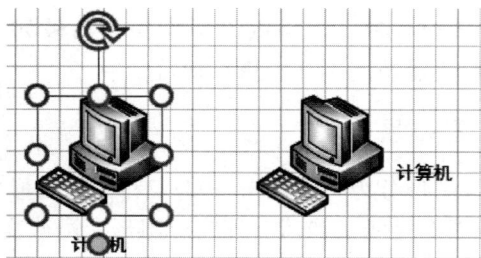

图 8-24　移动文字

• 控制点：可以控制曲率，例如单击【开始】/【工具】中的铅笔工具 [✎ ∨]，在绘图区画一条直线，直线中间有个点，该点就是控制点，如图 8-25（左）所示。单击控制点向下拉，直线会变成弧形，如图 8-25（右）所示。

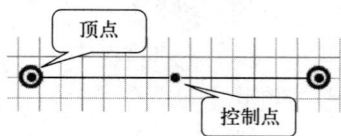

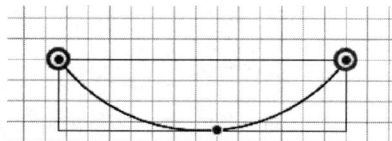

图 8-25　控制点

如用【开始】/【工具】中的任意多边形工具 绘制波浪线时，若初次绘制出来的曲线不符合要求，可用控制点修正。

• 连接点：以灰色的小方块 ■ 表示。可用连接线将图形的连接点连起来。Visio 为图形提供了默认连接点。按组合键 $\boxed{\text{Shift}}$ ＋ $\boxed{\text{Ctrl}}$ ＋ $\boxed{1}$ 激活连接点，图形上即可显示连接点，如图 8-26（左）所示。若需要增加连接点，则激活连接点后，选中图形，在需要增加连接点的地方按下 $\boxed{\text{Ctrl}}$ 键同时单击鼠标，即可增加一个连接点，如图 8-26（右）所示。若要删除连接点，可选中之（变成粉色），然后按 $\boxed{\text{Del}}$ 键删除。

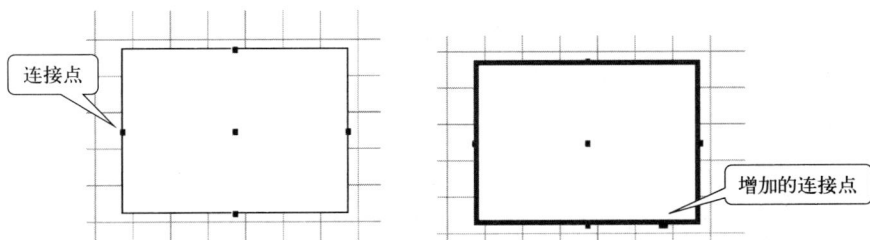

图 8-26　激活连接点（左）和增加连接点（右）

• 顶点：使用【开始】/【工具】工具栏中的 、、、 工具时，可以看到图形两端出现 ◎，此即为顶点，在顶点处拖动鼠标可以继续绘制图形（图 8-25）。

• 锁定手柄：如果单击图形后，图形四周出现带斜线的灰色圆圈 ⊘ 手柄，说明图形处于锁定状态。锁定后的图形不能进行特定的编辑修改，如翻转、旋转、调整大小等。

8.3.3　绘制图形

Visio 提供了种类繁多的形状。一般情况下通过拖动形状至绘图页，然后再用必要的连接线将它们连接起来就可以完成绘图工作。但有时需要创建个性化的形状或需要对已有形状进行修改，这就需要掌握基本绘图工具，其位置在【开始】/【工具】菜单栏中 ▷ 指针工具 按钮的右边，即 ○ ∨，单击 ∨ 下拉按钮，显示基本绘图工具，如图 8-27 所示。

下面简介这几种常用绘图工具的使用方法。

• 矩形工具 □：用来绘制矩形。使用此工具沿着 45°角拖动（会出现一条虚线）或按住 $\boxed{\text{Shift}}$ 键拖动可得到正方形。

• 椭圆工具 ○：用来绘制椭圆形。使用此工具沿着 45°角拖动（会出现一条虚线）或按住 $\boxed{\text{Shift}}$ 键拖动可得到圆形。

图 8-27　基本绘图工具

• 线条工具 ＼：用来绘制直线。按住 $\boxed{\text{Shift}}$ 键拖动可得到水平、垂直或具有 45°角的直线。

• 任意多边形工具 乙：用来绘制波浪线。拖动鼠标在所需方向上移动即可绘制。波浪线上有许多手柄，通过移动这些手柄可进一步修改波浪线的形状。

• 弧线工具 ⌒：用来绘制椭圆弧，有别于铅笔工具绘制的圆弧。

• 铅笔工具 ✎：用来绘制直线或圆弧。

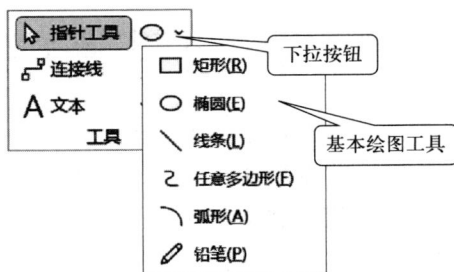

8.3.4 复制形状

Visio 复制形状的方法和其他程序中复制对象的方法一样：单击形状，执行【开始】/【复制】菜单命令即可完成复制。粘贴形状时执行【开始】/【粘贴】菜单命令即可将形状或文本粘贴在绘图页。

推荐使用快捷方式复制形状，此法复制和粘贴同时进行，还能控制所粘贴形状的位置。选中想要复制的形状，再按 Ctrl 键，这时鼠标右上方出现一个加号 （如果没有出现加号，可以在图上移动一下鼠标位置，直到出现加号为止）。按住鼠标左键拖动形状即可。完成复制后，首先松开鼠标按键，然后松开 Ctrl 键。如果在松开鼠标按键之前先松开 Ctrl 键，结果将是移动形状而不是复制形状。

8.3.5 删除形状

删除形状很容易。只需单击选中形状，然后按 Del 键即可删除。

在形状上鼠标右击弹出快捷菜单，选择【剪切】菜单命令也可完成删除工作。

8.3.6 搜索形状

Visio 分类存放了各种形状，用户可按照分类打开所需形状，也可以使用【搜索形状】功能在计算机和网上搜索特定形状。

(1) 打开一个模具

可以单击【更多形状】命令，在子菜单中选择打开 Visio 提供的形状。

(2) 搜索需要的特定形状

可以使用【搜索形状】功能在计算机或网上搜索特定的形状。在【形状】窗口的【搜索形状】框中输入形状名称或关键字进行查找，找到所需形状后，将其从【形状】窗口拖到绘图页上即可。

8.3.7 移动图形

(1) 移动一个形状

移动形状很容易：只需使用 指针工具 ，单击选中任意形状，将工具放置在形状中心位置上，指针下方将显示一个四向箭头 ，表示可以移动此形状。然后将它拖到新的位置。

不必一定要将工具放置在形状的正中，但这样做是有好处的，单击形状时会显示选择手柄，这样可以防止无意中拖动形状手柄而改变了形状的大小。

(2) 微调形状位置

可以单击某个形状，然后按键盘上的 ←、↑、→ 和 ↓ 按键来移动该形状。要使形状以较小的距离移动，可按住 Shift 键再按这些移动光标键。

(3) 移动多个形状

使用工具，拖出一个选择矩形框，将要移动的形状包括其中，或在按下 Shift 键的同时单击各个形状选中它们。将工具放置在选定形状的中心，指针下方将显示一个四向箭头，表示可以移动这些形状。拖动鼠标即可移动选择的形状。

还可以通过【开始】/【编辑】菜单栏中的 选择 工具，单击该工具的下拉箭头，然后使用【全选】选中绘图区所有形状，或通过【选择区域】或【套索选择】工具来选择多个形状，或使用【按类型选择】选择特定类型的形状，如图8-28所示。

8.3.8 调整图形的大小

可以通过拖动形状的角、边或底部的选择手柄来调整形状的大小。

（1）调整一个形状

首先使用 ⬚ 工具，单击要调整的形状选中之。

将 ⬚ 工具放置在角选择手柄上，指针将变成一个双向箭头，表示可以调整该形状的大小。将选择手柄向外拖动可扩大形状，向里拖动可减小形状。

（2）一次调整多个形状

按住 Shift 键，使用 ⬚ 工具逐一选择所有想要调整大小的形状，然后拖动包围所有形状的矩形上显示的某个选择手柄调整这些形状的大小。

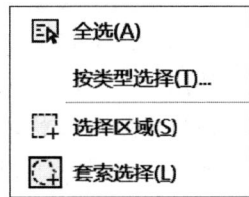

8.3.9 连接形状

将一维形状附加或黏附到二维形状来创建连接。做法很简单，直接使用 ⬚（连接线）工具将两个形状的连接点连接起来。连接线的种类很多，一些特殊要求的连接线可以在模具中寻找。

使用连接线连接形状有一个优点，即移动形状时连接线会保持黏附状态。例如，移动与另一个形状相连的流程图形状时，连接线会调整位置，自动重排或弯曲，以保持其端点与两个形状都黏附。

初学者通常使用 ⬚（线条）工具来连接形状。使用 ⬚ 工具连接形状时，连接线不会重排。

（1）使用"连接线"工具连接形状

① 单击【开始】/【工具】上的 ⬚连接线 工具，然后把鼠标放在图形上，图形边框变成绿色并显示连接点，同时鼠标符号变成 ⬚，如图8-29所示。

② 将 ⬚ 工具放置在第一个形状底部的连接点上。

此时 ⬚ 工具会用一个绿色框来突出显示连接点，表示可以在该点进行连接操作。连接线的端点变成绿色是一个重要的提示。如果想要形状保持相连，两个端点都必须为绿色。

③ 将 ⬚ 工具拖到第二个形状顶部的连接点上，将两个形状连接起来。

（2）使用模具中的连接线连接形状

以【连接符】模具中的连接线为例，假设有两个"进程"形状需要连接，则进行如下操作：

① 执行【更多形状】/【其他 Visio 方案】/【连接符】命令。

② 拖动 ⬚直线-弧线连接线 至绘图区。

③ 调整 ⬚ 位置使无箭头端与第一个"进程"形状下方的连接点相连。

图8-28 各种选择工具

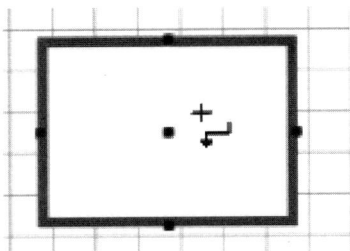

图8-29 显示连接点

④ 将 的另一端（箭头端）拖到另一个"进程"形状上方的连接点。

形状相连时，连接线的端点会变成绿色。

（3）向连接线添加文本

向连接线添加文本很简单。

使用 工具，双击形状之间的连接线，然后键入说明文字即可。

（4）在相连形状之间添加形状

如果想要在两个相连形状之间添加新形状，只需使用 工具，将一个新形状拖到两个形状之间的连接线上，三个形状即会自动连接起来。此操作在流程图模板、电气工程模板和工艺工程模板中有效。

8.3.10 堆叠形状

Visio 会以形状拖到绘图页的先后顺序来决定形状的堆叠层次。如依次拖动 5 个形状到绘图页，则首先拖入的形状在最底层，最后拖入的形状在最顶层，共计 5 个堆叠层次。

多数情况下，形状是不重叠的，因此也不必注意这种堆叠顺序。但在某些情况下，如两个形状位置有重叠时，它们的堆叠顺序就变得十分重要，堆叠区域会被上层的形状覆盖。

改变形状堆叠层次的方法很简单，在【开始】/【排列】工具栏，通过单击 置于顶层 按钮将选中的形状置于堆叠顺序的顶层，或单击 置于底层 按钮将选中的形状置于堆叠顺序的底层。也可以单击这两个按钮上的下拉按钮 ，选择【上移一层（F）】或者【下移一层（B）】来调整堆叠顺序。

8.3.11 对齐形状

文字可以对齐，形状同样也可以对齐。通常可以拖动形状对齐绘图页上的网格线来对齐形状，但 Visio 提供了更好的对齐方法，这就是利用对齐形状按钮自动对齐。

对齐形状按钮在【开始】/【排列】工具栏中。单击 符号下方的下拉按钮 ，弹出所有对齐形状按钮，如图 8-30 所示。

使用对齐形状按钮时，首先选中要对齐的形状，然后单击对齐形状按钮完成形状对齐。

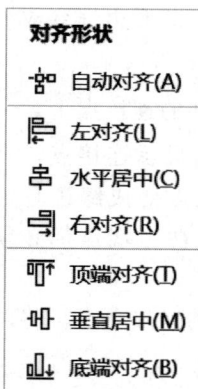

图 8-30　对齐形状按钮

8.3.12 形状组合

组合的形状包括两个或多个单独形状。通过组合可以简化复杂形状的处理。如可以一次移动、缩放整个组合，而不必分别移动和缩放各个形状。

【例 8-3】　形状组合。

① 使用 工具，拖出一个较大的矩形围住需要组合的形状。

也可以按住 Shift 键，分别单击各个形状来选择需要组合的内容。

② 鼠标放在任意一个图形上鼠标右击，在弹出的菜单中选择【组合】，如图 8-31 所示。组合后的图形以第一个选中的形状格式为基准。

组合后并不影响编辑修改其中的单独形状。首先单击组合，然后单击想要修改的形状，可以对其进行修改。

若要取消组合，可选中组合，鼠标右击，执行【组合（G）】/【取消组合（U）】命令将组合取消。

也可以使用【开始】/【排列】工具栏中的 组合✓ 按钮。

8.3.13　形状联合

两个形状相交，重叠部分的线段被删除，两个图形合并为一个，这叫作形状联合。形状联合要用到【开发工具】菜单，如果没有，可以执行【文件】/【更多…】/【选项】/【高级】命令，然后在右边窗口中找到【常规】，勾选【以开发人员模式运行（D）】的复选框，最后单击 确定 按钮。接下来尝试将两个形状联合。

【例 8-4】 形状联合。

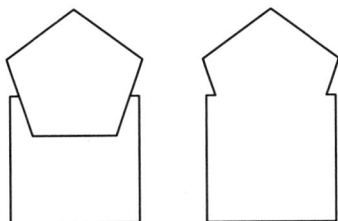

① 拖动两个形状到绘图区。

② 将其部分重叠，如图 8-32（左）所示。

③ 使用 工具拖出一个较大的矩形围住这两个形状。

④ 单击【开发工具】，在【形状设计】菜单栏中单击 操作✓ 的下拉按钮✓，在弹出的菜单中选择 联合(U)，结果如图 8-32（右）所示。

联合后的形状，其各种属性继承第一个所选形状的属性。例如，将填充了不同颜色的形状联合起来，联合后的形状颜色会变成第一个所选形状的颜色。

图 8-31　形状组合

图 8-32　形状联合

8.3.14　形状的拆分

有合就有分。形状的拆分就是把形状的重叠部分沿相交线分割成较小的独立形状。

【例 8-5】 拆分形状。

① 首先将两个形状重叠，如图 8-33（左）所示。

② 使用 工具拖出一个较大的矩形围住这两个形状。

③ 单击【开发工具】，在【形状设计】菜单栏中单击 操作✓ 的下拉按钮✓，在弹出的菜单中选择 拆分(F)。

④ 将拆分后的各部分移开，结果如图 8-33（右）所示。

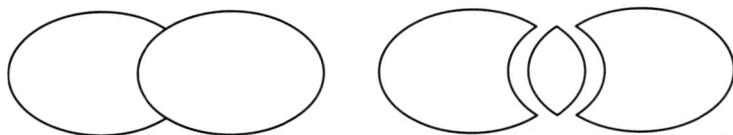

图 8-33　拆分形状

形状也可用任意曲线分割拆分，如图 8-34 所示。

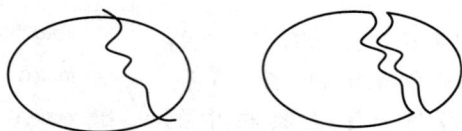

图 8-34　用波浪线拆分椭圆

灵活使用形状的联合和拆分，可以随心所欲地创造出很多新奇的形状。

8.3.15　形状的相交

相交操作只保留形状的相交部分，其他部分自动删除，得到的形状继承第一个形状的各种属性。

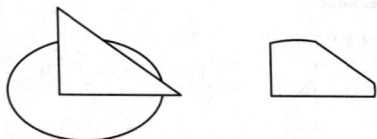

图 8-35　形状的相交操作

【例 8-6】　形状相交。

① 向绘图页面添加一个椭圆形。

② 向绘图页面添加一个三角形，如图 8-35（左）所示。

③ 使用 工具拖出一个较大的矩形围住这两个形状。

④ 单击【开发工具】，在【形状设计】菜单栏中单击 操作∨ 的下拉按钮 ∨，在弹出的菜单中选择 相交(I)。

⑤ 相交后的结果如图 8-35（右）所示，得到一个形似机翼的新形状。

8.3.16　形状的剪除

形状的剪除，以选中的第一个形状为基础，删除其他形状与第一个形状的重叠部分。

【例 8-7】　形状剪除。

① 向绘图页面添加一个圆形。

② 向绘图页面添加一个六角形，如图 8-36（左）所示。

③ 按住 Shift 键，首先单击圆形，然后单击六角形，圆形带有一条较粗的蓝色轮廓线，六角形带有一条较细的蓝色轮廓线。

④ 单击【开发工具】，在【形状设计】菜单栏中单击 操作∨ 的下拉按钮 ∨，在弹出的菜单中选择 剪除(S)。

⑤ 剪除后的结果如图 8-36（右）所示。

如果先选中六角形，再选中圆形，那么执行剪除命令后，将得到如图 8-37 所示的形状。

图 8-36　形状的剪除操作（首先选中圆形）

图 8-37　形状的剪除操作（首先选中六角形）

8.3.17　形状的旋转与翻转

（1）旋转形状

形状可以在绘图纸平面上按顺时针或逆时针方向旋转。可以使用旋转手柄来完成二维形状的旋转。使用 工具选择想要旋转的形状，将鼠标指针放在形状上方的旋转手柄上，指针将变为环状箭头，然后拖动旋转即可，如图 8-38 所示。

形状旋转的角度显示在 Visio 窗口左下角的【状态】栏中。

若要以较小的幅度旋转形状，可在旋转形状时，拖动旋转手柄远离该形状，从而获得更精确的旋转角度控制。

若要精确旋转角度，可执行【视图】/【显示】/【任务窗口】中的【大小和位置（O）】菜单命令，弹出【大小和位置】窗口，如图 8-39 所示。

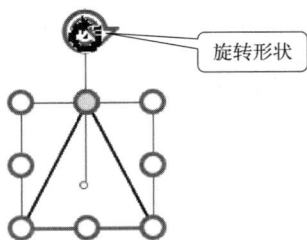

图 8-38　旋转形状

大小和...	X	41.625 mm
	Y	74.75 mm
	宽度	30 mm
	高度	30 mm
	角度	0 deg
	旋转中心点位置	正中部

图 8-39　【大小和位置】窗口

在【角度】输入框中输入旋转角度按回车键即可。这个窗口不仅可以控制形状的旋转角度，还可以控制形状的精确大小。若要关闭该窗口，单击窗口左下角的 ✕ 按钮。

若要让形状向右转 90°或者向左转 90°，可在【开始】/【排列】工具栏中 工具上单击下拉按钮 ⌄，在弹出的菜单栏中，选择【方向形状】/【旋转形状】中的 向右旋转 90°(R) 或者 向左旋转 90°(L) 即可完成。

（2）翻转形状

形状翻转分为水平翻转和垂直翻转两种。

水平翻转相当于是 Y 轴的镜像。假设在形状的垂直方向有一面镜子，镜中形状就是水平翻转后的结果，如图 8-40（左）所示。

垂直翻转相当于是 X 轴的镜像。假设在形状的水平方向有一面镜子，镜中形状就是垂直翻转后的结果，如图 8-40（右）所示。

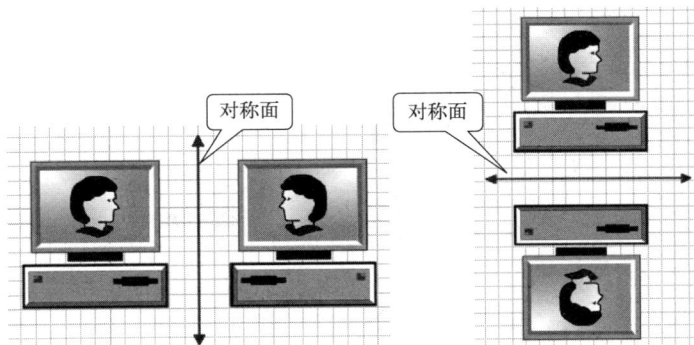

图 8-40　水平翻转（左）和垂直翻转（右）示意图

可在【开始】/【排列】工具栏中 工具上单击下拉按钮 ⌄，在弹出的菜单栏中，选择【方向形状】/【旋转形状】中的 水平翻转(H) 或者 垂直翻转(V) 即可完成。

8.3.18 形状格式化

一维形状（如线条和连接线）和二维形状（如矩形和圆）的格式可用【开始】/【形状样式】工具栏中 ✐ 线条 和 ✎ 填充 进行设置，单击下拉按钮 ✓，如图 8-41 所示。

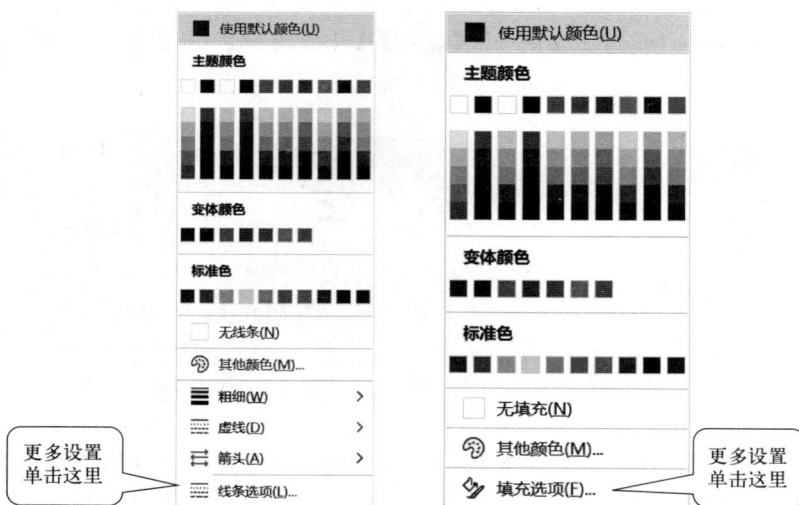

图 8-41 一维（左）和二维（右）形状的格式化

一维形状可以设置线条颜色、粗细、类型（虚线）、线段（箭头）。二维形状可以设置填充的颜色。

更多设置可以单击 ▦ 线条选项(L)… 或者 ✎ 填充选项(F)…，如图 8-42 所示。

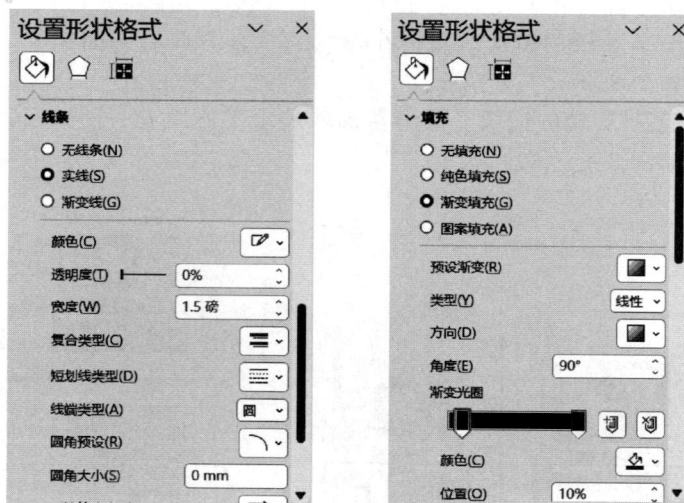

图 8-42 【线条选项（L）…】（左）和【填充选项（F）…】（右）

用户也可以通过【开始】/【形状样式】工具栏中快速样式工具 ✐ 来选择样式。选中曲线，单击 ✐ 按钮，可以快速设置曲线样式，如图 8-43（左）所示。选中图形，单击 ✐ 按钮，可以快速设置图形样式，如图 8-43（右）所示。

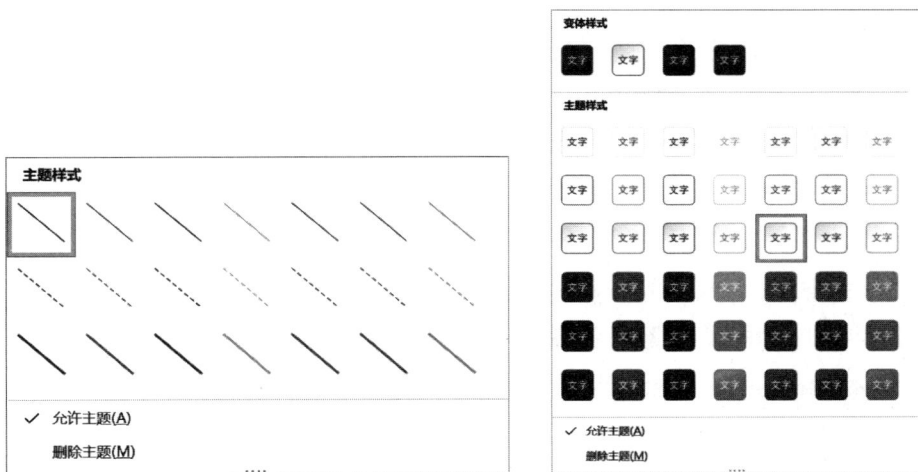

图 8-43　快速设置曲线（左）和图形（右）样式

若在图形中编辑文字时，使用快速样式工具设置图形，除了图形样式发生变化，文字也会发生变化。

8.4　基本文字操作

Visio 中可以添加各种说明文字，可将文字加入形状中，也可以在绘图页中添加独立的文本。本节还将介绍文本格式的设置、文字方向的改变等内容。由于化学化工领域可能会用到一些特殊符号，最后介绍特殊符号的输入方法。

8.4.1　向形状添加文本

Visio 中可以向形状添加文本，只需单击某个形状然后键入文本。Microsoft Office Visio 会放大以便用户可以看到所键入的文本。

【例 8-8】　向形状添加文本。

① 双击形状，弹出文本输入框，如图 8-44 所示。

② 输入文本。

③ 单击绘图页的空白区域或按 Esc 键退出文本编辑模式。

实际上，单击选中形状后，如果用户进行按键操作，就会自动出现文本编辑框。如果需要删除形状中的文本，则需进行如下操作。

图 8-44　向形状添加文本

【例 8-9】　删除形状中的文本。

① 双击形状，出现文本编辑框，其中的文本也处于选中状态。

② 按 Del 键删除之。

③ 单击绘图页的空白区域或按 Esc 键退出文本编辑模式。

8.4.2　添加独立文本

可以向绘图页任何位置添加独立文本，这种文本与任何形状无关。

【例 8-10】 添加独立文本。

① 单击【开始】/【工具】中的 A 文本 工具。

② 单击绘图页的空白区域，出现文本输入框，输入文本。

③ 单击绘图页的空白区域或按 Esc 键退出文本编辑模式。

8.4.3 设置文本格式

同 Word 一样，Visio 可以轻松设置文本格式，如字体、字号、粗体、斜体、下划线、上标字符、下标字符、缩进、文本对齐、项目符号、文本居中等。

设置文本可以使用【开始】/【字体】工具栏中的各种工具，这里就不详述了。

8.4.4 改变文字方向

更改文字方向按钮 在【开始】/【段落】工具栏中。化学化工应用中有时会用到竖排文字，使用这个按钮可以很方便地改变文字排版方向。

【例 8-11】 改变文字方向。

① 选中文本。

② 单击 工具按钮，文字变成竖排格式，如图 8-45 所示。

文字变成竖排后，此按钮形状变成 ，对齐、缩进相关的按钮也同时发生改变，以适应竖排文字。

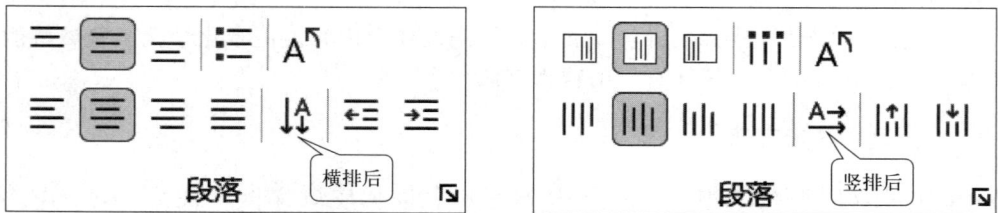

图 8-45　横排（左）和竖排（右）段落编辑按钮

单击 按钮，文字可恢复通常的横排格式。

8.4.5 特殊符号

化学化工领域难免会用到特殊符号。Visio 插入特殊符号的方法和 Word 差不多。

【例 8-12】 特殊符号插入。

① 首先进入文本编辑状态。

② 执行【插入】/【符号】/【其他符号】菜单命令，弹出【符号】对话框，如图 8-46 所示。

③ 单击【符号】选项卡。在【字体】下拉列表中选择【Symbol】字体。

④ 单击要插入的符号，单击 插入(I) 按钮。

⑤ 单击对话框右上角的 X 按钮完成符号插入。

使用插入符号功能，可以插入 Windows 提供的所有字体。除此之外，在【特殊字符】选项卡中还有若干特殊符号，用户可以选用。

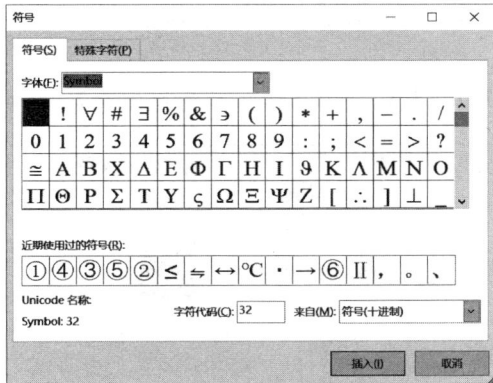

图 8-46 插入特殊符号

8.5 将图形添加到 Word 文档

多数情况下我们需要使用 Word 形式的文本。这时需要将 Visio 编辑的图形粘贴到 Word 文档中。再次修改 Visio 图形时，可双击图形调用 Visio 进行编辑。

8.5.1 将 Visio 图形添加到 Word 文档

【例 8-13】 将 Visio 图形添加到 Word 文档。

① 使用【开始】/【编辑】工具栏中 选择▾ 工具，单击下拉按钮 ▾ 中的 全选(A)，或使用 Ctrl + A 键选中全部图形。

② 使用【开始】/【剪切板】工具栏中的 复制，或使用 Ctrl + C 键复制全部图形。

③ 在 Word 窗口中，使用【开始】/【剪切板】中的粘贴按钮，或使用 Ctrl + V 键，将 Visio 图形粘贴到光标所在位置。

复制图形前，建议把相关形状组合成一个图形。

8.5.2 在 Word 文档中修改 Visio 图形

【例 8-14】 修改 Word 中的 Visio 图形。

① 在 Word 文档中双击 Visio 图形，Word 自动调用 Visio 并进入编辑状态。

② 编辑 Visio 图形。

③ 单击 Word 文档中 Visio 图形以外的某一位置，退出 Visio。

Visio 关闭后，Word 再一次成为当前活动程序。

8.6 Visio 绘图实例

本节将以实例的方式展示 Visio 的绘图功能。示例内容包括组织结构图、程序设计流程图、氧化石墨烯制备流程示意图、钙钛矿太阳能电池结构示意图以及工艺流程示意图等。

8.6.1 组织结构图

组织结构图是一种常用图表。虽然用 Word 也能绘制组织结构图，但使用 Visio 绘制更方便，效果也更好。下面的实例是绘制公司的组织结构图。

【例 8-15】 绘制组织结构图。

① 启动 Visio。单击【新建】/【商务】/【组织结构图向导】。弹出如图 8-47 所示的页面。

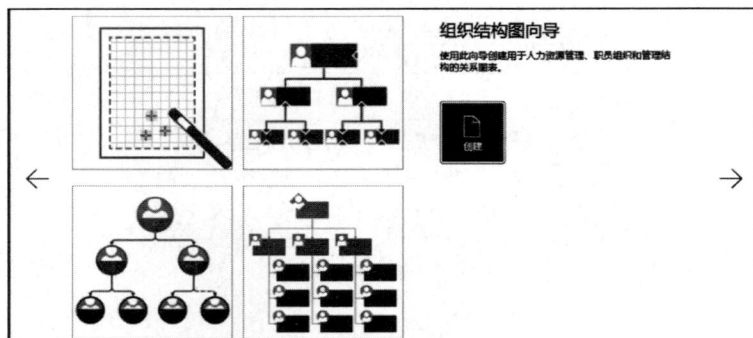

图 8-47　组织结构图向导

该页面中有四种模板，分别是"空白""部门组织结构图""分层组织结构图"和"公司组织结构图"。在该例中选择空白模板。

② 单击【创建】。

进入模板后，在菜单栏的【开发工具】和【帮助】菜单命令之间，会出现【组织结构图】菜单命令，如图 8-48 所示。

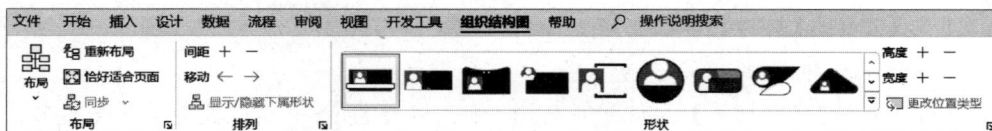

图 8-48　【组织结构图】菜单栏

添加到组织结构图中的第一个形状在层次中成为顶部形状，通常代表总经理。如果是为单个部门或小组创建组织结构图，它也可以代表项目负责人。

③ 拖动【高管带】形状至绘图页。

④ 拖动【职位带】形状至【高管带】形状上，释放鼠标，Visio 自动将前者变为后者的子形状，并在两者之间建立连接线，如图 8-49 所示。

通过将形状拖动到上一级形状之上，可在组织结构图中连接形状并创建组织层次结构。

⑤ 再将 3 个【职位带】形状拖到绘图页的【高管带】形状的上面，一次拖动一个。结果如图 8-50 所示。

此图看起来对称性不够好，不过没有关系。如果 Visio 自动给出的层次布局不能令人满意，可以使用【组织结构图】工具重新布局。

在【组织结构图】/【布局】工具栏可以对形状进行重新布局。

⑥ 单击选中【高管带】形状。

⑦ 在【组织结构图】/【布局】工具栏上，单击布局工具下方的下拉按钮，单击按钮，【高管带】以下的形状重新布局，如图 8-51 所示。

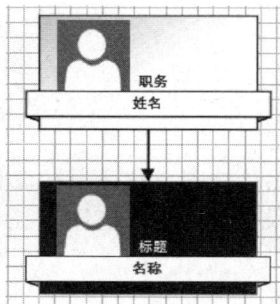

图 8-49　添加子形状

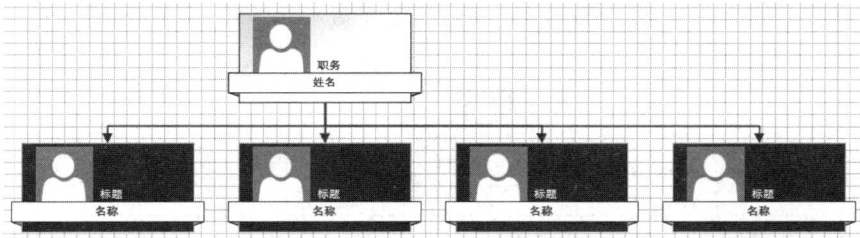

图 8-50　创建组织层次结构

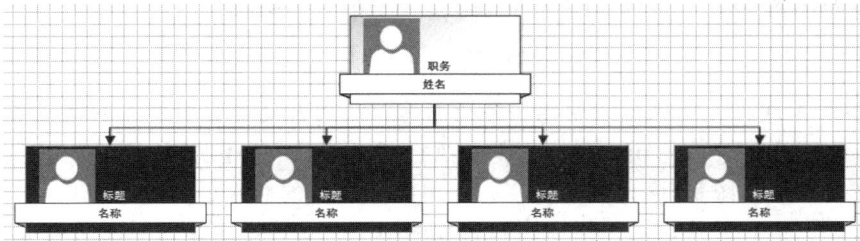

图 8-51　更改形状的布局

　　也可以选中【高管带】形状后，鼠标右击，在弹出的菜单栏中选择【下属（O）】/【排列下属形状（A）...】，然后在弹出的【排列下属形状】对话框中选择布局，最后单击 确定 按钮。

　　下面在组织结构图形状中添加雇员照片和其他信息，例如电话号码和电子邮件地址等。

　　⑧ 在【职位带】形状上鼠标右击，弹出快捷菜单，执行【图片（P）】/【更改图片（N）...】菜单命令，弹出【插入图片】对话框，如图 8-52 所示。

图 8-52　【插入图片】对话框

⑨ 选中所需图片，单击 打开(O) 按钮完成图片插入，如图 8-53 所示。

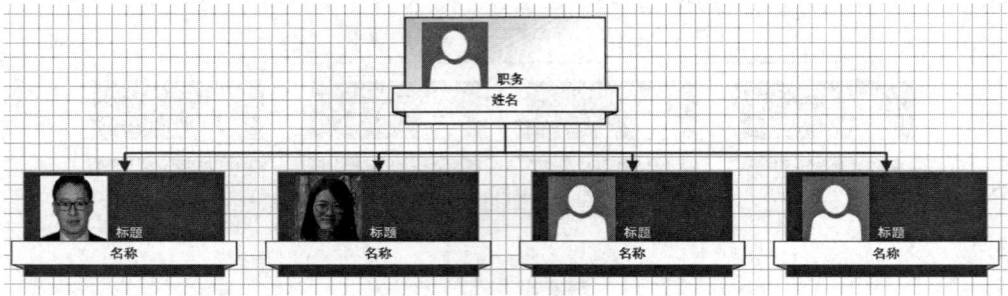

图 8-53　插入图片

⑩ 双击各形状进入文本编辑状态，依次为各形状添加文字说明并作相应设置。

若要删除照片，单击形状，鼠标右击，执行【图片（P）】/【删除图片（U）】菜单命令。

通过【组织结构图】/【图片】工具栏，也可执行图片的插入、删除等操作。

默认【职位带】形状信息包括标题和名称两项。若想显示更多信息需进行如下操作。

⑪ 选中任意形状，单击【组织结构图】/【形状】工具栏中的 按钮。弹出【选项】对话框，单击【字段】选项卡，如图 8-54 所示。

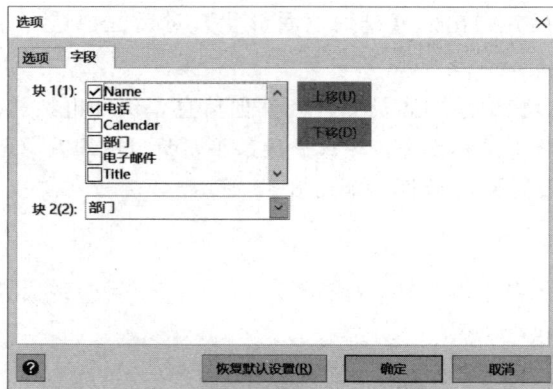

图 8-54　【选项】对话框

Visio 把组织结构图中的形状分为 2 块来显示信息，我们在块 1 中勾选姓名和电话，块 2 中勾选部门。

⑫ 单击 确定 按钮，完成信息字段的增加，效果如图 8-55 所示。

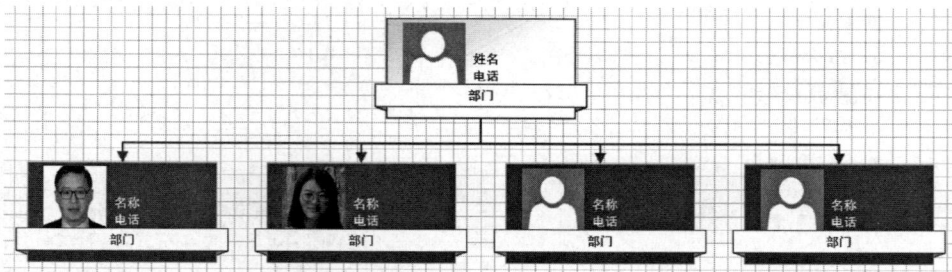

图 8-55　增加字段

⑬ 最后添加背景，就会得到一份信息详尽且构图美观的组织结构图。

8.6.2 程序流程图

这里所举的例子是程序设计流程图，其他形式的流程图制作方法与此例类似，用户可以通过此例举一反三，制作出各式各样的流程图。

化学家们测绘和使用相图已超过百年历史，经测定和审定的二元系相图有 4000 余幅。在已经审定的二元系相图中，有相当一部分未完全测定或不够精确，需要进一步校对。

三元系相图的工作量更大，只测定了一些相图的恒温截面，有的甚至只是局部成分范围的恒温界面。有些相图存在亚稳态，测定这类相图更加困难。通过相平衡计算，可以得到合乎实际的相图，甚至可以确定亚稳态。

相图计算所依据的是热力学模型，如理想溶液模型、规则溶液模型、亚规则溶液模型、亚晶格模型、中心原子模型和集团变分模型等。下面用理想溶液模型计算 NiO-MgO 完全固溶体的相图，绘制计算流程。

NiO-MgO 为液固相连续互溶二元体系，液相和固相均为理想溶液。已知 NiO 和 MgO 的熔点分别为 1960℃ 和 2800℃。熔化热分别为 52.3kJ/mol 和 77.4kJ/mol。以纯液态 NiO 作为 NiO 的标准态，纯固态 MgO 作为 MgO 的标准态。由下式即可计算 NiO-MgO 完全固溶体相图。

$$x_{\mathrm{MgO}}^{\mathrm{L}} = \frac{1 - \exp\left(\dfrac{\Delta G_{\mathrm{m,NiO}}^{*}}{RT}\right)}{\exp\left(\dfrac{\Delta G_{\mathrm{m,MgO}}^{*}}{RT}\right) - \exp\left(\dfrac{\Delta G_{\mathrm{m,NiO}}^{*}}{RT}\right)} \tag{8-1}$$

$$x_{\mathrm{MgO}}^{\mathrm{S}} = \frac{\left[1 - \exp\left(\dfrac{\Delta G_{\mathrm{m,NiO}}^{*}}{RT}\right)\right]\exp\left(\dfrac{\Delta G_{\mathrm{m,MgO}}^{*}}{RT}\right)}{\exp\left(\dfrac{\Delta G_{\mathrm{m,MgO}}^{*}}{RT}\right) - \exp\left(\dfrac{\Delta G_{\mathrm{m,NiO}}^{*}}{RT}\right)} \tag{8-2}$$

从 1960℃ 开始直到 2800℃ 终止，每隔 1℃ 计算一次两相组成，将计算值存入数组，最后绘图。

下面用 Visio 绘制计算流程。

【例 8-16】 绘制流程图。

① 启动 Visio，单击【新建】。

② 选择【流程图】类别，单击【基本流程图】模板，单击第一个空白流程图模板，单击【创建】，如图 8-56 所示。

也可以选择其他类型的流程图，然后对其进行修改使用。

③ 用鼠标拖动图件到绘图页上，依次创建流程中的各个形状。

④ 将流程主干的形状大致上下对齐，如图 8-57 所示。

下面需要将这些形状对齐。对齐形状要用到【开始】/【排列】工具栏的 工具。

⑤ 选中所有形状，单击 下方的下拉按钮 ∨，选择 水平居中(C)。

接下来就是将各形状连接起来。

⑥ 单击【开始】/【工具】栏中的 连接线按钮，鼠标放在图形上，该图形及附近的图形会显示连接点，如图 8-58（左）所示，用鼠标先单击一个连接点，再单击另外一个连接点，会显示带箭头的连接线，结果如图 8-58（右）所示。

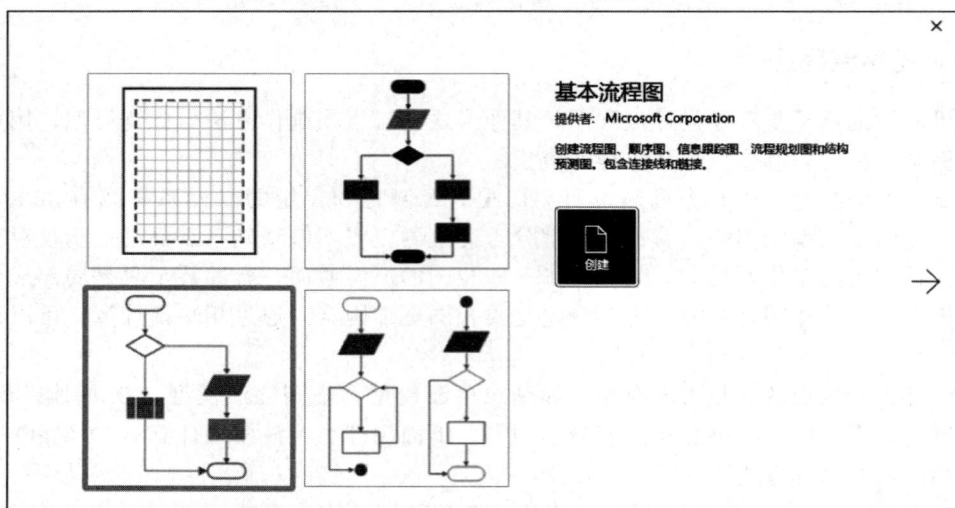

图 8-56　打开【基本流程图】模板

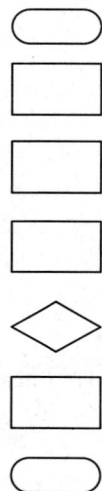

图 8-57　创建流程图各形状

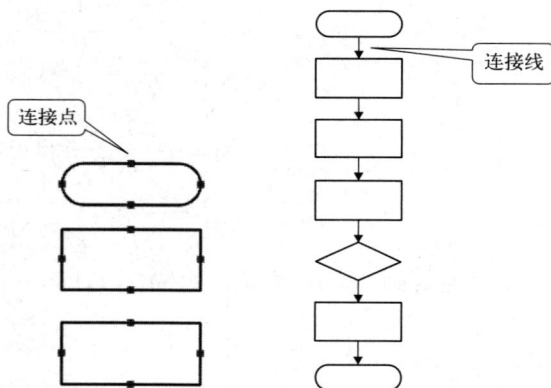

图 8-58　连接点（左）及形状的连接（右）

如果连接的箭头方向不合适，可以单击【开始】/【形状样式】工具栏中的 ∠线条▾ 进行设置，单击下拉按钮 ▾，鼠标放在 ⇄ 箭头(A) 上，根据需要选择箭头方向。要调整线段粗细，可使用 ≡ 粗细(W) 工具。要更改连接线的类型，可使用 ⬓ 虚线(D) 工具。

⑦ 单击【开始】/【工具】栏中的 ⌐⌐连接线 按钮，拖动鼠标，将必要的分支连接线添加到图形上。添加连接线时，可放大图形的显示比例，便于准确添加连接线。如图 8-59 所示。

⑧ 分别双击各形状或连接线，为它们添加必要的文字说明。【判定】形状上的【Y】、【N】两个说明，可使用 A 文本 按钮添加。添加文字说明后，如果形状的大小或位置发生变化，可以重新对齐、

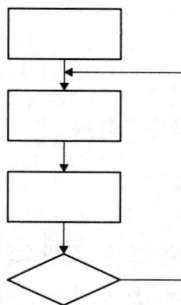

图 8-59　添加连接线

调整。

流程图配色应以清新为主，配合以简洁的流程关系，使用户易于把握整个流程。

⑨ 用 Ctrl＋A 选中整个绘图，使用 [填充▾] 工具，将图形填充成淡蓝色，使用 [线条▾] 工具，将图形边框和连接线设置成深蓝色。

这时【Y】、【N】两个说明也被设置成和图形一样了，选中这两个说明，填充选择【无填充（N）】，线条选择【无线条（N）】。

如果流程图中某个过程比较关键，可专门为其配色，使之醒目。比如将【判定】填充成粉色。用户还可以选中图形，通过【开始】/【字体】工具栏上的工具设置字体。效果如图 8-60 所示。

最后可以给流程图添加背景。

⑩ 单击【设计】/【背景】工具栏，添加背景、边框和标题，结果如图 8-61 所示。

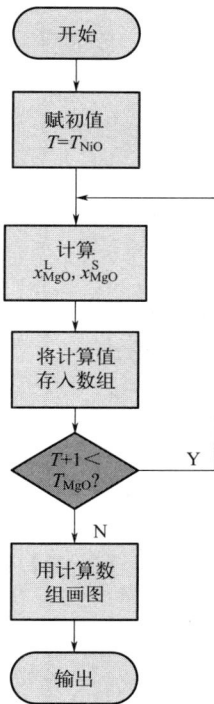

图 8-60 设置图形配色及字体

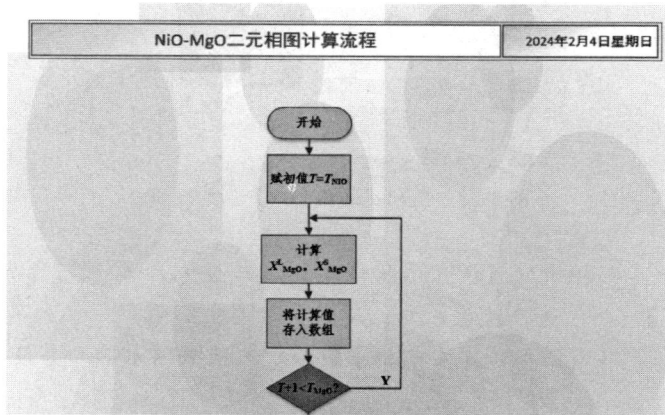

图 8-61 添加背景、边框和标题

至此，流程图设计完毕，存盘备用即可。

这里所举的例子是程序设计流程，是否配色以及是否添加背景并不重要，但如果设计操作步骤或办事流程，那么流程图的外观就很重要了。良好的外观便于用户理解流程并把握流程的关键。

8.6.3 氧化石墨烯制备流程示意图

制备氧化石墨烯的经典方法是 Hummers 法。其核心是使用浓硫酸和高锰酸钾等强氧化剂组合来氧化石墨。这是个相当剧烈的放热反应，因而相当危险。除了试剂用量要少以外，实验要在冰水浴中进行。氧化石墨烯制备流程如图 8-62 所示。

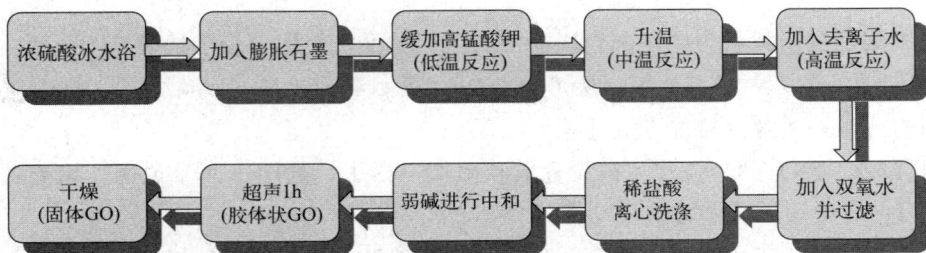

图 8-62　氧化石墨烯制备流程示意图

【例 8-17】　绘制氧化石墨烯制备流程示意图。

① 启动 Visio，单击【新建】。

② 选择【基本框图】，单击【创建】。

③ 把基本形状里的【圆角矩形】拖到绘图页上，如图 8-63 所示。

④ 单击【开始】菜单，在【形状样式】中，【填充】选择颜色较淡的蓝色，【线条】选择黑色，然后单击【形状样式】右下方的 ⬐ 按钮，如图 8-64 所示。

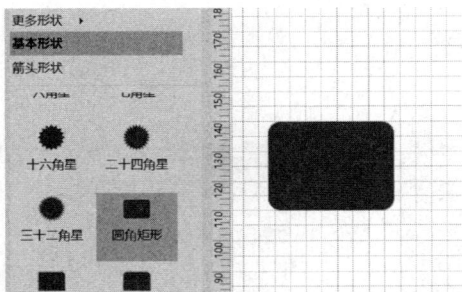

图 8-63　拖动【圆角矩阵】到绘图页

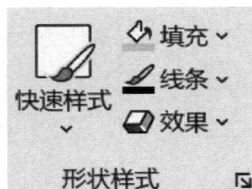

图 8-64　【形状样式】设置

⑤ 在弹出的【设置形状格式】对话框中，单击 ⬠ 按钮，【预设】选择【外部】/【偏移：右下】，颜色选择蓝色，其他设置见图 8-65。

⑥ 双击图形，在文本框中输入"浓硫酸冰水浴"并设置字体和大小，如图 8-66 所示。

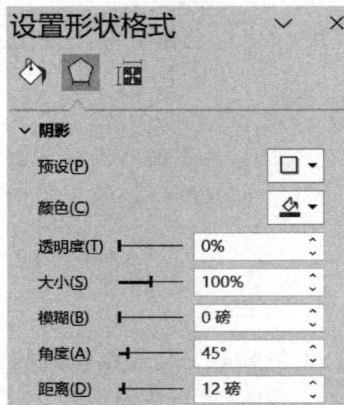

图 8-65　设置阴影

图 8-66　文本设置

⑦ 将设置好的第一个图形复制 9 遍，进行排列并修改文字，如图 8-67 所示。

浓硫酸冰水浴	加入膨胀石墨	缓加高锰酸钾 （低温反应）	升温 （中温反应）	加入去离子水 （高温反应）
干燥 （固体GO）	超声1h （胶体状GO）	弱碱进行中和	稀盐酸 离心洗涤	加入双氧水 并过滤

图 8-67　复制和修改文字

⑧ 执行【更多形状】/【流程图】/【箭头形状】命令。

⑨ 将【普通箭头】拖动到画布上，设置箭头颜色和阴影，其中【预设】选择【外部】/【偏移：右下】。

⑩ 将箭头放在流程图的合适位置。需要注意的是，如果出现阴影箭头显示在流程之上的情况，如图 8-68（左）所示，只需单击流程图形，执行【开始】/【排列】/【置于顶层】命令即可，效果如图 8-68（右）所示。

浓硫酸冰水浴 → 加入膨胀石墨	浓硫酸冰水浴 → 加入膨胀石墨

图 8-68　不合理的箭头位置（左）和合理的箭头位置（右）

⑪ 向下和向左箭头可通过对已有箭头执行【开始】/【排列】/【位置】/【方向形状】/【旋转形状】命令获得。将箭头放到合适位置，最终效果如图 8-62 所示。

8.6.4　钙钛矿太阳能电池结构示意图

钙钛矿太阳能电池属于第三代太阳能电池，也称作新概念太阳能电池。其由五层构成，采用这种结构有利于光生载流子的扩散，因而可以提高其发电效率。钙钛矿太阳能电池结构示意图如图 8-69 所示。

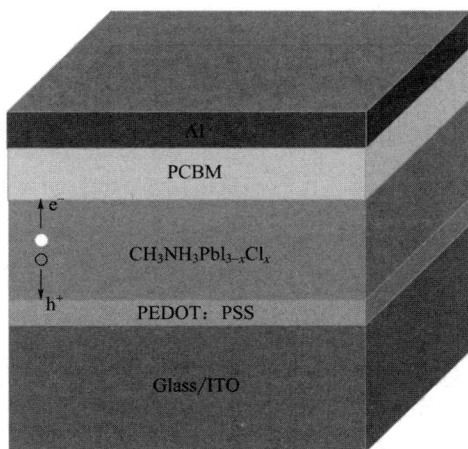

图 8-69　钙钛矿太阳能电池结构示意图

【例 8-18】 绘制钙钛矿太阳能电池结构示意图。

① 启动 Visio，单击【新建】。

② 选择【基本框图】，单击【创建】。

③ 把基本形状中的立方体拖到绘图页面，如图 8-70 所示。

④ 调节控制手柄和选择手柄，把图形调节成如图 8-71 所示的样子，这里我们将该长方体称为 1 号长方体。

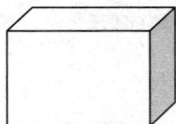

图 8-70　立方体

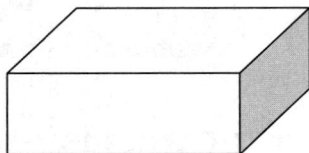

图 8-71　调节立方体

⑤ 复制 1 号长方体，调节控制手柄，使其厚度变小，并对该立方体执行【开始】/【排列】/【置于顶层】命令，这里我们将其称为 2 号长方体。

⑥ 将 2 号长方体放置于 1 号长方体之上，调节 2 号长方体上的控制手柄和选择手柄，使得两个长方体连接紧密，如图 8-72 所示。

⑦ 重复以上两个步骤，得到如图 8-73 所示图形。

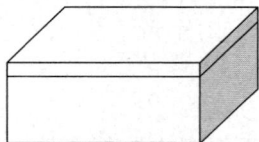

图 8-72　调节图形

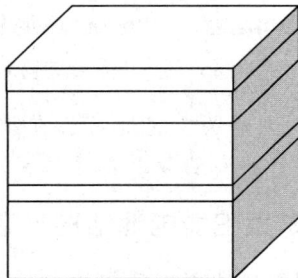

图 8-73　建立初始模型

⑧ 选用合适的颜色填充每一个长方体并标注，再去掉形状的轮廓线条。最终效果如图 8-69 所示。

8.6.5　工艺流程示意图

工艺流程可以用方框图简洁地表示出来。例如可以用前面所讲的方法绘制出纯净水生产工艺流程方框图，如图 8-74 所示。

图 8-74　纯净水生产工艺流程方框图

方框图简单明了，但不够形象具体。Visio 为我们提供了化工工艺所需的各种形状，可以用容器、管道、仪表、阀门等设备十分形象地把工艺流程示意出来。

纯净水生产工艺流程如图 8-75 所示。

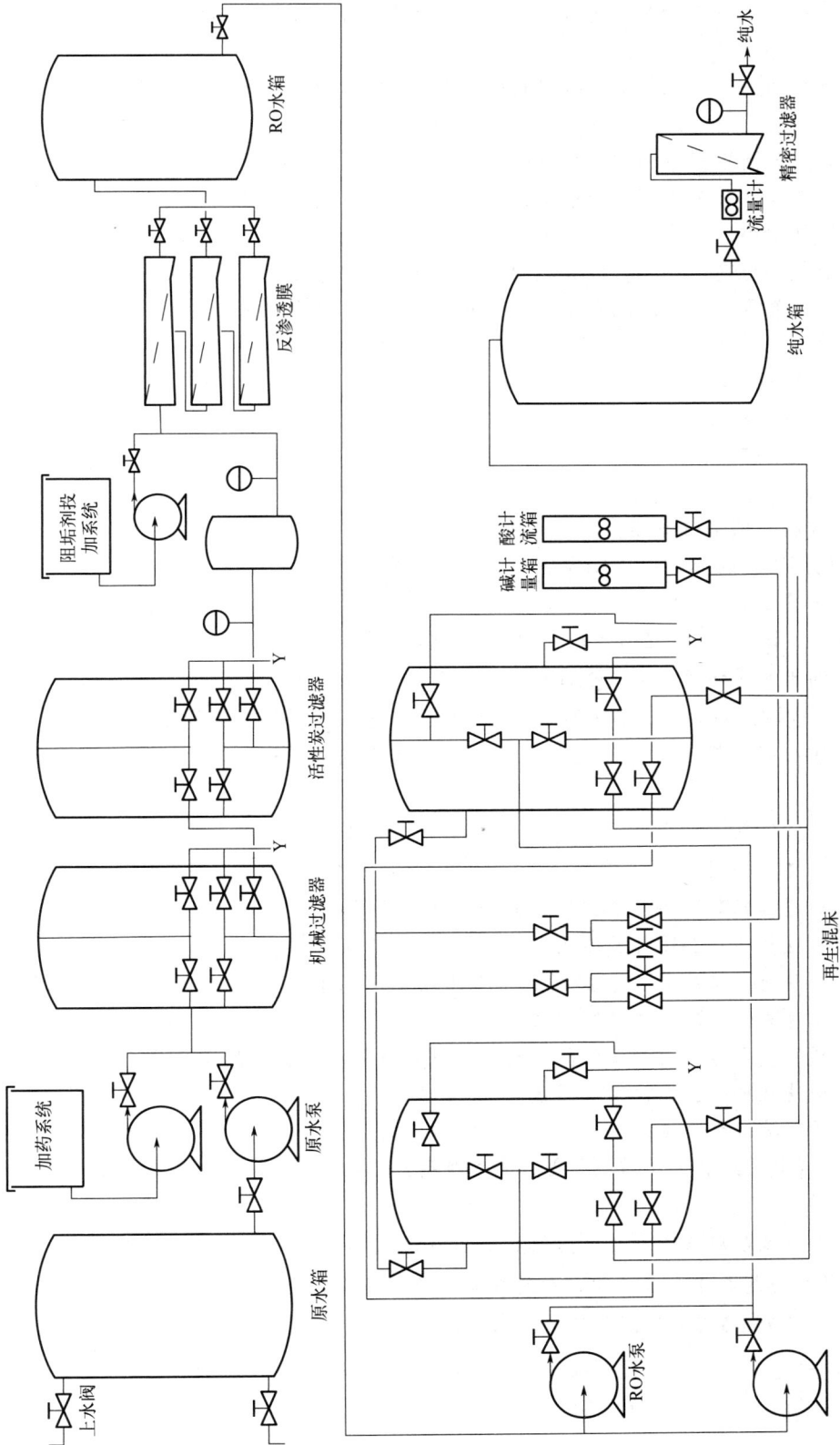

图 8-75 纯净水生产工艺流程图

乍一看这个工艺流程好像很复杂，令人无从下手，其实只要方法得当，绘制起来也不难。

首先来分析一下这个工艺所使用的形状。所用形状主要有四类：容器、管道、仪表、阀门。

其次，工艺流程中所用的形状有许多是相同的，可以通过复制、粘贴的方法迅速完成绘制。如流程图中的 3 个水箱：原水箱、RO 水箱和纯水箱，这些水箱可以使用同样的形状并调整成同样的大小。

最重要的一点是，我们可以将复杂工艺流程分解成几个单元模块，将它们分别绘制出来，最后再组装到一起，形成完整、复杂的工艺流程。本例中我们将纯净水生产工艺分解成如下 5 个单元：

- 原水箱及加药系统
- 机械过滤器及活性炭过滤器
- 反渗透膜系统
- 自动再生混床
- 纯水箱及精密过滤器

下面我们逐一绘制这些单元模块，并将其组装起来。

【例 8-19】 绘制原水箱及加药系统。

① 启动 Visio，单击【新建】，类别选择【工程】，单击【工艺流程图】。

② 在弹出的对话框中单击█按钮。

既然要绘制 5 个单元，不妨使用 6 个绘图页，前 5 个分别用来绘制各个单元，第 6 个用来组装。Visio 默认情况下只有一个绘图页，首先在【页-1】上绘制【原水箱及加药系统】单元。

③ 拖动滑块或者单击上三角▲、下三角▼找到【设备-容器】标题栏并单击，展开【设备-容器】模具，如图 8-76 所示。

④ 拖动【容器】图件至绘图区，并调整到合适大小。

⑤ 拖动【封顶箱】图件至绘图区。

⑥ 找到并单击【设备-泵】标题栏，展开【设备-泵】模具。

⑦ 拖动【离心泵】图件至绘图区。

⑧ 找到并单击【阀门和管件】标题栏，展开【阀门和管件】模具。

⑨ 拖动【旋拧阀】图件至绘图区。

⑩ 将视图缩放至合适大小。

至此，【页-1】上有了【容器】、【封顶箱】、【离心泵】和【旋拧阀】几种形状，如图 8-77 所示。

⑪ 单击离心泵形状选中之，按住 Ctrl 键拖动该形状复制出一个离心泵，放置于开口箱之下。同样操作复制 4 个旋拧阀，放置在合适的位置。如图 8-78 所示。

⑫ 使用【开始】/【工具】上的 连接线 工具连接各形状，如果图形默认的字体影响绘图，可以双击图形，按 Del 键删除，结果如图 8-79 所示。

⑬ 按 Ctrl ＋ A 键选中全部形状。

⑭ 鼠标右击弹出快捷菜单，执行【形状】/【组合】菜单命令，将所有形状组合起来。

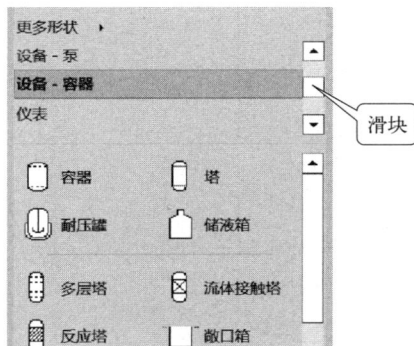

图 8-76 【设备-容器】

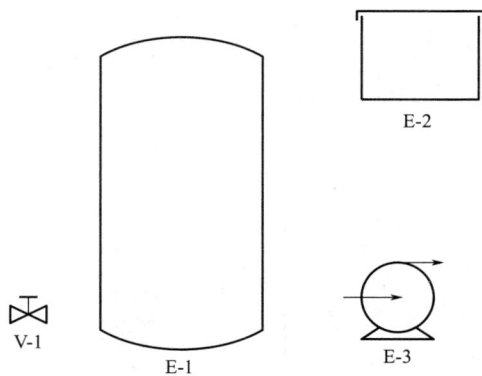

图 8-77 添加不同形状

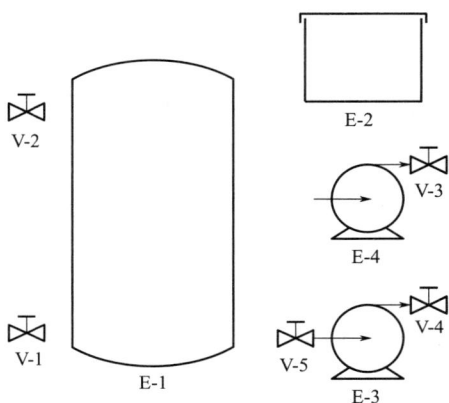

图 8-78 放置 4 个旋拧阀

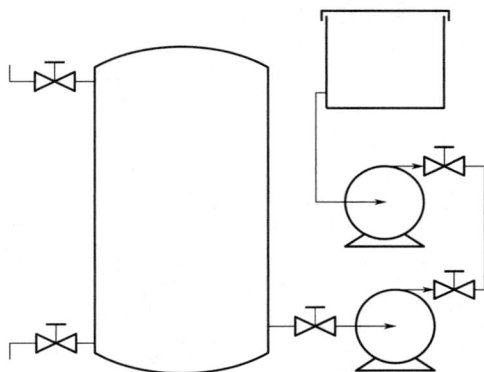

图 8-79 【原水箱及加药系统】单元

至此,【原水箱及加药系统】单元绘制完毕,最后需将这个绘图工程文件存盘。下面绘制过滤器单元。

【例 8-20】 绘制过滤器单元。

首先需要插入新的绘图页。

① 单击绘图页下方的 ⊕ 按钮,新建绘图页【页-2】。

② 鼠标放在【页-1】上双击,将【页-1】改为"原水箱"。用同样的方法把【页-2】改为"过滤器"。

③【机械过滤器】和【活性炭过滤器】两个形状相同,只要绘制出一个就行了。

④ 在【设备-容器】模具中,拖动【容器】图件至绘图区,同时调整到合适大小。

⑤ 在【阀门和管件】模具中拖动 5 个【旋拧阀】图件至绘图区,并放置到合适位置,如图 8-80 所示。

⑥ 使用【开始】/【工具】上的 连接线 工具连接各形状,并用 A 文本 工具在图的右下方输入"Y",结果如图 8-81 所示。

⑦ 按 Ctrl ＋ A 键选中全部形状。

⑧ 鼠标右击弹出快捷菜单,执行【形状】/【组合】命令,将所有形状组合起来。

⑨ 按住 Ctrl 键拖动组合后的形状,将其复制一份放在右侧。

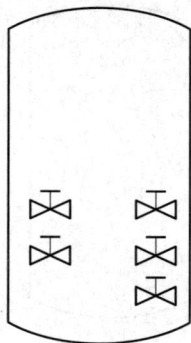

图 8-80　添加形状

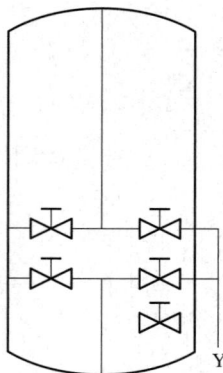

图 8-81　连接形状

⑩ 使用【开始】/【工具】上的 [连接线] 工具连接各形状。至此，【机械过滤器及活性炭过滤器】单元绘制完毕，结果如图 8-82 所示。

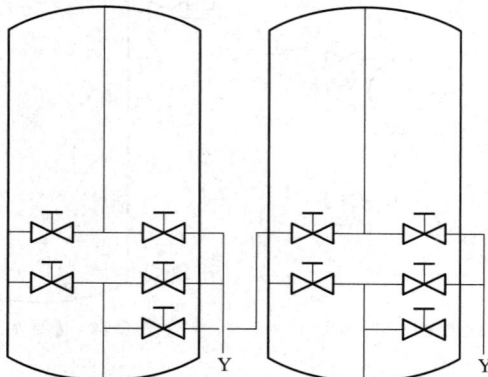

图 8-82　【机械过滤器及活性炭过滤器】单元

下面绘制反渗透膜系统。

【例 8-21】　绘制反渗透膜系统。

① 插入新绘图页，命名为【反渗透膜】。

② 打开【设备-常规】模具，将【过滤器 2】拖入绘图页，如图 8-83 所示。

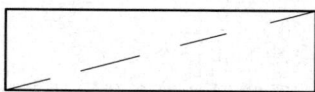

图 8-83　将【过滤器 2】拖入绘图页

这个过滤器滤网的方向不合乎我们的要求，需要水平翻转一下。

③ 单击选中过滤器形状，执行【开始】/【排列】/【位置】/【旋转形状（T）】/【水平翻转（H）】命令，将形状水平翻转。

④ 调整过滤器大小，并复制两份，形成 3 个过滤器。

⑤ 添加封口箱、离心泵、容器等形状。

⑥ 将各形状连接起来，结果如图 8-84 所示。

RO 水箱和 RO 水泵比较简单，分别并入【反渗透膜系统】和【自动再生混床】中。【自动再生混床】单元有两个结构一样的混床，首先绘制出一个，然后复制出另外一个。

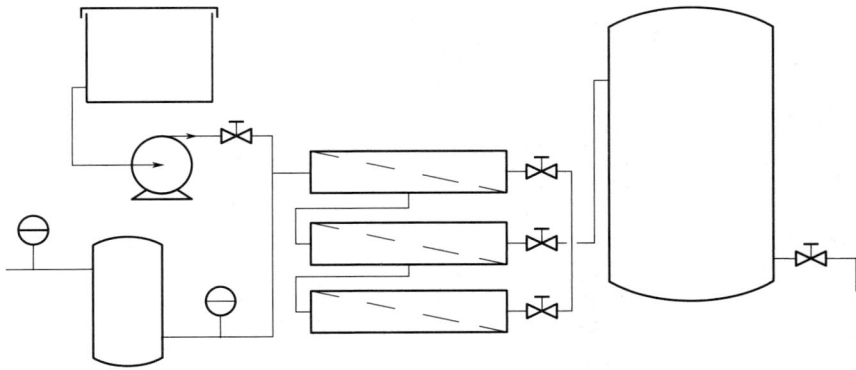

图 8-84 【反渗透膜系统】

【例 8-22】 绘制自动再生混床。

① 插入新绘图页，命名为【自动再生混床】。

② 将过滤器绘图页中的过滤器复制一个过来。

③ 增加阀门的数量，调整阀门的位置。将两个阀门向右旋转 90°，结果如图 8-85 所示。

④ 使用工具按钮连接各阀门及外围管道，如图 8-86 所示。

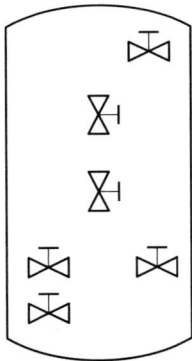

图 8-85 添加阀门数量和调整阀门位置

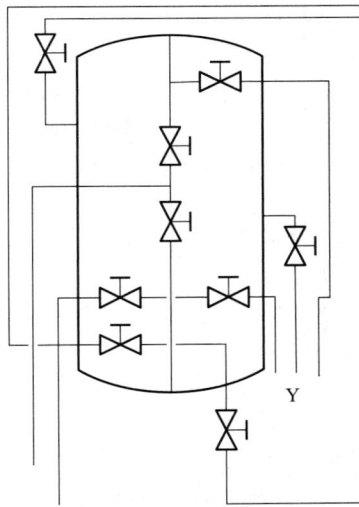

图 8-86 连接管道和阀门

⑤ 将两个再生混床中间的阀门组绘制出来，如图 8-87 所示。

⑥ 复制再生混床并拖至阀门组右侧。

⑦ 将相应的管道连接起来，并做必要的调整，使其布局合理，如图 8-88 所示。

⑧ 添加其他外围容器和管道，最终的图形如图 8-89 所示。

下面绘制【纯水箱及精密过滤器】单元。这个单元的绘制过程比较简单，简单描述如下。

【例 8-23】 绘制纯水箱及精密过滤器。

① 插入新绘图页，命名为【纯水箱】。

② 添加容器、阀门、流量计、过滤器等形状。

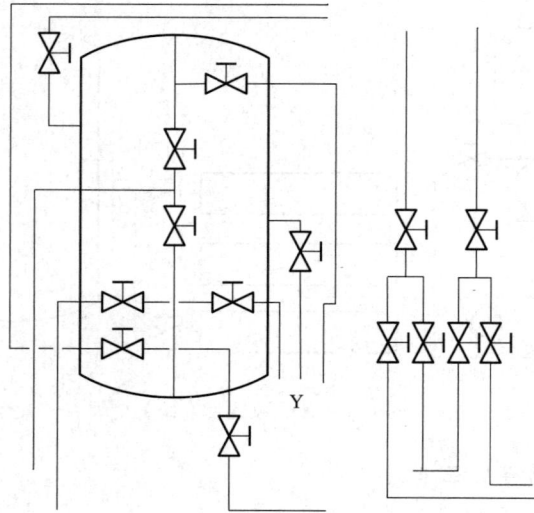

图 8-87   绘制阀门组

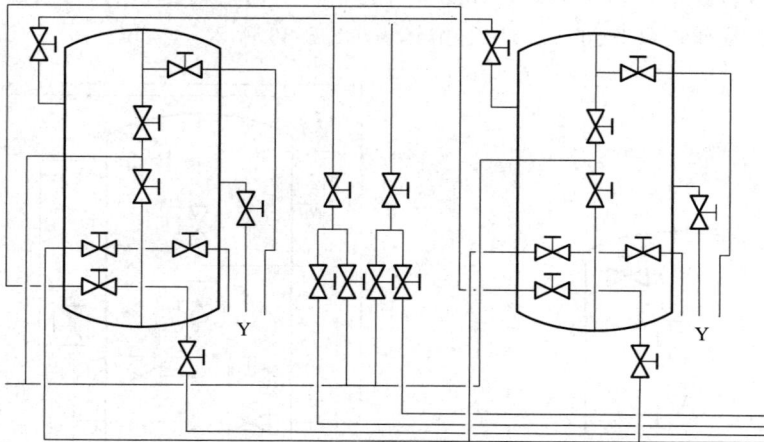

图 8-88   连接管道

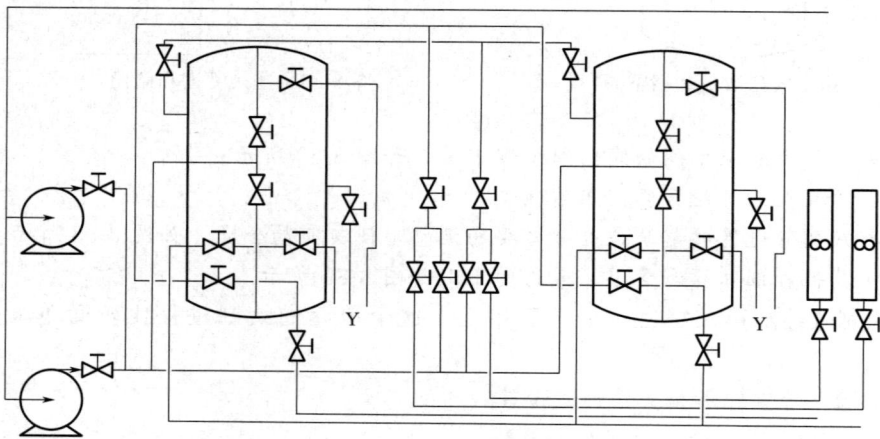

图 8-89   【自动再生混床】单元

③ 用管道将各形状连接起来。最终得到的【纯水箱及精密过滤器】单元如图 8-90 所示。

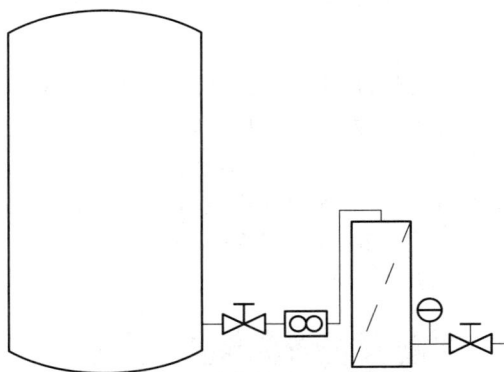

图 8-90　【纯水箱及精密过滤器】单元

至此各单元均已绘制完成。可以把各单元中的形状组合起来，形成一个整体。

【例 8-24】　绘制纯净水生产工艺流程图。

① 插入新绘图页，命名为【工艺流程图】。

② 分别将各单元复制到【工艺流程图】中，再连接起来。

粘贴各单元图形时，应注意规划好位置，以免安排不下。

接下来的工作是为各种形状作标记。Visio 会自动给出分类标记，如"E22"表示第 22 个容器，"V70"表示第 70 个阀门、"P150"表示第 150 根管道。标记是可以修改的，如果图形已经组合过了，修改前应先取消组合。标记的位置用一个黄色的菱形表示，可以用鼠标拖动标记至合适的位置。

③ 鼠标右击，在弹出的快捷菜单中执行【形状】/【取消组合】菜单命令，取消图形的组合。

④ 双击阀门形状并修改标记为"上水阀"。

⑤ 选中水阀形状鼠标右击，弹出快捷菜单，单击【设置阀门类型（A）…】选项，弹出【自定义属性】对话框，如图 8-91 所示。

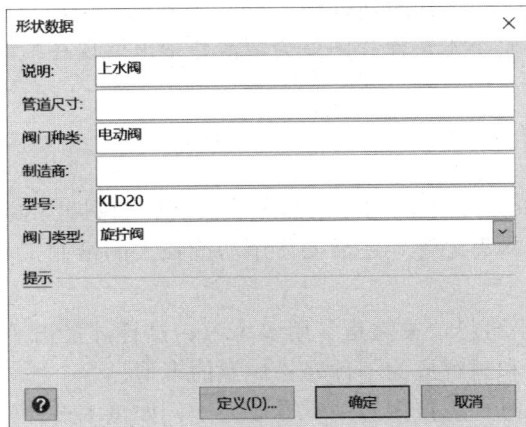

图 8-91　【自定义属性】对话框

⑥ 在【自定义属性】对话框中填上型号和制造商等必要信息。

⑦ 采用同样操作修改工艺中各部件的标记和属性。

⑧ 按 Ctrl + A 键选中所有形状并组合起来，存盘。最终得到如图 8-75 所示的工艺流程图。

需要说明的是，制作这个流程图时我们做了许多简化，所用形状比较单一，容器、阀门、泵、管道和仪表等都尽可能统一为相同的形状。许多标记未做更改，各种设备的规格型号也未定义。实际设计工艺流程时，用户可以尽量使用模具中合乎实际的形状并分别定义属性。这些属性很重要，可以用来统计设备的规格数量，给出设备列表。

⑨ 打开【工序批注】模具，将【设备列表】形状拖入【工艺流程图】绘图区，Visio 自动产生【设备列表】，如图 8-92 所示。

设备列表				
显示的文本	说明	制造商	材料	型号
RO水泵				
RO水箱				
再生混床				
加药系统				
原水泵				
原水箱				
反渗透膜				
机械过滤器				
活性炭过滤器				
精密过滤器				
纯水箱				
阻垢剂投加系统				

图 8-92　设备列表

标注了设备名称的都会出现在【设备列表】里，没有标注的则不会出现。

⑩ 将【管道列表】形状拖入【工艺流程图】绘图区，产生【管道列表】。

⑪ 将【阀列表】形状拖入【工艺流程图】绘图区，产生【阀列表】。

⑫ 将【仪表列表】形状拖入【工艺流程图】绘图区，产生【仪表列表】。

另外，【工序批注】模具还有多种批注，可以用来说明工序过程。经过这样一个绘制、说明、批注、汇总过程，整个工艺流程图就会清清楚楚地展现在我们面前。

8.7　总结

本章我们讲解了 Visio 的基本使用方法和一些实例。绘制出一幅美观的示意图并非一件很轻松的事，除了良好的构思之外，还需要使用功能强大的绘制工具，本章介绍的 Visio 就是这样一个易用的好工具。

Visio 的使用有很多小窍门，关键是多用多练习，这样才能融会贯通，将自己的想法形象化，使复杂问题的表达和理解成为一件轻松惬意的事情。

在制作一些复杂图形时，应该多听一听专业人士，如美术设计师的想法，他们更懂得如何控制形状的疏密程度，如何体现美感。另外，学习一点建筑学和环境美学的知识也会大有帮助。Visio 配合其他软件使用，会使文稿显得很专业且易于理解。

8-1. 绘制静电纺丝原理示意图,如图 8-93 所示。

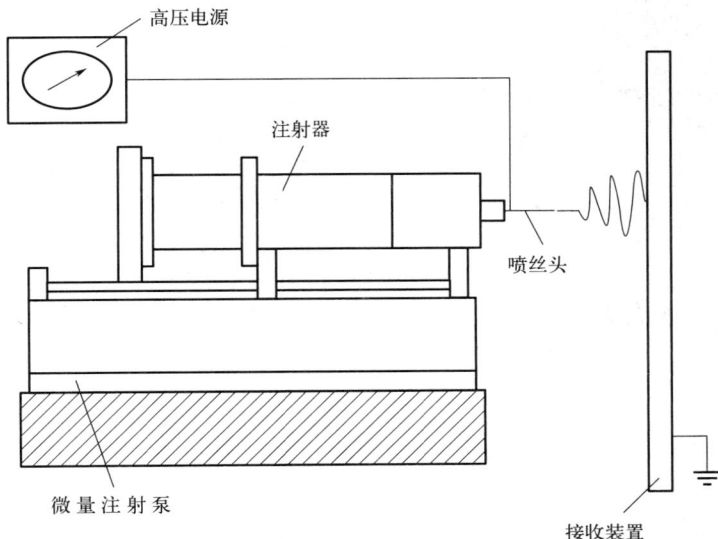

图 8-93 静电纺丝原理示意图

8-2. 绘制氢氧化镍晶型转变示意图,如图 8-94 所示。

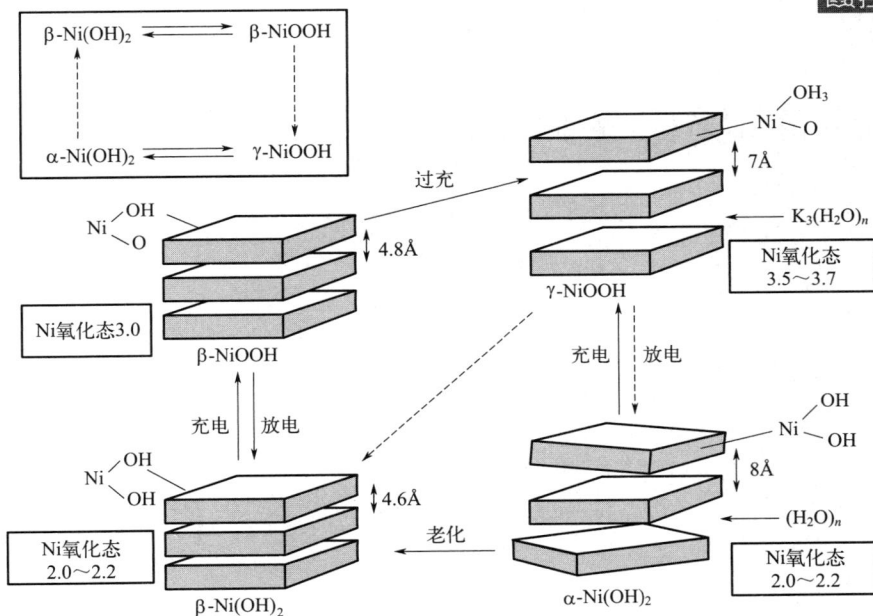

图 8-94 氢氧化镍晶型转变示意图

8-3. 绘制办公室平面布局图，如图 8-95 所示。

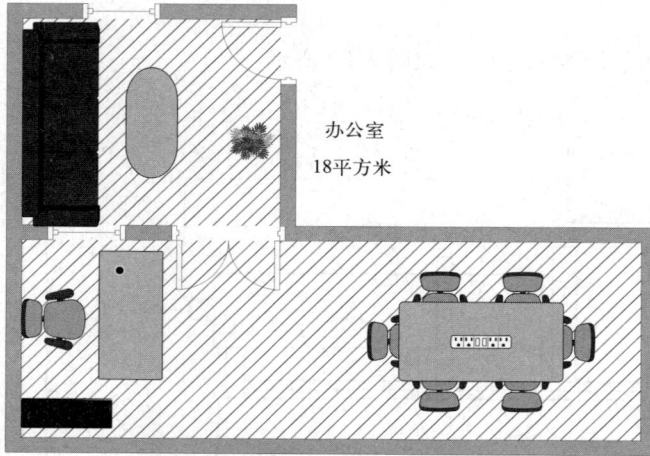

图 8-95　办公室平面布局图

8-4. 绘制化工厂网络结构图，如图 8-96 所示。

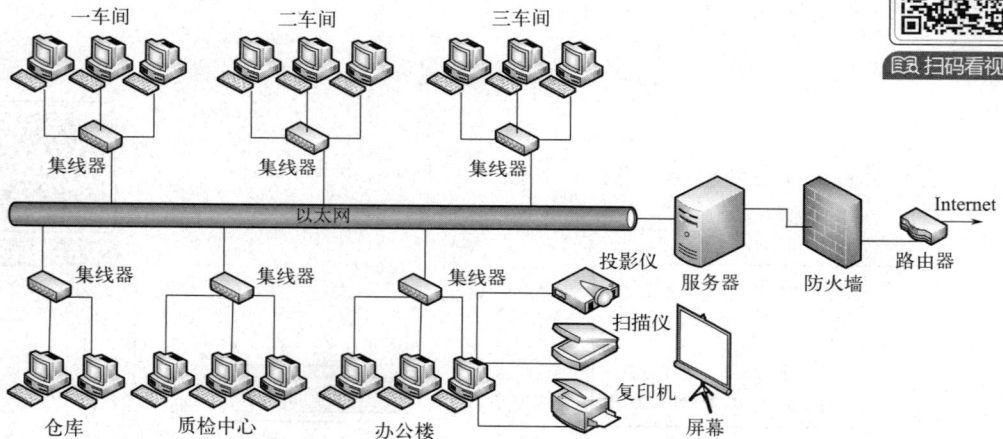

图 8-96　化工厂网络结构图

参 考 文 献

［1］ 童国伦，程丽华，王联．EndNote & Word 文献管理与论文写作．北京：化学工业出版社，2022.

［2］ Liu G，Yin L C，Wang J，et al. A red anatase TiO_2 photocatalyst for solar energy conversion. Energ Environ Sci，2012，5（11）：9603-9610.

［3］ Navidpour A H，Abbasi S，Li D，et al. Investigation of advanced oxidation process in the presence of TiO_2 semiconductor as photocatalyst：property，principle，kinetic analysis，and photocatalytic activity. Catalysts，2023，13（2）：232-260.

［4］ Müller P，Kapin É，Fekete E. Effects of preparation methods on the structure and mechanical properties of wet conditioned starch/montmorillonite nanocomposite films. Carbohyd Polym，2014，113：569-576.

［5］ Lotya M，Hernandez Y，King P J，et al. Liquid phase production of graphene by exfoliation of graphite in surfactant/water solutions. J Am Chem Soc，2009，131（10）：3611-3620.

［6］ Zhou J，Li D，Gu Y，et al. Ambiguities on structure analysis of Fe-N thin films. J Magn Magn Mater，2002，238（1）：1-5.

［7］ 天工在线．中文版 MATLAB 2018 从入门到精通（实战案例版）．北京：中国水利水电出版社，2018.

［8］ 黄华江．实用化工计算机模拟：MATLAB 在化学工程中的应用．北京：化学工业出版社，2004.

［9］ 郝平娇，李士雨．浅谈 MATLAB 在化工计算中的应用．计算机与应用化学，2000，17（4）：371-374.

［10］ 蔡宏伟，王明．基于 Matlab 的 pH 计算．海峡两岸化学教学研讨会．中国化学会，2003.

［11］ 吕咏，葛春雷．Visio 2016 图形设计从新手到高手．北京：清华大学出版社，2016.